Grundlehren der mathematischen Wissenschaften 254

A Series of Comprehensive Studies in Mathematics

Herausgegeben von

M. Artin S. S. Chern J. L. Doob A. Grothendieck
E. Heinz F. Hirzebruch L. Hörmander
S. Mac Lane W. Magnus C. C. Moore J. K. Moser
M. Nagata W. Schmidt D. S. Scott J. Tits
B. L. van der Waerden

Geschäftsführende Herausgeber

M. Berger B. Eckmann S. R. S. Varadhan

E. Freitag

Siegelsche Modulfunktionen

Springer-Verlag
Berlin Heidelberg NewYork 1983

Eberhard Freitag

Mathematisches Institut
Universität Heidelberg
Im Neuenheimer Feld 288
6900 Heidelberg 1

ISBN-13: 978-3-642-68650-4 e-ISBN-13: 978-3-642-68649-8
DOI: 10.1007/978-3-642-68649-8

CIP-Kurztitelaufnahme der Deutschen Bibliothek
Freitag, Eberhard:
Siegelsche Modulfunktionen / E. Freitag. - Berlin; Heidelberg; New York:
Springer, 1983.
(Grundlehren der mathematischen Wissenschaften; 254)
ISBN-13: 978-3-642-68650-4

NE: GT

Softcover reprint of the hardcover 1st edition

Satz, Druck und Einband: Universitätsdruckerei H. Stürtz AG, 8700 Würzburg
2141/3140-543210

Hans Maaß gewidmet

Vorwort

Im Frühjahr 1976 hatte ich Gelegenheit, am "*Centre for Advanced Study in Mathematics*" *in Chandigarh* eine Vorlesung über Siegelsche Modulfunktionen zu halten. Diese Vorlesung wurde von Dr. Sunder Lal ausgearbeitet. Das erste Kapitel dieses Buches stützt sich weitgehend auf diese Ausarbeitung.

Der Inhalt des zweiten Kapitels - die Satakekompaktifizierung - war das Thema einer gemeinsamen Arbeitsgemeinschaft im Jahre 1977 der mathematischen Institute Heidelberg und Mannheim unter Leitung von Prof. R. Kiehl.

Das dritte Kapitel war wohl bislang am schlechtesten zugänglich. Ein Höhepunkt dieses Kapitels ist der Satz von Dr. Y. Tai, daß der Körper der Siegelschen Modulfunktionen n-ten Grades fast immer von allgemeinem Typ ist. Tais Beweis für diesen Satz teilte mir Prof. D. Mumford während meines Gastaufenthaltes an der Harvard-Universität (1981) mit.

Das letzte Kapitel über Heckeoperatoren wurde angeregt durch einen Gastaufenthalt von Prof. A. Andrianov am Heidelberger mathematischen Institut im Jahre 1980.

Den genannten Kollegen gilt mein herzlicher Dank; ebenso den Herren R. Endres und Dr. R. Weissauer, welche eine Fülle von Fehlern in dem ursprünglichen Manuskript aufgespürt haben und schließlich Fräulein von Stiernberg, welche ein schlecht leserliches Manuskript in Maschinenschrift übertragen hat.

Heidelberg 1981 E. Freitag

Inhaltsverzeichnis

Einleitung

Die Theorie der Modulfunktionen einer und mehrerer Veränderlicher wurde im 19. Jahrhundert begründet. Sie hängt eng zusammen mit der **Theorie der Integrale algebraischer Funktionen.** Es ist zum Verständnis der historischen Entwicklung notwendig, sich einige Höhepunkte der Integrationstheorie algebraischer Funktionen vor Augen zu führen, auch wenn auf diesen Aspekt in dem vorliegenden Buch gar nicht mehr eingegangen wird.

Algebraische Funktionen sind ihrer Natur nach mehrdeutige Funktionen auf der Zahlkugel $\bar{\mathbb{C}}$. Sie werden eindeutig auf einer geeigneten kompakten Riemannschen Fläche $\mathcal{R}$, welche die Kugel endlichblättrig überlagert,

$$p\colon \mathcal{R} \to \bar{\mathbb{C}}.$$

Man spricht von einem *Integral (Differential) erster Gattung*, wenn das Differential

$$\omega = f\,dp$$

auf ganz $\mathcal{R}$ holomorph ist. Die Menge aller Differentiale erster Gattung bildet einen endlichdimensionalen Vektorraum $\Omega(\mathcal{R})$, dessen Dimension mit dem topologischen Geschlecht von $\mathcal{R}$ übereinstimmt:

$$n = \dim \Omega(\mathcal{R}) = \text{Geschlecht von } \mathcal{R}.$$

Sei

$$\omega_1, \omega_2, \ldots, \omega_n$$

eine Basis von $\Omega(\mathcal{R})$ und a ein fester Punkt von $\mathcal{R}$. Jedem n-Tupel von Punkten $x_1, \ldots, x_n$ aus $\mathcal{R}$ will man ein n-Tupel komplexer Zahlen zuordnen:

$$A(x) = (A_1(x), \ldots, A_n(x)),$$

$$A_j(x) = \int_a^{x_1} \omega_j + \ldots + \int_a^{x_n} \omega_j \quad \text{für } 1 \leq j \leq n.$$

Dabei sind allerdings Verbindungswege von a nach x_j $(1 \leq j \leq n)$ auszuzeichnen. Um diese Vieldeutigkeit zu eliminieren, dividiert man aus

$\mathbb{C}^n$ eine gewisse Untergruppe aus. Ein n-Tupel $\mathfrak{z}=(z_1,\ldots,z_n)$ komplexer Zahlen heißt *Periode der Riemannschen Fläche bezüglich der Basis* $\omega_1,\ldots,\omega_n$, falls es eine geschlossene Kurve α mit der Eigenschaft

$$z_j=\int_\alpha \omega_j \qquad \text{für } 1\leq j\leq n$$

gibt. Die Menge aller Perioden bildet eine Untergruppe L von $\mathbb{C}^n$. Der Wert $A(x)$ ist modulo L unabhängig von der Wahl der Verbindungswege. Der natürliche Zielbereich der Abbildung ist also die Faktorgruppe $\mathbb{C}^n/L$. Wir nehmen eine ähnliche Manipulation am Definitionsbereich von A vor. Der Wert $A(x)$ hängt offensichtlich nicht von der Reihenfolge der Punkte $x_1,\ldots,x_n$ ab.

Identifiziert man im n-fachen kartesischen Produkt

$$\mathcal{R}^n=\mathcal{R}\times\ldots\times\mathcal{R}$$

zwei n-Tupel, welche sich nur in der Reihenfolge unterscheiden, so erhält man die n-te *symmetrische Potenz*

$$\mathcal{R}^{(n)}=\mathcal{R}^n/\mathfrak{S}_n \qquad (\mathfrak{S}_n=\text{Permutationsgruppe}).$$

Wir können also A als Abbildung

$$A\colon \mathcal{R}^{(n)}\to\mathbb{C}^n/L$$

interpretieren.

Fundamentale Resultate der Theorie der Integrale algebraischer Funktionen besagen:

1) *Die Gruppe L ist ein Gitter vom Rang $2n$.*
2) **Jacobisches Umkehrtheorem.** *Die Abbildung*

$$A\colon \mathcal{R}^{(n)}\to\mathbb{C}^n/L$$

ist surjektiv und bimeromorph.

3) **Riemannsche Periodenrelationen.** *Nach geeigneter Wahl der Basis $\omega_1,\ldots,\omega_n$ findet man eine $\mathbb{Z}$-Basis von L folgender Form:*

$$\mathfrak{n}_1,\ldots,\mathfrak{n}_n,\mathfrak{z}_1,\ldots,\mathfrak{z}_n.$$

Dabei ist

$$\mathfrak{n}_j=(0,\ldots,0,\underset{\substack{\uparrow\\ j\text{-te Stelle}}}{1},0,\ldots,0).$$

Faßt man die Vektoren $\mathfrak{z}_1,\ldots,\mathfrak{z}_n$ als die Zeilen einer Matrix Z auf, so gilt:

a) *Z ist symmetrisch: $Z=Z'$.*

b) *Der Imaginärteil von Z ist positiv definit.*

Die **Periodenmatrix** Z hängt von der Wahl der Basen ab. Wählt man andere Basen, so erhält man eine andere Periodenmatrix $\tilde{Z}$. Diese geht jedoch durch eine **symplektische Modulsubstitution** aus Z hervor:

$$\tilde{Z}=(AZ+B)(CZ+D)^{-1}.$$

Hierbei sind A, B, C, D ganze n-reihige Matrizen mit der Eigenschaft

$$AD'-BC'=E, \qquad AB'=BA', \qquad CD'=DC'.$$

Die Gesamtheit dieser Modulsubstitutionen bildet eine Gruppe Γ_n, welche auf der Menge $\mathbb{H}_n$ aller symmetrischen komplexen n-reihigen Matrizen mit positiv definitem Imaginärteil operiert.

Jeder kompakten Riemannschen Fläche (also jeder algebraischen Funktion) ist also ein Punkt aus dem Quotientenraum

$$\mathscr{A}_n := \mathbb{H}_n/\Gamma_n$$

zugeordnet. Biholomorph äquivalente Riemannsche Flächen definieren denselben Punkt in $\mathscr{A}_n$. Bezeichnet man mit $\mathscr{M}_n$ die Menge der Isomorphieklassen kompakter Riemannscher Flächen vom Geschlecht n, so erhalten wir eine Abbildung $\mathscr{M}_n \to \mathscr{A}_n$.

4) **Satz von Torelli.** *Gehen die Periodenmatrizen zweier kompakter Riemannscher Flächen durch eine symplektische Modulsubstitution auseinander hervor, so sind sie biholomorph äquivalent.*
Mit anderen Worten: die Abbildung $\mathscr{M}_n \to \mathscr{A}_n$ ist injektiv.

Die Theorie der Modulfunktionen entstand bei der Suche nach **Moduln algebraischer Funktionen.** Grob gesprochen sollte ein Modul eine Größe sein, welche man einer gegebenen algebraischen Funktion f zuordnen kann, welche von dieser algebraisch abhängt und sich nicht ändert, wenn man f gewissen Transformationen unterwirft.

Beispielsweise ist der klassische Modul der Funktion

$$f(x)=\sqrt{4x^3-g_2x-g_3}$$

die berühmte Invariante

$$j=\frac{g_2^3}{g_2^3-27g_3^2}.$$

Die zu f gehörige Riemannsche Fläche $\mathscr{R}$ - eine zweiblättrige Überlagerung der Kugel - ist vom Geschlecht 1, die Abbildung A definiert in diesem Falle einen Isomorphismus von $\mathscr{R}$ auf einen Torus

$$\mathbb{C}/L, \qquad L=\mathbb{Z}+\mathbb{Z}z, \qquad \operatorname{Im} z>0.$$

Die Invariante j ist in Abhängigkeit von z eine holomorphe Funktion in der oberen Halbebene, invariant unter der (elliptischen) Modulgruppe Γ_1, sie definiert eine Bijektion

$$\mathcal{M}_1 \xrightarrow{\sim} \mathcal{A}_1 = \mathbb{H}_1/\Gamma_1 \xrightarrow[\sim]{j} \mathbb{C}.$$

Allgemein sind Moduln Werte von Funktionen auf $\mathcal{M}_n$ mit gewissen Zusatzbedingungen. Erst im Zuge der Entwicklung der Funktionentheorie mehrerer Veränderlicher konnte man diese Zusatzbedingungen als Meromorphiebedingungen formulieren. Der Raum $\mathcal{A}_n = \mathbb{H}_n/\Gamma_n$ trägt die Struktur eines komplexen Raumes der Dimension $\frac{1}{2}n(n+1)$, $\mathcal{M}_n$ ist für $n \geq 2$ ein komplexer Raum der Dimension $3n-3$. Man erhält Moduln auf $\mathcal{M}_n$ durch „Einschränkung" meromorpher Funktionen auf $\mathbb{H}_n/\Gamma_n$ und diese können mit (meromorphen) Γ_n-invarianten Funktionen auf $\mathbb{H}_n$ identifiziert werden. Eine systematische Theorie dieser Modulfunktionen wurde erst im Jahre 1939 von *C.L. Siegel* entwickelt. Beispiele solcher Modulfunktionen wurden jedoch schon im 19. Jahrhundert eingehend untersucht. Auf derartige Modulfunktionen stößt man, wenn man anstelle von A die meromorphe *Umkehrabbildung*

$$A^{-1} : \mathbb{C}^n/L \to \mathcal{R}^{(n)}$$

betrachtet. Die Projektion p: $\mathcal{R} \to \bar{\mathbb{C}}$ induziert eine holomorphe Abbildung

$$p^{(n)}: \mathcal{R}^{(n)} \to \bar{\mathbb{C}}^{(n)}.$$

Die symmetrische Potenz $\bar{\mathbb{C}}^{(n)}$ der Zahlkugel ist nach dem Satz über elementar symmetrische Funktionen zur kartesischen Potenz $\bar{\mathbb{C}}^n$ birational äquivalent.

Die Umkehrabbildung A^{-1} kann also durch ein n-Tupel meromorpher Funktionen auf dem Torus $\mathbb{C}^n/L$ beschrieben werden. Meromorphe Funktionen auf $\mathbb{C}^n/L$ können mit periodischen (meromorphen) Funktionen auf $\mathbb{C}^n$ identifiziert werden. Man nennt solche Funktionen *Abelsche Funktionen* (so wie man die Integrale algebraischer Funktionen auch *Abelsche Integrale* nennt). Die Gesamtheit der Abelschen Funktionen zur Periodenmatrix $Z \in \mathbb{H}_n$ (gleichgültig ob diese zu einer kompakten Riemannschen Fläche gehört oder nicht) bildet einen algebraischen Funktionenkörper. Mit Hilfe von *Thetareihen* ist es möglich, ein *kanonisches Erzeugendensystem*

$$f_1(Z, \mathfrak{z}), \ldots, f_l(Z, \mathfrak{z})$$

für diesen Körper anzugeben. Diese Funktionen hängen von Z analytisch ab. Die *Nullwerte*

$$f_1(Z, 0), \ldots, f_l(Z, 0)$$

erweisen sich als Modulfunktionen. Um genau zu sein: Die Funktionen $f_j(Z, 0)$ sind lediglich unter gewissen Untergruppen von endlichem

Index der Modulgruppe $Sp(n,\mathbb{Z})$ invariant. Erst geeignete symmetrische Polynome ergeben Modulfunktionen zur vollen Gruppe. *Die klassischen Bausteine für die Moduln Abelscher Funktionen sind die* **„Thetanullwerte"**.

Ein anderes Motiv für die Entwicklung der Theorie der höheren Modulfunktionen findet sich in Problemen der algebraischen Zahlentheorie. Der Wert $j(z)$ ist bekanntlich algebraisch, wenn z Element eines imaginär quadratischen Zahlkörpers K ist. Man kann alle Abelschen Erweiterungen von K durch Adjunktion spezieller Werte von Modulfunktionen erzeugen, so, wie nach dem bekannten *Satz von Kronecker* die Abelschen Erweiterungen von $\mathbb{Q}$ durch Adjunktion von Einheitswurzeln, also speziellen Werten der e-Funktion, erzeugt werden können.

Auf der Suche nach Funktionen, welche für eine größere Klasse von Grundkörpern ähnliches leisten, wurde *D. Hilbert* auf die nach ihm benannten Modulfunktionen geführt. Sie sind auf dem Produkt von oberen Halbebenen definiert. *O. Blumenthal* entwickelte eine systematische Theorie dieser Modulfunktionen. Später gab *H. Maaß* eine Neubegründung der Theorie der Hilbertschen Modulfunktionen, welche auf den inzwischen entwickelten Siegelschen Methoden beruhte.

Ein dritter Weg zur Theorie der Modulfunktionen führt über die Theorie der quadratischen Formen, insbesondere der positiv definiten quadratischen Formen. Man interessiert sich in dieser Theorie für *Darstellungsanzahlen durch quadratische Formen*, beispielsweise für die Anzahl der Zerlegungen einer Zahl n als Summe von k Quadraten

$$A_k(n)=\#\{g\in\mathbb{Z}^k,\ g_1^2+\ldots+g_k^2=n\}.$$

Offenbar gilt

$$\sum_{n=0}^{\infty} A_k(n)\,e^{\pi i n z}=\vartheta(z)^k,$$

wobei

$$\vartheta(z)=\sum_{n=-\infty}^{\infty} e^{\pi i n^2 z}$$

die einfachste aller Thetareihen bezeichnet. Die Theorie der Modulfunktionen ist ein glänzendes Hilfsmittel zum Studium derartiger Darstellungsanzahlen.

Im Jahre 1935 veröffentlichte *C.L. Siegel* seinen berühmten *Hauptsatz*, in welchem Darstellungen

$$G'SG=T,\qquad G=G^{(m,n)}\qquad \text{ganz}$$

von quadratischen Formen $T=T^{(n)}$ durch positiv definite quadratische Formen $S=S^{(m)}$ untersucht werden.

Diesen Hauptsatz konnte er unter gewissen Einschränkungen als Identität zwischen Linearkombinationen von Thetareihen und verallgemeinerten Eisensteinreihen deuten. Diese Identität führte Siegel zur Begründung einer systematischen auf Mitteln der Funktionentheorie gegründeten Theorie der Modulfunktionen und Modulformen zur symplektischen Modulgruppe.

Das vorliegende Buch stellt eine Einführung in die von Siegel begründete Theorie und in ihre Weiterentwicklung dar.

Inhaltsübersicht

Im ersten Kapitel werden die grundlegenden **Existenz- und Endlichkeitssätze für Siegelsche Modulformen und Modulfunktionen** bewiesen. Es wird gezeigt, daß der Körper aller Modulfunktionen endlich erzeugt ist und den Transzendenzgrad

$$\frac{n(n+1)}{2} \qquad (=\dim S_n/\Gamma_n)$$

besitzt.

Dieser Teil des Buches ist elementar und in sich geschlossen. Er sollte Studenten mittlerer Semester zugänglich sein.

Im zweiten Kapitel wird die Kompaktifizierungstheorie von Satake und Baily behandelt. Ein Hauptresultat dieser Theorie ist der Beweis der **endlichen Erzeugbarkeit des Ringes der Modulformen.** Dies ist allgemeiner als die endliche Erzeugbarkeit des Körpers der Modulfunktionen, liegt jedoch viel tiefer. Es ist bislang nicht gelungen, die endliche Erzeugbarkeit des Ringes der Modulformen mit den Siegelschen oder vergleichsweise elementaren Methoden zu beweisen.

In der Kompaktifizierungstheorie kommen Methoden der modernen Funktionentheorie mehrerer Veränderlicher zum Tragen. Um sie zu verstehen, muß man mit der *Theorie der komplexen Räume* und den Grundzügen der algebraischen Geometrie vertraut sein.

Im dritten Kapitel wird – im Falle $n=1$, 2 elementar, in den Fällen $n>2$ mit den Methoden der algebraischen Geometrie – der Körper der Modulfunktionen untersucht. Diese Untersuchungen sind alles andere als abgeschlossen. Immerhin wird gezeigt, daß der Körper der Modulfunktionen zwar in den Fällen $n=1$, 2, aber nicht allgemein ein rationaler Funktionenkörper ist. Warum interessiert man sich für derartige Struktursätze? Ein Grund liegt darin, daß die Struktur von $\mathscr{A}_n$ – mehr noch von $\mathscr{M}_n$ – für die Klassifikationstheorie algebraischer Mannigfaltigkeiten (Funktionenkörper) von größter Bedeutung ist. Prinzipiell bietet sich beim Studium einer irreduziblen d-dimensionalen Varietät X der folgende Weg an.

Man wähle eine rationale Abbildung

$$\varphi: X \to P^{d-1}\mathbb{C}, \qquad d = \dim X > 1.$$

Die Fasern von φ sind außerhalb einer dünnen Ausnahmemenge $S \subset P^{d-1}\mathbb{C}$ kompakte Riemannsche Flächen eines festen Geschlechts n. Ordnet man jedem Punkt aus $P^{d-1}\mathbb{C} \setminus S$ die Periodenmatrix dieser Riemannschen Fläche zu, so erhält man eine meromorphe Abbildung

$$P^{d-1}\mathbb{C} \to \mathscr{A}_n = S_n/\Gamma_n.$$

Die Reichhaltigkeit der algebraischen Geometrie hängt davon ab, „wie rational" $\mathscr{A}_n$ bzw. der Körper der Modulfunktionen ist. Die Resultate des vorliegenden Buches scheinen darauf hinzudeuten, daß die größte Reichhaltigkeit bei kleinem n auftritt.

Das vierte Kapitel führt in die Theorie der **Heckeoperatoren** ein. Dieses Kapitel ist wieder elementar, die Beweise sind vollständig. Es ist von dem zweiten und dritten Kapitel weitgehend unabhängig. Als Anwendung dieser Theorie erhält man Spezialfälle des Siegelschen Hauptsatzes auf rein funktionentheoretischem Weg. Das Buch endet also dort, wo Siegel angefangen hat.

Ich hoffe, mit diesem Buch interessierten Studenten einen Einstieg in die Theorie der Modulfunktionen geben und auch an Probleme aktueller Forschung heranführen zu können. Selbstverständlich erhebe ich keinerlei Anspruch auf Vollständigkeit. Die Entwicklung der Theorie der Modulfunktionen ist so rasant, daß das Unterfangen einer vollständigen Darstellung selbst im Falle $n=1$ von vornherein zum Scheitern verurteilt wäre.

Auf eine wesentliche Lücke möchte ich jedoch hinweisen. Auf den in der Einleitung hervorgehobenen Zusammenhang mit den Abelschen Funktionen wird in dem gesamten Buch nicht mehr eingegangen. Es gibt ein ausgezeichnetes Buch über Abelsche Funktionen von *J.-I. Igusa* [44].

Liste häufig verwendeter Bezeichnungen

□: Ende eines Beweises.

$\mathbb{N}, \mathbb{Z}, \mathbb{Q}, \mathbb{R}, \mathbb{C}$: Menge der natürlichen, ganzen, rationalen, reellen, komplexen Zahlen.

$A = A^{(m,n)}$: A ist eine Matrix von m Zeilen und n Spalten.

$A^{(n)} = A^{(n,n)}$.

A': Transponierte Matrix A.

$\sigma(A)$: Spur einer quadratischen Matrix A,

$\det A$: Determinante einer quadratischen Matrix A (manchmal auch $|A| = \det A$).

$Y \geq 0\ (Y > 0)$: Y ist eine symmetrische reelle Matrix. Die assoziierte quadratische Form ist semipositiv (positiv definit).

Dieselben Bezeichnungen werden an einigen Stellen für Hermitesche Matrizen verwendet.

$Y[A] = A'YA, \quad Y\{A\} = \bar{A}'YA$;

davon abweichend die Wirkung einer Modulsubstitution auf eine Thetacharakteristik (Kap I, § 3)

$$M\begin{Bmatrix} a \\ b \end{Bmatrix} \equiv \begin{pmatrix} D & -C \\ -B & A \end{pmatrix} \begin{pmatrix} a \\ b \end{pmatrix} + \begin{pmatrix} (CD')_0 \\ (AB')_0 \end{pmatrix} \bmod 2.$$

$M_{m,n}(R)$: Menge der $m \times n$-Matrizen mit Koeffizienten aus R.

$\mathscr{X}_{m,n} = M_{m,n}(\mathbb{R})$.

$Gl(n, R)$: Gruppe der n-reihigen invertierbaren Matrizen mit Koeffizienten aus R.

$Sl(n, R) = \{A \in Gl(n, R), \det A = 1\}$.

$O(n, R) = \{A \in Gl(n, R);\ A'A = E$ (Einheitsmatrix)$\}$.

$Sp(n, R) = \{M \in Gl(2n, R);\ I[M] = I\}$,

dabei

$$I = \begin{pmatrix} 0 & E \\ -E & 0 \end{pmatrix} \qquad (E, 0 \text{ Einheits-, bzw. Nullmatrix}).$$

$\mathscr{K}_n = Sp(n, R) \cap O(2n, R)$

$\mathscr{Z}$: endlich dimensionaler komplexer Vektorraum, speziell
$\mathscr{Z}_n = \{Z = Z^{(n)} = Z'\}$,
$End(\mathscr{Z})$: Menge der linearen Abbildungen $l: \mathscr{Z} \to \mathscr{Z}$,
$Gl(\mathscr{Z}) = \{l \in End(\mathscr{Z}),\ l$ invertierbar$\}$.
$\mathscr{P}_n = \{Y = Y^{(n)},\ Y = Y'$ reell, $Y > 0\}$.
$\mathbb{H}_n = \{Z \in \mathscr{Z}_n,\ Z = X + iY,\ Y > 0\}$.
$\mathscr{E}_n = \{W \in \mathscr{Z}_n,\ E - W\overline{W} > 0\}$
$\mathscr{R}_n$ = Bereich der Minkowski-reduzierten Matrizen I 2.2.
$\mathscr{R}_n(u)$, $\mathscr{R}_n[u]$, II 1.2, II 1.3.
$\mathscr{F}_n$: Siegelscher Fundamentalbereich I 2.8.
$\mathscr{F}_n(u)$: II 1.7.
$\mathfrak{G}_n = \{W = W^{(2n,n)},\ I[W] = 0$, Rang $W = n\}$,
$\mathscr{G}_n = \mathfrak{G}_n / Gl(n, \mathbb{C})$.
$J(\varphi, z)$: Funktionalmatrix von φ im Punkt z,
$j(\varphi, z) = \det J(\varphi, z)$.
$\Gamma_n = Sp(n, \mathbb{Z})$, Γ mit Γ_n kommensurable Gruppe.
$[\Gamma, r]$: Vektorraum der Modulformen vom Gewicht r.
$[\Gamma, r]_0$: Unterraum der Spitzenformen.

$$A(\Gamma) = \bigoplus_{r=0}^{\infty} [\Gamma, r].$$

$K(\Gamma)$: Körper der Modulfunktionen.

$\Omega_n = Sp(n, \mathbb{R})$.

$$\Omega_{n,m} = \left\{ \begin{pmatrix} A & B \\ C & D \end{pmatrix} \in \Omega_n,\ A = \begin{pmatrix} A_1^{(m)} & 0 \\ A_3 & A_4 \end{pmatrix}; \right.$$
$$\left. C = \begin{pmatrix} C_1^{(m)} & 0 \\ 0 & 0 \end{pmatrix};\ D = \begin{pmatrix} D_1^{(m)} & D_2 \\ 0 & D_4 \end{pmatrix} \right\}.$$

$\Gamma_{n,m} = \Omega_{n,m} \cap \Gamma_n$.
$\Omega^I_{n,m} = I\,\Omega_{n,m} I^{-1}$.
$\mathfrak{S}_n$: symmetrische Gruppe n-ten Grades.
$O_n(U, C)$, $O_n^*(U, C)$, s. Kap. II, § 2.
$W_n(U, C)$, $\tilde{W}_n(U, C)$, s. Kap. II, § 6.
$\mathbb{H}_n^* = \mathbb{H}_n \cup \{$rationale Randkomponenten$\}$.
$\mathscr{O}(X)$: Menge der holomorphen Funtkionen auf X.
$\Omega(X)$: Menge der holomorphen Differentiale auf der Mannigfaltigkeit X.
$\Omega^{\otimes k}(X)$: Menge der holomorphen Tensoren vom Grade k.
$\Omega^{[k]}(X) = \{T \in \Omega^{\otimes k}(X);\ T$ alternierend$\}$.
$\mathscr{K}^k(X)$: Menge der multikanonischen Tensoren vom Gewicht k.
Ω_f, $\Omega_f^{[m]}$, $\mathscr{K}_f^k$, holomorphe Tensoren mit Fortsetzungseigenschaft (s. Kap III, § 5).
$t_k = \dim \Omega_f^{\otimes k}$; $g_k = \dim \Omega_f^{[k]}$; $p_k = \dim \mathscr{K}_f^k$.

$\omega_{ik} = \pm \bigwedge_{\substack{1 \le \mu \le \nu \le n \\ \{\mu,\nu\} \ne \{i,k\}}} dz_{\mu\nu}$.

$\Omega = (e_{ik}\omega_{ik})$, dabei $e_{ik} = \begin{cases} 1 & \text{für } i = k, \\ 1/2 & \text{für } i \ne k. \end{cases}$

$V^{[p]}$: p-te äußere Potenz des Vektorraumes V.

$A \sqcap B$ s. Kap. III, § 6.

$\{f, g\}$ s. Kap. III, 6.13.

∂, $\partial^{[p]}$, $|\partial|_b^a$ s. Kap. III, § 6.

Mult$(\mathscr{X}^p, \mathbb{C})$: Menge der p-fachen Multilinearformen auf $\mathscr{X}$.

$S_n(l) = \{A = A^{(n)}$ ganz, $\det A = l\}$.

$O_n(l) = \{M = M^{(2n)}$ ganz; $M'IM = lI\}$.

$\mathscr{H}(R, S)$, $\mathscr{L}(R, S)$ s. Kap. IV, § 1.

$\mathscr{L}_n = \mathscr{L}(\mathscr{U}_n, \mathscr{G}_n)$, $\mathscr{U}_n = Gl(n, \mathbb{Z})$, $\mathscr{G}_n = Gl(n, \mathbb{Q})$,

$\mathscr{H}_n = \mathscr{H}(\mathscr{U}_n, \mathscr{G}_n)$.

$\mathscr{L}_{n,p} = \mathscr{L}(\mathscr{U}_n, \mathscr{G}_{n,p})$; $\mathscr{G}_{n,p} = Gl\left(n, \mathbb{Z}\left[\frac{1}{p}\right]\right)$.

$\mathscr{H}_{n,p} = \mathscr{H}(\mathscr{U}_n, \mathscr{G}_{n,p})$.

Δ_n = Gruppe der rationalen symplektischen Ähnlichkeitsmatrizen n-ten Grades
$= \{M \in Gl(2n, \mathbb{Q});\ I[M] = lI,\ l > 0\}$.

$\Delta_{n,p} = \Delta_n \cap Gl\left(2n, \mathbb{Z}\left[\frac{1}{p}\right]\right)$.

$E_\nu = \sum_{1 \le i_1 < \dots < i_\nu \le n} X_{i_1} \dots X_{i_\nu}$

(ν-tes elementarsymmetrisches Polynom)

E_ν nicht mit der Eisensteinreihe verwechseln:

$E_r(Z) = \sum_{\Gamma_{n,0} \backslash \Gamma_n} \det(CZ + D)^{-r}$,

$R_i^{(n)} = \sum_{\substack{\varepsilon_\nu \in \{0, 1, -1\} \\ |\varepsilon_1| + \dots + |\varepsilon_n| = i}} X_1^{\varepsilon_1} \dots X_n^{\varepsilon_n}$.

Kapitel I. Die klassische Theorie der Siegelschen Modulformen

§ 0. Thetareihen zu positiv definiten quadratischen Formen

Der an einer möglichst schnellen Einführung in die Theorie der Siegelschen Modulfunktionen interessierte Leser kann diesen „§ 0“ zunächst einmal überschlagen. Für die in Kapitel I und II entwickelte Theorie kommt man mit Poincaré- und Eisensteinreihen als Konstruktionsbausteine für Modulformen aus.

Die einfachste aller Thetareihen ist

$$\vartheta(z) = \sum_{n=-\infty}^{\infty} e^{\pi i n^2 z}, \qquad \operatorname{Im} z > 0.$$

Bereits Gauß kannte die Transformationsformel

$$\vartheta(-1/z) = \sqrt{z/i}\,\vartheta(z).$$

Der Thetatransformationsformalismus stellt eine Verallgemeinerung dieser Formel dar. Er gestattet es, Thetareihen als Bausteine zur Konstruktion von Modulformen zu verwenden. Der Transformationsformalismus wird an mehreren Stellen dieses Buches weiterentwickelt werden (III 3.6, 4.14, A II).

Einer symmetrischen reellen m-reihigen Matrix

$$S = S^{(m)} = (s_{ij})_{1 \le i, j \le m}$$

wird die quadratische Form

$$S[x] = x' S x = \sum_{1 \le i, j \le m} s_{ij} x_i x_j$$

zugeordnet. Dabei sei x ein m-reihiger Spaltenvektor. Die Matrix heißt *semipositiv* ($S \ge 0$), falls

$$S[x] \ge 0 \quad \text{für alle } x \in \mathbb{R}^m$$

und *positiv (definit)*, falls überdies gilt:

$$S[x] = 0 \Rightarrow x = 0.$$

Ist $A = A^{(m,n)}$ eine reelle Matrix, so ist mit S die Matrix

$$T = S[A] = A' S A$$

ebenfalls semipositiv.

0.1 Hilfssatz. *Jede symmetrische reelle Matrix* $S=S^{(m)}>0$ *kann durch eine orthogonale Transformation in eine Diagonalmatrix transformiert werden:*

$$S[U]=U'SU=\begin{pmatrix} d_1 & & 0 \\ & \ddots & \\ 0 & & d_m \end{pmatrix}, \qquad U'U=E.$$

Die Matrix ist genau dann semipositiv, wenn die Eigenwerte $d_1,\ldots,d_m$ nicht negativ sind und sogar positiv, wenn diese außerdem von 0 verschieden sind, Insbesondere ist eine semipositive Matrix S genau dann positiv, wenn ihre Determinante von 0 verschieden ist.

Die Diagonalelemente einer (semi-)positiven Matrix sind (semi-) positiv.

$$S[e_i]=s_{ii}, \qquad e_i'=(0,\ldots,0,\overset{\substack{i\text{-te Stelle}\\ \downarrow}}{1},0,\ldots,0).$$

0.1$_1$ Folgerung. *Sind* $S=S^{(m)}$, $T=T^{(m)}$ *semipositiv, so gilt*

$$\sigma(ST)\geq 0 \qquad (\sigma=Spur).$$

0.1$_2$ Folgerung. *Zu jeder positiven Matrix S existiert eine eindeutig bestimmte positive Matrix* $S^{1/2}$ *mit der Eigenschaft*

$$S=S^{1/2}S^{1/2}.$$

0.1$_3$ Folgerung. *Zu je zwei symmetrischen reellen Matrizen* $S=S^{(m)}$, $T=T^{(m)}$, *von denen mindestens eine positiv ist, existiert eine reelle invertierbare Matrix* $A=A^{(m)}$, *so daß* $S[A]$ *und* $T[A]$ *beide Diagonalmatrizen sind.*

0.1$_4$ Folgerung. *Sind S und T semipositive Matrizen mit der Eigenschaft* $S-T\geq 0$ $(S-T>0)$, *so gilt*

$$\det S\geq \det T \quad (\det S>\det T).$$

0.1$_5$ Folgerung. *Zu jeder positiven Matrix S existiert eine reelle Zahl* $\delta>0$, *so daß*

$$S\geq \delta E \qquad (d.h.\ S-\delta E\geq 0)$$

gilt.

Dabei bezeichne E die Einheitsmatrix.

0.1$_6$ Folgerung. *Ist S eine positive Matrix, so ist die Anzahl* $A(S,t)$ *aller ganzen Vektoren*

$$g\in\mathbb{Z}^m, \qquad S[g]=t \qquad (t\in\mathbb{R})$$

endlich.

Wir wollen für einen Moment annehmen, daß S eine ganze Matrix sei. Man kann dann die Darstellungszahlen $A(S,t)$ in einer zunächst formalen Potenzreihe zusammenfassen:

$$\sum_{t=0}^{\infty} A(S,t)\, q^t = \sum_{g\in\mathbb{Z}^m} q^{S[g]}.$$

Um auch beliebige reelle positive Matrizen zu erfassen, führen wir die Substitution

$$q := e^{\pi i z} \qquad (z\in\mathbb{C})$$

durch und definieren

$$\vartheta(S,z) := \sum_{g\in\mathbb{Z}^m} e^{\pi i S[g] z}.$$

0.2 Bemerkung. *Die Thetareihe* $\vartheta(S,z)$, $S>0$, *konvergiert in der oberen Halbebene*, $\operatorname{Im} z>0$, *absolut. Sie konvergiert in Bereichen der Art*

$$\operatorname{Im} z \geq \delta > 0 \qquad (\delta>0)$$

sogar gleichmäßig und stellt daher eine analytische Funktion in der oberen Halbebene dar.

Beweis. Es ist

$$|e^{\pi i S[g] z}| = e^{-\pi S[g] y}, \qquad z = x+iy.$$

Im Hinblick auf 0.1_5 kann man S durch E ersetzen. Die Reihe

$$\sum_{g\in\mathbb{Z}^m} q^{g'g} = \Bigl(\sum_{n=-\infty}^{\infty} q^{n^2}\Bigr)^m$$

hat offensichtlich den Konvergenzradius 1 □

0.3 Satz. *Es gilt die* **Thetatransformationsformel**

$$\vartheta(S^{-1}, -z^{-1}) = (\det S)^{1/2} \sqrt{z/i}^{\,m}\, \vartheta(S,z).$$

Dabei ist $h(z)=\sqrt{z/i}$ die durch folgende beiden Eigenschaften eindeutig bestimmte analytische Funktion in der oberen Halbebene (Hauptwert der Wurzelfunktion).

a) $h^2(z)=z/i$,

b) $h(iy)=\underset{+}{\sqrt{y}}$, $y>0$.

Es ist leicht zu sehen, daß $-z^{-1}$ mit z in der oberen Halbebene liegt und daß S^{-1} positiv definit ist ($S^{-1}=S^{-1}SS^{-1}$).

Beweis von 0.3. Es gilt

$$S[g+w]\,z = S[g]\,z + 2zw'Sg + S[w]\,z.$$

Wenn z und w in einem Kompaktum variieren, so folgt mittels 0.1_5

$$\operatorname{Im} S[g+w]z > 1/2 \operatorname{Im} S[g]z$$

für fast alle $g \in \mathbb{Z}^m$ (bis auf höchstens endlich viele Ausnahmen). Daher konvergiert die Reihe

$$f(w) = \sum_{g \in \mathbb{Z}^m} e^{\pi i S[g+w]z}$$

für $w \in \mathbb{C}^m$ absolut und lokal gleichmäßig und stellt eine periodische analytische Funktion dar,

$$f(w+h) = f(w) \qquad \text{für } h \in \mathbb{Z}^m.$$

Man kann sie daher in eine mehrfache Fourierreihe entwickeln:

$$f(w) = \sum_{h \in \mathbb{Z}^m} a_h e^{2\pi i h' w}$$

$$(h' w = h_1 w_1 + \ldots + h_m w_m).$$

Es gilt für beliebiges $v \in \mathbb{R}^m$:

$$a_h = \int_0^1 \ldots \int_0^1 f(w) e^{-2\pi i h' w} du, \qquad w = u + iv.$$

Vertauschung von Summation und Addition ergibt

$$a_h = \int_{-\infty}^{\infty} \ldots \int_{-\infty}^{\infty} e^{\pi i (S[w]z - 2h'w)} du$$

$$= e^{-\pi i S^{-1}[h] z^{-1}} \int_{-\infty}^{\infty} \ldots \int_{-\infty}^{\infty} e^{\pi i z S[w - S^{-1} h z^{-1}]} du.$$

Wir wählen nun v so, daß $w - S^{-1} h z^{-1}$ reell ist und erhalten

$$a_h = e^{-\pi i S^{-1}[h] z^{-1}} \int_{-\infty}^{\infty} \ldots \int_{-\infty}^{\infty} e^{\pi i S[u] z} du.$$

Jede positive Matrix S läßt sich in der Form $S = A'A$ mit einer reellen Matrix A schreiben (0.1_2). Wir wenden die Transformation

$$u \to A^{-1} u$$

mit der Funktionaldeterminante $\det A^{-1}$ an und erhalten aus der Transformationsformel für n-fache Integrale

$$\int_{-\infty}^{\infty} \ldots \int_{-\infty}^{\infty} e^{\pi i S[u] z} du = (\det S)^{-1/2} \int_{-\infty}^{\infty} \ldots \int_{-\infty}^{\infty} e^{\pi i u' u z} du$$

$$= (\det S)^{-1/2} \left(\int_{-\infty}^{\infty} e^{\pi i t^2 z} dt \right)^m.$$

Im Spezialfall $z=iy$ gilt bekanntlich

$$\int_{-\infty}^{\infty} e^{-\pi t^2 y}\,dt = y^{-1/2}.$$

Wir erhalten also

$$a_h = e^{-\pi i S^{-1}[h] z^{-1}} (\det S)^{-1/2} \sqrt{z/i}^{\,-m}.$$

Aus

$$\vartheta(S,z) = f(0) = \sum_{g\in\mathbb{Z}^m} a_g$$

folgt die Thetatransformationsformel □

Zwei symmetrische Matrizen $S=S^{(m)}$, $T=T^{(m)}$ heißen *äquivalent* ($S\sim T$), falls eine unimodulare Matrix $U\in Gl(m,\mathbb{Z})$ mit der Eigenschaft

$$S[U] = U'SU = T$$

existiert. Offenbar gilt dann

$$\vartheta(S,z) = \vartheta(T,z).$$

Wenn S selbst unimodular ist, so gilt

$$S^{-1} = S[S^{-1}], \qquad \text{also } S\sim S^{-1}.$$

In diesem Fall lautet die Thetatransformationsformel

$$\vartheta(S,-z^{-1}) = \sqrt{z/i}^{\,m}\,\vartheta(S,z).$$

Außerdem gilt

$$\vartheta(S,z+2) = \vartheta(S,z).$$

Eine symmetrische Matrix $S=S^{(m)}$ heißt *gerade*, falls sie nur gerade Zahlen darstellt:

$$S[g] \equiv 0 \bmod 2 \qquad \text{für } g\in\mathbb{Z}^m.$$

Dies bedeutet nichts anderes, als daß S ganz ist und daß die Diagonalelemente von S gerade sind. Als eine einfache Anwendung der Thetatransformationsformel beweisen wir

0.4 Satz. *Wenn eine gerade positive Matrix $S=S^{(m)}$ der Determinante 1 existiert, so ist m ein Vielfaches von 8.*

Beweis. Sei $f(z)=\vartheta(S,z)$. Es gilt $f(z+1)=f(z)$, da S gerade ist. Aus der Thetatransformationsformel folgt

a) $f(1-1/z) = f(-1/z) = \sqrt{z/i}^{\,m} f(z)$,

b) $$\begin{aligned} f(1-1/z) &= f((z-1)/z) = \sqrt{z/(i(1-z))}^{\,m} f(z/(1-z)) \\ &= \sqrt{z/(i(1-z))}^{\,m} f(z/(1-z)+1) \\ &= \sqrt{z/(i(1-z))}^{\,m} f(1/(1-z)) \\ &= \sqrt{z/(i(1-z))}^{\,m} \sqrt{(z-1)/i}^{\,m} f(z). \end{aligned}$$

Spezialisiert man die Relation

$$\sqrt{z/i}^{\,m} = \sqrt{z/(i(1-z))}^{\,m} \sqrt{(z-1)/i}^{\,m}$$

auf $z=i$, so folgt

$$1 = e^{2\pi i m/8}, \quad \text{also } m \equiv 0 \bmod 8 \quad \square$$

Die beiden Substitutionen

$$z \to z+1, \qquad z \to -1/z$$

erzeugen bekanntlich die *elliptische Modulgruppe*, welche aus allen Substitutionen

$$z \to M\langle z\rangle = (az+b)/(cz+d), \qquad M \in Sl(2,\mathbb{Z})$$

besteht.

Wir erhalten

0.5 Satz. *Sei $S=S^{(m)}>0$, $8|m$ eine positive unimodulare gerade Matrix. Dann gilt*

$$\vartheta(S,Mz) = (cz+d)^{m/2}\,\vartheta(S,z) \qquad \textit{für } M = \begin{pmatrix} a & b \\ c & d \end{pmatrix} \in Sl(2,\mathbb{Z}).$$

Bemerkung. Ist S eine beliebige positive rationale Matrix, so gilt die in 0.5 formulierte Transformationsformel für alle Substitutionen aus einer geeigneten Untergruppe von endlichem Index in der elliptischen Modulgruppe. Der Beweis hiervon ist komplizierter (s. A II).

Wir wollen nun allgemeiner Darstellungen von quadratischen Formen durch quadratische Formen betrachten.

0.6 Definition. Eine symmetrische Matrix $T=T^{(n)}$ heißt durch die symmetrische Matrix $S=S^{(m)}$ darstellbar, falls eine ganze Matrix $G=G^{(m,n)}$ mit der Eigenschaft

$$S[G] = G'SG = T$$

existiert.

Offenbar gilt:

$$S[G]=T \Rightarrow S[g_r]=t_{rr},$$

wenn man mit g_r die r-te Spalte von G bezeichnet. Für positiv definite S ist also die Anzahl

$$A(S,T) = \#\{G \text{ ganz}, S[G]=T\}$$

endlich.

0.7 Bemerkung. *Zwei positive Matrizen* S_1, S_2 *sind dann und nur dann äquivalent, wenn*

$$A(S_1, T^{(n)}) = A(S_2, T^{(n)})$$

für alle n *und* T *gilt.*

Beweis. Offenbar sind S_1 und S_2 genau dann äquivalent, wenn $A(S_1, S_2)$ und $A(S_2, S_1)$ beide von 0 verschieden sind □

Die Gesamtheit der Darstellungszahlen $A(S, T)$ kann in einer verallgemeinerten Thetareihe

$$\vartheta(S^{(m)}, Z^{(n)}) = \sum_{G = G^{(m,n)}} e^{\pi i \sigma(S[G]Z)}$$

zusammengefaßt werden. Im Bereich der absoluten Konvergenz gilt offenbar

$$\vartheta(S^{(m)}, Z^{(n)}) = \sum_{T = T' \geq 0} A(S, T)\, e^{\pi i \sigma(TZ)},$$

wobei über alle T zu summieren ist, welche durch S dargestellt werden.

0.8 Bemerkung. *Die verallgemeinerte Thetareihe* $\vartheta(S, Z)$ *konvergiert in jedem Bereich der Art*

$$D(Y_0) = \{Z = Z' \colon \operatorname{Im} Z \geq Y_0 > 0\}$$

absolut und gleichmäßig.

Die Vereinigung all dieser Bereiche ist die **Siegelsche Halbebene**

$$\mathbb{H}_n = \{Z = Z^{(n)} = Z';\ \operatorname{Im} Z > 0\}.$$

Beweis. Es ist

$$|e^{\pi i \sigma(S[G]Z)}| = e^{-\pi \sigma(G'SGY)}, \qquad Y = \operatorname{Im} Z.$$

Im Hinblick auf 0.1_1 und 0.1_5 können wir uns auf den Fall $Y = E$ beschränken. Es gilt

$$\sigma(G'SG) = \sum_{\nu=1}^{n} S[g_\nu], \qquad G = (g_1, \ldots, g_n),$$

und daher

$$\vartheta(S^{(m)}, iE^{(n)}) = [\vartheta(S, i)]^n \quad \square$$

Die Spur $\sigma(A_1 \ldots A_n)$ eines Produkts von Matrizen ist bekanntlich bezüglich zyklischer Permutation der Faktoren invariant.

Es gilt daher

$$\sigma(S[G]Z) = \sigma(SGZG') = \sigma(Z[G']S).$$

Hieraus folgt eine bemerkenswerte Symmetrierelation

$$\vartheta(S, iY) = \vartheta(Y, iS)$$

im Konvergenzbereich.

Wir wollen nun die Thetatransformationsformel auf die verallgemeinerten Thetareihen übertragen. Dazu benötigen wir

0.9 Hilfssatz. *Ist $Z \in \mathbb{H}_n$ ein Punkt in der Siegelschen Halbebene, so ist Z invertierbar und es gilt*

$$-Z^{-1} \in \mathbb{H}_n.$$

Beweis. Wäre Z nicht invertierbar, so könnte man eine Lösung von

$$Z\bar{z} = 0, \qquad z \in \mathbb{C}^n, \qquad z \neq 0,$$

finden. Dann gilt insbesondere

$$0 = z' Z \bar{z} = z' X \bar{z} + i z' Y \bar{z}.$$

Da $z' X \bar{z}$, $z' Y \bar{z}$ reell sind (s. A I), folgt

$$z' Y \bar{z} = Y[x] + Y[y] = 0 \qquad (z = x + iy)$$

und daher $x = y = 0$.

Die Matrix Z ist also invertierbar. Eine einfache Rechnung zeigt:

$$\operatorname{Im}(-Z^{-1}) = 1/(2i)(\bar{Z}^{-1} - Z^{-1}) = 1/(2i)(Z^{-1}(Z - \bar{Z})\bar{Z}^{-1}) = Z^{-1} Y \bar{Z}^{-1}.$$

Hieraus folgt, daß die reelle symmetrische Matrix $\operatorname{Im}(-Z^{-1})$ sogar als Hermitesche Form positiv definit ist (s. A I) □

0.10 Hilfssatz. *Es existiert eine eindeutig bestimmte stetige Funktion*

$$h\colon \mathbb{H}_n \to \mathbb{C}$$

mit den Eigenschaften:

a) $h^2(Z) = \det(Z/i)$,

b) $h(iY) = \sqrt{\det Y} > 0$.

Beweis. **Eindeutigkeit von** h. Ist $\tilde{h}$ eine weitere Funktion mit den Eigenschaften a) und b), so ist $\tilde{h}/h$ eine stetige Funktion, die nur die Werte ± 1 annimmt. Die Siegelsche Halbebene $\mathbb{H}_n$ ist offensichtlich konvex und daher zusammenhängend. Wegen b) gilt $\tilde{h} = h$.

Existenz von h. Da $\mathbb{H}_n$ konvex ist, liegt die Verbindungsstrecke zwischen iE und $Z \in \mathbb{H}_n$ ganz in $\mathbb{H}_n$. Daher gilt (0.9)

$$\alpha(t) := \det[E + t(Z/i - E)] \neq 0 \qquad \text{für } 0 \leq t \leq 1$$

und wir können

$$H(Z)=\int_0^1 \alpha'(t)/\alpha(t)\,dt$$

definieren. Offenbar ist $H(Z)$ stetig in $\mathbb{H}_n$ und es gilt:

$$e^{H(Z)}=\det(Z/i).$$

Die Funktion

$$h(Z)=e^{1/2\,H(Z)}$$

hat die gewünschten Eigenschaften □

0.11 Satz. *Die verallgemeinerten Thetareihen genügen der Transformationsformel*

$$\vartheta(S^{-1}, -Z^{-1})=\sqrt{(\det S)^n}\,\sqrt{(\det(Z/i))^m}\,\vartheta(S,Z).$$

Dabei sei

$$\sqrt{\det(Z/i)}:=h(Z)$$

die in 0.10 *definierte Funktion.*

Beweis. In Analogie zum Beweis von Satz 0.5 führen wir die Funktion

$$f(W)=\sum e^{\pi i\sigma(S[G+W]Z)}$$

ein, welche im Raum der Matrizen $W=W^{(m,n)}$ lokal gleichmäßig konvergiert und entwickeln diese offenbar periodische Funktion in eine mehrfache Fourierreihe. Wir stützen uns dabei auf

0.12 Hilfssatz. *Sei $V\subset\mathbb{R}^n$ ein Gebiet und*

$$D=\{z\in\mathbb{C}^n, \operatorname{Im} z\in V\}.$$

Sei außerdem $f\colon D\to\mathbb{C}$ eine periodische holomorphe Funktion,

$$f(z+g)=f(z)\quad \text{für } g\in\mathbb{Z}^n.$$

Dann besitzt f eine in D absolut und lokal gleichmäßig konvergente Fourierentwicklung

$$f(z)=\sum_{g\in\mathbb{Z}^n} a_g e^{2\pi i g'z}.$$

Die Koeffizienten a_g sind eindeutig bestimmt und es gilt für jedes $y\in V$:

$$a_g=\int_0^1\cdots\int_0^1 f(x+iy)\,e^{-2\pi i g'(x+iy)}\,dx.$$

Da die Berechnung der Fourierkoeffizienten von f analog zum Fall $n=1$ verläuft, können wir uns kurz fassen:

Die allgemeinste ganzzahlige Linearkombination der Komponenten von $W = W^{(m,n)}$ kann man in der Form

$$\sigma(G'W) = \sum g_{\mu\nu} w_{\mu\nu}, \qquad G = G^{(m,n)} \text{ ganz},$$

schreiben. Die Fourierreihe von f läßt sich also in der Form

$$f(W) = \sum_{G = G^{(m,n)} \text{ganz}} a(G)\, e^{2\pi i \sigma(G'W)}$$

ansetzen und es gilt

$$a(G) = \int_{\mathfrak{X}_{m,n}} e^{\pi i \sigma\{S[W]Z - 2G'W\}}\, dU, \qquad W = U + iV,$$

wobei über den Raum $\mathfrak{X}_{m,n}$ aller reellen $m \times n$ Matrizen zu integrieren ist und $dU = \prod du_{\mu\nu}$ das Euklidsche Volumenelement in diesem Raum bezeichne. Durch quadratische Ergänzung folgt

$$\begin{aligned} a(G) &= e^{-\pi i \sigma(S^{-1}[G]Z^{-1})} \int_{\mathfrak{X}_{m,n}} e^{\pi i \sigma(S[W - S^{-1}GZ^{-1}]Z)}\, dU \\ &= e^{-\pi i \sigma(S^{-1}[G]Z^{-1})} \int_{\mathfrak{X}_{m,n}} e^{\pi i \sigma(S[U]Z)}\, dU. \end{aligned}$$

Wir behaupten

$$\int_{\mathfrak{X}_{m,n}} e^{\pi i \sigma(S[U]Z)}\, dU = (\det S)^{-n/2} \sqrt{\det(Z/i)}^{\,-m}.$$

Im Falle $n = 1$ haben wir diese Formel schon beim Beweis von 0.3 bewiesen. Sie folgt dann für Diagonalmatrizen Z.

Da sich bei der Transformation $Z \to Z[A]$, $A \in Gl(n, \mathbb{R})$ sowohl das Integral als auch die rechte Seite um denselben Faktor verändern, folgt die behauptete Identität mit Hilfe 0.1_3.

Wir erhalten also

$$a(G) = e^{-\pi i \sigma(S^{-1}[G]Z^{-1})} (\det S)^{-n/2} (\det Z/i)^{-m/2}.$$

Die Thetatransformationsformel 0.11 folgt nun wieder, indem man die Fourierentwicklung von f im Nullpunkt betrachtet:

$$f(0) = \sum_{G = G^{(m,n)}} a(G) \qquad \square$$

Die Thetareihen $\vartheta(S^{(m)}, Z^{(n)})$ können noch weiter verallgemeinert werden. Seien $A = A^{(m,n)}$, $B = B^{(m,n)}$ komplexe Matrizen.

Die Reihen

$$\vartheta_{A,B}(S, Z) = \sum_{G = G^{(m,n)}} e^{\pi i \sigma\{S[G + 1/2A]Z + B'G\}}$$

konvergieren in der Siegelschen Halbebene ebenfalls lokal gleichmäßig.

(Die arithmetische Bedeutung dieser Reihen wird sichtbar, wenn man beachtet, daß sie für rationales A und B als Linearkombination von Reihen der Art

$$\sum_{G \equiv G_0 \bmod l} e^{\pi i \sigma(S[G]Z)}$$

darstellbar sind und umgekehrt.)

0.13 Satz. *Die Reihen* $\vartheta_{A,B}(S,Z)$ *genügen der Transformationsformel*

$$\vartheta_{A,B}(S^{-1}, -Z^{-1}) = e^{-1/2\pi i \sigma(A'B)}(\det S)^{n/2}(\det(Z/i))^{m/2}\,\vartheta_{B,-A}(S,Z).$$

Den Fall $A=0$ haben wir übrigens beim Beweis von Satz 0.12 bereits mit erfaßt. Der allgemeine Fall verläuft analog. Von großem Interesse ist der Spezialfall $m=1$, $S=(1)$. Man erhält dann die in der Theorie der Abelschen Funktionen auftretenden **„Thetanullwerte"**

$$\vartheta(Z;a,b) := \sum_{g \in \mathbb{Z}^n} e^{\pi i\{Z[g+1/2a]+b'g\}}$$

und deren Transformationsformel:

0.13_1 Folgerung. *Es gilt*

$$\vartheta(-Z^{-1};a,b) = e^{-1/2\pi i a'b}\sqrt{\det(Z/i)}\,\vartheta(Z;b,-a).$$

§ 1. Die symplektische Gruppe als Transformationsgruppe

Die *reelle symplektische Gruppe* $Sp(n,\mathbb{R})$ operiert auf der Siegelschen Halbebene durch

$$Z \to M\langle Z\rangle = (AZ+B)(CZ+D)^{-1} \qquad \text{für } M = \begin{pmatrix} A & B \\ C & D \end{pmatrix} \in Sp(n,\mathbb{R}).$$

Die **Siegelsche Modulgruppe** $Sp(n,\mathbb{Z})$ operiert **eigentlich diskontinuierlich.** Sie wird von den speziellen Substitutionen

$$Z \to -Z^{-1} \quad \text{und} \quad Z \to Z+S$$

erzeugt.

Die *Siegelsche Halbebene*

$$\mathbb{H}_n = \{Z = Z^{(n)} = Z',\ Y > 0\}$$

ist eine Verallgemeinerung der gewöhnlichen oberen Halbebene $\mathbb{H}_1$. Es ist wohlbekannt und leicht zu beweisen, daß die Halbebene $\mathbb{H}_1$ durch gebrochene lineare Substitutionen

$$z \to M\langle z\rangle = \frac{az+b}{cz+d}; \qquad M = \begin{pmatrix} a & b \\ c & d \end{pmatrix} \in Sl(2,\mathbb{R}),$$

auf sich abgebildet wird. Für das Studium dieser Abbildungen ist es nützlich, die obere Halbebene als Teil der komplexen Ebene $\mathscr{Z}_1 = \mathbb{C}$, und diese wiederum als Teil der *Riemannschen Zahlkugel* $\mathcal{G}_1 = \bar{\mathbb{C}} = \mathbb{C} \cup \{\infty\}$ aufzufassen.

In entsprechender Weise betrachten wir $\mathbb{H}_n$ als Teilmenge des Vektorraumes

$$\mathcal{Z}_n = \{Z, Z = Z^{(n)} = Z'\}$$

und betten diesen in einen *kompakten Raum* $\mathcal{G}_n \supset \mathcal{Z}_n$ ein, so daß die Abbildung $Z \to -Z^{-1}$ auf ganz $\mathcal{G}_n$ ausgedehnt werden kann.

Konstruktion von $\mathcal{G}_n$. Sei $\mathfrak{G}_n$ die Menge aller komplexen Matrizen

$$W = W^{(2n,n)} = \begin{pmatrix} W_1 \\ W_2 \end{pmatrix}, \qquad W_\nu = W_\nu^{(n)}, \qquad \nu = 1, 2,$$

mit folgenden Eigenschaften:

a) W hat den Rang n,

b) $W_1' W_2 = W_2' W_1$.

Wenn W_2 nicht ausgeartet ist, so ist b) gleichbedeutend mit

b') $Z = W_1 W_2^{-1}$ ist symmetrisch, d.h. $Z \in \mathcal{Z}_n$.

Die Gruppe $Gl(n, \mathbb{C})$ operiert auf $\mathfrak{G}_n$ durch Multiplikation von rechts, d.h.

$$W \in \mathfrak{G}_n \Rightarrow WU = \begin{pmatrix} W_1 U \\ W_2 U \end{pmatrix} \in \mathfrak{G}_n \quad \text{für } U \in Gl(n, \mathbb{C}).$$

Wir bezeichnen mit

$$[W] = \{WU, \; U \in Gl(n, \mathbb{C})\}$$

die Bahn eines Punktes W unter dieser Operation von $Gl(n, \mathbb{C})$.

Sei

$$\mathcal{G}_n := \mathfrak{G}_n / Gl(n, \mathbb{C}) := \{[W], \; W \in \mathfrak{G}_n\}$$

die Menge all dieser Bahnen.

Die Abbildung

$$\mathcal{Z}_n \to \mathcal{G}_n, \qquad Z \to \begin{bmatrix} Z \\ E \end{bmatrix},$$

ist injektiv, denn es gilt:

$$\begin{pmatrix} Z \\ E \end{pmatrix} U = \begin{pmatrix} \tilde{Z} \\ E \end{pmatrix} \Leftrightarrow Z = \tilde{Z}, \qquad U = E.$$

Wir können also $\mathcal{Z}_n$ als Teilmenge von $\mathcal{G}_n$ betrachten.

Tatsächlich ist $\mathcal{G}_n$ eine *kompakte analytische Mannigfaltigkeit*, welche $\mathcal{Z}_n$ als offenen Teil enthält. Da wir im folgenden hiervon keinen Gebrauch machen, soll der Beweis nur angedeutet werden: Die Menge $\mathcal{G}_n$ ist abgeschlossene Untermannigfaltigkeit der *Graßmannschen Mannigfaltigkeit* aller n-dimensionalen Untervektorräume des $\mathbb{C}^{2n}$. Diese trägt bekanntlich die Struktur einer kompakten analytischen Mannigfaltigkeit.

Das Bild von $\mathscr{Z}_n$ in $\mathscr{G}_n$ besteht aus allen Punkten

$$\begin{bmatrix} W_1 \\ W_2 \end{bmatrix}, \quad \det W_2 \neq 0,$$

denn es gilt

$$\begin{bmatrix} W_1 \\ W_2 \end{bmatrix} = \begin{bmatrix} Z \\ E \end{bmatrix}, \quad Z = W_1 W_2^{-1}.$$

Wie vereinbart, identifizieren wir $\mathscr{Z}_n$ mit seinem Bild in $\mathscr{G}_n$,

$$\mathbb{H}_n \subset \mathscr{Z}_n \subset \mathscr{G}_n.$$

Eine einfache Rechnung zeigt, daß die Bedingung $W_1' W_2 = W_2' W_1$ gleichbedeutend ist mit

$$I \begin{bmatrix} W_1 \\ W_2 \end{bmatrix} = 0, \quad I = \begin{pmatrix} 0 & E \\ -E & 0 \end{pmatrix},$$

wobei E die n-reihige Einheitsmatrix sei. Hieraus folgt, daß die **symplektische Gruppe**

$$Sp(n, \mathbb{C}) := \{M \in Gl(2n, \mathbb{C}),\ I[M] = I\}$$

auf $\mathfrak{G}_n$ und $\mathscr{G}_n$ durch Multiplikation von links operiert, denn es gilt:

$$I[MW] = I[M][W] = I[W].$$

Sei $Z \in \mathscr{Z}_n$. Gemäß unserer Vereinbarung, $\mathscr{Z}_n$ als Teil von $\mathscr{G}_n$ aufzufassen, schreiben wir:

$$M\langle Z\rangle := M \begin{bmatrix} Z \\ E \end{bmatrix} \in \mathscr{G}_n.$$

Wir nehmen einmal an, der Punkt $M\langle Z\rangle$ sei bereits in $\mathscr{Z}_n$ enthalten, also

$$\tilde{Z} = M\langle Z\rangle \in \mathscr{Z}_n$$

oder

$$\begin{bmatrix} \tilde{Z} \\ E \end{bmatrix} = M \begin{bmatrix} Z \\ E \end{bmatrix}.$$

Zerlegt man M in vier n-reihige Blöcke $M = \begin{pmatrix} A & B \\ C & D \end{pmatrix}$, so bedeutet dies

$$\begin{bmatrix} \tilde{Z} \\ E \end{bmatrix} = \begin{bmatrix} AZ + B \\ CZ + D \end{bmatrix}.$$

Diese Gleichung bedeutet zweierlei:

1) $\det(CZ + D) \neq 0$,

2) $\tilde{Z} = (AZ + B)(CZ + D)^{-1}$.

Wir erhalten also:

1.1 Hilfssatz. *Sei* $Z \in \mathscr{Z}_n$ *und* $M = \begin{pmatrix} A & B \\ C & D \end{pmatrix} \in Sp(n, \mathbb{C})$. *Wenn die Determinante* $\det(CZ+D)$ *von 0 verschieden ist, so gilt*

$$M\langle Z\rangle = (AZ+B)(CZ+D)^{-1} \in \mathscr{Z}_n.$$

Wir stellen nun noch einige grundlegende Eigenschaften der symplektischen Gruppe zusammen, wobei die Koeffizienten in einem beliebigen *kommutativen Ring R mit Einselement* $1 = 1_R$ liegen dürfen:

$$Sp(n,R) = \{M \in Gl(2n,R),\ I[M] = I\}.$$

Es ist klar, daß $Sp(n,R)$ eine Untergruppe von $Gl(2n,R)$ ist.

1.2 Bemerkung. 1) *Eine Matrix* $M = \begin{pmatrix} A & B \\ C & D \end{pmatrix}$, $A = A^{(n)}, \ldots$ *ist genau dann symplektisch, wenn die Relationen*

$$A'D - C'B = E, \qquad A'C = C'A, \qquad B'D = D'B$$

erfüllt sind. Insbesondere gilt

$$Sp(1,R) = Sl(2,R).$$

2) *Es gilt* $I^{-1} = -I$. *Daher ist mit M auch M' symplektisch, d.h.*

$$AD' - BC' = E, \qquad AB' = BA', \qquad CD' = DC'.$$

3) *Die Inverse der symplektischen Matrix M ist*

$$M^{-1} = I^{-1}M'I = \begin{pmatrix} D' & -B' \\ -C' & A' \end{pmatrix}.$$

4) *Spezielle Beispiele symplektischer Matrizen sind*

a) $\begin{pmatrix} E & S \\ 0 & E \end{pmatrix}$, $S = S'$;

b) $\begin{pmatrix} U' & 0 \\ 0 & U^{-1} \end{pmatrix}$, $U \in Gl(n,R)$;

c) $I = \begin{pmatrix} 0 & E \\ -E & 0 \end{pmatrix}$.

5) *Im Falle* $R = \mathbb{C}$ *wird die Wirkung dieser speziellen symplektischen Matrizen auf Punkte* $Z \in \mathscr{Z}_n$ *durch*

a) $Z \to Z + S$,

b) $Z \to Z[U]$,

c) $Z \to -Z^{-1}$ $(\det Z \neq 0)$

gegeben.

Im Anhang AV beweisen wir

1.3 Satz. *Sei R ein Euklidscher Ring. Die Gruppe $Sp(n,R)$ wird von den speziellen Matrizen*

$$\begin{pmatrix} E & S \\ 0 & E \end{pmatrix}, \quad S=S'; \quad \begin{pmatrix} 0 & E \\ -E & 0 \end{pmatrix}$$

erzeugt.

1.3_1 Folgerung. *Symplektische Matrizen haben stets Determinante* $+1$.

Wir beweisen nun:

1.4 Satz. *Sei* $M=\begin{pmatrix} A & B \\ C & D \end{pmatrix} \in Sp(n,\mathbb{R})$ *eine reelle symplektische Matrix, dann gilt*

1) $\det(CZ+D)\neq 0$ *für* $Z\in\mathbb{H}_n$,
2) $M\langle Z\rangle\in\mathbb{H}_n$ *für* $Z\in\mathbb{H}_n$,
3) $\operatorname{Im} M\langle Z\rangle=(CZ+D)'^{-1}(\operatorname{Im} Z)(\overline{CZ+D})^{-1}$.

1.4_1 Folgerung. *Die reelle symplektische Gruppe $Sp(n,\mathbb{R})$ operiert auf der verallgemeinerten oberen Halbebene $\mathbb{H}_n$, d.h.*

a) $E\langle Z\rangle=Z$,
b) $M\langle N\langle Z\rangle\rangle=(M\cdot N)\langle Z\rangle$.

Beweis. Satz 1.4 ist für die Translation $Z\to Z+S$ trivial und wurde für die Substitution $Z\to -Z^{-1}$ bereits bewiesen (0.9).

Satz 1.4 folgt daher aus 1.3 und aus

1.4_2 Hilfssatz. *Sei $I(M,Z)=CZ+D$. Es gilt*

$$I(MN,Z)=I(M,N\langle Z\rangle)\cdot I(N,Z).$$

Der Beweis des Hilfssatzes erfolgt durch direkte Rechnung □

1.5 Hilfssatz. *Zwei symplektische Matrizen $M,N\in Sp(n,\mathbb{R})$ definieren genau dann dieselbe Substitution, wenn sie sich nur ums Vorzeichen unterscheiden.*

Beweis. Aus

$$M\langle Z\rangle=Z \quad \text{für alle } Z\in\mathbb{H}_n$$

folgt

$$AZ+B=Z(CZ+D).$$

Hieraus ergibt sich leicht $C=B=0$ und

$$AZ=ZD,$$

also

$$A=aE; \quad D=aE.$$

Aus der symplektischen Relation $AD'=E$ folgt $a^2=1$, also $M=\pm E$ □

Wir wollen die Ableitung einer symplektischen Substitution bestimmen.

Sei allgemein $f\colon D\to\mathbb{C}^m$, $D\subset\mathbb{C}^n$ offen, eine holomorphe Funktion.

Unter der *Ableitung* von f in einem Punkt $a\in D$ verstehen wir die durch die *Jacobimatrix*

$$J(f,a)=\left(\frac{\partial f_\mu}{\partial z_\nu}(a)\right)_{\substack{1\le\mu\le m\\ 1\le\nu\le n}}$$

vermittelte lineare Abbildung

$$(df)(a)\colon \mathbb{C}^n\to\mathbb{C}^m,$$
$$(df)(a)(w)=J(f,a)w.$$

Diese lineare Abbildung ist dadurch gekennzeichnet, daß in der Potenzreihenentwicklung von

$$f(z)-f(a)-(df)(a)(z-a)$$

keine linearen Terme auftreten.

1.6 Hilfssatz. *Die Ableitung der symplektischen Substitutionen $M\in Sp(n,\mathbb{R})$ in einem Punkt $Z_0\in\mathbb{H}_n$ ist durch die lineare Abbildung*

$$W\to(CZ_0+D)'^{-1}\,W(CZ_0+D)^{-1}$$

gegeben. Ihre Determinante ist

$$\det(CZ_0+D)^{-(n+1)}.$$

Anmerkung. *Diese Formel gilt auch für komplexe symplektische Matrizen $M\in Sp(n,\mathbb{C})$ und Punkte $Z_0\in\mathscr{Z}_n$, sofern* $\det(CZ_0+D)$ *von* 0 *verschieden ist.*

Auch der Hilfssatz braucht nur für die Erzeugenden der symplektischen Gruppe bewiesen zu werden, mithin nur für $Z\to -Z^{-1}$.

Wir müssen zeigen, daß die partiellen Ableitungen der Funktion

$$-Z^{-1}+2Z_0^{-1}-Z_0^{-1}ZZ_0^{-1}$$

im Punkte Z_0 verschwinden. Dies folgt leicht aus der Formel

$$Z^{-1}-2Z_0^{-1}+Z_0^{-1}ZZ_0^{-1}=(Z^{-1}-Z_0^{-1})\,Z(Z^{-1}-Z_0^{-1}).$$

Daß die Determinante einer linearen Abbildung

$$\mathscr{Z}_n\to\mathscr{Z}_n,\qquad Z\to A'ZA$$

gleich $(\det A)^{n+1}$ ist, sei dem Leser als Übungsaufgabe überlassen □

Die Siegelsche Halbebene $\mathbb{H}_n$ kann als **Restklassenraum der symplektischen Gruppe** $Sp(n,\mathbb{R})$ interpretiert werden. Hierzu betrachten wir die Abbildung

$$p\colon Sp(n,\mathbb{R}) \to \mathbb{H}_n, \qquad M \to M\langle iE \rangle.$$

Diese Abbildung - sogar ihre Einschränkung auf die durch $C=0$ definierte Untergruppe - ist surjektiv, denn es gilt:

$$p\left(\begin{pmatrix} E & X \\ 0 & E \end{pmatrix}\begin{pmatrix} U' & 0 \\ 0 & U^{-1} \end{pmatrix}\right) = X + iY, \qquad Y = U'U.$$

Insbesondere operiert die symplektische Gruppe $Sp(n,\mathbb{R})$ transitiv auf $\mathbb{H}_n$, d.h. zu je zwei Punkten Z_1, $Z_2 \in \mathbb{H}_n$ existiert eine Substitution $M \in Sp(n,\mathbb{R})$, $M\langle Z_1 \rangle = Z_2$. Offenbar ist

$$\mathscr{K}_n := \{M \in Sp(n,\mathbb{R}),\ M\langle iE \rangle = iE\}$$

eine Untergruppe von $Sp(n,\mathbb{R})$.

Folgende Bedingungen sind gleichbedeutend:

1) $p(M) = p(N)$,
2) $M^{-1}N \in \mathscr{K}_n$,
3) $M\mathscr{K}_n = N\mathscr{K}_n$.

Die Menge der (Rechts-)Nebenklassen $M\mathscr{K}_n$, $M \in Sp(n,\mathbb{R})$ bezeichnen wir wie üblich mit $Sp(n,\mathbb{R})/\mathscr{K}_n$.

Durch p wird eine Abbildung

$$Sp(n,\mathbb{R})/\mathscr{K}_n \to \mathbb{H}_n, \qquad M\mathscr{K}_n \to M\langle iE \rangle$$

induziert. Diese ist offensichtlich bijektiv. Einer symplektischen Substitution $Z \to N\langle Z \rangle$ entspricht bei dieser bijektiven Abbildung die Multiplikation einer Nebenklasse von links mit N: $M\mathscr{K}_n \to NM\mathscr{K}_n$.

Wir bestimmen nun die Gruppe $\mathscr{K}_n$ explizit. Es gilt:

$$M\langle iE \rangle = iE \Leftrightarrow iA + B = -C + iD,$$

d.h. $A = D$ und $B = -C$ und dies wiederum bedeutet (1.2)

$$M'^{-1} = \begin{pmatrix} D & -C \\ -B & A \end{pmatrix} = M.$$

Die Gruppe $\mathscr{K}_n$ besteht also aus allen *orthogonalen symplektischen Matrizen:*

$$\mathscr{K}_n = Sp(n,\mathbb{R}) \cap O(2n,\mathbb{R}).$$

Insbesondere ist $\mathscr{K}_n$ eine *kompakte* Untergruppe von $Sp(n,\mathbb{R})$.

(Orthogonale Matrizen sind beschränkt, denn aus $U'U = E$ folgt, daß die Spalten und Zeilen von U Vektoren der Länge 1 sind.)

1.7 Satz. *Die Abbildung*

$$p\colon Sp(n,\mathbb{R}) \to \mathbb{H}_n, \qquad M \to M\langle iE \rangle,$$

ist **eigentlich**, *d.h. das Urbild einer kompakten Menge ist kompakt.*

Beweis. Es genügt offenbar, folgendes zu beweisen: *Sei* $M_\nu \in Sp(n, \mathbb{R})$ *eine Folge von Matrizen, so daß* $M_\nu\langle iE\rangle$ *in* $\mathbb{H}_n$ *konvergiert. Dann besitzt* M_ν *eine konvergente Teilfolge.*

Zum Beweis machen wir den Ansatz:

$$M_\nu\langle iE\rangle =: Z_\nu = X_\nu + i U_\nu' U_\nu.$$

Dann gilt:

$$M_\nu\langle iE\rangle = N_\nu\langle iE\rangle, \qquad N_\nu = \begin{pmatrix} E & X_\nu \\ 0 & E \end{pmatrix} \begin{pmatrix} U_\nu' & 0 \\ 0 & U_\nu^{-1} \end{pmatrix},$$

und daher $M_\nu = N_\nu P_\nu$, $P_\nu \in \mathscr{K}_n$.

Da $\mathscr{K}_n$ eine *kompakte Gruppe* ist, besitzt P_ν eine konvergente Teilfolge. Wir können also annehmen, daß die Folge P_ν konvergiert, $P_\nu \to P \in \mathscr{K}_n$. Nach Voraussetzung konvergiert Z_ν, also auch X_ν und $U_\nu' U_\nu$. Insbesondere ist die Folge U_ν beschränkt und besitzt daher eine konvergente Teilfolge. Wir können daher annehmen, daß $U_\nu \to U$ konvergiert. Nach Voraussetzung ist der Grenzwert von Z_ν in $\mathbb{H}_n$ enthalten, d.h. $U'U > 0$. Hieraus folgt $\det U \neq 0$. Daher konvergiert auch U_ν^{-1}, also auch N_ν und schließlich $M_\nu = N_\nu P_\nu$ □

Bemerkung. Man kann beweisen, daß die Abbildung

$$Sp(n, \mathbb{R})/\mathscr{K}_n \to \mathbb{H}_n$$

offen, also sogar topologisch ist, wenn man den Raum der Nebenklassen mit der Quotiententopologie versieht.

Hiervon machen wir im folgenden keinen Gebrauch.

1.8 Definition. Eine Untergruppe $\Gamma \subset Sp(n, \mathbb{R})$ heißt diskret, falls der Durchschnitt von Γ mit einer beliebigen kompakten Menge $K \subset Sp(n, \mathbb{R})$ endlich ist.

Hiermit ist gleichbedeutend:

Es existiert eine Umgebung der Einheitsmatrix E, welche außer E kein Element von Γ enthält.

1.9 Definition. Eine Untergruppe $\Gamma \subset Sp(n, \mathbb{R})$ operiert **eigentlich diskontinuierlich,** falls für je zwei Kompakta K, $\tilde{K} \subset \mathbb{H}_n$ die Menge

$$\{M \in \Gamma,\ M\langle K\rangle \cap \tilde{K} \neq \emptyset\}$$

endlich ist.

1.10 Satz. *Eine diskrete Untergruppe* $\Gamma \subset Sp(n, \mathbb{R})$ *operiert eigentlich diskontinuierlich*).*

---

*) Hiervon gilt offensichtlich auch die Umkehrung.

Beweis. Die Urbilder

$$\mathcal{K}:=p^{-1}(K) \quad \text{und} \quad \tilde{\mathcal{K}}=p^{-1}(\tilde{K})$$

der kompakten Mengen $K, \tilde{K} \subset \mathbb{H}_n$ sind kompakt in $Sp(n, \mathbb{R})$ (1.7).

Die Menge

$$\tilde{\mathcal{K}} \cdot \mathcal{K}^{-1}=\{\tilde{M} \cdot M^{-1}; M \in \mathcal{K}, \tilde{M} \in \tilde{\mathcal{K}}\}$$

ist kompakt, da sie stetiges Bild der kompakten Menge $\tilde{\mathcal{K}} \times \mathcal{K}$ unter der Abbildung $(\tilde{M}, M) \to \tilde{M} \cdot M^{-1}$ ist. Aus $M\langle K\rangle \cap \tilde{K} \neq \emptyset$ folgt

$$M \in \tilde{\mathcal{K}} \cdot \mathcal{K}^{-1} \quad \square$$

Als unmittelbare Folgerung erhalten wir

1.11 Satz. *Die Siegelsche Modulgruppe*

$$\Gamma_n := Sp(n, \mathbb{Z})$$

operiert auf $\mathbb{H}_n$ *eigentlich diskontinuierlich.*

1.12 Folgerung. *Der Stabilisator*

$$(\Gamma_n)_Z=\{M \in \Gamma_n, M\langle Z\rangle=Z\}$$

eines Punktes $Z \in \mathbb{H}_n$ *ist eine endliche Gruppe.*

Eine ausführliche Darstellung der symplektischen Gruppe und ihrer Wirkung auf der verallgemeinerten oberen Halbebene findet man in Siegels „Symplectic Geometry" ([72], Bd. II, Nr. 41). Die Verwendung des „kompakten Duals" $\mathcal{S}_n$ geht ebenfalls auf Siegel zurück. Man kann die Resultate dieses Abschnittes sicherlich auch ohne Verwendung von $\mathcal{S}_n$ beweisen, man siehe z.B. Maaß [49].

Die Bedeutung der Operation

$$„Z \to (AZ+B)(CZ+D)^{-1}\text{"}$$

wird jedoch durch die Verwendung von $\mathcal{S}_n$ durchsichtiger. Besonders nützlich ist $\mathcal{S}_n$ als natürliche Heimat der rationalen Randkomponenten (Spitzen) von Untergruppen $\Gamma \subset \Gamma_n$ von endlichem Index (s. Kap. II, § 6).

§ 2. Die Minkowskische Reduktionstheorie. Der Siegelsche Fundamentalbereich

In der Minkowskischen Reduktionstheorie wird aus jeder Klasse äquivalenter Matrizen

$$\{Y[U], U \in Gl(n, \mathbb{Z})\}, \qquad Y \in \mathcal{P}_n,$$

ein (nicht notwendig eindeutig bestimmter) Repräsentant ausgewählt. Die Menge $\mathcal{R}_n$ dieser *„reduzierten" Matrizen* kann durch ein einfaches System von Ungleichungen abgeschätzt werden (Satz 2.5).

Diese Reduktionstheorie ist das wesentliche Hilfsmittel zur Konstruktion des *Siegelschen Fundamentalbereichs* $\mathcal{F}_n \subset \mathbb{H}_n$, welcher die bekannte *Modulfigur* ($\mathcal{F}_1$)

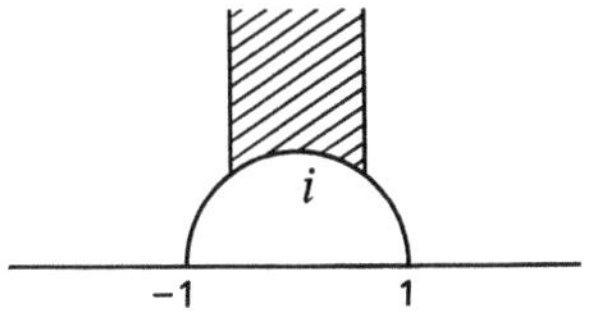

verallgemeinert. Die Reduktionstheorie wird in Kap. II, §1 weiterentwickelt werden.

Wir bezeichnen mit $\mathcal{P}_n$ den Raum aller n-reihigen, symmetrischen, positiv definiten Matrizen. Es ist wohlbekannt und leicht zu verifizieren, daß sich jede Matrix $Y \in \mathcal{P}_n$ eindeutig in der Form

$$Y = \begin{pmatrix} Y_1^{(p)} & 0 \\ 0 & Y_2^{(q)} \end{pmatrix} \begin{bmatrix} E^{(p)} & B \\ 0 & E^{(q)} \end{bmatrix}$$

zerlegen läßt, wenn eine Partition $n = p + q$ gegeben ist.

Durch Induktion nach n erhält man die *Jacobizerlegung*

$$Y = D[B]; \qquad D = \begin{pmatrix} d_1 & & 0 \\ & \ddots & \\ 0 & & d_n \end{pmatrix}, \qquad B = \begin{pmatrix} 1 & & b_{ij} \\ & \ddots & \\ 0 & & 1 \end{pmatrix}.$$

Die „*Jacobikoordinaten*" d_i, b_{ij} hängen stetig von Y ab. Durch die Jacobizerlegung wird also ein Homöomorphismus

$$\mathcal{P}_n \to \mathbb{R}_+^n \times \mathbb{R}^{\frac{n(n-1)}{2}}, \qquad \mathbb{R}_+ = \{x, x > 0\},$$

definiert.

Die Diagonalelemente $y_1, \ldots, y_n$ von Y berechnen sich zu

$$y_i = d_i + \sum_{\nu=1}^{i-1} d_\nu b_{\nu i}^2 \geq d_i,$$

woraus sich die **Hadamardsche Ungleichung**

$$\det Y \leq y_1 \ldots y_n$$

ergibt.

Im folgenden interessieren wir uns für *arithmetische Eigenschaften quadratischer Formen.* Für eine Matrix $Y \in \mathcal{P}_n$ existiert (0.1_5)

$$m(Y) := \min_{g \in \mathbb{Z}^n \setminus \{0\}} Y[g].$$

Wir beweisen für die Größe $m(Y)$ die **Hermitesche Ungleichung.**

2.1 Satz. *Für $Y \in \mathcal{P}_n$ gilt:*

$$m(Y) \leq \left(\tfrac{4}{3}\right)^{\frac{n-1}{2}} (\det Y)^{\frac{1}{n}}.$$

Beweis. Wir wählen den Vektor $g \in \mathbb{Z}^n$ so, daß $m(Y) = Y[g]$ gilt. Selbstverständlich müssen die Komponenten von g teilerfremd sein. Auf Grund eines Satzes von Gauß (A5.2) existiert eine unimodulare Matrix U mit g als erster Spalte. Da Y und $Y[U]$ dieselben Werte annehmen, können wir ohne Beschränkung der Allgemeinheit

$$m(Y) = y_1$$

annehmen.

Sei

$$Y = \begin{pmatrix} y_1 & 0 \\ 0 & Y_2 \end{pmatrix} \begin{bmatrix} 1 & b' \\ 0 & E^{(n-1)} \end{bmatrix}.$$

Eine einfache Rechnung ergibt

$$Y[g] = y_1(g_1 + b' g_2)^2 + Y_2[g_2]$$

$$\text{für } g = \begin{pmatrix} g_1 \\ g_2 \end{pmatrix} \in \mathbb{Z}^n, \quad g_1 \in \mathbb{Z}, \quad g_2 \in \mathbb{Z}^{n-1}.$$

Wir wählen nun $g \in \mathbb{Z}^n$ folgendermaßen:

1) $m(Y_2) = Y_2[g_2]$,
2) $|g_1 + b' g_2| \leq \frac{1}{2}$.

Es gilt dann

$$y_1 = m(Y) \leq Y[g] \leq \tfrac{1}{4} y_1 + m(Y_2),$$

also

$$y_1 \leq \tfrac{4}{3} m(Y_2).$$

Die Behauptung folgt nun durch Induktion nach n, wenn man $\det Y = y_1 \det Y_2$ benutzt □

Es ist die Aufgabe der Reduktionstheorie, aus jeder Bahn

$$\{Y[U],\, U \in Gl(n, \mathbb{Z})\}, \qquad Y \in \mathscr{P}_n,$$

einen geeigneten Repräsentanten auszuwählen. Hierzu übt man nach Minkowski auf $Y \in \mathscr{P}_n$ eine Kette von Reduktionen aus:

$$Y = Y_0 \to Y_1 = Y_0[U_1] \to Y_2 = Y_1[U_2] \to \dots$$

1. Reduktionsschritt. Die unimodulare Matrix

$$U_1 = (u_1, \dots, u_n)$$

wird so ausgewählt, daß $Y_0[u_1]$ (das erste Diagonalelement von Y_1) minimal ist. Nach einem bekannten Satz von Gauß (A5.2) ist jeder Vektor $u_1 \in \mathbb{Z}^n$ mit teilerfremden Komponenten die erste Spalte einer unimodularen Matrix U_1. Das erste Diagonalelement von $Y_0[U_1]$ ist

$m(Y_0)$. Nach Wahl von U_1 gilt also

$$Y_1[g] \geq (Y_1)_{11} \quad \text{für } g \in \mathbb{Z}^n,\ (g_1, \ldots, g_n) = 1.$$

Bei den weiteren Reduktionsschritten soll diese Eigenschaft nicht mehr zerstört werden.

2. Reduktionsschritt. Die unimodulare Matrix wird der Bedingung

$$U_2 = \begin{pmatrix} 1 & g_1 & \\ 0 & g_2 & * \\ \vdots & \vdots & \\ 0 & g_n & \end{pmatrix}$$

unterworfen. Unter all diesen wird U_2 so ausgewählt, daß $Y_1[g]$ (das zweite Diagonalelement von $Y_2 = Y_1[U_2]$) minimal ist. Die Matrix Y_2 hat dann folgende beiden Eigenschaften:

a) $Y_2[g] \geq (Y_2)_{11}$ für $g \in \mathbb{Z}^n$, $(g_1, \ldots, g_n) = 1$,
b) $Y_2[g] \geq (Y_2)_{22}$ für $g \in \mathbb{Z}^n$, $(g_2, \ldots, g_n) = 1$.

Die Bedingung $(g_2, \ldots, g_n) = 1$ garantiert, daß g als zweite Spalte einer unimodularen Matrix U_2 vorkommt! Beim ***p*-ten Reduktionsschritt** verwendet man eine unimodulare Matrix vom Typ

$$U_p = \left(\begin{array}{cc|c|c} 1 & 0 & g_1 & \\ & \ddots & \vdots & 0 \\ 0 & 1 & g_{p-1} & \\ \hline & 0 & \vdots & * \\ & & g_n & \end{array}\right)$$

und wählt diese so aus, daß das p-te Diagonalelement von $Y_p = Y_{p-1}[U_p]$ minimal wird. Die Matrix U_p bleibt unimodular, wenn ihre p-te Spalte g durch $-g$ ersetzt wird und die Minimalitätsbedingung bleibt ebenfalls erhalten. Wir können daher noch zusätzlich erreichen, daß das Element in der p-ten Zeile und $(p+1)$-ten Spalte von Y_p nicht negativ ist (wenn $p < n$).

Nach n Reduktionsschritten erhält man eine im Sinne von Minkowski reduzierte Matrix:

2.2 Definition. Eine Matrix $Y \in \mathscr{P}_n$ heißt **reduziert im Sinne von Minkowski,** falls folgende Bedingungen erfüllt sind:

(M1) $Y[g] \geq y_k$, *für* $g \in \mathbb{Z}^n$ *und* $(g_k, \ldots, g_n) = 1$, $1 \leq k \leq n$.
(M2) $y_{k,k+1} \geq 0$, $1 \leq k < n$.

2.3 Satz. *Zu jeder Matrix* $Y \in \mathscr{P}_n$ *existiert eine unimodulare Matrix* $U \in Gl(n, \mathbb{Z})$, *so daß* $Y[U]$ *reduziert ist.*

Der beschriebene Reduktionsprozeß ist ein konstruktives Verfahren zur Gewinnung von U.

Wir bezeichnen mit $\mathscr{R}_n$ den Bereich aller reduzierten Matrizen.

Satz 2.3 besagt

$$\mathscr{R}_n[Gl(n,\mathbb{Z})] = \mathscr{P}_n.$$

Unmittelbar aus der Definition einer reduzierten Matrix folgt:

2.4 Bemerkung. *Sei Y eine reduzierte Matrix, dann gilt*

1) $y_1 = m(Y)$.

2) *Sei* $Y = \begin{pmatrix} Y_1 & * \\ * & * \end{pmatrix}$. *Dann ist auch Y_1 reduziert.*

2.5 Satz. *Jede reduzierte Matrix $Y \in \mathscr{R}_n$ genügt folgenden Ungleichungen:*

a) $0 \leq y_1 \leq y_2 \leq \ldots \leq y_n$,

b) $0 \leq y_{\nu,\nu+1}$ *für* $1 \leq \nu < n$,

c) $2|y_{\mu\nu}| \leq y_\nu$ *für* $\mu \neq \nu$,

d) $\det Y \leq y_1 \ldots y_n \leq C_n \det Y$

mit einer nur von n abhängigen Konstanten C_n.

Beweis. a) Man benutze **(M1)** für die Vektoren

$$e_1 = \begin{pmatrix} 1 \\ \vdots \\ 0 \end{pmatrix}, \ldots, e_n = \begin{pmatrix} 0 \\ \vdots \\ 1 \end{pmatrix}.$$

b) ist nichts anderes als **(M2)**.

c) Man wende **(M1)** auf die Vektoren $e_i \pm e_j$ $(i \neq j)$ an.

d) Wir beweisen durch Induktion nach n die Existenz der Konstanten C_n.

$C_1, \ldots, C_{n-1}$ seien also schon konstruiert. Wir beweisen die Existenz von C_n indirekt, nehmen also die Existenz einer Folge von Matrizen $Y = Y(\nu) \in \mathscr{R}_n$ $(\nu = 1, 2, \ldots)$

$$\frac{y_1 \ldots y_n}{\det Y} \to \infty \qquad \text{für } \nu \to \infty$$

an. Der Einfachheit halber lassen wir den Folgenindex ν weg. Die *Hermitesche Ungleichung* in Verbindung mit $y_1 = m(Y)$ zeigt, daß die Quotienten y_{k+1}/y_k nicht alle beschränkt sein können.

Wir wählen k maximal, so daß die Folge der y_{k+1}/y_k unbeschränkt ist. Nach eventuellem Übergang zu einer Teilfolge können wir sogar

$$y_k/y_{k+1} \to 0$$

annehmen. Wir schreiben Y in der Form

$$Y=\begin{pmatrix} Y_1^{(k)} & 0 \\ 0 & Y_2^{(n-k)} \end{pmatrix}\begin{bmatrix} E^{(k)} & B \\ 0 & E^{(n-k)} \end{bmatrix}$$

und erhalten

$$Y[g]=Y_1[g_1+Bg_2]+Y_2[g_2] \quad \text{für } g=\begin{pmatrix} g_1 \\ g_2 \end{pmatrix},\ g_1\in\mathbb{Z}^k,\ g_2\in\mathbb{Z}^{n-k}.$$

Wir wählen nun g so, daß

a) $Y_2[g_2]=m(Y_2)$,

b) die Komponenten von g_1+Bg_2 zwischen $-\frac{1}{2}$ und $\frac{1}{2}$ liegen.

Aus der Ungleichung $y_{k+1}\leq Y[g]$ und aus der Tatsache, daß mit Y auch Y_1 reduziert ist, folgert man nun

$$y_{k+1}\leq\frac{k^2}{4}y_k+m(Y_2).$$

Nach Voraussetzung gilt $y_k/y_{k+1}\to 0$. Aus der Hermiteschen Ungleichung für Y_2 folgt nun die Abschätzung

$$y_{k+1}\leq C(\det Y_2)^{\frac{1}{n-k}}, \qquad 0<C \text{ geeignet.}$$

Die Induktionsvoraussetzung besagt

$$y_1\dots y_k\leq C_k\det Y_1.$$

Nach Wahl von k sind die Quotienten

$$y_{k+2}/y_{k+1},\dots,y_n/y_{n-1}$$

beschränkt, und wir erhalten mit geeigneten Konstanten C', C''

$$y_1\dots y_n\leq C'(\det Y_1)\,y_{k+1}^{n-k}\leq C''\det Y_1\det Y_2=C\det Y.$$

Widerspruch! □

2.6 Folgerung. *Es existiert eine nur von n abhängige Konstante δ_n, so daß jede reduzierte Matrix $Y\in\mathcal{R}_n$ der Ungleichung*

$$\delta_n^{-1}\begin{pmatrix} y_1 & & 0 \\ & \ddots & \\ 0 & & y_n \end{pmatrix}\geq Y\geq\delta_n\begin{pmatrix} y_1 & & 0 \\ & \ddots & \\ 0 & & y_n \end{pmatrix}$$

genügt.

Beweis. Wir setzen

$$D=\begin{pmatrix} \sqrt{y_1} & & 0 \\ & \ddots & \\ 0 & & \sqrt{y_n} \end{pmatrix}$$

Die behauptete Ungleichung besagt, daß die Eigenwerte der Matrizen $D^{-1}YD^{-1}$ nach oben und unten durch positive Schranken beschränkt sind.

Auf Grund der Reduktionsbedingungen ist klar, daß die Komponenten der Matrizen $D^{-1}YD^{-1}$ beschränkt sind. Infolgedessen sind ihre Eigenwerte nach oben beschränkt. Es genügt daher zu zeigen, daß das Produkt aller Eigenwerte, also die Determinante von $D^{-1}YD^{-1}$, nach unten beschränkt ist. Dies besagt die Ungleichung 2.5 d) □

Als Anwendung der Minkowskischen Reduktionstheorie beweisen wir die **Endlichkeit der Klassenzahl** für positive Matrizen.

Die Menge aller mit einer festen symmetrischen reellen Matrix $S = S^{(n)}$ äquivalenter Matrizen

$$T = S[U], \qquad U \in Gl(n, \mathbb{Z}),$$

bildet eine (unimodulare) Klasse.

2.7 Satz. *Es existieren nur endlich viele Klassen positiver ganzer Matrizen $S = S^{(n)}$ einer festen Reihenzahl n und einer festen Determinante.*

Beweis. In jeder Klasse existiert eine reduzierte Matrix S. Das Produkt ihrer Diagonalelemente ist durch $C_n \det S$ beschränkt. Da die Diagonalelemente natürliche Zahlen sind, müssen sie einzeln beschränkt sein. Aus der Ungleichung $2|s_{ij}| \leq s_j$ folgt, daß alle Komponenten von S beschränkt sind. Es gibt also nur endlich viele reduzierte S □

Wir konstruieren nun den *Siegelschen Fundamentalbereich* der Modulgruppe Γ_n.

2.8 Definition. Ein Punkt $Z \in \mathbb{H}_n$ heißt reduziert im Sinne von Siegel, falls folgende Bedingungen erfüllt sind:

S1) $|\det(CZ + D)| \geq 1$ für alle $M \in \Gamma_n$.

S2) $Y = \operatorname{Im} Z$ ist reduziert im Sinne von Minkowski.

S3) $X = \operatorname{Re} Z$ ist reduziert modulo 1, d.h.

$$|x_{\mu\nu}| \leq \tfrac{1}{2} \qquad \text{für } 1 \leq \mu, \ \nu \leq n.$$

Wir bezeichnen mit $\mathscr{F}_n$ den Bereich aller Siegel-reduzierten Matrizen.

2.9 Satz. *Zu jedem Punkt $Z \in \mathbb{H}_n$ existiert eine Modulsubstitution $M \in \Gamma_n$, so daß $M\langle Z \rangle$ reduziert ist.*

Beweis. Jedem Punkt $Z \in \mathbb{H}_n$ ordnen wir seine **„Höhe“**

$$h(Z) := \det Y > 0$$

zu. Wie wir gezeigt haben (1.4), gilt

$$h(M\langle Z\rangle)=|\det(CZ+D)|^{-2}h(Z).$$

Ein Punkt $Z\in\mathbb{H}_n$ erfüllt genau dann die Reduktionsbedingung **S1**), wenn seine Höhe in der Serie aller äquivalenten Punkte $M\langle Z\rangle$ maximal ist. Da die Höhe eines Punktes unter den Substitutionen

$$Z\to Z[U],\qquad U\in Gl(n,\mathbb{Z})\quad\text{und}\quad Z\to Z+S$$

unverändert bleibt, und da man mit diesen beiden Substitutionen in der angegebenen Reihenfolge die Bedingungen **S2)** und **S3)** erzwingen kann, genügt es zum Beweis von Satz 2.9 zu zeigen, daß in jeder Serie bezüglich Γ_n äquivalenter Punkte ein Punkt mit maximaler Höhe liegt.

Dies besagt

2.10 Hilfssatz. *Gegeben sei ein Punkt* $Z\in\mathbb{H}_n$ *und eine positive Zahl* $\varepsilon>0$. *Es gibt nur endlich viele reelle Zahlen* h_0 *mit den Eigenschaften*

a) $h_0\geq\varepsilon$,

b) $h_0=h(M\langle Z\rangle)$ *für ein* $M\in\Gamma_n$.

Beweis. Sei $h_0=h(Z^*)\geq\varepsilon$, $Z^*=M\langle Z\rangle=(AZ+B)(CZ+D)^{-1}$, $M\in\Gamma_n$.

Da die Höhe bei unimodularen Substitutionen $Z^*\to Z^*[U]$ ungeändert bleibt, können wir uns auf solche Punkte Z^* beschränken, für die $Y^{*-1}=(\operatorname{Im}Z^*)^{-1}$ Minkowski-reduziert ist. Bezeichnen wir die Diagonalelemente von Y^{*-1} mit $r_1,\dots,r_n$, so gilt

$$r_1\dots r_n\leq C_n(\det Y^*)^{-1}\leq C_n\varepsilon^{-1}.$$

Aus

$$Y^{*-1}=Y^{-1}[(CX+D)']+Y[C']$$

folgt

$$r_k=Y^{-1}[X c_k'+d_k']+Y[c_k'],$$

wobei c_k, d_k die k-ten Zeilen der Matrizen C, D seien. Die Zeilen c_k und d_k können nicht beide gleichzeitig verschwinden, da (c_k,d_k) Zeile einer invertierbaren Matrix ist. Die Größen $r_1,\dots,r_n$ haben daher eine positive untere Schranke. Da ihr Produkt nach oben beschränkt ist, muß jedes einzelne r_k beschränkt sein. Die Vektoren c_k und d_k gehören daher einer endlichen Menge an □

2.11 Hilfssatz. *Der Punkt* $Z=X+iY$ *erfülle die Bedingungen* **S1)** *und* **S3)** (s. 2.8). *Dann gilt:*

$$y_\nu\geq\tfrac{1}{2}\sqrt{3}\qquad\textit{für}\ \nu=1,\dots,n.$$

Beweis. Sei

$$E_\nu = \begin{pmatrix} 0 & \dots & & 0 \\ \vdots & 0 & & \vdots \\ \vdots & & 1 & \vdots \\ 0 & \dots & & 0 \end{pmatrix} \leftarrow \nu\text{-te Zeile.}$$

Die Matrix

$$\begin{pmatrix} E-E_\nu & E_\nu \\ -E_\nu & E-E_\nu \end{pmatrix}$$

ist symplektisch. Aus **S1)** folgt

$$|x_\nu + i\,y_\nu| \geq 1.$$

Zusammen mit $|x_\nu| \leq \frac{1}{2}$ folgt $y_\nu \geq \frac{1}{2}\sqrt{3}$ □

Aus 2.6 erhalten wir

2.12 Satz. *Es existiert eine nur von n abhängige Zahl* $\varepsilon_n > 0$, *so daß jede Siegel-reduzierte Matrix* $Z = X + i\,Y$ *der Ungleichung*

$$Y \geq \varepsilon_n E$$

genügt.

2.12₁ Folgerung. *Der Bereich* $\mathcal{F}_n$ *der Siegel-reduzierten Matrizen ist im Bereich* $\mathcal{Z}_n$ *aller symmetrischen komplexen Matrizen abgeschlossen.*

Die durch die Ungleichung $Y \geq \varepsilon_n E$ definierte Teilmenge von $\mathbb{H}_n$ ist offenbar in ganz $\mathcal{Z}_n$ abgeschlossen. $\mathcal{F}_n$ selbst ist per Definitionem nur in $\mathbb{H}_n$ abgeschlossen.

2.12₂ Folgerung. *Für jede Konstante* $C > 0$ *ist der Bereich*

$$\mathcal{F}_n(C) := \{Z \in \mathcal{F}_n;\ \det Y \leq C\}$$

kompakt.

Beweis. Wegen 2.12_1 muß man nur zeigen, daß $\mathcal{F}_n(C)$ beschränkt ist. Dies folgt aus den Reduktionsbedingungen **S2), S3)** und aus 2.11.

Die Konstruktion des Siegelschen Fundamentalbereiches wurde in Siegels grundlegender Arbeit [72], Bd. II, Nr. 32, durchgeführt. Eine ausführliche Darstellung der Reduktionstheorien von Minkowski und Siegel findet man in den „Tata-notes" von Maaß [49]. Die vorliegende Darstellung, insbesondere die Verwendung der Hermiteschen Ungleichung orientiert sich stark an Igusas Buch ([44], Kap. V, §4).

Die Bereiche $\mathcal{R}_n$ und $\mathcal{F}_n$ sind beide durch *unendlich* viele Ungleichungen definiert. Aus gewissen Endlichkeitseigenschaften dieser Bereiche, welche wir in Kap. II, §1 beweisen werden, kann man jedoch folgern, daß man jeweils mit endlich vielen dieser Ungleichungen auskommt. Hieraus folgt dann, daß der Rand von $\mathcal{R}_n$ in der Vereinigung endlich vieler Hyperebenen und daß der Rand von $\mathcal{F}_n$ in der Vereinigung endlich vieler reeller algebraischer Mannigfaltigkeiten enthalten ist. Die beiden Bereiche sind insbesondere Jordan-meßbar. Die Menge der inneren Punkte ist jeweils dicht in beiden Bereichen.

§ 3. Modulformen n-ten Grades

In diesem Abschnitt werden grundlegende Endlichkeitssätze bewiesen. Es wird gezeigt werden, daß die Dimension des Vektorraumes der Modulformen n-ten Grades vom Gewicht r höchstens wie eine $\frac{1}{2}n(n+1)$-te Potenz von r wächst. Hieraus folgt, daß $\frac{1}{2}n(n+1)+2$ Modulformen stets algebraisch abhängig sind.

Eine Matrix $Y=Y'$ ist bekanntlich genau dann positiv definit, wenn alle Hauptunterdeterminanten positiv sind. Infolgedessen ist $\mathscr{P}_n$ ein *offener* Teil im Raum aller symmetrischen reellen Matrizen und entsprechend $\mathbb{H}_n$ ein offener Teil im Raum $\mathscr{Z}_n$ aller symmetrischen komplexen Matrizen. Diesen können wir mit $\mathbb{C}^N$, $N=\frac{1}{2}n(n+1)$ identifizieren, indem wir die Variablen $z_{\mu\nu}$, $1\leq\mu\leq\nu\leq n$ irgendwie anordnen.

3.1 Definition. Eine Funktion $f\colon \mathbb{H}_n\to\mathbb{C}$ heißt **Siegelsche Modulform n-ten Grades vom Gewicht $r\in\mathbb{Z}$,** falls folgende Bedingungen erfüllt sind:

1) f ist holomorph.
2) $f(M\langle Z\rangle)=\det(CZ+D)^r f(Z)$ für $M\in\Gamma_n=Sp(n,\mathbb{Z})$.
3) f ist in jedem Bereich der Art $Y\geq Y_0$, $Y_0>0$ beschränkt.

Wir werden später sehen, daß im Falle $n>1$ die Bedingung 3) schon aus 1) und 2) folgt (Koecherprinzip, s. 3.5). Es ist leicht zu sehen, daß die Gesamtheit aller Modulformen n-ten Grades vom Gewicht r einen Vektorraum über $\mathbb{C}$ bildet. Diesen bezeichnen wir mit $[\Gamma_n, r]$.

Das Produkt zweier Modulformen ist eine Modulform,

$$f\in[\Gamma_n,r],\qquad g\in[\Gamma_n,s]\ \Rightarrow\ f\cdot g\in[\Gamma_n,r+s].$$

Die Bedingung 2) braucht man nur für die Erzeugenden der Modulgruppe nachzuprüfen (A5).

a) $f(Z+S)=f(Z)$, $S=S'$ ganz,
b) $f(-Z^{-1})=(\det Z)^r f(Z)$.

Aus diesen beiden Transformationsformeln folgt insbesondere

c) $f(Z[U])=(\det U)^r f(Z)$ für $U\in Gl(n,\mathbb{Z})$.

Da mit M auch $-M$ eine symplektische Matrix ist, welche dieselbe Substitution definiert, kann eine Modulform nur dann von 0 verschieden sein, wenn $r\cdot n$ gerade ist.

Beispiele von Modulformen. 1) Sei m eine durch 8 teilbare natürliche Zahl und $S=S^{(m)}=S'$ eine positive, gerade, unimodulare Matrix. Dann ist

$$\vartheta(S,Z^{(n)})\in\left[\Gamma_n,\frac{m}{2}\right]$$

für jedes n eine Modulform vom Gewicht $\frac{m}{2}$. Die Periodizität unter Translationen $Z \to Z+H$, $H=H'$ ganz, folgt aus

$$\sigma(S[G]\,H) \equiv 0 \bmod 2 \qquad (S=S' \text{ gerade, } G \text{ ganz, } H=H' \text{ ganz}).$$

Das richtige Transformationsverhalten unter $\begin{pmatrix} 0 & E \\ -E & 0 \end{pmatrix}$ folgt aus der Transformationsformel 0.12.

2) Wir konstruieren weitere Modulformen mit Hilfe der Thetanullwerte (s. §0)

$$\vartheta(Z;a,b) = \sum_{g \in \mathbb{Z}^n} e^{\pi i \{Z[g+\frac{1}{2}a]+b'g\}},$$

wobei a und b ganz seien.

Offensichtlich gilt

$$\vartheta(Z;a,b) = \vartheta(Z;a,\tilde{b}), \qquad \text{falls } b \equiv \tilde{b} \bmod 2.$$

Außerdem gilt

$$\vartheta(Z;a+2\tilde{a},b) = (-1)^{b'\tilde{a}}\,\vartheta(Z;a,b).$$

Solange wir uns nur für die Thetaquadrate $\vartheta^2(Z;a,b)$ interessieren, brauchen wir a und b nur mod 2 zu betrachten. Nicht alle 2^{2n} Thetareihen sind von 0 verschieden. Die Transformation $g \to -g-a$ zeigt nämlich

$$\vartheta(Z;a,b) = (-1)^{a'b}\,\vartheta(Z;a,b),$$

also

$$\vartheta(Z;a,b) = 0, \qquad \text{falls } a'b \not\equiv 0 \bmod 2.$$

Im folgenden verstehen wir unter einer **Thetacharakteristik** ein Paar von Vektoren

$$a, b \in \{0,1\}^n.$$

Eine solche Charakteristik heißt *gerade*, wenn $a'b \equiv 0 \bmod 2$ gilt. Die Anzahl der geraden Charakteristiken ist $(2^n+1)\,2^{n-1}$, wie man leicht durch Induktion nach n beweist.

Seien (a,b) eine Thetacharakteristik und $M \in \Gamma_n$ eine Modulsubstitution. Wir definieren eine neue Thetacharakteristik $(\tilde{a},\tilde{b})$ durch

$$\begin{pmatrix} \tilde{a} \\ \tilde{b} \end{pmatrix} = M\begin{Bmatrix} a \\ b \end{Bmatrix} :\equiv \begin{pmatrix} D & -C \\ -B & A \end{pmatrix}\begin{pmatrix} a \\ b \end{pmatrix} + \begin{pmatrix} (CD')_0 \\ (AB')_0 \end{pmatrix} \bmod 2,$$

wobei wir allgemein mit T_0 den Spaltenvektor bezeichnen, welcher aus den Diagonalelementen der Matrix T gebildet wird.

3.2 Satz. *Die Modulgruppe* n-ten *Grades operiert auf der Menge der Thetacharakteristiken durch*

$$\begin{pmatrix} a \\ b \end{pmatrix} \to M\begin{Bmatrix} a \\ b \end{Bmatrix},$$

d.h.

1) $E\{m\}=m$,
2) $N\{Mm\}=NM\{m\}$.

Das Vorzeichen $(-1)^{a'b}$ *einer Charakteristik bleibt bei dieser Operation erhalten. Die Modulgruppe operiert auf der Teilmenge der geraden Charakteristiken transitiv.*

Es gilt

$$\vartheta^2(M\langle Z\rangle;\tilde{a},\tilde{b})=v(M)\det(CZ+D)\,\vartheta^2(Z;a,b)$$

mit

a) $v(M)^4=1$,
b) $\begin{pmatrix}\tilde{a}\\ \tilde{b}\end{pmatrix}=M\begin{Bmatrix}a\\ b\end{Bmatrix}$.

Beweis. Die Aussagen 1) und 2) erfolgen durch direkte Rechnung. Daß das Vorzeichen bei den Erzeugenden $\begin{pmatrix}E & S\\ 0 & E\end{pmatrix}$, $\begin{pmatrix}0 & E\\ -E & 0\end{pmatrix}$ erhalten bleibt, ist evident und folgt dann für beliebige M mit Hilfe 1) und 2). Wir beweisen als nächstes die Transitivität, indem wir zu jeder geraden Charakteristik (a,b) eine Modulmatrix M mit

$$\begin{pmatrix}a\\ b\end{pmatrix}=M\{0\},\qquad \text{d.h. } a\equiv(CD')_0,\ b\equiv(AB')_0$$

konstruieren. Wir zerlegen

$$a=\begin{pmatrix}a_1\\ a_2\end{pmatrix},\qquad a_1\in\mathbb{Z},\ a_2\in\mathbb{Z}^{n-1}$$

und entsprechend $b=\begin{pmatrix}b_1\\ b_2\end{pmatrix}$.

1. Fall. $a_1\cdot b_1=0$. Dann sind die Charakteristiken (a_1,b_1); (a_2,b_2) gerade, und die Existenz einer Matrix $M\in\Gamma_n$ mit $\begin{pmatrix}a\\ b\end{pmatrix}=M\{0\}$ folgt leicht aus der Induktionsannahme.

2. Fall. $a_1=b_1=1$. Da $a'b$ gerade ist, gibt es einen weiteren Index ν, $2\le\nu\le n$, so daß $a_\nu=b_\nu=1$ gilt. Man findet nun leicht eine symmetrische ganze Matrix S, so daß die Charakteristik

$$\begin{pmatrix}E & S\\ 0 & E\end{pmatrix}\begin{Bmatrix}a\\ b\end{Bmatrix}\equiv\begin{pmatrix}a\\ b-Sa+S_0\end{pmatrix}.$$

den Voraussetzungen des 1. Falles genügt (im Falle $n=2$ die Matrix $S=\begin{pmatrix}0 & 1\\ 1 & 0\end{pmatrix}$) □

Die Thetatransformationsformel muß man nur für die Erzeugenden der Modulgruppe beweisen.

Den Fall $\begin{pmatrix} 0 & E \\ -E & 0 \end{pmatrix}$ haben wir in 0.13_1 behandelt, der Fall $\begin{pmatrix} E & S \\ 0 & E \end{pmatrix}$ ist elementar. Und zwar gilt

$$\vartheta(Z+S;a,b)=e^{\frac{\pi i}{4}S[a]}\,\vartheta(Z;a,b+Sa+S_0),$$

wie sich unmittelbar aus

$$S[g+\tfrac{1}{2}a]=S[g]+a'Sg+\tfrac{1}{4}S[a],$$
$$S[g]\equiv S_0'\,g \bmod 2$$

ergibt. Die letzte Kongruenz folgt aus

$$x^2\equiv x \bmod 2 \qquad \text{für } x\in\mathbb{Z}.$$

Die Thetareihe $\vartheta(Z;0,0)$ verschwindet nicht identisch, denn es ist $\vartheta(iY;0,0)>0$ □

Aus Satz 3.2 folgt:

3.2₁ Folgerung. *Die Thetareihe $\vartheta(Z;a,b)$ ist (für ganze a und b) genau dann identisch 0, wenn ihre Charakteristik ungerade ist.*

3.2₂ Folgerung. *Jedes symmetrische homogene Polynom in den Thetareihen $\vartheta^8(Z;a,b)$; $a,b\in\{0,1\}^n$; $a'b$ gerade, ist eine Siegelsche Modulform.*

Insbesondere ist das Produkt aller 8-ten Potenzen eine Modulform.

Es gilt jedoch schon

3.3 Satz. *Wir setzen*

$$k_n=\begin{cases} 8 & \text{für } n=1,\\ 2 & \text{für } n=2,\\ 1 & \text{für } n\geq 3.\end{cases}$$

Die Funktion

$$\Delta^{(n)}(Z):=\prod \vartheta(Z;a,b)^{k_n}, \qquad a'b \text{ gerade, } (a,b)\in\{0,1\}^{2n}$$

ist eine von 0 verschiedene Modulform n-ten Grades vom Gewicht

$$\begin{array}{rl} 12 & \textit{im Falle } n=1,\\ 10 & \textit{im Falle } n=2,\\ (2^n+1)\,2^{n-2} & \textit{im Falle } n\geq 3. \end{array}$$

Im Falle $n=1,2$ werden wir diese beiden Funktionen in Kap. III, §1 genau analysieren. Im allgemeinen Fall genügt es für unsere

Zwecke zu wissen, daß $\Delta^{(n)}(Z)^8$ eine Modulform ist. Wir verzichten daher auf den Beweis von Satz 3.3 (s. [43], Lemma 10).

In §0 haben wir den Begriff einer geraden Matrix eingeführt.

Man nennt eine symmetrische Matrix gerade, wenn sie ganz ist und wenn ihre Diagonalelemente sogar gerade sind.

Fourierentwicklung von Modulformen. Ist T eine gerade Matrix, so definiert

$$\tfrac{1}{2}\sigma(TZ)=\sum_{\nu=1}^{n}\tfrac{1}{2}t_{\nu\nu}z_{\nu}+\sum_{1\leq\mu<\nu\leq n}t_{\mu\nu}z_{\mu\nu}$$

eine ganzzahlige Linearkombination der Variablen $z_{\mu\nu}$, $1\leq\mu<\nu\leq n$, $z_{\nu}=z_{\nu\nu}$, und jede ganzzahlige Linearkombination läßt sich in dieser Form schreiben. Ist also f: $\mathbb{H}_n\to\mathbb{C}$ eine analytische Funktion mit der Eigenschaft

$$f(Z+S)=f(Z), \qquad S \text{ ganz},$$

so läßt sich ihre Fourierentwicklung in der Form

$$f(Z)=\sum_{T=T'\text{ gerade}}a(T)\,e^{\pi i\sigma(TZ)}$$

schreiben.

3.4 Hilfssatz. *Die Fourierkoeffizienten einer Modulform*

$$f(Z)=\sum_{T=T'\text{ gerade}}a(T)\,e^{\pi i\sigma(TZ)}$$

besitzen das Transformationsverhalten

$$a(U'TU)=(\det U)^r\,a(T) \qquad \textit{für } U\in Gl(n,\mathbb{Z}).$$

Beweis. Es gilt

$$\begin{aligned}(\det U)^r f(Z)&=f(U'ZU)\\&=\sum a(T)\,e^{\pi i\sigma(TU'ZU)}\\&=\sum a(T)\,e^{\pi i\sigma(UTU'Z)}.\end{aligned}$$

Mit T durchläuft auch UTU' alle symmetrischen geraden Matrizen. Die Behauptung folgt nun aus der Eindeutigkeit der Fourierentwicklung □

Was bedeutet die Beschränktheit der Funktion $f(Z)$ in Bereichen $Y\geq Y_0>0$ für die Fourierkoeffizienten $a(T)$?

Im Falle $n=1$ ist die Antwort einfach. Dann kann man $f(Z)$ als Funktion von $q=e^{2\pi iZ}$ betrachten. Aus dem *Riemannschen Hebbarkeitssatz* folgt, daß sie genau dann in den angegebenen Bereichen beschränkt ist, wenn sie in $q=0$ eine hebbare Singularität hat, d.h.

$$f(Z)=\sum_{T\geq 0}a(T)\,e^{\pi i\sigma(TZ)}.$$

Im Falle $n>1$ gilt ein analoger Sachverhalt: Nehmen wir einmal an, daß $a(T)$ nur für semipositive T von 0 verschieden sein kann. Aus $Y \geq Y_0, T \geq 0$ folgt $\sigma(TY) \geq \sigma(TY_0)$. Im Bereich $Y \geq Y_0 > 0$ gilt daher

$$|f(Z)| \leq \sum_{T \geq 0} |a(T)| \, e^{-\pi\sigma(TY_0)}.$$

Die Funktion f ist also in den angegebenen Bereichen beschränkt.

Hiervon gilt auch die Umkehrung: Wenn $f(Z)$ in allen Bereichen $Y \geq Y_0 > 0$ beschränkt ist, so gilt

$$a(T) \neq 0 \;\Rightarrow\; T \geq 0 \quad \text{(semipositiv)}.$$

Wir verzichten auf den Beweis der Umkehrung, denn im Falle $n>1$ gilt sogar

3.5 Hilfssatz (Koecherprinzip). *Sei $f\colon \mathbb{H}_n \to \mathbb{C}$ eine holomorphe Funktion mit den Eigenschaften*

a) $f(Z+S)=f(Z)$ *für* $S=S'$ *ganz,*

b) $f(Z[U])=f(Z)$ *für* $U \in Sl(n,\mathbb{Z})$.

Im Falle $n \geq 2$ hat die Fourierentwicklung von f die Gestalt

$$f(Z)=\sum_{T \geq 0,\, T=T' \text{ gerade}} a(T)\, e^{\pi i \sigma(TZ)}.$$

Insbesondere ist $f(Z)$ in Bereichen der Art $Y \geq Y_0 > 0$ beschränkt.

Folgerung. *Die Fourierentwicklung einer Modulform hat die Form*

$$f(Z)=\sum_{T \geq 0,\, T=T' \text{ gerade}} a(T)\, e^{\pi i \sigma(TZ)}.$$

Beweis. Die Invarianz von f unter unimodularen Substitutionen $Z \to Z[U]$, $U \in Sl(n,\mathbb{Z})$, impliziert $a(T[U])=a(T)$ für $U \in Sl(n,\mathbb{Z})$ (3.4). Wenn der Koeffizient $a(T)$ von 0 verschieden ist, so muß die Reihe

$$\sum_S e^{-\sigma(SY)}, \qquad Y=Y'>0$$

konvergieren, wobei über alle *verschiedenen* Matrizen S der Form $S = T[U]$, $U \in Sl(n,\mathbb{Z})$, summiert werde. Wir werden zeigen, daß diese Reihe schon für $Y=E$ divergiert, wenn T nicht semipositiv ist. Wenn T nicht semipositiv ist, existiert ein Vektor $g \in \mathbb{Z}^n$ mit teilerfremden Komponenten, so daß $T[g]<0$. Aufgrund des bereits verwendeten Gaußschen Satzes ist g die erste Spalte einer unimodularen Matrix U. Da wir T durch $T[U]$ ersetzen dürfen, können wir $t_{11}<0$ annehmen. Sei nun

$$S=T[V], \qquad V=\begin{pmatrix} 1 & x & & \\ 0 & 1 & & 0 \\ & & \ddots & \\ & 0 & & 1 \end{pmatrix}.$$

Dann gilt

$$\sigma(S) = x^2 t_{11} + o(x^2) \to -\infty, \qquad \text{für } x \to \infty,$$

also

$$e^{-\sigma(S)} \to \infty \qquad \text{für } x \to \infty.$$

Die behauptete Divergenz ist damit bewiesen □

Der Siegelsche Φ-Operator. Sei f: $\mathbb{H}_n \to \mathbb{C}$ eine Funktion, so daß der Grenzwert

$$\lim_{t \to +\infty} f\begin{pmatrix} Z & 0 \\ 0 & it \end{pmatrix}; \qquad Z \in \mathbb{H}_{n-1},$$

existiert. Wir erhalten dann eine Funktion

$$f \mid \Phi(Z) := \lim_{t \to \infty} f\begin{pmatrix} Z & 0 \\ 0 & it \end{pmatrix}$$

auf $\mathbb{H}_{n-1}$.

Diesen Operator kann man auf in $\mathbb{H}_n$ absolut konvergente Fourierreihen

$$f(Z) = \sum_{\substack{T = T' \geq 0 \\ T \text{ gerade}}} a(T)\, e^{\pi i \sigma(TZ)}$$

gliedweise anwenden, da diese Reihen in Bereichen der Art $Y \geq Y_0 > 0$ gleichmäßig konvergieren. Offensichtlich gilt

$$\lim_{t \to \infty} e^{\pi i \sigma\left(T\begin{pmatrix} Z & 0 \\ 0 & it \end{pmatrix}\right)} = 0 \qquad \text{für } t_{nn} > 0.$$

3.6 Hilfssatz. *Wenn das letzte Diagonalelement t_{nn} einer semipositiven Matrix T verschwindet, so gilt*

$$T = \begin{pmatrix} T_1 & 0 \\ 0 & 0 \end{pmatrix}, \qquad T_1 = T_1^{(n-1)} \geq 0.$$

Beweis. Man nutze aus, daß jede zweireihige Unterdeterminante von T nicht negativ ist.

$$t_{ii} t_{nn} - t_{in}^2 \geq 0$$

Aus $t_{nn} = 0$ folgt daher $t_{in} = 0$ □

Wir erhalten also

$$(f \mid \Phi)(Z^{(n-1)}) = \sum_{T = T^{(n-1)} \geq 0} a\begin{pmatrix} T & 0 \\ 0 & 0 \end{pmatrix} e^{\pi i \sigma(TZ)}.$$

3.7 Bemerkung. *Der Φ-Operator definiert eine lineare Abbildung*

$$\Phi\colon [\Gamma_n, r] \to [\Gamma_{n-1}, r].$$

Beweis. Sei

$$M_1 = \begin{pmatrix} A_1 & B_1 \\ C_1 & D_1 \end{pmatrix} \in \Gamma_{n-1}.$$

Die Matrix

$$M = \begin{pmatrix} A & B \\ C & D \end{pmatrix}; \quad A = \begin{pmatrix} A_1 & 0 \\ 0 & 1 \end{pmatrix}, \quad B = \begin{pmatrix} B_1 & 0 \\ 0 & 0 \end{pmatrix},$$

$$C = \begin{pmatrix} C_1 & 0 \\ 0 & 0 \end{pmatrix}, \quad D = \begin{pmatrix} D_1 & 0 \\ 0 & 1 \end{pmatrix},$$

liegt offensichtlich in Γ_n. Es gilt

$$M\left\langle \begin{pmatrix} Z_1 & 0 \\ 0 & it \end{pmatrix} \right\rangle = \begin{pmatrix} M_1\langle Z_1\rangle & 0 \\ 0 & it \end{pmatrix},$$

$$\det(CZ+D) = \det(C_1 Z_1 + D_1) \quad \square$$

3.8 Definition. Eine Modulform $f \in [\Gamma_n, r]$ heißt **Spitzenform**, wenn sie im Kern des Φ-Operators enthalten ist.

Bezeichnung. $[\Gamma_n, r]_0 := \{f \in [\Gamma_n, r];\, f\,|\,\Phi = 0\}$.

3.9 Hilfssatz. *Eine Modulform $f \in [\Gamma_n, r]$ ist genau dann eine Spitzenform, falls*

$$a(T) \neq 0 \;\Rightarrow\; T > 0.$$

Beweis. Ist T eine semipositive aber nicht definite Matrix, so gilt $\det T = 0$, wie etwa aus 0.1 folgt. Wenn T rational ist, findet man daher einen rationalen Vektor $g \in \mathbb{Q}^n$, $g \neq 0$, $Tg = 0$. Man kann annehmen, daß die Komponenten von g ganz und teilerfremd sind. Auf Grund des Gaußschen Lemmas A 5.2 ist g die letzte Spalte einer unimodularen Matrix U. Es gilt

$$T[U] = \begin{pmatrix} T_1 & 0 \\ 0 & 0 \end{pmatrix} \quad \text{(wegen 3.6)} \quad \square$$

Die Wirkung des Φ-Operators auf Thetareihen läßt sich leicht bestimmen.

3.10 Bemerkung. *Seien*

$$A = (\tilde{A}, a), \qquad B = (\tilde{B}, b)$$

ganze Matrizen. Es gilt (Bezeichnungen: s. § 0)

$$\vartheta_{A,B}(S, Z^{(n)})\,|\,\Phi = \begin{cases} (-1)^{a'b/2}\,\vartheta_{\tilde{A},\tilde{B}}(S, Z^{(n-1)}), & \textit{falls } a \textit{ gerade ist}, \\ 0 & \textit{sonst}. \end{cases}$$

Der einfache Beweis sei dem Leser überlassen.

Folgerung. *Die in 3.3 definierte Modulform $\Delta^{(n)}(Z)$ ist eine Spitzenform, welche nicht identisch verschwindet.*

Beispielsweise gilt

$$\vartheta_{a,b}|\Phi=0 \quad \text{für } a=\begin{pmatrix}1\\0\\\vdots\\0\\1\end{pmatrix},\ b=\begin{pmatrix}1\\0\\\vdots\\0\\1\end{pmatrix} \qquad \square$$

3.11 Hilfssatz. *Sei $f\in[\Gamma_n,r]$ eine Modulform. Die Funktion*

$$g(Z):=(\det Y)^{\frac{r}{2}}|f(Z)|$$

ist unter Γ_n invariant. Wenn f eine Spitzenform ist, besitzt $g(Z)$ ein Maximum in $\mathbb{H}_n$.

Beweis. Die Invarianz von $g(Z)$ folgt aus der in 1.4 bewiesenen Transformationsformel für $Y=\operatorname{Im} Z$.

Sei also f eine Spitzenform. Wegen der Invarianz von $g(Z)$ genügt es zu zeigen, daß g im Fundamentalbereich $\mathscr{F}_n$ ein Maximum annimmt. Da die Menge der Matrizen $Z\in\mathscr{F}_n$, $\det Y\leq C$ kompakt ist (2.12_2), genügt es

$$\lim_{\det Y\to\infty} g(Z)=0, \qquad Z\in\mathscr{F}_n$$

zu zeigen.

Mit Hilfe der Ungleichungen aus 2.5 und 2.6 zeigt man leicht

$$(\det Y)^{\frac{r}{2}} e^{-\pi\sigma(TY)}\leq C\prod_{\nu=1}^{n} e^{-\frac{\varepsilon}{2}t_\nu y_\nu},$$

wobei C und ε Konstanten sind, welche nur von n abhängen. Es folgt

$$g(Z)\leq C\sum_{T>0}|a(T)|\,e^{-\frac{\varepsilon}{2}\sigma(T\tilde{Y})}, \qquad \tilde{Y}=\begin{pmatrix}y_1 & & 0\\ & \ddots & \\ 0 & & y_n\end{pmatrix}.$$

Es gilt $\frac{1}{2}\sigma(T\tilde{Y})\geq\sigma(\tilde{Y})$. Im Bereich der reduzierten Matrizen gilt

$$\det Y\to\infty \;\Rightarrow\; y_n\to\infty \;\Rightarrow\; \sigma(Y)\to\infty.$$

Folgedessen gilt $\sigma(T\tilde{Y})\to\infty$ für $\det Y\to\infty$, also $g(Z)\to 0$ für $\det Y\to\infty$, da die Reihe $g(Z)$ in $\mathscr{F}_n$ gleichmäßig konvergiert $\square$

Mit Hilfe des Hilfssatzes 3.11 beweisen wir einige fundamentale Endlichkeitssätze. Für Induktionsbeweise definieren wir noch

$$[\Gamma_0,r]=[\Gamma_0,r]_0=\mathbb{C}.$$

3.12 Hilfssatz. *Jede Spitzenform $f \in [\Gamma_n, 0]$, $n>0$, vom Gewicht 0 verschwindet identisch.*

3.12$_1$ Folgerung. *Jede Modulform vom Gewicht 0 ist konstant.*

Beweis. Auf Grund von Hilfssatz 3.11 besitzt $f(Z)$ ein Maximum in $\mathbb{H}_n$ und ist daher konstant. Die Konstante muß 0 sein, denn es gilt

$$\lim_{t\to\infty} f(itE)=0.$$

Die Folgerung ergibt sich nun durch Induktion nach n folgendermaßen:

Sei $f \in [\Gamma_n, 0]$ eine Modulform, so daß $f|\Phi$ konstant ist, etwa gleich C. Dann ist $f(Z)-C$ eine Spitzenform und damit identisch 0 □

3.12$_2$ Bemerkung. *Ist f oder g eine Spitzenform, so ist auch $f \cdot g$ eine Spitzenform.*

3.13 Satz. *Jede Modulform negativen Gewichts verschwindet identisch.*

Beweis. Sei $f \in [\Gamma_n, -r]$, $r>0$. Die Existenz einer Spitzenform $g \in [\Gamma_n, r_0]$, $g \not\equiv 0$, wurde für geeignetes $r_0>0$ bewiesen (3.10, Folgerung).

Dann ist $f^{r_0} \cdot g^r$ eine Spitzenform vom Gewicht 0 und verschwindet somit. Es folgt $f \equiv 0$ □

Unser nächstes Ziel ist der Beweis der *Endlichdimensionalität* von $[\Gamma_n, r]$. Er basiert auf einer geschickten Anwendung des *Maximumprinzips.*

3.14 Hilfssatz. *Sei*

$$F(z)=\sum_{n=N}^{\infty} a_n e^{2\pi i n z}$$

eine Fourierreihe, welche für

$$\operatorname{Im} z > -\delta, \qquad 0<\delta \text{ geeignet},$$

konvergiert. Dann existiert zu jeder Zahl ε, $0<\varepsilon<\delta$, ein Punkt z_ε mit den Eigenschaften

a) $y_\varepsilon = \operatorname{Im} z_\varepsilon = -\varepsilon$.
b) $|F(0)| \le e^{-2\pi N\varepsilon}|F(z_\varepsilon)|$.

Beweis. Sei $q=e^{2\pi i z}$. Die Funktion $g(q)=e^{-2\pi i N z} F(z)$ ist regulär in der Kreisscheibe $|q|<e^{2\pi\delta}$. Auf Grund des Maximumprinzips nimmt die Funktion in dem Bereich $|q| \le e^{2\pi\varepsilon}$ ihr Maximum auf dem Rande an. Es gibt daher einen Punkt z_ε, $\operatorname{Im} z_\varepsilon = -\varepsilon$ mit der Eigenschaft

$$|g(1)|=|F(0)| \le e^{-2\pi N\varepsilon}|F(z_\varepsilon)| \quad \square$$

Wir wenden Hilfssatz 3.14 auf die Funktion

$$F(z)=f(Z_0+Sz)$$

an. Hierbei sei $f\in[\Gamma_n, r]$ eine Modulform, $Z_0\in\mathbb{H}_n$ ein fester Punkt und $S=S'\geq 0$ eine semipositive ganze Matrix. Über Z_0 und S wird noch geeignet verfügt werden. Wählt man die positive Zahl $\delta>0$ so, daß $Y_0>\delta S$, so ist $F(z)$ im Bereich $\operatorname{Im} z>-\delta$ analytisch.

Eine einfache Rechnung zeigt

$$F(z)=\sum_{n=0}^{\infty} a_n e^{2\pi i n z},$$

$$a_n=\sum_{\sigma(ST)=2n} a(T)\, e^{\pi i \sigma(TZ_0)},$$

wobei mit $a(T)$ die Fourierkoeffizienten von $f(Z)$ bezeichnet werden.

Annahme. *Sei N eine natürliche Zahl mit der Eigenschaft*

$$a_n=0 \quad \textit{für } n<N.$$

Auf Grund von Hilfssatz 3.14 existiert zu jedem ε, $0<\varepsilon<\delta$, ein Punkt z_ε mit der Eigenschaft

$$|f(Z_0)|\leq e^{-2\pi N\varepsilon}|f(Z_0+Sz_\varepsilon)|, \qquad \operatorname{Im} z_\varepsilon=-\varepsilon.$$

Wir nehmen nun an, daß f eine Spitzenform ist. Wir wählen den Punkt Z_0 so, daß die Funktion

$$|f(Z)|(\det Y)^{\frac{r}{2}}$$

ihr Maximum in $Z=Z_0\in\mathscr{F}_n$ annimmt.

Aus obiger Ungleichung folgt nun

$$\begin{aligned}&|f(Z_0)|(\det Y_0)^{\frac{r}{2}}\det(Y_0-\varepsilon S)^{\frac{r}{2}}\\ &\leq e^{-2\pi N\varepsilon}|f(Z_0+Sz_\varepsilon)|\det(Y_0-\varepsilon S)^{\frac{r}{2}}(\det Y_0)^{\frac{r}{2}}\\ &\leq e^{-2\pi N\varepsilon}|f(Z_0)|(\det Y_0)^{\frac{r}{2}}(\det Y_0)^{\frac{r}{2}}.\end{aligned}$$

Wenn die Spitzenform f nicht identisch verschwindet, was wir nun annehmen wollen, so folgt

$$\det(Y_0-\varepsilon S)^{\frac{r}{2}}\leq(\det Y_0)^{\frac{r}{2}} e^{-2\pi N\varepsilon}$$

oder

$$\det(E-\varepsilon S Y_0^{-1})^{\frac{r}{2}}\leq e^{-2\pi N\varepsilon}.$$

Entwickelt man nach Potenzen von ε und vergleicht die linearen Terme, so folgt

(*) $$\boxed{r\,\sigma(SY_0^{-1}) \geq 4\pi N.}$$

Aus dieser Ungleichung folgen die angekündigten *Endlichkeitssätze*, indem man über S geeignet verfügt. Zunächst betrachten wir nun den Fall $N=1$. Die gemachte Annahme ist erfüllt, wenn S von 0 verschieden ist, denn dann gilt

$$\sigma(ST)>0 \quad \text{für } T>0.$$

Wir wählen nun speziell S als dyadisches Produkt $S=gg'$, wobei der Spaltenvektor $g\in\mathbb{Z}^n$ so gewählt sei, daß

$$m(Y_0^{-1})=Y_0^{-1}[g] \quad \text{(s. § 2)}$$

gilt. Nach Voraussetzung ist

$$Z_0\in\mathscr{F}_n, \quad \text{also } m(Y_0)\geq\tfrac{1}{2}\sqrt{3}.$$

Aus der *Hermiteschen Ungleichung* (2.1) folgt die Existenz einer nur von n abhängigen Konstanten H_n mit der Eigenschaft

$$m(Y_0)\,m(Y_0^{-1})\leq H_n\leq(\tfrac{4}{3})^{n-1}.$$

Fügt man obige Ungleichungen zusammen, so folgt

$$r\geq\frac{4\pi}{\sigma(SY_0^{-1})}\geq\frac{2\pi\sqrt{3}}{H_n}.$$

Mit der aus 2.1 gewonnenen Abschätzung $H_n\leq(\frac{4}{3})^{n-1}$ erhalten wir

3.15 Satz. *Es gilt*

$$[\Gamma_n,r]_0=0 \quad \textit{für} \begin{cases} n=1 & \textit{und} \quad r<12,\\ n=2 & \textit{und} \quad r<9,\\ n=3 & \textit{und} \quad r<8,\\ n=4 & \textit{und} \quad r<5.\end{cases}$$

Tatsächlich existieren Verbesserungen der Abschätzung

$$m(Y)\leq h_n(\det Y)^{\frac{1}{n}}.$$

Die optimalen Konstanten h_n sind in den Fällen $n\leq 9$ bekannt [13].

Beispielsweise gilt

$$h_4=\sqrt[2]{2} \quad \text{und} \quad h_5=\sqrt[5]{8}.$$

Diese verbesserten Konstanten ergeben

Ergänzung zu 3.15. *Es gilt*

$$[\Gamma_4,r]_0=0 \quad \textit{für } r<6,$$
$$[\Gamma_n,r]_0=0 \quad \textit{für } r<5 \textit{ und } n\leq 5.$$

Wir spezialisieren nun die Ungleichung (*) auf den Fall $S=E$:

$$r\,\sigma(Y_0^{-1})\geq 4\pi N.$$

Für $Z_0\in\mathscr{F}_n$ gilt wegen 2.11

$$\varepsilon_n\,\sigma(Y_0^{-1})\leq\sigma(Y_0\,Y_0^{-1})=n.$$

Es existiert also eine nur von n abhängige Konstante δ_n mit der Eigenschaft

$$\sigma(Y_0^{-1})\leq\delta_n^{-1}\qquad(Z_0\in\mathscr{F}_n).$$

Wir erhalten daher

$$\frac{r}{2}\geq\mu_n N$$

mit einer nur von n abhängigen Konstanten μ_n.

Die an N gestellte Bedingung ist sicherlich erfüllt, wenn

$$a(T)=0\qquad\text{für }\sigma(T)<2N$$

gilt. Wir erhalten also

3.16 Satz. *Sei $f\in[\Gamma_n,r]_0$ eine Spitzenform mit der Eigenschaft*

$$a(T)=0\qquad\textit{für }\sigma(T)\leq\frac{r}{\mu_n}.$$

Dann ist f identisch 0.

3.16$_1$ Folgerung. *Die Dimension von $[\Gamma_n,r]_0$ ist nicht größer als die Anzahl aller positiv definiten geraden Matrizen $T=T^{(n)}$ mit der Eigenschaft $\sigma(T)\leq\frac{r}{\mu_n}$.*

Beweis. Die Abbildung, welche jedem $f\in[\Gamma_n,r]_0$ den Vektor $(a(T))_{\sigma(T)\leq r/\mu_n}$ zuordnet, ist linear und ihr Kern ist 0 □

Eine positiv definite Matrix T erfüllt die Ungleichungen

$$t_{\mu\nu}^2\leq t_{\mu\mu}t_{\nu\nu};\qquad 1\leq\mu<\nu\leq n.$$

Die Anzahl aller ganzen positiv definiten Matrizen T, $\sigma(T)<\frac{r}{\mu_n}$, ist daher nicht größer als

$$\left(\frac{2r}{\mu_n}+1\right)^N,\qquad N=\frac{n(n+1)}{2}.$$

Wir erhalten somit eine Abschätzung

$$\dim\,[\Gamma_n,r]_0=O(r^N)\qquad\text{für }r\to\infty.$$

Mit Hilfe des Siegelschen Φ-Operators folgt die analoge Abschätzung für den vollen Raum der Modulformen, denn es gilt

$$\dim[\Gamma_n, r] \leq \dim[\Gamma_n, r]_0 + \dim[\Gamma_{n-1}, r].$$

Wir erhalten

3.17 Theorem. *Es existiert eine nur von n abhängige Konstante A_n mit der Eigenschaft*

$$\dim[\Gamma_n, r] \leq A_n r^N, \qquad N = \frac{n(n+1)}{2}.$$

Man nennt ein System von Modulformen

$$f_\nu \in [\Gamma_n, r_\nu]; \qquad \nu = 0, \dots, m,$$

algebraisch unabhängig, falls für jede natürliche Zahl r die Monome

$$f_0^{\nu_0} \dots f_m^{\nu_m}; \qquad \nu_0 r_0 + \dots + \nu_m r_m = r$$

linear unabhängig sind. Die Anzahl dieser Monome ist nicht kleiner als δr^m, $0 < \delta$ geeignet, wenn man annimmt, daß r durch $r_0 \dots r_m$ teilbar ist.

Aus 3.17 folgt

3.18 Theorem. *Je $\frac{n(n+1)}{2} + 2$ Modulformen sind algebraisch abhängig.*

3.19 Definition. Eine **Modulfunktion** n-ten Grades ist eine in $\mathbb{H}_n$ meromorphe Funktion φ, welche sich als Quotient zweier Modulformen gleichen Gewichts darstellen läßt:

$$\varphi = \frac{f}{g}; \qquad f, g \in [\Gamma_n, r], \; g \neq 0.$$

Jede Modulfunktion ist Γ_n-invariant. Im Falle $n > 1$ ist umgekehrt jede meromorphe Γ_n-invariante Funktion in $\mathbb{H}_n$ eine Modulfunktion (Kap. II). Die Gesamtheit $K(\Gamma_n)$ aller Modulfunktionen n-ten Grades ist offenbar ein Körper, welcher $\mathbb{C}$ (die konstanten Funktionen) enthält. Man nennt Modulfunktionen $\varphi_1, \dots, \varphi_m$ *algebraisch abhängig*, wenn es ein Polynom $P \in \mathbb{C}[T_1, \dots, T_m]$, $P \neq 0$, mit

$$P(\varphi_1, \dots, \varphi_m) = 0$$

gibt.

3.20 Theorem. *Je $\frac{n(n+1)}{2} + 1$ Modulfunktionen sind algebraisch abhängig.*

Beweis. Man kann die Modulfunktionen $\varphi_1, \dots, \varphi_{N+1}$ als Quotient von Modulformen mit einem gemeinsamen Nenner f_0 schreiben:

$$\varphi_j = \frac{f_j}{f_0}, \qquad j = 1, \dots, N+1.$$

Man wende auf die $N+2$ Modulformen $f_0, \ldots, f_{N+1}$ Theorem 3.18 an und dividiere durch eine geeignete Potenz von f_0 □

Im nächsten Abschnitt beweisen wir die Existenz von $N+1$ algebraisch unabhängigen Modulformen.

Die grundlegenden Endlichkeitssätze 3.12_1, 3.13, 3.17 wurden in Siegels Arbeit [72] Bd II, Nr. 32, bewiesen. Daß im Fall $n \geq 2$ kein Regularitätsverhalten in den Spitzen zu fordern ist, wurde von M. Koecher entdeckt. Die für kleine n recht scharfen Schranken aus Satz 3.15 (s. auch Ergänzung zu 3.15 weiter unten) wurden erstmals von M. Eichler mit einer etwas anderen Methode bewiesen [20]. Er benutzte die *Fourier-Jacobi-Entwicklung* einer Modulform (s. A IV).

§ 4. Poincaré-Reihen

Nach den Thetareihen lernen wir nun ein zweites wichtiges Konstruktionsverfahren für Modulformen kennen. Poincaréreihen erhält man durch Mittelung von Funktionen $f\colon \mathbb{H}_n \to \mathbb{C}$. Konvergenz vorausgesetzt, stellen die Reihen

$$\sum f(M\langle Z\rangle)\det(CZ+D)^{-r}$$

Modulformen vom Gewicht r dar. Zu summieren ist über die volle Modulgruppe Γ_n oder über ein Vertretersystem von Nebenklassen nach einer geeigneten Untergruppe. Das letztere ist dann geboten, wenn f schon das richtige Transformationsverhalten unter einer Untergruppe von Γ_n hat. Die eigentliche Schwierigkeit besteht in den Konvergenzbeweisen.

Im folgenden verwenden wir die (im Falle $n=1$) von *Petersson* eingeführte Bezeichnung

$$f\underset{r}{|}M(Z) = f(M\langle Z\rangle)\det(CZ+D)^{-r}.$$

Hierbei seien $r \in \mathbb{Z}$, $M \in Sp(n, \mathbb{R})$ und f eine Funktion auf $\mathbb{H}_n$. Es gilt

$$(f|M)|N = f|MN \qquad (f|M := f\underset{r}{|}M).$$

Eine Modulform f vom Gewicht r genügt der Transformationsformel

$$f|M = f \quad \text{für } M \in \Gamma_n.$$

In diesem Abschnitt sollen Modulformen nach dem **Prinzip der Quersummation** konstruiert werden. Sei $f\colon \mathbb{H}_n \to \mathbb{C}$, $n>1$, eine analytische Funktion. Die Reihe

$$F := \sum_{M \in \Gamma_n} f\underset{r}{|}M$$

stellt, sofern sie in $\mathbb{H}_n$ absolut und lokal gleichmäßig konvergiert, eine Modulform vom Gewicht r dar, denn es gilt

$$F|M_0 = \sum f|MM_0 = \sum f|M,$$

da mit M auch MM_0 alle Elemente der Gruppe Γ_n durchläuft.

Es ist unser Ziel, eine Klasse von Funktionen f zu bestimmen, für welche diese Reihe konvergiert. Für den Konvergenzbeweis ist es zweckmäßig, die Siegelsche Halbebene $\mathbb{H}_n$ durch ein biholomorph äquivalentes beschränktes Gebiet zu ersetzen.

4.1 Definition. Der **verallgemeinerte Einheitskreis** ist

$$\mathscr{E}_n := \{W \in \mathscr{Z}_n;\ E - W\overline{W} > 0\}.$$

Dabei bedeutet „$E - W\overline{W} > 0$" natürlich, daß die *Hermitesche Matrix* $E - W\overline{W}$ positiv ist (s. A I). Offensichtlich ist $\mathscr{E}_n$ ein offener, konvexer, beschränkter Bereich in $\mathscr{Z}_n$. Wir betrachten die symplektische Substitution

$$Z \to W = M_0\langle Z\rangle = (Z - iE)(Z + iE)^{-1}, \qquad M_0 = \frac{1}{\sqrt{2i}}\begin{pmatrix} E & -iE \\ E & iE \end{pmatrix}.$$

Sie ist auf ganz $\mathbb{H}_n$ definiert, denn

$$Z \in \mathbb{H}_n \Rightarrow Z + iE \in \mathbb{H}_n \Rightarrow \det(Z + iE) \neq 0.$$

Außerdem gilt

$$E - W\overline{W} = (Z + iE)^{-1}\, 4Y\,(\overline{Z + iE})^{-1} > 0.$$

Durch M_0 wird also eine Abbildung $\mathbb{H}_n \to \mathscr{E}_n$ definiert. Diese ist bijektiv, denn man rechnet leicht nach, daß $\mathscr{E}_n$ durch die inverse Matrix M_0^{-1} in $\mathbb{H}_n$ abgebildet wird. Wir erhalten

4.2 Bemerkung. *Durch die symplektische Substitution*

$$Z \to W = (Z - iE)(Z + iE)^{-1}$$

wird die Siegelsche Halbebene biholomorph auf den Einheitskreis $\mathscr{E}_n$ *abgebildet.*

Im folgenden sei $D \subset \mathbb{C}^n$ eine beliebige beschränkte, offene Menge und Γ eine Untergruppe von $\operatorname{Aut} D$, der Gruppe aller biholomorphen Selbstabbildungen von D. Wir nehmen an, daß Γ auf D *eigentlich diskontinuierlich* im Sinne von 1.9 operiert, daß also für je zwei Kompakta $K, \tilde{K} \subset D$ die Menge

$$\{\gamma \in \Gamma,\ \gamma(K) \cap \tilde{K} \neq \emptyset\}$$

endlich ist. Eine solche Gruppe ist stets abzählbar, da man D als Vereinigung abzählbar vieler Kompakta darstellen kann.

Eine holomorphe Funktion $F\colon D \to \mathbb{C}$ wollen wir eine **automorphe Form vom Gewicht** $k \in \mathbb{Z}$ nennen, wenn sie dem Transformationsverhalten

$$F(\gamma z)\, j(\gamma, z)^k = F(z)$$

genügt. Hierbei ist $j(\gamma, z)$ die komplexe Funktionaldeterminante von γ. Wir schreiben nun das Transformationsverhalten einer Siegelschen Modulform auf den Einheitskreis um. Der Einfachheit halber nehmen wir an, daß das Gewicht r ein Vielfaches von $n+1$ ist, $r = k(n+1)$.

Dann gilt (1.6)

$$\det(CZ + D)^{-r} = j(M, Z)^k$$

und das Transformationsverhalten einer Modulform vom Gewicht r lautet

$$F(M\langle Z\rangle)\, j(M, Z)^k = F(Z).$$

Wir definieren nun

$$F^*(W) := F(Z)\, j(M_0, Z)^{-k}, \qquad W = M_0\langle Z\rangle.$$

Aus der Kettenregel für die Funktionaldeterminante folgt unmittelbar

$$F^*(M^*\langle W\rangle)\, j(M^*, W)^k = F^*(W) \qquad \text{für } M^* \in M_0 \Gamma_n M_0^{-1}.$$

Wie wir gesehen haben, entsprechen im Falle $n > 1$ die Siegelschen Modulformen vom Gewicht $r = k(n+1)$ bei der Zuordnung $F \to F^*$ umkehrbar eindeutig den automorphen Formen vom Gewicht k auf dem verallgemeinerten Einheitskreis (bezüglich der Gruppe $M_0 \Gamma_n M_0^{-1}$).

4.3 Satz. *Sei $D \subset \mathbb{C}^n$ eine beschränkte offene Menge und Γ eine Gruppe von biholomorphen Selbstabbildungen von D, welche auf D eigentlich diskontinuierlich operiert. Die Reihe*

$$F(z) := \sum_{\gamma \in \Gamma} f(\gamma z)\, j(\gamma, z)^k, \qquad k \geq 2,$$

konvergiert für jede beschränkte analytische Funktion $f\colon D \to \mathbb{C}$ absolut und lokal gleichmäßig und stellt infolgedessen eine automorphe Form vom Gewicht k dar.

Man nennt die in diesem Satz auftretende Reihe eine **Poincaréreihe.** Zum Beweis von Satz 4.3 benötigen wir die beiden folgenden Hilfssätze.

4.3_1 Hilfssatz. *Sei $D \subset \mathbb{C}^n$ eine offene Menge und Γ eine Gruppe von biholomorphen Selbstabbildungen von D, welche auf D eigentlich diskontinuierlich operiert. Zu jedem Punkt $a \in D$ existiert eine offene Umgebung U mit der Eigenschaft*

a) $U \cap \gamma(U) \neq \emptyset,\ \gamma \in \Gamma \ \Rightarrow\ \gamma \in \Gamma_a$;
b) $\gamma \in \Gamma_a \ \Rightarrow\ U = \gamma(U)$.

Der *Stabilisator* $\Gamma_a = \{\gamma \in \Gamma,\ \gamma(a) = a\}$ ist auf Grund der eigentlichen Diskontinuität natürlich endlich.

Beweis. Es genügt, eine Umgebung mit der Eigenschaft a) zu konstruieren, da man U durch $\bigcap_{\gamma \in \Gamma_a} \gamma(U)$ ersetzen kann. Sei V eine offene Umgebung von a, deren Abschluß in D kompakt ist. Die Menge

$$\mathfrak{M} = \{\gamma \in \Gamma,\ \gamma(V) \cap V \neq \emptyset\}$$

ist endlich.

Sei $U_\nu \subset V$, $\nu = 1, 2, \dots$ ein Fundamentalsystem von Umgebungen von a. Wir schließen nun indirekt, nehmen also an, daß keine Umgebung U, insbesondere kein U_ν die Eigenschaft a) besitzt. Dann existiert für jedes $\nu \in \mathbb{N}$

$$z_\nu \in U_\nu, \qquad \gamma_\nu \in \Gamma \setminus \Gamma_a \quad \text{mit } \gamma_\nu z_\nu \in U_\nu.$$

Da die γ_ν einer endlichen Menge angehören, können wir nach eventuellem Übergang zu einer Teilfolge annehmen, daß die Folge γ_ν konstant, etwa gleich γ ist. Nun gilt

$$z_\nu \to a, \qquad \gamma z_\nu \to a$$

also $\gamma a = a$, im Widerspruch zur Wahl von γ_ν □

4.3$_2$ Hilfssatz. *Sei $D \subset \mathbb{C}^n$ offen, $K \subset D$ kompakt. Es existiert eine Konstante $C > 0$, so daß für jede holomorphe Funktion $f\colon D \to \mathbb{C}$ die Ungleichung*

$$|f(a)|^2 \leq C \int_D |f(z)|^2\, dz \qquad \text{für } a \in K$$

gültig ist ($dz = dx_1 \dots dy_n$).

Beweis. Wir wählen eine Zahl $r > 0$, so daß für jeden Punkt $a \in K$ die Kugel vom Radius r in D enthalten ist.

$$U_r(a) = \{z,\ |z_\nu - a_\nu| \leq r \ \text{ für } \nu = 1, \dots, n\} \subset D.$$

Offenbar genügt es, Hilfssatz 4.3$_2$ für $U_r(a)$ anstelle von D und $\{a\}$ anstelle von K zu beweisen, und man kann überdies $a = 0$ annehmen.

Wir entwickeln f in eine Potenzreihe

$$f(z) = \sum a_{\nu_1, \dots, \nu_n} z_1^{\nu_1} \dots z_n^{\nu_n}$$

und führen die Integration gliedweise aus. Benutzt man die Formel

$$\int_{x^2 + y^2 \leq r} z^\mu \bar{z}^\nu\, dx\, dy = 0 \qquad \text{für } \mu \neq \nu,$$

so folgt

$$\int_{U_r(0)} |f(z)|^2\, dz = \sum_\nu \int_{U_r(0)} |a_\nu z_1^{\nu_1} \dots z_n^{\nu_n}|^2\, dz \geq (\pi r^2)^n \cdot |a_0|^2 = (\pi r^2)^n |f(0)|^2 \quad \square$$

Beweis von Satz 4.3. Wir zeigen zunächst, daß die Reihe

$$\sum_{\gamma \in \Gamma} |j(\gamma, z)|^2$$

lokal gleichmäßig konvergiert. Im Hinblick auf Hilfssatz 4.3_2 genügt es zu zeigen, daß zu jedem $a \in D$ eine offene Umgebung U existiert, so daß die Reihe

$$\sum_{\gamma \in \Gamma} \int_U |j(\gamma, z)|^2 dz$$

konvergiert. Wir wählen U so, daß die in Hilfssatz 4.3_1 geforderten Bedingungen erfüllt sind. Da $|j(\gamma, z)|^2$ die reelle Funktionaldeterminante von γ ist (Ist $A\colon \mathbb{C}^n \to \mathbb{C}^n$ eine $\mathbb{C}$-lineare Abbildung mit der Determinante $\det A$, so ist $|\det A|^2$ die Determinante der unterliegenden $\mathbb{R}$-linearen Abbildung ($\mathbb{C}^n \cong \mathbb{R}^{2n}$)), erhalten wir

$$\sum_{\gamma \in \Gamma} \int_U |j(\gamma, z)|^2\, dz = \sum_{\gamma \in \Gamma} \int_{\gamma(U)} dz \leq \# \Gamma_a \cdot \int_D dz < \infty.$$

Die lokal gleichmäßige Konvergenz der Reihe

$$\sum_{\gamma \in \Gamma} |j(\gamma, z)|^r$$

im Falle $r=2$ impliziert auch die lokal gleichmäßige Konvergenz im Falle $r \geq 2$ $\square$

Wir ziehen einige Folgerungen aus Satz 4.3.

4.3_3 Folgerung. *Sei $z \in D$ und sei ε eine positive Zahl. Es existieren nur endlich viele $\gamma \in \Gamma$ mit der Eigenschaft*

$$|j(\gamma, z)| > \varepsilon.$$

4.3_4 Folgerung. *Die Menge*

$$F = \{z \in D, |j(\gamma, z)| \leq 1 \text{ für alle } \gamma \in \Gamma\}$$

ist eine Fundamentalmenge für Γ, d.h.

$$D = \bigcup_{\gamma \in \Gamma} \gamma(F).$$

Beweis. Zu jedem Punkt $z \in D$ existiert eine Substitution $\gamma_0 \in \Gamma$

$$|j(\gamma_0, z)| \geq |j(\gamma, z)| \qquad \text{für alle } \gamma \in \Gamma.$$

Dann gilt $\gamma_0 z \in F$, denn es ist

$$|j(\gamma, \gamma_0 z)| = \left| \frac{j(\gamma\gamma_0, z)}{j(\gamma_0, z)} \right| \leq 1 \quad \square$$

Es ist eine heikle Frage, ob eine vorgelegte Poincaréreihe identisch verschwindet oder nicht.

4.4 Satz (*Voraussetzungen wie in* 4.3). *Zu je zwei Punkten* $a, b \in F$, *welche modulo* Γ *inäquivalent sind* ($b \neq \gamma a$ *für* $\gamma \in \Gamma$), *existiert ein Polynom* $f(z_1, \ldots, z_n)$, *so daß die Poincaréreihe*

$$F(z) = \sum_{\gamma \in \Gamma} f(\gamma z) j(\gamma, z)^r$$

für geeignetes $r \geq 2$ *den Bedingungen*

$$|F(a)| > 1, \qquad |F(b)| < 1$$

genügt.

Beweis. Bekanntlich kann man stets ein Polynom finden, welches an endlich vielen Stellen vorgegebene Werte hat. Wir können daher ein Polynom f mit folgenden Eigenschaften finden:

$$f(a) = 2, \quad f(\gamma a) = 0, \quad \text{falls } |j(\gamma, a)| = 1, \ \gamma \notin \Gamma_a,$$
$$f(\gamma b) = 0, \quad \text{falls } |j(\gamma, b)| = 1.$$

Auf Grund von 4.3_3 sind dies nur endlich viele Bedingungen!

Nach Wahl von f gilt

$$|j(\gamma, b)| < 1, \qquad \text{falls } f(\gamma b) \neq 0.$$

Hieraus folgt

$$F(b) \to 0 \quad \text{für } r \to \infty.$$

Insbesondere ist $|F(b)| < 1$, wenn r nur hinreichend groß ist.

Wir beschränken uns nun auf r, welche durch $m := \# \Gamma_a$ teilbar sind.

Für solche r gilt

$$j(\gamma, a)^r = j(\gamma^r, a) = 1, \qquad \text{falls } \gamma \in \Gamma_a.$$

Wir erhalten also

$$F(a) = m f(a) + \sum_{\substack{\gamma \in \Gamma \setminus \Gamma_a \\ |j(\gamma, a)| \neq 1}} f(\gamma a) j(\gamma, a)^r$$

und daher

$$F(a) \to m f(a) \qquad \text{für } r \to \infty \quad \square$$

Im folgenden betrachten wir nur die Poincaréreihen F, welche durch Quersummation aus *Polynomen* f entstehen, ohne dies immer ausdrücklich hinzuzufügen.

Eine einfache Folgerung aus Satz 4.4 ist

4.5 Theorem. *Unter den Voraussetzungen von* 4.3 *existiert zu je zwei modulo* Γ *inäquivalenten Punkten* $a, b \in D$ *eine Poincaréreihe* F *geeigne-*

ten positiven Gewichtes mit der Eigenschaft

$$F(a)=0, \qquad F(b)\neq 0.$$

Beweis. Wir können ohne Einschränkung der Allgemeinheit $a, b \in F$ annehmen. Auf Grund von Satz 4.4 existieren automorphe Formen F_1, F_2 mit der Eigenschaft

$$|F_1(a)|>1, \qquad |F_1(b)|<1,$$
$$|F_2(a)|<1, \qquad |F_2(b)|>1.$$

Man kann annehmen, daß F_1 und F_2 dasselbe Gewicht haben. Offenbar hat

$$F(z):=F_1(a)\,F_2(z)-F_2(a)\,F_1(z)$$

die gewünschten Eigenschaften □

Mit den gleichen Methoden, die zum Beweis von Satz 4.4 verwendet wurden, beweist man

4.6 Satz. *Sei $a \in F$ ein Punkt, so daß Γ_a nur aus der Identität besteht. Dann existieren Poincaréreihen $F_0, \ldots, F_n$ eines geeigneten Gewichtes r, so daß die* **Wronskideterminante**

$$W(F_0, \ldots, F_n)=\det\begin{pmatrix} F_0, \ldots, F_n \\ \dfrac{\partial F_0}{\partial z_1}, \ldots, \dfrac{F_n}{\partial z_1} \\ \\ \dfrac{\partial F_0}{\partial z_n}, \ldots, \dfrac{\partial F_n}{\partial z_n} \end{pmatrix}$$

im Punkt a nicht verschwindet.

Anmerkung. *Die Menge D_0 aller Punkte $a \in D$, für welche Γ_a nur aus der Identität besteht, ist offen und dicht in D, insbesondere gilt $D_0 \cap F \neq \emptyset$.*

(Dies folgt unmittelbar aus 4.3_1.)

Beweis. Zu jedem Punkt $a \in \mathbb{C}^n$ findet man leicht Polynome $f_0, \ldots, f_n$, deren Wronskideterminante in a nicht verschwindet. Sei $a \in F$. Wie beim Beweis von 4.4 zeigt man, daß die Wronskideterminante der assoziierten Poincaréreihen für genügend großes Gewicht in a nicht verschwindet □

Aus dem Nichtverschwinden der Wronskideterminante folgt, daß die Funktionen $F_0, \ldots, F_n$ keine gemeinsame Nullstelle in a haben können. Sei etwa $F_0(a)\neq 0$. Wir bilden die Funktionen

$$G_k(z)=\frac{F_k(z)}{F_0(z)}; \quad 1\leq k\leq n.$$

Aus dem Nichtverschwinden der Wronskideterminante folgt, daß die Funktionaldeterminante

$$\det\begin{pmatrix} \frac{\partial G_1}{\partial z_1} & \cdots & \frac{\partial G_n}{\partial z_1} \\ \vdots & & \vdots \\ \frac{\partial G_1}{\partial z_n} & \cdots & \frac{\partial G_n}{\partial z_n} \end{pmatrix}$$

im Punkte a nicht verschwinden kann.

Die Abbildung

$$z \to (G_1(z), \ldots, G_n(z))$$

bildet also eine offene Umgebung von a biholomorph auf eine offene Teilmenge von $\mathbb{C}^n$ ab. Infolgedessen verschwindet ein Polynom P mit der Eigenschaft

$$P(G_1(z), \ldots, G_n(z)) = 0$$

selbst identisch. Hieraus wiederum folgt, daß die Monome

$$F_0^{\nu_0} \ldots F_n^{\nu_n}; \qquad \nu_0 + \ldots + \nu_n = m$$

für jedes m linear unabhängig sind.

Wir erhalten

4.7 Theorem. *Unter den Voraussetzungen von 4.4 existieren $n+1$ algebraisch unabhängige Poincaréreihen eines geeigneten gemeinsamen Gewichtes.*

Damit ist zumindest im Falle $n>1$ (wegen 3.5) auch die Existenz von $N+1$ algebraisch unabhängigen Siegelschen Modulformen bewiesen $\left(N = \frac{n(n+1)}{2}\right)$. Wir wollen das Verhalten dieser Modulformen unter dem Φ-Operator bestimmen (nicht nur, um den Fall $n=1$ mit zu behandeln).

Ist $f(W)$ ein Polynom in den Komponenten einer symmetrischen Matrix $W = W^{(n)}$, so wurde diesem die Poincaréreihe

$$F^*(W) = \tfrac{1}{2} \sum_{M \in M_0 \Gamma_n M_0^{-1}} f(M\langle W\rangle)\, j(M, W)^k$$

auf $\mathscr{E}_n$ zugeordnet. Der Faktor $\frac{1}{2}$ entspricht der Tatsache, daß die Matrizen M und $-M$ dieselbe Substitution definieren. Die F^* entsprechende Siegelsche Modulform ist durch

$$F(Z) = F^*(M_0\langle Z\rangle)\, j(M_0, Z)^k$$

definiert. Eine einfache Rechnung ergibt die Formel

$$(*)\qquad \sqrt{2i}^{\,r} F(Z)=\tfrac{1}{2}\sum_{M\in\Gamma_n}\frac{f(M_0 M\langle Z\rangle)}{\det(M\langle Z\rangle+iE)^r\det(CZ+D)^r}$$

$$\left(M_0=\frac{1}{\sqrt{2i}}\begin{pmatrix}E & -iE\\ E & iE\end{pmatrix},\ r=k(n+1)\right).$$

Wir nennen auch diese Reihe eine Poincaréreihe.

4.8 Satz. *Sei f ein Polynom in den Komponenten einer n-reihigen symmetrischen Matrix. Im Falle $r\geq 2(n+1)$ wird durch die Poincaréreihe $(*)$ eine Spitzenform vom Gewicht r definiert.*

Wir wollen den Φ-Operator auf die Poincaréreihe gliedweise ausführen. Die lokal gleichmäßige Konvergenz reicht hierfür nicht aus. Wir werden daher die gleichmäßige Konvergenz in Bereichen der Art

$$W_n(\delta)=\{Z=X+iY,\ \sigma(XX')\leq\delta^{-1},\ Y\geq\delta E\},\quad \delta>0,$$

beweisen. Hierfür benötigen wir folgende beiden Hilfssätze.

4.8_1 Hilfssatz. *Seien*

$$M=\begin{pmatrix}A & B\\ C & D\end{pmatrix}\in Sp(n,\mathbb{R})\quad \textit{und}\quad \tilde{M}=\begin{pmatrix}\tilde{A} & \tilde{B}\\ \tilde{C} & \tilde{D}\end{pmatrix}=\begin{pmatrix}D' & B'\\ C' & A'\end{pmatrix}.$$

Für je zwei Punkte $Z, Z^*\in\mathbb{H}_n$ gilt

$$\det(M\langle Z\rangle+Z^*)\det(CZ+D)=\det(\tilde{M}\langle Z^*\rangle+Z)\det(\tilde{C}Z^*+\tilde{D}).$$

Der Beweis ist trivial. Es gilt übrigens $\tilde{M}=M^{-1}\begin{bmatrix}E & 0\\ 0 & -E\end{bmatrix}$. Die Abbildung $M\to\tilde{M}$ ist ein Antiautomorphismus der symplektischen Gruppe ($\widetilde{MN}=\tilde{N}\tilde{M}$).

4.8_2 Hilfssatz. *Es existiert eine Konstante $C=C(n,\delta)$ mit der Eigenschaft*

$$C\,|\det(W+Z)|\geq|\det(W+iE)|\qquad \textit{für } W\in\mathbb{H}_n,\ Z\in W_n(\delta).$$

Beweis. Die in Hilfssatz 4.8_2 behauptete Ungleichung muß, wenn sie überhaupt richtig ist, für alle W aus dem Abschluß $\overline{\mathbb{H}}_n$ gelten, insbesondere also auch für reelle W. In einem ersten Schritt zeigen wir: wenn die behauptete Ungleichung für *reelle* W bewiesen ist, so folgt sie für alle $W\in\mathbb{H}_n$.

Sei also $W=U+iV$, $V>0$.

Wir setzen

$$A=(E+V)^{-\frac{1}{2}}.$$

Die Komponenten von A sind durch eine nur von n abhängige Schranke beschränkt, wie leicht aus 0.1 folgt. Offenbar impliziert die Ungleichung

$$C\,|\det(W^*+Z^*)| \geq |\det(W^*+iE)|, \qquad W^*=A'UA,\ Z^*=A'(Z+iV)A$$

die Ungleichung aus 4.8_2.

Das hierbei auftretende W^* ist reell. Wir müssen noch nachweisen, daß Z^* in einem Bereich $W_n(\delta^*)$ enthalten ist, wobei δ^* nur von n und δ abhängen darf. Die Beschränktheit des Realteils ist klar.

Wenn wir $\delta<1$ annehmen, so gilt

$$Y^*=A'(Y+V)A>A'(\delta E+\delta V)A=\delta E.$$

Wir können also $\delta^*=\delta$ setzen.

Wir können im folgenden annehmen, daß W eine reelle symmetrische Matrix ist.

Die Matrix $(Z+W)Y^{-1}(\bar{Z}+W)$ ist dann reell und positiv (s. A I)! Wir wählen reelle Matrizen F und G mit den Eigenschaften

a) $Y^{-1}=F'F$,

b) $(Z+W)Y^{-1}(\bar{Z}+W)=G^{-1}G'^{-1}$.

Offensichtlich gilt

$$\left|\frac{\det(W+iE)}{\det(W+Z)}\right| = |\det G(W+iE)F'|.$$

Wir werden zeigen, daß die Komponenten der Matrix $G(W+iE)F'$ beschränkt sind. Sei

$$P=G(W+X)F', \qquad Q=GF^{-1}.$$

Dann gilt $PP'+QQ'=E$. Die Matrizen P und Q sind also beschränkt. Hieraus folgt, daß die Matrix

$$G(W+iE)F'=P+QF(iE-X)F'$$

für $X+iY\in W_n(\delta)$ beschränkt ist. Damit ist 4.8_2 bewiesen □

Beweis von 4.8. Wendet man 4.8_1 für $Z^*=iE$ an und benutzt 4.8_2, so folgt die gleichmäßige Konvergenz der Poincaréreihe in $W_n(\delta)$. Wir können also den Grenzübergang

$$\lim_{t\to\infty} F\begin{pmatrix} Z & 0 \\ 0 & it \end{pmatrix} \quad \text{gliedweise vollziehen.}$$

Jeder Term strebt offensichtlich gegen 0.

Die Poincaréreihe F ist also eine Spitzenform □

Aus diesem Beweis geht auch hervor, daß die Poincaréreihen im Falle $n=1$ Modulformen sind, also auch der Bedingung 3) in Definition 3.1 genügen.

4.9 Theorem. *Es existieren* $N+1$, $N=\frac{1}{2}n(n+1)$ *algebraisch unabhängige Spitzenformen eines geeigneten Gewichts. Zu je zwei modulo* Γ_n *inäquivalenten Punkten* $Z_1, Z_2 \in \mathbb{H}_n$ *existiert eine Spitzenform* f *geeigneten Gewichtes mit der Eigenschaft*

$$f(Z_1) \neq 0, \qquad f(Z_2) = 0.$$

4.9$_1$ Folgerung. *Es existieren* N *algebraisch unabhängige Modulfunktionen* (s. 3.19, 3.20).

Seien $\varphi_1, \ldots, \varphi_N$ algebraisch unabhängige Modulfunktionen. Der Körper $\mathbb{C}(\varphi_1, \ldots, \varphi_N)$ aller durch $\varphi_1, \ldots, \varphi_N$ rational ausdrückbaren Funktionen ist dann isomorph zum Körper der rationalen Funktionen $\mathbb{C}(T_1, \ldots, T_N)$ in N Unbestimmten.

Die Erweiterung

$$K(\Gamma_n) \supset \mathbb{C}(\varphi_1, \ldots, \varphi_N)$$

ist algebraisch (3.20).

Behauptung. Diese Erweiterung ist *endlich* algebraisch.

Wäre dies nicht der Fall, so könnte man eine aufsteigende Kette endlich algebraischer Erweiterungen finden:

$$K_0 = \mathbb{C}(\varphi_1, \ldots, \varphi_N) \subsetneqq K_1 \subsetneqq K_2 \subsetneqq \ldots \subsetneqq K(\Gamma_n).$$

Nach dem Satz vom primitiven Element sind die Erweiterungen K_n/K_0 monogen, $K_n = K_0[\Psi_n]$. Es gilt

$$[K_n : K_0] = \operatorname{Grad} \Psi_n \to \infty \qquad \text{für } n \to \infty$$
$$(\operatorname{Grad} \Psi_n = [K_n : K_0]).$$

Es genügt daher zu zeigen:

Es existiert eine Konstante $C > 0$, *so daß jede Modulfunktion* φ *einer algebraischen Gleichung vom Grad kleiner als* C *über* K_0 *genügt.*

Wir können die Modulfunktionen φ_ν in der Form

$$\varphi_\nu = \frac{f_\nu}{g}; \qquad f_\nu, g \in [\Gamma_n, r]; \qquad \nu = 1, \ldots, N,$$

mit einem gemeinsamen Nenner g darstellen. Jede weitere Modulfunktion können wir in der Form

$$\varphi = \frac{f}{h}; \qquad f, h \in [\Gamma_n, s\,r],\ s \text{ geeignet}$$

darstellen.

Die Modulfunktion φ ist in dem Körper $K_0\left(\frac{f}{g^s}, \frac{h}{g^s}\right)$ enthalten.

Dessen Grad ist nicht größer als das Produkt der Grade von $\frac{f}{g^s}$ und $\frac{h}{g^s}$. Wir können daher ohne Einschränkung der Allgemeinheit $h = g^s$ annehmen. Wir betrachten nun für beliebige natürliche Zahlen t die Monome vom Gewicht $r s t$:

$$f^{\nu} g^{\mu} f_1^{\nu_1} \dots f_N^{\nu_N}; \qquad \nu s + \mu + \nu_1 + \dots + \nu_N = s t.$$

Eine elementare Abschätzung ergibt, daß die Anzahl dieser Monome größer als $\delta s^N t^{N+1}$ mit einer von s unabhängigen Zahl $\delta > 0$ ist. Wenn diese Anzahl größer als die Dimension des Vektorraumes aller Modulformen vom Gewicht $r s t$ ist, so sind diese Monome linear abhängig. Dies ist der Fall, wenn

$$\delta s^N t^{N+1} > A_n (r s t)^N (\geq \dim[\Gamma_n, r s t]).$$

Diese Bedingung hängt nicht von s ab! Wir erhalten also eine lineare Relation zwischen obigen Monomen, wobei t unabhängig von s gewählt werden kann. Damit ist der Grad ν von f beschränkt!

Der Körper $K(\Gamma_n)$ der Modulfunktionen ist also insbesondere endlich erzeugt über $\mathbb{C}$, man sagt auch ein „algebraischer Funktionenkörper". Der Transzendenzgrad eines algebraischen Funktionenkörpers ist die Maximalzahl algebraisch unabhängiger Elemente. Wir erhalten

4.10 Theorem. *Der Körper der Modulfunktionen n-ten Grades ist ein algebraischer Funktionenkörper vom Transzendenzgrad* $\frac{n(n+1)}{2}$.

In seiner Arbeit [72] Bd. 2, Nr. 32, verwendete Siegel anstelle von Poincaréreihen die arithmetisch wichtigen Eisensteinreihen zum Beweis des fundamentalen Satzes 4.10. Wir werden in Anhang III beweisen, daß $K(\Gamma_n)$ von Eisensteinreihen erzeugt wird.

Zum Beweis der genauen Punktetrennungseigenschaft (4.9) kommt man mit Eisensteinreihen jedoch nicht aus. Die Punktetrennungseigenschaft wird in der Kompaktifizierungstheorie (Kap. II) eine zentrale Rolle spielen.

§5. Eisensteinreihen

Hauptziel dieses Abschnittes ist der Beweis von

5.1 Theorem. *Der* Φ*-Operator*

$$[\Gamma_n, r] \to [\Gamma_{n-1}, r]$$

ist im Falle $r > 2n$, $r \equiv 0 \bmod 2$, *surjektiv.*

Es ist manchmal notwendig, den Φ-Operator mehrfach anzuwenden.

$$f|\Phi^{n-j}(Z^{(j)})=\sum a\begin{pmatrix}T^{(j)} & 0\\ 0 & 0\end{pmatrix} e^{\pi i\sigma(TZ)}.$$

Es gilt offensichtlich

$$f\,|\,\Phi^{n-j}(Z)=\lim_{t\to\infty} f\begin{pmatrix}Z & 0\\ 0 & itE^{(n-j)}\end{pmatrix}.$$

Annahme. Es sei bereits gezeigt, daß

$$[\Gamma_j, r]_0\subset\Phi^{n-j}([\Gamma_n, r])\quad \text{für } r>2n,\ 0\le j<n,\ r\equiv 0 \bmod 2.$$

Behauptung. Aus der Annahme folgt Theorem 5.1.

Beweis. Wir zeigen durch Induktion nach j, daß

$$\Phi^{n-j}\colon [\Gamma_n, r]\to[\Gamma_j, r]\qquad (r>2n,\ 0\le j\le n)$$

surjektiv ist. Der Induktionsbeginn ($j=0$) ist trivial, da jede Modulform 0-ten Grades definitionsgemäß eine Spitzenform ist. Wir schließen von j auf $j+1$. Sei $f\in[\Gamma_{j+1}, r]$. Nach Induktionsannahme liegt $f\,|\,\Phi$ im Bild von Φ^{n-j}.

$$f\,|\,\Phi=F\,|\,\Phi^{n-j}.$$

Die Funktion $f-F|\Phi^{n-j-1}$ ist eine Spitzenform und daher im Bild von Φ^{n-j-1} enthalten.

$$f-F\,|\,\Phi^{n-j-1}=g\,|\,\Phi^{n-j-1}$$

oder

$$f=(F+g)\,|\,\Phi^{n-j-1}\quad\square$$

Wir wollen nun eine *Spitzenform* $f\in[\Gamma_j, r]_0$ zu einer Modulform aus $[\Gamma_n, r]$ hochheben.

Definiert man die Funktion

$$F\colon \mathbb{H}_n\to\mathbb{C}$$

durch

$$F(Z)=f(Z_1),\qquad Z=\begin{pmatrix}Z_1 & *\\ * & *\end{pmatrix},$$

so gilt zwar

$$f=F\,|\,\Phi^{n-j},$$

aber F ist von trivialen Fällen abgesehen keine Modulform. Wir wollen nun mit Hilfe des in §4 verwendeten Prinzips der Quersummation

$$\sum F\underset{r}{|}M$$

eine Modulform gewinnen. Man darf hierbei nicht wie in §4 über die volle Modulgruppe Γ_n summieren, denn es gilt $F=F|M$ für alle M aus einer gewissen unendlichen Untergruppe $\Gamma_{n,j}\subset\Gamma_n$. Um sie zu beschreiben, zerlegen wir eine symplektische Matrix M in Blöcke

$$M=\begin{pmatrix}A & B\\ C & D\end{pmatrix};\quad A=\begin{pmatrix}A_1 & A_2\\ A_3 & A_4\end{pmatrix};\quad B=\begin{pmatrix}B_1 & B_2\\ B_3 & B_4\end{pmatrix};\ldots.$$

Hierbei sei $A_1=A_1^{(j)}$, $B_1=B_1^{(j)}$, ...

5.2 Definition. Die Teilmenge $\Omega_{n,j}\subset\Omega_n:=Sp(n,\mathbb{R})$ bestehe aus allen Matrizen $M\in\Omega_n$ mit der Eigenschaft

$$C_3=D_3=0,\qquad C_4=0.$$

Aus den definierenden Relationen einer symplektischen Matrix (§ 1) folgt

5.3 Bemerkung. *Ist $M\in\Omega_{n,j}$, so gilt sogar*

$$A=\begin{pmatrix}A_1 & 0\\ A_3 & A_4\end{pmatrix},\quad B=\begin{pmatrix}B_1 & B_2\\ B_3 & B_4\end{pmatrix},$$
$$C=\begin{pmatrix}C_1 & 0\\ 0 & 0\end{pmatrix},\quad D=\begin{pmatrix}D_1 & D_2\\ 0 & D_4\end{pmatrix}.$$

Die Menge $\Omega_{n,j}$ ist eine Untergruppe von Ω_n. Durch die Zuordnung

$$M\to M_1:=\begin{pmatrix}A_1 & B_1\\ C_1 & D_1\end{pmatrix}$$

wird ein surjektiver Homomorphismus $\Omega_{n,j}\to\Omega_j$ definiert. Es gilt

$$M\langle Z\rangle=\begin{pmatrix}M_1\langle Z_1\rangle & *\\ * & *\end{pmatrix}\quad \text{für } M\in\Omega_{n,j}.$$

Der Beweis ergibt sich leicht aus 1.2 und sei dem Leser überlassen. Wir setzen

$$\Gamma_{n,j}:=\Omega_{n,j}\cap\Gamma_n.$$

Ist $f\in[\Gamma_j,r]$ eine Modulform j-ten Grades, $r\equiv 0 \bmod 2$, so besitzt die auf S_n hochgehobene Funktion $F(Z)=f(Z_1)$ die Invarianzeigenschaft

$$F|M=F\qquad\text{für } M\in\Gamma_{n,j}.$$

Diese hat zur Folge, daß allgemein $F|M$ nur von Linksnebenklassen $\Gamma_{n,j}\cdot M$ abhängt. Wir bilden daher die Reihe

$$E_{n,j}(Z,f)=\sum_{M:\Gamma_{n,j}\backslash\Gamma_n}F(M\langle Z\rangle)\det(CZ+D)^{-r},$$

wobei über ein volles Vertretersystem aller Linksnebenklassen summiert wird, was durch die Bezeichnung „$M:\Gamma_{n,j}\backslash\Gamma_n$" angedeutet werden soll. In dem wichtigen Spezialfall $j=0$, $f=1$ erhält man die in der analytischen Theorie der quadratischen Formen auftretenden Eisensteinreihen (s. A III, sowie IV 7):

$$E_r(Z)=\sum_{M:\Gamma_{n,0}\backslash\Gamma_n}\det(CZ+D)^{-r},$$

$$\Gamma_{n,0}=\{M\in\Gamma_n,\ C=0\}.$$

5.4 Satz. *Sei $f\in[\Gamma_j,r]_0$ eine Spitzenform. Die Eisensteinreihe*

$$E_{n,j}(Z,f)=\sum_{M:\Gamma_{n,j}\backslash\Gamma_n}F(M\langle Z\rangle)\det(CZ+D)^{-r},\qquad n>j$$

konvergiert im Falle $r>n+j+1$ absolut und in Bereichen

$$W_n(\delta)=\{Z\in\mathbb{H}_n;\ \sigma(X^2)\leq\delta^{-1},\ Y\geq\delta E\},\qquad \delta>0$$

gleichmäßig. Es gilt

$$E_{n,j}(\cdot,f)|\Phi^{n-j}=f.$$

Der Rest dieses Abschnittes ist dem Beweis von Satz 5.4 gewidmet, aus dem, wie bereits gezeigt, Theorem 5.1 folgt.

Als erstes konstruieren wir eine geeignete Majorante für die Eisensteinreihe:

5.4$_1$ Hilfssatz. *Die Funktion*

$$H(Z)=(\det Y_1)^{-\frac{r}{2}},\qquad Z=\begin{pmatrix}Z_1^{(j)} & *\\ * & *\end{pmatrix},$$

besitzt das Transformationsverhalten

$$|\det D_4|^r\,|H|M|=|H|\qquad \text{für } M\in\Omega_{n,j}.$$

Die Reihe

$$\sum_{M:\Gamma_{n,j}\backslash\Gamma_n}|(H\underset{r}{|}M)(Z)|$$

ist eine Majorante der Eisensteinreihe $E_{n,j}(Z,f)$.

Beweis. Das behauptete Transformationsverhalten folgt aus 1.4 und aus 5.3.

Für Spitzenformen $f\in[\Gamma_j,r]$ ist

$$f(Z_1)(\det Y_1)^{\frac{r}{2}}$$

beschränkt (3.11). Hieraus folgt der Rest der Behauptung von 5.4$_1$ □

Als nächstes zeigen wir (5.4_5), daß aus der Konvergenz der Majorante in einem einzigen Punkt ihre gleichmäßige Konvergenz in $W_n(\delta)$ folgt. Zur Vorbereitung benötigen wir 5.4_2–5.4_4.

5.4_2 Hilfssatz. *Sei $Z_0 \in \mathbb{H}_n$ ein fester Punkt und $\delta > 0$ eine positive Zahl. Es existiert eine Zahl $\varepsilon > 0$, so daß*

$$|\det(CZ+D)| \geq \varepsilon |\det(CZ_0+D)|$$

für alle $Z \in W_n(\delta)$, $M \in \Omega_n$ gilt.

Beweis. Wenn C nicht singulär ist, kann die behauptete Ungleichung in der Form

$$|\det(Z+S)| \geq \varepsilon |\det(Z_0+S)|, \qquad S = C^{-1} D = S',$$

geschrieben werden. Im Spezialfall $Z_0 = iE$ haben wir diese Ungleichung in 4.8_2 bewiesen. Sie folgt dann leicht für imaginäre $Z_0 = i Y_0$, indem man Y_0 auf Einheitsmatrix transformiert, $Y_0 = A' A$. Da man den Realteil von Z_0 zu S schlagen kann, folgt sie dann für beliebige $Z_0 \in \mathbb{H}_n$.

Um 5.4_2 auch für singuläre C zu beweisen, zeigen wir, daß die Menge aller symplektischen Matrizen mit invertierbarem C dicht in $Sp(n, \mathbb{R})$ liegt. Zu jeder symplektischen Matrix $M \in Sp(n, \mathbb{R})$ findet man eine Diagonalmatrix X mit beliebig kleinen Komponenten, so daß in der Matrix

$$\begin{pmatrix} * & * \\ C & D \end{pmatrix} \begin{pmatrix} E & 0 \\ X & E \end{pmatrix} = \begin{pmatrix} * & * \\ C+DX & * \end{pmatrix},$$

$$X = \begin{pmatrix} x_1 & & 0 \\ & \ddots & \\ 0 & & x_n \end{pmatrix},$$

der Block $C+DX$ invertierbar ist. Die Koeffizienten des Polynoms $P(x_1, \ldots, x_n) = \det(C+DX)$ werden aus den n-reihigen Unterdeterminanten von (C, D) gebildet. Diese können nicht alle verschwinden, da (C, D) maximalen Rang hat □

5.4_3 Hilfssatz. *Zu jeder komplexen symmetrischen Matrix W existiert eine unitäre Matrix U, $\bar{U}' U = E$, so daß $D = U' W U$ eine Diagonalmatrix mit reellen nicht negativen Diagonalelementen ist.*

Beweis. Da die Matrix $\bar{W} W$ Hermitesch ist, existiert eine unitäre Matrix U, so daß $\bar{U}' \bar{W} W U = D$ eine reelle Diagonalmatrix ist. Offensichtlich ist $\overline{U' W U}\, U' W U = D$, wir können also von vornherein annehmen, daß $\bar{W} W$ eine reelle Diagonalmatrix ist. Dann sind die beiden Matrizen Re W, Im W vertauschbar,

$$\operatorname{Re} W \cdot \operatorname{Im} W = \operatorname{Im} W \cdot \operatorname{Re} W$$

und lassen sich infolgedessen durch eine reelle orthogonale Matrix U simultan diagonalisieren. Insbesondere ist $U'WU$ eine Diagonalmatrix. Mit Hilfe einer unitären Diagonalmatrix vervollständigt man den Beweis von 5.4_3.

5.4_4 Hilfssatz. *Zu je zwei Punkten $Z_0, Z \in \mathbb{H}_n$ existiert eine symplektische Substitution $M \in Sp(n, \mathbb{R})$,*

$$M\langle Z_0\rangle = iE, \qquad M\langle Z\rangle = i\begin{pmatrix} y_1 & & 0 \\ & \ddots & \\ 0 & & y_n \end{pmatrix}, \qquad y_\nu \geq 1 \quad \textit{für} \quad \nu = 1, \ldots, n.$$

Beweis. Wir können $Z_0 = iE$ annehmen. Die Matrix M liegt genau dann im Stabilisator von iE, wenn

$$M = \begin{pmatrix} A & -B \\ B & A \end{pmatrix}, \qquad A'B = B'A, \qquad A'A + B'B = E$$

gilt. Offenbar definiert die Zuordnung $M \to U = A + iB$ einen Isomorphismus

$$Sp(n, \mathbb{R}) \cap O(2n, \mathbb{R}) \to U(n),$$

wobei $U(n)$ die unitäre Gruppe bezeichne. Zum Beweis von 5.4_4 transformieren wir die Siegelsche Halbebene in den verallgemeinerten Einheitskreis

$$W = (Z - iE)(Z + iE)^{-1}.$$

Es ist leicht zu sehen, daß der symplektischen Substitution $Z \to M\langle Z\rangle$ im verallgemeinerten Einheitskreis die Substitution $W \to W[\bar{U}'] = \bar{U}W\bar{U}'$ entspricht. Damit ist der Hilfssatz 5.4_4 auf 5.4_3 zurückgeführt □

5.4_5 Hilfssatz. *Sei $Z_0 \in \mathbb{H}_n$ ein fester Punkt und $\delta > 0$ eine positive Zahl. Es existiert eine Konstante $C > 0$ mit der Eigenschaft*

$$|H(Z)|_r M| \leq C\, |H(Z_0)|_r M|$$

$$\left(H(Z) = (\det Y_1)^{-\frac{1}{2}},\ Z = \begin{pmatrix} Z_1^{(j)} & * \\ * & * \end{pmatrix}\right)$$

für $Z \in W_n(\delta)$ und $M \in Sp(n, \mathbb{R})$.

Beweis. Es genügt natürlich, diese Ungleichung für ein Vertretersystem aller Nebenklassen $\Omega_{n,j}M$, $M \in \Omega_n$ zu beweisen. Seien Z, Z_0 zwei Punkte aus $\mathbb{H}_n$. Wendet man 5.4_4 für j anstelle von n an, so folgt leicht, daß es eine Substitution $N \in \Omega_{n,j}$ mit der Eigenschaft

$$H(N\langle Z\rangle) \leq H(N\langle Z_0\rangle)$$

gibt. Infolgedessen besitzt (bei gegebenem Z und Z_0) jede Nebenklasse einen Repräsentanten M mit der Eigenschaft

$$H(M\langle Z\rangle) \leq H(M\langle Z_0\rangle).$$

Es folgt

$$\begin{aligned} |H(Z)\underset{r}{|}M| &= H(M\langle Z\rangle)\,|\det(CZ+D)^{-r}| \\ &\leq H(M\langle Z_0\rangle)\,|\det(CZ+D)^{-r}| \end{aligned}$$

und der Beweis von Hilfssatz 5.4_5 ergibt sich aus 5.4_2.

Wir wissen nun, wie angekündigt:

Die Reihe

$$\sum_{M:\Gamma_{n,j}\backslash\Gamma_n} |H\underset{r}{|}M|, \qquad H(Z) = (\det Y_1)^{-\frac{r}{2}}, \qquad Z = \begin{pmatrix} Z_1^{(j)} & * \\ * & * \end{pmatrix},$$

ist eine Majorante der Eisensteinreihe $E_{n,j}(Z,f)$. Wenn diese Majorante in einem einzigen Punkt $Z_0 \in \mathbb{H}_n$ konvergiert, so konvergiert sie in jedem Bereich $W_n(\delta)$ gleichmäßig.

Konvergenzbeweis für die Majorante. Wir wählen eine nicht leere offene Teilmenge $U \subset \mathbb{H}_n$ mit den beiden Eigenschaften:

a) Der Abschluß $\bar{U}$ von U in $\mathbb{H}_n$ ist kompakt.

b) Es gilt $M\langle U\rangle \cap U = \emptyset$ für $M \in \Gamma_n$, $M \neq \pm E$.

Wir wählen ein festes Vertretersystem $\mathfrak{M}$ der Menge aller Linksnebenklassen $\Gamma_{n,j}M$, $M \in \Gamma_n$ und betrachten die Reihe

$$R = \sum_{M \in \mathfrak{M}} \int_U |H\underset{r}{|}M|(Z)(\det Y)^{\frac{r}{2}-n-1}\,dv,$$

$$dv = dX\,dY; \qquad dX = \prod_{\mu \leq \nu} dx_{\mu\nu}; \qquad dY = \prod_{\mu \leq \nu} dy_{\mu\nu}$$

(Euklidsches Volumenelement).

Nehmen wir einmal an, daß diese Reihe konvergiert. Da der Determinantenfaktor auf U nach oben und unten durch eine positive Konstante beschränkt ist, folgt dann auch die Konvergenz der Reihe

$$\sum \int_U |H\underset{r}{|}M|(Z)\,dv.$$

Wegen 5.4_5 folgt dann die Konvergenz der Majorante in jedem Punkt von U (und dann auch in jedem Punkt von $\mathbb{H}_n$).

Zum Beweis unserer Sätze genügt es also zu zeigen, daß R konvergiert. Wir wollen eine Integralsubstitution durchführen und benötigen hierzu

5.4_6 Hilfssatz. *Das Volumenelement*

$$d\omega := (\det Y)^{-(n+1)}\,dv$$

ist unter symplektischen Substitutionen invariant, d.h.

$$\int_{\mathbb{H}_n} \varphi(Z)\,d\omega = \int_{\mathbb{H}_n} \varphi(M\langle Z\rangle)\,d\omega,$$

sofern das Integral auf der linken Seite existiert.

Beweis. Siehe 1.6 und 1.4, 3 □

Die Variablensubstitution $Z \to M^{-1}Z$ zeigt

$$\int_U |(H|M)(Z)|\,(\det Y)^{\frac{r}{2}}\,d\omega = \int_{M\langle U\rangle} (\det Y_1)^{-\frac{r}{2}} (\det Y)^{\frac{r}{2}}\,d\omega,$$

also

$$R = \int_{\tilde{U}} (\det Y_1)^{-\frac{r}{2}} (\det Y)^{\frac{r}{2}}\,d\omega, \qquad Y = \begin{pmatrix} Y_1 & * \\ * & * \end{pmatrix}, \qquad \text{mit } \tilde{U} = \bigcup_{M\in\mathfrak{M}} M\langle U\rangle.$$

Wir müssen zeigen, daß dieses Integral für $r > 2n$ konvergiert. Dazu ist es zweckmäßig, den Bereich $\tilde{U}$ durch einen handlicheren Bereich zu ersetzen.

5.4₇ Hilfssatz. *Die offene Menge $\tilde{U} \subset \mathbb{H}_n$ besitzt die folgenden beiden Eigenschaften:*

1) *Je zwei verschiedene Punkte aus $\tilde{U}$ sind modulo $\Gamma_{n,j}$ inäquivalent.*
2) *Mit einer geeigneten Konstanten C gilt*

$$\det(\operatorname{Im} M\langle Z\rangle) < C \qquad \text{für } Z \in \tilde{U},\ M \in \Gamma_n.$$

Folgerung. *Sei $V \subset \mathbb{H}_n$ eine beliebige offene Fundamentalmenge von $\Gamma_{n,j}$, d.h.*

$$\mathbb{H}_n = \{M\langle Z\rangle,\ Z \in V,\ M \in \Gamma_{n,j}\}$$

und sei

$$V(C) = \{Z \in V,\ \det Y < C\}.$$

Dann gilt

$$\int_{\tilde{U}} \varphi(Z)\,d\omega \le \int_{V(C)} \varphi(Z)\,d\omega$$

für jede positive integrierbare Funktion $\varphi\colon \mathbb{H}_n \to \mathbb{C}$, welche unter $\Gamma_{n,j}$ invariant ist.

Beweis von 5.4₇. 1) Seien $M_\nu\langle Z_\nu\rangle$; $\nu = 1, 2$ Punkte aus $\tilde{U}$, also $Z_\nu \in U$, $M_\nu \in \mathfrak{M}$, welche modulo $\Gamma_{n,j}$ äquivalent sind

$$M_1\langle Z_1\rangle = N M_2\langle Z_2\rangle.$$

Nach Wahl von U gilt dann $M_1 = \pm N M_2$, also $M_1 = M_2$, $Z_1 = Z_2$ und $N = \pm E$.

2) In 2.10 wurde gezeigt, daß die Funktion

$$h_0(Z) = \max_{M\in\Gamma_n} \det \operatorname{Im} M\langle Z\rangle$$

existiert. Es ist leicht zu sehen, daß diese Funktion stetig ist. Sie besitzt daher ein Maximum auf dem Kompaktum $\bar{U}$ □

Beweis der Folgerung. Zu jedem Punkt $Z_0 \in \tilde{U}$ existiert eine Substitution $M \in \Gamma_{n,j}$ mit $M\langle Z_0 \rangle \in V$. Da V offen ist, existiert eine kleine offene Umgebung U_0 von Z_0, so daß $M\langle U_0 \rangle \subset V$. Die Aussage der Folgerung ist klar, wenn der Träger von φ in U_0 enthalten ist. Allgemein benutze man, daß sich jedes stetige φ beliebig gut durch endliche Summen von Funktionen mit beliebig kleinem Träger approximieren läßt □

Im Anhang dieses Paragraphen wird eine offene Fundamentalmenge V von $\Gamma_{n,j}$ konstruiert, für die das gewünschte Integral konvergiert (5.9).

Damit ist die Konvergenz der Eisensteinreihen vollständig bewiesen.

Es bleibt noch

$$E_{n,j}(\cdot, f) | \Phi^{n-j} = f$$

zu zeigen.

Der zur Nebenklasse $\Gamma_{n,j}$ gehörende Term der Eisensteinreihe ist $f(Z_1)$. Da wir den Φ-Operator gliedweise anwenden dürfen, genügt es zu zeigen, daß alle anderen Terme der Eisensteinreihe annulliert werden.

Wir zeigen sogar

$$\lim_{t\to\infty} (H|M)_r \begin{pmatrix} Z_1 & 0 \\ 0 & itE \end{pmatrix} = 0 \quad \text{für } M \notin \Omega_{n,j}.$$

Durch direkte Rechnung zeigt man

$$\left| (H|M) \begin{pmatrix} Z_1 & 0 \\ 0 & itE \end{pmatrix} \right|^2 = (\det Y_1)^{-r} P(t)^{-r}, \qquad \text{mit } P(t) = \det(A(t) + B(t)),$$

$$A(t) = t(C_3 Z_1 + D_3) Y_1^{-1} \overline{(C_3 Z_1 + D_3)}';$$
$$B(t) = (itC_4 + D_4)\overline{(itC_4 + D_4)}',$$

wobei (C_3, C_4) und (D_3, D_4) die letzten $n-j$ Zeilen der Matrizen C und D bezeichnen. (Zum Beweis benutze man die Relation

$$\det Y_1 \cdot (\det Y)^{-1} = (\det \tilde{Y}), \qquad Y = \begin{pmatrix} Y_1^{(j)} & * \\ * & * \end{pmatrix}, \qquad Y^{-1} = \begin{pmatrix} * & * \\ * & \tilde{Y}^{(n-j)} \end{pmatrix}$$

für die positive Matrix $Y = \operatorname{Im} M \left\langle \begin{matrix} Z_1 & 0 \\ 0 & itE \end{matrix} \right\rangle$. Diese Relation folgt unmittelbar aus der Jacobizerlegung.)

Offenbar ist $P(t)$ ein Polynom in t. Unsere Behauptung lautet $P(t)^{-1} \to 0$ für $t \to \infty$. Dies ist gleichbedeutend damit, daß P nicht konstant ist. Wir schließen indirekt, nehmen also an, daß P konstant ist, d.h. $P(t)=P(0)$ für alle t. Wenn t positiv ist, sind die Matrizen $A(t)$ und $B(t)$ semipositive Hermitesche Matrizen und ihre Summe ist sogar definit, da deren Determinante von 0 verschieden ist. Es folgt

$$0<\det(A(t)+B(t))=\det(A(0)+B(0))=\det B(0).$$

Aus der Ungleichung $B(t)\leq A(t)+B(t)$ für positive t erhalten wir

$$\det B(t)\leq \det(A(t)+B(t))=\det B(0).$$

Das Polynom $\det B(t)$ ist also konstant. Aus der Gleichung

$$\det(A(t)+B(t))=\det B(0)=\det B(t)>0$$

folgt

$$A(t)=0.$$

Infolgedessen gilt $C_3=D_3=0$. Die Relation $CD'=DC'$ impliziert $C_4D_4'=D_4C_4'$ und daher

$$B(t)=D_4D_4'+t^2C_4C_4'.$$

Die Matrix D_4 ist nicht ausgeartet ($\det B(0)>0$). Da die Determinante von $B(t)$ konstant ist, folgt $C_4C_4'=0$ und daher $C_4=0$.

Die Matrix M ist also im Widerspruch zu unserer Annahme in $\Omega_{n,j}$ enthalten □

Die Surjektivität des Φ-Operators im Falle $r>2n$ wurde erstmals von H. Maaß mittels „Poincaréreihen vom Exponentialtyp" bewiesen. Eine ausführliche Darstellung seines Beweises findet man in [49]. Der vorliegende elegante Beweis stammt von H. Klingen [45]. H. Klingen hat auch bewiesen, daß sich die Abbildung

$$E_{n,j}\colon\ [\Gamma_j,r]_0\to[\Gamma_n,r]$$

durch metrische Eigenschaften des Peterssonschen Skalarprodukts charakterisieren läßt, [45], Satz 3.

Es ist ein bislang ungelöstes Problem, für welche Paare (r,n) der Φ-Operator surjektiv ist. Im Anhang IV werden wir zeigen, daß der Φ-Operator im Falle $r<\frac{n}{2}$, $r\equiv 0 \bmod 4$, sogar ein Isomorphismus ist.

Anhang zu § 5. Abschätzung einiger Integrale

Bezeichnungen. 1) $\mathscr{R}_n[u]$ sei der Bereich aller positiven Matrizen $Y\in\mathscr{P}_n$ mit den Eigenschaften

a) $y_{\nu\nu}<u\,y_{\nu+1,\nu+1},\ 1\leq\nu<n$,

b) $|y_{\mu\nu}|<u\,y_{\nu\nu},\ 1\leq\mu,\ \nu\leq n$,

c) $y_{11}\cdot y_{22}\cdot\ldots\cdot y_{nn}<u\det Y$.

2) $\mathscr{F}_n[u]=\{Z\in S_n,\ Z=X+iY \text{ mit } \alpha)\text{-}\gamma)\}$

α) $\sigma(X^2)=\sigma(XX')<u$,

β) $Y\in\mathscr{R}_n[u]$,

γ) $Y>\frac{1}{u}E$.

3) Schließlich sei $\mathscr{F}_{n,j}[u]$ $(0 \leq j \leq n)$ der Bereich aller

$$Z = \begin{pmatrix} Z_1^{(j)} & * \\ * & * \end{pmatrix}, \qquad Y = \begin{pmatrix} Y_1^{(j)} & 0 \\ 0 & Y_2 \end{pmatrix} \begin{bmatrix} E^{(j)} & B \\ 0 & E \end{bmatrix}$$

mit den Eigenschaften

a) $Z_1 \in \mathscr{F}_j[u]$,
b) $Y_2 \in \mathscr{R}_{n-j}[u]$,
c) $\sigma(B'B) < u$,
d) $\sigma(X'X) < u \qquad (Z = X + iY)$.

5.5 Bemerkung. *Der Bereich der Minkowski- bzw. Siegel-reduzierten Matrizen ist für hinreichend großes (von n abhängiges) u in $\mathscr{R}_n[u]$, $\mathscr{F}_n[u]$ enthalten.*

Beweis. Siehe 2.5 und 2.12 □

5.6 Hilfssatz. *Der Bereich $\mathscr{F}_{n,j}[u]$ ist für hinreichend großes u eine Fundamentalmenge der Gruppe $\Gamma_{n,j}$.*

Beweis. Es ist zu jedem Punkt $Z \in \mathbb{H}_n$ eine Substitution $M \in \Gamma_{n,j}$, $M\langle Z\rangle \in \mathscr{F}_{n,j}[u]$ zu konstruieren.

Wir werden sie durch Zusammensetzen von vier Substitutionen gewinnen:

1) Sei $M_1 = \begin{pmatrix} A_1 & B_1 \\ C_1 & D_1 \end{pmatrix} \in \Gamma_j$ und $M = \left(\begin{array}{cc|cc} A_1 & 0 & B_1 & 0 \\ 0 & E & 0 & 0 \\ \hline C_1 & 0 & D_1 & 0 \\ 0 & 0 & 0 & E \end{array}\right)$. Dann gilt

$M\langle Z\rangle = \begin{pmatrix} M_1\langle Z_1\rangle & * \\ * & * \end{pmatrix}$ und wir können M_1 so wählen, daß $M\langle Z\rangle$ der Bedingung a) ($Z_1 \in \mathscr{F}_j[u]$) genügt.

2) Eine Substitution der Form

$$Z \to Z[U]; \qquad U = \begin{pmatrix} E & 0 \\ 0 & U_2^{(n-j)} \end{pmatrix}$$

zerstört die Bedingung a) nicht. Da durch sie Y_2 in $Y_2[U_2]$ überführt wird, können wir auch die Bedingung b) ($Y_2 \in \mathscr{R}_{n-j}[u]$) erzwingen.

3) Eine unimodulare Substitution

$$Z \to Z[U]; \qquad U = \begin{pmatrix} E^{(j)} & G \\ 0 & E \end{pmatrix}$$

zerstört nicht die Bedingungen a) und b). Sie bewirkt $B \to B + G$, so daß man auch noch B modulo 1 reduzieren kann.

4) Durch eine Translation $Z \to Z + S$ läßt sich schließlich der Realteil X modulo 1 reduzieren □

5.7 Hilfssatz. *Das Integral*

$$\int\limits_{\substack{Y\in\mathscr{R}_n[u]\\ \det Y<u}} (\det Y)^r\, dY$$

konvergiert für $r+\frac{n+1}{2}>0.$

Beweis. Die Determinante $\det Y$ wird abgesehen von einem skalaren Faktor in $\mathscr{R}_n[u]$ durch das Produkt der Diagonalelemente nach unten abgeschätzt. Obiges Integral wird daher durch

$$I=\int\limits_{\substack{\mathscr{R}_n[u]\\ \det Y<u}} (y_1\dots y_n)^r\, dY$$

majorisiert.

Wir integrieren zunächst über die Variablen $y_{\mu\nu}$, $\mu<\nu$. Da deren Beträge in $\mathscr{R}_n[u]$ durch $u y_\mu$ abgeschätzt werden, erhalten wir

$$I\leq(2u)^{\frac{n(n-1)}{2}}\int\limits_{\substack{y_1\dots y_n<u^2\\ y_\nu<uy_{\nu+1}\\ 1\leq\nu<n}}\prod_{\nu=0}^{n-1} y_{n-\nu}^{r+\nu}\, dy_1\dots dy_n.$$

Wir führen nun die Variablensubstitution

$$t_1=y_1\dots y_n,\ t_2=\frac{y_2}{y_1},\dots,t_n=\frac{y_n}{y_1}$$

durch.

Die Funktionalmatrix der Abbildung $t(y)$ ist

$$\begin{pmatrix} y_2\dots y_n, & & & \dots, & y_1\dots y_{n-1}\\ -\frac{y_2}{y_1^2}, & \frac{1}{y_1}, & 0, & \dots, & 0\\ -\frac{y_3}{y_1^2}, & 0, & \frac{1}{y_1}, \ 0, & \dots, & 0\\ & & & & \\ -\frac{y_n}{y_1^2}, & 0, & & \dots,0, & \frac{1}{y_1}\end{pmatrix}.$$

Ihre Determinante ist

$$n y_1^{-(n-1)} y_2\dots y_n.$$

Es gilt daher

$$dy_1\dots dy_n=\frac{1}{n}t_1^{-1}y_1^n\, dt_1\dots dt_n.$$

Der neue Integrand ist (bis auf einen konstanten Faktor)

$$t_1^{-1} y_1^n \prod_{\nu=0}^{n-1} y_{n-\nu}^{r+\nu} = t_1^{r+\frac{n-1}{2}} \prod_{\nu=2}^{n} t_\nu^{\frac{n-1}{2}-\nu}$$

und die neuen Integrationsgrenzen sind

$$0<t_1<u^2, \quad 1<ut_2, \quad t_\nu<ut_{\nu+1} \qquad \text{für } 1<\nu<n.$$

Man berechnet nun leicht durch gliedweise Integration das Integral über $dt_2 \dots dt_n$ und stellt fest, daß dieses konvergiert. Das Integral über dt_1 existiert unter der Voraussetzung $r+\frac{n-1}{2}>-1$ □

Mit derselben Methode beweist man

5.8 Hilfssatz. *Das Integral*

$$\int\limits_{\substack{Y\in\mathcal{R}_n[u] \\ \det Y>u^{-1}}} (\det Y)^{-r}\, dY$$

konvergiert für $r-\frac{n+1}{2}>0.$

5.9 Folgerung. *Der Bereich* $\mathcal{F}_n[u]$, $u>0$ *hat endliches symplektisches Volumen*

$$\int\limits_{\mathcal{F}_n[u]} d\omega<\infty \qquad \left(d\omega=\frac{dX\,dY}{(\det Y)^{n+1}}\right).$$

5.10 Hilfssatz. *Das Integral*

$$\int\limits_{\substack{Z\in\mathcal{F}_{n,j}[u] \\ \det Y<u}} (\det Y_1)^{-\frac{r}{2}} (\det Y)^{\frac{r}{2}}\, d\omega$$

konvergiert für $r>n+j+1$.

Beweis. Die Funktionaldeterminante der Transformation

$$(Y_1, Y_2, B) \to Y=\begin{pmatrix} Y_1 & 0 \\ 0 & Y_2 \end{pmatrix} \begin{bmatrix} E & B \\ 0 & E \end{bmatrix}$$

ist $(\det Y_1)^{n-j}$. Das zu untersuchende Integral lautet also

$$\int\limits_{\substack{\mathcal{F}_{n,j}[u] \\ \det Y<u}} (\det Y_1)^{-j-1} (\det Y_2)^{\frac{r}{2}-n-1}\, dX\, dY_1\, dY_2\, dB.$$

Auf der Fundamentalmenge $\mathcal{F}_j[u]$ ist die Determinante von Y_1 durch eine positive Zahl nach unten beschränkt. Daher ist in unserem Integrationsbereich die Determinante von Y_2 nach oben beschränkt. Da im Integrationsbereich die X- und B-Variable beschränkt sind, wird das Integral majorisiert durch

$$\int_{\mathcal{F}_j[u]} d\omega_j \int_{\substack{\mathcal{R}_{n-j}[u] \\ \det Y_2 < C}} (\det Y_2)^{\frac{r}{2}-n-1}\, dY_2.$$

Diese Integrale konvergieren unter der Voraussetzung

$$\frac{r}{2}-n-1+\frac{n-j+1}{2}>0, \qquad \text{d.h. } r>n+j+1 \quad \square$$

Kapitel II. Die Satake-Kompaktifizierung

§ 0. Übersicht über die Methode und Resultate

Der Quotientenraum $\mathbb{H}_n/\Gamma_n$ trägt eine Struktur als **quasiprojektive Varietät.** Die Modulfunktionen entsprechen genau den rationalen Funktionen auf dieser Varietät. In diesem vorbereitenden Paragraphen wird die Grundidee des Beweises dargelegt.

Wir betrachten zunächst den Fall, daß $D \subset \mathbb{C}^n$ ein beliebiges *beschränktes Gebiet* oder wenigstens mit einem solchen biholomorph äquivalent ist. Sei Γ eine Gruppe biholomorpher Selbstabbildungen von D, welche auf D *eigentlich diskontinuierlich* operiert. Wir bezeichnen mit

$$[z] = \{\gamma z,\ \gamma \in \Gamma\}$$

die Bahn eines Punktes $z \in D$. Die Menge aller Bahnen D/Γ versehen wir mit der Quotiententopologie. Eine Teilmenge von D/Γ ist genau dann offen, wenn ihr Urbild in D offen ist. Offenbar ist D/Γ ein *lokal kompakter Hausdorffraum*, wie leicht aus der Definition der eigentlichen Diskontinuität folgt (s. I 4.3$_1$).

Wir wollen einmal annehmen, daß D/Γ **kompakt** ist. Da zu jedem Punkt $a \in D$ eine automorphe Form existiert, welche in diesem Punkt und dann auch in allen Punkten der Bahn $[a]$ nicht verschwindet, findet man endlich viele automorphe Formen $f_0, \ldots, f_m$ eines geeigneten gemeinsamen Gewichts $k > 0$, welche in D keine gemeinsame Nullstelle haben. Diese automorphen Formen definieren eine Abbildung

$$f\colon\ D \to \mathbb{C}^{m+1} \setminus \{0\},$$
$$z \to (f_0(z), \ldots, f_m(z)).$$

Ersetzt man z durch einen äquivalenten Punkt γz, so nimmt $f(z)$ einen skalaren Faktor auf:

$$f(z) = f(\gamma z)\, j(\gamma, z)^k.$$

Identifiziert man in $\mathbb{C}^{m+1} \setminus \{0\}$ zwei Vektoren, welche sich nur um einen gemeinsamen Faktor unterscheiden, so erhält man definitionsgemäß den *projektiven Raum*

$$P^m\mathbb{C} := \{[z],\ z \in \mathbb{C}^{m+1},\ z \neq 0\}$$
$$[z] := \{tz,\ t \in \mathbb{C} \setminus \{0\}\}.$$

Die Abbildung f induziert also eine kanonische, der Einfachheit halber wieder mit f bezeichnete Abbildung

$$f\colon\ D/\Gamma \to P^m\mathbb{C}.$$

Das Bild dieser Abbildung ist in einer gewissen algebraischen Varietät enthalten:

Sei $P \in \mathbb{C}[T_0, \ldots, T_m]$ ein homogenes Polynom in $m+1$ Variablen. Aus der Homogenität

$$P(tz) = t^\nu P(z)$$

folgt, daß mit $z \in \mathbb{C}^{m+1} \setminus \{0\}$ auch die volle Bahn $[z]$ in der Nullstellenmenge von P enthalten ist. Es ist also sinnvoll, die Nullstellenmenge von P in $P^m\mathbb{C}$ zu betrachten. Eine Teilmenge $V \subset P^m\mathbb{C}$ heißt **(projektive) algebraische Varietät,** wenn sie die gemeinsame Nullstellenmenge von endlich oder unendlich vielen homogenen Polynomen ist.

Nach dem „*Hilbertschen Basissatz*" kommt man immer mit endlich vielen Polynomen aus.

Sei nun P ein homogenes Polynom mit der Eigenschaft

$$P(f_0, \ldots, f_m) \equiv 0.$$

Offenbar ist $f(D/\Gamma)$ im Nullstellengebilde dieses Polynoms enthalten. Wir bezeichnen mit

$$V = V(f_0, \ldots, f_m)$$

das gemeinsame Nullstellengebilde all dieser Polynome,

$$V = \{[z] \in P^m\mathbb{C};\ P(z) = 0 \text{ für homogene Polynome } P,$$
$$P(f_0, \ldots, f_m) \equiv 0\}.$$

0.1 Satz. *Sei $D \subset \mathbb{C}^n$ ein beschränktes Gebiet, Γ eine eigentlich diskontinuierliche Gruppe biholomorpher Selbstabbildungen von D mit kompaktem Quotientenraum D/Γ. Es existieren automorphe Formen $f_0, \ldots, f_m$ eines geeigneten Gewichts r, welche in D keine gemeinsame Nullstelle haben und eine bijektive Abbildung*

$$f\colon\ D/\Gamma \xrightarrow{\sim} V \subset P^m\mathbb{C}$$
$$[z] \to [f_0(z), \ldots, f_m(z)]$$

induzieren.

Da uns eigentlich der viel schwierigere Fall der Siegelschen Modulgruppe interessiert, wollen wir den Beweis nur kurz skizzieren.

Der Quotient D/Γ trägt die Struktur eines normalen komplexen Raumes im Sinne von Serre (4.1). Die holomorphen (meromorphen)

Funktionen auf offenen Teilen von D/Γ entsprechen umkehrbar eindeutig den holomorphen (meromorphen) unter Γ invarianten Funktionen auf den Urbildmengen in D.

Die Koinzidenzmenge

$$\Delta_f = \{([z],[w]) \in D/\Gamma \times D/\Gamma,\ f[z]=f[w]\}$$

ist ein analytischer Teil von $D/\Gamma \times D/\Gamma$, welcher die Diagonale enthält. Wenn f nicht injektiv ist, existiert

$$([z],[w]) \in \Delta_f, \qquad [z] \neq [w].$$

Die **Punktetrennungseigenschaft der Poincaréreihen** (I 4.5) liefert die Existenz einer automorphen Form g eines geeigneten Gewichts l, welche die beiden Punkte trennt, $g(z) \neq 0$, $g(w)=0$. Durch die automorphen Formen

$$g^r \text{ und } f_0^{\nu_0} \dots f_m^{\nu_m},\ \nu_0 + \dots + \nu_m = l \ (=\text{Gewicht von } g)$$

wird eine neue Abbildung $\tilde{f}$ von D/Γ in einen projektiven Raum $P^{\tilde{m}}\mathbb{C}$, $\tilde{m} \geq m$, definiert, deren Koinzidenzmenge $\Delta_{\tilde{f}}$ echt in Δ_f enthalten ist. Da in einem kompakten komplexen Raum jede absteigende Kette abgeschlossener analytischer Teile abbricht, gelangt man auf diesem Wege zu einer *injektiven* Abbildung

$$D/\Gamma \to P^{\tilde{m}}\mathbb{C}, \qquad \tilde{m} \text{ geeignet}.$$

Wir können annehmen, daß f schon selbst injektiv war. Da D/Γ kompakt ist, folgt aus dem **Abbildungssatz von Remmert** (A 6.15), daß $f(D/\Gamma)$ ein analytischer Teil von $P^m\mathbb{C}$ ist. Jeder abgeschlossene analytische Teil des $P^m\mathbb{C}$ ist nach dem **Satz von Chow** algebraisch. Die Gleichheit $f(D/\Gamma)=V$ ergibt sich, wenn man zeigt, daß jedes homogene Polynom, welches auf $f(D/\Gamma)$ verschwindet, sogar auf V verschwindet. Dies folgt aus der Definition von V □

Auf Grund des Satzes von Chow ist jede meromorphe Funktion auf einer algebraischen Mannigfaltigkeit schon rational. Wir erhalten also außerdem:

0.2 Satz. *Jede meromorphe, unter Γ invariante Funktion $f(z)$ auf D ist als Quotient zweier automorpher Formen gleichen Gewichts darstellbar. Der Körper dieser Funktionen ist ein algebraischer Funktionenkörper vom Transzendenzgrad n.*

Dieser Satz läßt sich mit Siegelschen Methoden auch elementar beweisen (vgl. [72], Bd. III, Nr. 44).

Zum Beweis von 0.1 wurde mehrfach die Kompaktheit von D/Γ benutzt.

1) um zu zeigen, daß *endlich* viele automorphe Formen ohne gemeinsame Nullstelle existieren,

2) um die *Injektivität* der Abbildung $f\colon D/\Gamma \to P^m\mathbb{C}$ zu erzwingen,

3) um zu zeigen, daß $f(D/\Gamma)$ *algebraisch* $(=V)$ ist.

Nun ist jedoch $\mathbb{H}_n/\Gamma_n$, $n \geq 1$, nicht kompakt. Beispielsweise hat die Folge $[i\nu E]$, $\nu = 1, 2, \ldots$ keinen Häufungspunkt, wie wir später sehen werden. Wir wollen dennoch annehmen, die Existenz endlich vieler Siegelscher Modulformen

$$f_0, \ldots, f_m \in [\Gamma_n, r], \qquad r > 0,$$

ohne gemeinsame Nullstellen sei bewiesen. Diese induzieren dann wieder eine Abbildung

$$f\colon \mathbb{H}_n/\Gamma_n \to V \subset P^m\mathbb{C}.$$

Dabei sei V das gemeinsame Nullstellengebilde aller homogenen Polynome P, $P(f_0, \ldots, f_m) \equiv 0$. Die Abbildung f kann niemals topologisch sein, da zwar V aber nicht $\mathbb{H}_n/\Gamma_n$ kompakt ist!

Zu einem tieferen Einblick in die Nichtkompaktheit von $\mathbb{H}_n/\Gamma_n$ gelangt man mittels des Siegelschen Φ-Operators (s. Kap. I, § 3).

Sei $Z = Z^{(n-1)} \in \mathbb{H}_{n-1}$ ein Punkt, in dem nicht alle Modulformen $f_0|\Phi, \ldots, f_m|\Phi$ verschwinden. Dann ist sicherlich auch der Punkt $(f_0|\Phi(Z), \ldots, f_m|\Phi(Z))$ in V enthalten:

$$P(f_0, \ldots, f_m) = 0 \;\Rightarrow\; P(f_0|\Phi, \ldots, f_m|\Phi) = 0.$$

Aus diesem Grunde ist es naheliegend, die disjunkte Vereinigung

$$X_n := \mathbb{H}_n/\Gamma_n \,\dot\cup\, \mathbb{H}_{n-1}/\Gamma_{n-1} \,\dot\cup \ldots \dot\cup\, \mathbb{H}_0/\Gamma_0$$

einzuführen. ($\mathbb{H}_0$ bestehe aus einem einzigen Punkt ∞.) Nun können wir das Analogon von Satz 0.1 formulieren.

0.3 Theorem. *Es existieren Siegelsche Modulformen*

$$f_0, \ldots, f_m \in [\Gamma_n, r], \qquad r \text{ geeignet}, \; r > 0,$$

mit folgenden Eigenschaften:

1) *Die Formen*

$$f_0|\Phi^{n-j}, \ldots, f_m|\Phi^{n-j}$$

haben in $\mathbb{H}_j$ *keine gemeinsame Nullstelle für* $0 \leq j \leq n$.

2) *Die Zuordnung*

$$Z \to (f_0|\Phi^{n-j}(Z), \ldots, f_m|\Phi^{n-j}(Z)), \qquad Z \in \mathbb{H}_j,$$

bewirkt eine bijektive Abbildung

$$f\colon X_n \xrightarrow{\sim} V \subset P^m\mathbb{C}.$$

Hierbei ist

$$X_n = \mathbb{H}_n/\Gamma_n \mathbin{\dot\cup} \dots \mathbin{\dot\cup} \mathbb{H}_0/\Gamma_0;$$
$$V = \{[z] \in P^m \mathbb{C},\ P(z) = 0 \text{ für alle homogenen Polynome } P, P(f_0, \dots, f_m) \equiv 0\}.$$

0.4 Folgerung. *Im Falle $n > 1$ ist jede Γ_n-invariante in $\mathbb{H}_n$ meromorphe Funktion als Quotient zweier Modulformen gleichen Gewichts darstellbar.*

Beweis der Folgerung 0.4. Um wie bei Satz 0.2 schließen zu können, muß man benutzen, daß die Kodimension von X_{n-1}, $\dim X_n - \dim X_{n-1} = n > 1$ ist und sich daher jede meromorphe Funktion auf $\mathbb{H}_n/\Gamma_n$ zu einer meromorphen Funktion auf X_n fortsetzen läßt (A 6.25) □

In den §§ 1–5 dieses Kapitels wird Theorem 0.3 bewiesen. In § 6 wird die Kompaktifizierungstheorie auf Untergruppen $\Gamma \subset Sp(n, \mathbb{R})$, welche mit Γ_n kommensurabel sind, verallgemeinert. Eine ausführliche Darstellung aller Ergebnisse dieses Kapitels findet sich im Sem. Cartan No. 10 [10].

§ 1. Endlichkeitseigenschaften für die Bereiche Minkowski- bzw. Siegel-reduzierter Matrizen

Eine Gruppe Γ operiere auf einer Menge S. Eine Teilmenge $F \subset S$ besitzt die **Endlichkeitseigenschaft,** falls die Menge

$$\{\gamma \in \Gamma,\ \gamma F \cap F \neq \emptyset\}$$

endlich ist. Sei S ein topologischer Raum. Die Gruppe Γ operiert definitionsgemäß genau dann *eigentlich diskontinuierlich,* falls alle kompakten Teile von S die Endlichkeitseigenschaft haben. Beispiele eigentlich diskontinuierlicher Gruppen sind die Siegelsche Modulgruppe Γ_n (operierend auf $\mathbb{H}_n$), und als Folge hiervon die Gruppe $Gl(n, \mathbb{Z})$ (operierend auf dem Raum $\mathscr{P}_n$ aller positiven Matrizen).

Wir wollen zeigen, daß der Bereich $\mathscr{R}_n$ der Minkowski-reduzierten Matrizen die Endlichkeitseigenschaft bezüglich der Gruppe $Gl(n, \mathbb{Z})$ hat, und hieraus werden wir folgern, daß der Bereich $\mathscr{F}_n$ der Siegel-reduzierten Matrizen die Endlichkeitseigenschaft bezüglich $\Gamma_n = Sp(n, \mathbb{Z})$ hat.

Zum Beweis benutzen wir die *Jacobizerlegung*

$$Y = D[B]; \quad D = \begin{pmatrix} d_1 & & 0 \\ & \ddots & \\ 0 & & d_n \end{pmatrix}, \quad B = \begin{pmatrix} 1 & & b_{ij} \\ & \ddots & \\ 0 & & 1 \end{pmatrix}$$

einer positiven Matrix Y.

1.1 Definition. Für eine positive Zahl $u > 0$ sei $\mathscr{R}_n(u)$ der Bereich aller positiven Matrizen $Y = D[B]$ mit der Eigenschaft

a) $d_1 < u\,d_2, d_2 < u\,d_3, \ldots, d_{n-1} < u\,d_n$;
b) $|b_{ij}| < u$ für $1 \leq i \leq j \leq n$.

1.2 Hilfssatz. *Es existiert eine nur von n und u abhängige Konstante $\delta > 0$, so daß für alle $Y \in \mathcal{R}_n(u)$ die Ungleichungen*

a) $\delta y_\nu < d_\nu < \delta^{-1} y_\nu$, $\nu = 1, \ldots, n$; $(Y = D[B]$ *Jacobizerlegung*$)$

b) $$\delta \begin{pmatrix} d_1 & & 0 \\ & \ddots & \\ 0 & & d_n \end{pmatrix} < Y < \delta^{-1} \begin{pmatrix} d_1 & & 0 \\ & \ddots & \\ 0 & & d_n \end{pmatrix}$$

gelten.

Folgerung. *Es existiert eine nur von n und u abhängige Konstante $\varepsilon = \varepsilon(n,u)$ mit der Eigenschaft*

$$\varepsilon d_1 \leq m(Y) \leq d_1 \qquad \textit{für } Y \in \mathcal{R}_n(u).$$
$$(m(Y) = \min_{g \in \mathbb{Z}^n \setminus \{0\}} Y[g]).$$

Beweis. Die Ungleichung a) folgt aus der Gleichung

$$y_i = d_i + \sum_{\nu=1}^{i-1} d_\nu b_{\nu i}^2$$

und aus den Ungleichungen, welche den Bereich $\mathcal{R}_n(u)$ definieren (1.1). In I2.6 wurde eine zu b) analoge Ungleichung bewiesen. Der Beweis läßt sich übertragen: Man hat zu zeigen, daß die Eigenwerte der Matrix $D^{-1/2}\,Y D^{-1/2}$ nach oben und unten durch positive Konstanten beschränkt sind. Aus den definierenden Ungleichungen für den Bereich $\mathcal{R}_n(u)$ folgt, daß die Komponenten der Matrix $D^{-1/2}\,Y D^{-1/2}$ beschränkt sind. Ihre Eigenwerte sind also nach oben beschränkt. Da ihr Produkt $(= \det(D^{-1/2}\,Y D^{-1/2}))$ gleich 1 ist, sind sie auch nach unten durch eine positive Zahl beschränkt □

Der Bereich $\mathcal{R}_n(u)$ hat ähnliche Eigenschaften wie der bereits in Kap. I, §5 eingeführte Bereich $\mathcal{R}_n[u]$.

1.3 Definition. Für eine positive Zahl $u > 0$ sei $\mathcal{R}_n[u]$ der Bereich aller positiven Matrizen Y mit der Eigenschaft

a) $y_\nu < u\,y_{\nu+1}$, $1 \leq \nu < n$,
b) $|y_{\mu\nu}| < u\,y_\nu$, $1 \leq \mu \leq \nu \leq n$,
c) $y_1 \ldots y_n < u \det Y$.

Sei $Y = \begin{pmatrix} Y_1 & * \\ * & y_n \end{pmatrix} \in \mathcal{P}_n$.

Mit Hilfe der Zerlegung

$$Y=\begin{pmatrix} Y_1 & 0 \\ 0 & d_n \end{pmatrix}\begin{bmatrix} E & b \\ 0 & 1 \end{bmatrix}$$

zeigt man leicht folgende Vorstufe der *Hadamardschen Ungleichung:*

$$\det Y \leq y_n \det Y_1.$$

Hieraus folgt leicht

$$Y \in \mathscr{R}_n[u] \Rightarrow Y_{n-1} \in \mathscr{R}_{n-1}[u],$$

allgemeiner

$$Y=\begin{pmatrix} Y_1^{(\nu)} & * \\ * & * \end{pmatrix} \in \mathscr{R}_n[u] \Rightarrow Y_1 \in \mathscr{R}_\nu[u].$$

1.4 Hilfssatz. *Sei $u>0$ eine positive Zahl. Es gilt*

a) $\mathscr{R}_n(u) \subset \mathscr{R}_n[\tilde{u}]$,

b) $\mathscr{R}_n[u] \subset \mathscr{R}_n(\tilde{u})$,

wobei $\tilde{u}>0$ eine von u und n abhängige Konstante ist.

Folgerung. *Der Minkowskibereich $\mathscr{R}_n$ ist in $\mathscr{R}_n(u)$, u genügend groß, enthalten.*

Beweis. 1) Sei $Y \in \mathscr{R}_n(u)$. Die Ungleichungen a) und c) aus Definition 1.3 (mit modifizierten Konstanten) folgen leicht aus Hilfssatz 1.2. Zum Beweis der Ungleichung b) muß man noch die Formel

$$y_{\mu\nu} = \sum_{i=1}^{n} d_i b_{i\mu} b_{i\nu}$$

heranziehen.

2) Wie wir schon zu Beginn von §2 in Kap. I gesehen haben, ist

$$d_\nu \leq y_\nu \quad \text{für } Y=D[B] \in \mathscr{P}_n.$$

Aus der Ungleichung $y_1 \ldots y_n < u \det Y = u\, d_1 \ldots d_n$ folgt daher

$$y_n < u\, d_n.$$

Ist $Y \in \mathscr{R}_n[u]$, so gilt also allgemein

$$d_\nu \leq y_\nu < u\, d_\nu, \qquad \nu=1, \ldots, n.$$

Wir zeigen nun durch Induktion nach n, daß Y in $\mathscr{R}_n(\tilde{u})$ enthalten ist.

Nach Induktionsvoraussetzung gilt

$$d_1 < \tilde{u}\, d_2, \ldots, d_{n-2} < \tilde{u}\, d_{n-1},$$
$$|b_{ij}| < \tilde{u} \quad \text{für } 1 < i, j \leq n-1.$$

Aus der Bedingung $y_\nu < u\, y_{\nu+1}$ folgt

$$d_{n-1} \leq y_{n-1} < u\, y_n < u^2 d_n$$

und wir erhalten

$$d_{n-1} < \tilde{u}\, d_n \qquad \text{für } \tilde{u} \geq u^2.$$

Es bleibt $|b_{\nu n}| < \tilde{u}$ ($\tilde{u} = \tilde{u}(u, n)$ geeignet) zu zeigen. Wir benutzen

$$y_{in} = \sum_{\nu \leq i} d_\nu\, b_{\nu i}\, b_{\nu n}, \quad i = 1, \ldots, n$$

in Verbindung mit $|y_{in}| < u\, y_i$ und erhalten

$$\left| \sum_{\nu=1}^{i} d_\nu\, b_{\nu i}\, b_{\nu n} \right| \leq u\, y_i \leq u^2 d_i,$$

also

$$|d_1 b_{1n}| \leq u^2 d_1,$$
$$|d_1 b_{12} b_{1n} + d_2 b_{2n}| \leq u^2 d_2,$$

usw.

Hieraus folgt induktiv die Beschränktheit der Größen $b_{1n}, b_{2n}, \ldots$ □

1.5 Hilfssatz. *Jedes Kompaktum $K \subset \mathscr{P}_n$ ist in einem $\mathscr{R}_n(u)$, u geeignet, enthalten.*

Folgerung. $\mathscr{P}_n = \bigcup_{u>0} \mathscr{R}_n(u)$.

Beweis. Da die Jacobikoordinaten D, B stetig von $Y = D[B]$ abhängen, sind die Funktionen

$$Y \to \frac{d_\nu}{d_{\nu+1}}, \; b_{\mu\nu}$$

stetig auf $\mathscr{P}_n$ und auf dem Kompaktum K daher beschränkt □

1.6 Satz. *Ist u hinreichend groß, so umfaßt $\mathscr{R}_n(u)$ den Bereich $\mathscr{R}_n$ aller Minkowski-reduzierten Matrizen. Für jedes $u > 0$ besitzt $\mathscr{R}_n(u)$ die Endlichkeitseigenschaft bezüglich der Gruppe $Gl(n, \mathbb{Z})$. Es gilt sogar die*

Verschärfung. *Sei $r > 0$ eine natürliche Zahl. Es gibt nur endlich viele rationale Matrizen $U \in Gl(n, \mathbb{Q})$, $|\det U| < r$, $r\,U$ ganz, $\mathscr{R}_n(u)[U] \cap \mathscr{R}_n(u) \neq \emptyset$.*

Zum Beweis von Satz 1.6 werden wir einige Vorbereitungen benötigen (1.6_1–1.6_5).

1.6_1 Definition. Gegeben sei eine Folge

$$Y(\nu) = D(\nu)[B(\nu)] \quad \text{(Jacobizerlegung)}, \quad \nu = 1, 2, \ldots.$$

Die Folge $Y(\nu)$ konvergiert gegen $\infty(Y(\nu)\to\infty)$, wenn folgende beiden Bedingungen erfüllt sind:

a) $Y(\nu)\in\mathscr{R}_n(u)$ für geeignetes von ν unabhängiges $u>0$.

b) Es gibt eine Zahlenfolge $c(\nu)\to+\infty$, $Y(\nu)\geq c(\nu)E$.

Die Bedingung b) kann man auch wegen 1.2 durch

b′) $d_1(\nu)=y_1(\nu)\to\infty$

ersetzen.

1.6$_2$ Hilfssatz. *Gegeben seien zwei Folgen* $Y(\nu)$, $\tilde{Y}(\nu)\in\mathscr{P}_n$. *Die Folge* $\tilde{Y}(\nu)-Y(\nu)$ *sei beschränkt. Dann gilt*

$$Y(\nu)\to\infty \Leftrightarrow \tilde{Y}(\nu)\to\infty.$$

Beweis. Die Folge $Y(\nu)$ strebe nach ∞. Dann strebt das erste Diagonalelement von $\tilde{Y}(\nu)$ und daher auch von $Y(\nu)$ nach ∞. Es bleibt nachzuweisen, daß alle $\tilde{Y}(\nu)$ in einem $\mathscr{R}_n(u)$ enthalten sind. Es ist bequemer, mit dem Bereich $\mathscr{R}_n[u]$ anstelle von $\mathscr{R}_n(u)$ zu arbeiten, was auf Grund von 1.4 erlaubt ist. Problematisch ist lediglich die Bedingung c) in 1.3: In den folgenden Rechnungen lassen wir den Folgenindex ν weg, um Schreibarbeit zu sparen.

Nachweis der Bedingung c) aus 1.3. Mit Ausnahme höchstens endlich vieler Folgenglieder gilt

$$\tilde{y}_1\dots\tilde{y}_n<2y_1\dots y_n.$$

Dieser Ausdruck ist kleiner als $2u\det Y$. Wir benötigen also eine Abschätzung der Art

$$\det Y<C\det\tilde{Y}.$$

Sei $Y=D[B]$ die Jacobizerlegung von Y und sei

$$W=(\tilde{Y}-Y)[B^{-1}].$$

Die Behauptung lautet

$$\det D\leq C(\det(D+W))$$

oder

$$1\leq C(\det(E+D^{-1}W)).$$

Die Folge der Matrizen W ist offensichtlich beschränkt, da mit B auch B^{-1} beschränkt ist (beachte: $\det B=1$). Da alle Komponenten d_ν nach ∞ streben, konvergiert $D^{-1}W$ gegen 0 und die Behauptung ist bewiesen □

Definition 1.6$_1$ ist ein Spezialfall $(m=0)$ der nun folgenden

1.6$_3$ Definition. Sei $0 \leq m \leq n$. Gegeben sei eine Folge

$$Y(\nu) = \begin{pmatrix} Y_1(\nu) & 0 \\ 0 & Y_2(\nu) \end{pmatrix} \begin{bmatrix} E & B(\nu) \\ 0 & E \end{bmatrix}, \qquad \nu = 1, 2, \ldots,$$

$$Y(\nu) \in \mathscr{P}_n, \; Y_1(\nu) \in \mathscr{P}_m.$$

Wir sagen, daß die Folge $Y(\nu)$ gegen den Punkt $Y^* \in \mathscr{P}_m$ konvergiert, falls folgende Bedingungen erfüllt sind:

1) $Y(\nu) \in \mathscr{R}_n(u)$ für ein $u > 0$.
2) Es gilt $Y_1(\nu) \to Y^*$ im üblichen Sinne*),
3) $Y_2(\nu) \to \infty$ (1.6$_1$).

1.6$_4$ Bemerkung. *Äquivalent zu Definition* 1.6$_3$ *ist*

1) *Die Folge $B(\nu)$ ist beschränkt.*
2) *Es gilt $Y_1(\nu) \to Y^*$ im üblichen Sinne*).*
3) $Y_2(\nu) \to \infty$.

Beweis. Wir lassen der Einfachheit halber bei den folgenden Rechnungen den Folgenindex ν weg, schreiben Y anstelle von $Y(\nu)$, usw.

Sei

$$Y = D[W], \qquad D = \begin{pmatrix} D_1 & 0 \\ 0 & D_2 \end{pmatrix}, \qquad W = \begin{pmatrix} W_0 & W_1 \\ 0 & W_2 \end{pmatrix},$$

die Jacobizerlegung von Y, also

$$\begin{aligned} Y_1 &= D_1[W_0], \\ Y_1 B &= W_0' D_1 W_1, \\ Y_1[B] + Y_2 &= D_1[W_1] + D_2[W_2]. \end{aligned}$$

Aus den Voraussetzungen von 1.6$_3$ folgt die Beschränktheit von W, D_1 und Y_1^{-1}, also auch von B.

Wenn umgekehrt die in 1.6$_4$ formulierten Bedingungen erfüllt sind, so folgt der Reihe nach

1) die Konvergenz von $Y_1 (= Y_1(\nu))$ und Y_1^{-1}, also auch von $D_1, D_1^{-1}, W_0, W_0^{-1}$, also

2) die Beschränktheit von W_0,

3) die Beschränktheit von $Y_1 B$, also auch die Beschränktheit von W_1,

4) $D_2[W_2] \to \infty$ (wegen 1.6$_2$), also auch die Beschränktheit von W_2 und damit die Beschränktheit von W.

Die „Monotonie" $d_\nu \leq u\, d_{\nu+1}$, $1 \leq \nu < n$, folgt für geeignetes $u > 0$ aus 1) und 4) □

---

*) d.h. komponentenweise

Der nun folgende Hilfssatz ist eine Vorstufe für die „Satakekompaktifizierung".

1.6$_5$ Hilfssatz. *Sei $Y(v)$ eine Folge in $\mathcal{R}_n(u)$, $u>0$. Die Folge $d_1(v) = y_1(v)$ sei durch eine positive Zahl nach unten beschränkt. Dann existiert eine Zahl m, $0 \leq m \leq n$ und ein Punkt $Y_1 \in \mathcal{P}_m$, so daß eine Teilfolge von $Y(v)$ gegen Y_1 konvergiert. (Wir vereinbaren $\mathcal{P}_0 = \{\infty\}$.)*

Beweis. Wir verwenden die Bezeichnungen aus 1.6$_3$ und aus dem Beweis von 1.6$_4$. Sei m die kleinste Zahl, so daß die Folge $d_{m+1}(v)$ unbeschränkt ist. Da wir zu einer Teilfolge übergehen dürfen, können wir annehmen, daß die Folgen

$$B(v);\ d_1(v), \ldots, d_m(v)$$

konvergieren und daß

$$d_{m+1}(v) \to \infty \qquad \square$$

Nach diesen Vorbereitungen kommen wir nun zum

Beweis von Satz 1.6. Wir führen einen indirekten Induktionsbeweis, nehmen also an, daß n die kleinste Zahl ist, so daß die Aussage von Satz 1.6 falsch ist. Dann gibt es eine Folge $U = U(v)$ paarweise verschiedener Matrizen aus $Gl(n, \mathbb{Z})$ und eine Folge $Y = Y(v) \in \mathcal{P}_n$, so daß

$$Y \text{ und } Y^* = Y[U] \quad \text{in } \mathcal{R}_n(u),\ u>0,$$

enthalten sind. Indem man Y mit einer geeigneten Zahl, etwa d_1^{-1}, multipliziert, kann man annehmen, daß d_1 sowohl nach unten als auch nach oben durch positive Konstanten beschränkt ist. Für das erste Diagonalelement d_1^* von Y^* erhält man

$$d_1^* = Y[u_1], \qquad U = (u_1, *),$$

wegen der Folgerung aus 1.2 also

$$d_1^* \geq m(Y) \geq c\, d_1.$$

Entsprechend erhält man aus

$$d_1 = Y^*[u_1^*], \qquad U^{-1} = (u_1^*, *)$$

eine Abschätzung von d_1^* nach oben. Also sind auch die Zahlen d_1^* nach oben und unten durch positive Konstanten beschränkt. Auf Grund von 1.6$_5$ besitzen die Folgen Y, Y^* konvergente Teilfolgen. Die Grenzwerte können wegen der Beschränktheit von d_1, d_1^* nicht in $\mathcal{P}_0$ liegen. Sie können auch nicht in $\mathcal{P}_n$ liegen, da die Gruppe $Gl(n, \mathbb{Z})$ auf $\mathcal{P}_n$ eigentlich diskontinuierlich operiert.

Nach Übergang zu geeigneten Teilfolgen können wir

$$\begin{aligned} &Y = Y(\nu) \to * \in \mathscr{P}_m, \\ &Y^* = Y^*(\nu) \to * \in \mathscr{P}_{m'}, \\ &1 \leq m, m' < n, \end{aligned}$$

annehmen. Indem wir eventuell Y und Y^* vertauschen und U durch U^{-1} ersetzen, können wir auch $m \leq m'$ annehmen. Wir betrachten nun die Zerlegungen

$$Y = \begin{pmatrix} Y_1 & 0 \\ 0 & Y_2 \end{pmatrix} \begin{bmatrix} E^{(m)} & B \\ 0 & E \end{bmatrix}, \qquad Y_1 = Y_1^{(m)},$$

$$Y^* = \begin{pmatrix} Y_1^* & 0 \\ 0 & Y_2^* \end{pmatrix} \begin{bmatrix} E^{(m)} & B^* \\ 0 & E \end{bmatrix}, \qquad Y_1^* = Y_1^{*(m)}.$$

Eine einfache Rechnung ergibt

$$Y_1^* = Y_1[U_{11} + B U_{21}] + Y_2[U_{21}], \qquad U = \begin{pmatrix} U_{11} & U_{12} \\ U_{21} & U_{22} \end{pmatrix},$$

also insbesondere

$$Y_2[U_{21}] \leq Y_1^*.$$

Da die Folge Y_2 nach ∞ strebt, existiert eine Folge von Zahlen $c = c(\nu)$,

$$c \to \infty, \qquad Y_1^* \geq c\, U_{21}' \, U_{21}.$$

Andererseits konvergiert die Folge Y_1^* im üblichen Sinne ($m' \geq m$). Ist g irgendeine Spalte von U_{21}, so folgt, daß die Folge $c\, g' g$ beschränkt ist. Da g ganzzahlig ist, können nur endlich viele U_{21} von 0 verschieden sein und wir können

$$U_{21} = U_{21}(\nu) = 0$$

für alle ν annehmen.

Jetzt folgt

$$\begin{aligned} &Y_1^* = Y_1[U_{11}], \qquad Y_2^* = Y_2[U_{22}] \\ &B^* = U_{11}^{-1} B U_{22} + U_{11}^{-1} U_{12}. \end{aligned}$$

Da wir durch Induktion schließen wollen, gehören die Matrizen $U_{11} \in Gl(m, \mathbb{Z})$ and $U_{22} \in Gl(n-m, \mathbb{Z})$ jeweils einer endlichen Menge an. Es folgt dann, daß auch die Matrizen

$$U_{12} = U_{11} B^* - B U_{22}$$

einer endlichen Menge angehören müssen. Im Widerspruch zu unserer Annahme gibt es also nur endlich viele verschiedene $U = U(\nu)$ □

Die angegebene Verschärfung von Satz 1.6 ergibt sich auf demselben Wege, wenn man benutzt, daß mit einer ganzen Matrix $G \in Gl(n, \mathbb{Q})$ auch $(\det G)\, G^{-1}$ ganz ist.

Wir leiten nun aus dem Endlichkeitssatz für den Bereich der Minkowski-reduzierten Matrizen einen entsprechenden für den Bereich der Siegel-reduzierten Matrizen ab.

1.7 Definition. Für eine positive Zahl $u > 0$ sei $\mathscr{F}_n(u)$ der Bereich aller Matrizen $Z = X + iY \in \mathbb{H}_n$ mit den Eigenschaften

1) $|x_{\mu\nu}| < u$ für $1 \leq \mu, \nu \leq n$,
2) $Y \in \mathscr{R}_n(u)$,
3) $1 < u\, d_1$.

Im Falle $n = 1$ hat dieser Bereich die Gestalt

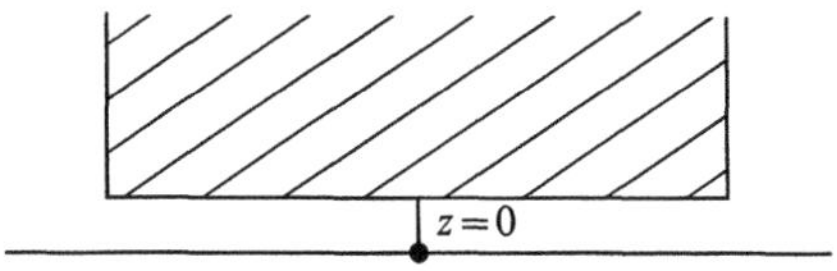

1.8 Satz. *Der Bereich $\mathscr{F}_n(u)$ umfaßt für genügend großes u den Bereich der Siegel-reduzierten Matrizen. Für jedes $u > 0$ besitzt $\mathscr{F}_n(u)$ die Endlichkeitseigenschaft bezüglich der Gruppe $\Gamma_n = Sp(n, \mathbb{Z})$. Es gilt sogar die*

Verschärfung. *Sei $r > 0$ eine ganze Zahl. Es existieren nur endlich viele Matrizen $M \in Sp(n, \mathbb{Q})$, $\det M < r$, rM ganz, $M\langle \mathscr{F}_n(u)\rangle \cap \mathscr{F}_n(u) \neq \emptyset$.*

Daß der Siegelsche Bereich $\mathscr{F}_n$ in $\mathscr{F}_n(u)$, u genügend groß, enthalten ist, ergibt sich aus 1.6 und I2.11. Die Endlichkeitseigenschaft für $\mathscr{F}_n(u)$ folgt aus der für $\mathscr{R}_{2n}(u)$ mit Hilfe

1.8$_1$ Bemerkung. *Durch die Zuordnung*

$$Z \to S = \begin{pmatrix} E & 0 \\ X & E \end{pmatrix} \begin{pmatrix} Y^{-1} & 0 \\ 0 & Y \end{pmatrix} \begin{pmatrix} E & X \\ 0 & E \end{pmatrix}$$

wird eine Einbettung $i: \mathbb{H}_n \to \mathscr{P}_{2n}$ mit der Eigenschaft

$$i(M\langle Z\rangle) = S[M] \qquad \text{für } M \in Sp(n, \mathbb{R})$$

definiert. Das Bild von $\mathscr{F}_n(u)$ genügt der Endlichkeitseigenschaft bezüglich der Gruppe $Gl(2n, \mathbb{Z})$.

Beweis. Die Formel $i(M\langle Z\rangle) = S[M]$ ist für die Erzeugenden der Modulgruppe leicht nachzurechnen. Um die behauptete Endlichkeitseigenschaft nachzuweisen, führen wir die $2n$-reihige Matrix

$$U = \begin{pmatrix} V & 0 \\ 0 & E \end{pmatrix}; \qquad V = \begin{pmatrix} 0 & & 1 \\ & \cdot^{\cdot^{\cdot}} & \\ 1 & & 0 \end{pmatrix}$$

ein. Offenbar existiert zu jedem n und $u>0$ eine positive Zahl $\tilde{u} = \tilde{u}(n,u)$ mit der Eigenschaft

$$Z \in \mathscr{F}_n(u) \Rightarrow i(Z)[U] \in \mathscr{R}_{2n}(\tilde{u}) \quad \square$$

Der Beweis der Endlichkeitseigenschaften von $\mathscr{R}_n$ und $\mathscr{F}_n$ geht auf Minkowski und Siegel zurück. Der Siegelsche Beweis wird ausführlich in [49] dargestellt. Die vorliegende Variante des Beweises stammt von R. Kiehl. Die Einführung der konvergenten Folgen (1.6_3) ist nicht nur beweistechnisch sehr nützlich, sondern erweist sich als gute Vorbereitung der Saketopologie.

§2. Die Satakekompaktifizierung

In diesem Abschnitt wird ein kompakter topologischer Raum $\overline{\mathbb{H}_n/\Gamma_n}$ konstruiert, welcher $\mathbb{H}_n/\Gamma_n$ als offenen dichten Teil enthält.

(Der „Rand" $\overline{\mathbb{H}_n/\Gamma_n} \smallsetminus \mathbb{H}_n/\Gamma_n$ ist $\overline{\mathbb{H}_{n-1}/\Gamma_{n-1}}$.)

2.1 Definition. Sei $0 \le m \le n$. Gegeben sei eine Folge

$$Z(\nu) = \begin{pmatrix} Z_1(\nu) & * \\ * & * \end{pmatrix},$$

$$\nu = 1, 2, \ldots, Z(\nu) \in S_n, \ Z_1(\nu) \in S_m.$$

Wir sagen, daß die Folge $Z(\nu)$ gegen den Punkt $Z^* \in S_m$ konvergiert, falls folgende Bedingungen erfüllt sind:

1) Für geeignetes $u>0$ gilt $Z(\nu) \in \mathscr{F}_n(u)$.
2) Es gilt $Z_1(\nu) \to Z^*$ im üblichen Sinne und
3) $Y(\nu) \to Y^*$ im Sinne von 1.6_3. (Wir setzen $S_0 = \{\infty\}$.)

2.2 Hilfssatz. *Äquivalent zu Definition* 2.1 *ist*

1) $Z_1(\nu) \to Z^*$ *im üblichen Sinne.*
2) $X(\nu) = \operatorname{Re} Z(\nu)$ *ist beschränkt.*
3) $Z_{12}(\nu)$ *ist beschränkt,*

$$Z(\nu) = \begin{pmatrix} Z_1(\nu) & Z_{12}(\nu) \\ * & Z_2(\nu) \end{pmatrix}.$$

4) $Y_2(\nu) = \operatorname{Im} Z_2(\nu) \to \infty$ *im Sinne von* 1.6_1.

Beweis. 1) Die Folge $Z(\nu)$ konvergiere gegen $Z^* \in S_m$. Dann konvergiert die Folge $Y(\nu)$ im Sinne von 1.6_3. Wegen 1.6_4 folgt hieraus die Beschränktheit von $Y_{12}(\nu)$ und damit auch von $Z_{12}(\nu)$.

2) Die in Hilfssatz 2.2 formulierten Bedingungen seien erfüllt. Wir müssen zeigen, daß die Folge $Y(\nu)$ gegen Y^* konvergiert. Wir benut-

zen hierfür die in 1.6_4 gegebene Charakterisierung. Bei der folgenden Rechnung lassen wir den Folgenindex v weg.

$$\begin{pmatrix} Y_1 & Y_{12} \\ * & * \end{pmatrix} = \begin{pmatrix} Y_1 & 0 \\ 0 & * \end{pmatrix} \begin{bmatrix} E & B \\ 0 & E \end{bmatrix} = \begin{pmatrix} Y_1 & Y_1 B \\ * & * \end{pmatrix}.$$

Da die Folge $Y_1 = Y_1(v)$ gegen eine invertierbare Matrix konvergiert, ist die Beschränktheit der Folge $Y_{12}(v) = Y_1(v) B(v)$ gleichbedeutend mit der von $B(v)$ □

2.3 Hilfssatz. *Die Folge $Z(v)$ sei in $\mathscr{F}_n(u)$, $u>0$, enthalten. Dann existiert eine Zahl m, $0 \leq m \leq n$, und ein Punkt $Z_1 \in S_m$, so daß eine Teilfolge von $Z(v)$ gegen Z_1 konvergiert.*

Beweis. Siehe 1.6_5 □

2.4 Hilfssatz. *Die Folge $Z(v)$ sei in $\mathscr{F}_n(u)$ enthalten. Folgende beiden Bedingungen sind äquivalent:*

1) $Z(v) \to Z^*$ *im Sinne von* 2.1

2) $Z(v)^{-1} \to \begin{pmatrix} Z^{*-1} & 0 \\ 0 & 0 \end{pmatrix}$ *im üblichen Sinne.*

Beweis. 1) ⇒ 2).

Wir benutzen folgendes Prinzip:

Eine Folge $a(v)$ konvergiert genau dann gegen a, wenn jede Teilfolge von $a(v)$ eine gegen a konvergente Teilfolge besitzt.

Infolgedessen genügt es zu zeigen, daß jede Folge mit der Eigenschaft 1) eine Teilfolge mit der Eigenschaft 2) besitzt.

Sei

$$Y(v) = \begin{pmatrix} Y_1(v) & 0 \\ 0 & Y_2(v) \end{pmatrix} \begin{bmatrix} E & B(v) \\ 0 & E \end{bmatrix}, \qquad Y_1(v) = Y_1(v)^{(m)},$$

also

$$Y(v)^{-1} = \begin{pmatrix} Y_1(v)^{-1} & 0 \\ 0 & Y_2(v)^{-1} \end{pmatrix} \begin{bmatrix} E & 0 \\ -B(v)' & E \end{bmatrix}.$$

Die Folge $B(v)$ ist beschränkt (1.6_4). Nach eventuellem Übergang zu einer Teilfolge können wir annehmen, daß sie konvergiert, $B(v) \to B$. Dann gilt

$$Y(v)^{-1} \to \begin{pmatrix} Y_1^{-1} & 0 \\ 0 & 0 \end{pmatrix} \begin{bmatrix} E & 0 \\ -B' & E \end{bmatrix} = \begin{pmatrix} Y_1^{-1} & 0 \\ 0 & 0 \end{pmatrix}.$$

Indem man eventuell noch einmal zu einer Teilfolge übergeht, kann man annehmen, daß die Folge der Realteile konvergiert:

$$X(v) = \begin{pmatrix} X_1(v) & X_{12}(v) \\ * & X_2(v) \end{pmatrix} \to X = \begin{pmatrix} X_1 & X_{12} \\ * & X_2 \end{pmatrix}.$$

Wir benutzen nun die Formel

$$Z(v) = Y(v)(Y(v)^{-1} X(v) + iE).$$

Die Folge $Y(v)^{-1} X(v) + iE$ konvergiert nach dem, was wir bereits wissen, gegen

$$\begin{pmatrix} Y_1^{-1} X_1 + iE & * \\ 0 & iE \end{pmatrix}.$$

Diese Matrix ist invertierbar, weil $X_1 + iY_1$ in der Siegelschen Halbebene liegt. Daher konvergiert auch $Z(v)^{-1}$ und zwar gegen

$$\begin{pmatrix} Y_1^{-1} X_1 + iE & * \\ 0 & iE \end{pmatrix}^{-1} \begin{pmatrix} Y_1^{-1} & 0 \\ 0 & 0 \end{pmatrix} = \begin{pmatrix} (X_1 + iY_1)^{-1} & 0 \\ 0 & 0 \end{pmatrix},$$

was zu beweisen war.

2) $\Rightarrow$ 1).

Es reicht aus, eine Teilfolge zu konstruieren, welche gegen Z_1 konvergiert. Auf Grund von Hilfssatz 2.3 können wir annehmen, daß $Z(v)$ gegen einen Punkt $\tilde{Z}_1 \in S_{\tilde{m}}$, $0 \le \tilde{m} \le n$ konvergiert.

Der erste Teil des Beweises zeigt

$$Z(v)^{-1} \to \begin{pmatrix} Z_1^{-1} & 0 \\ 0 & 0 \end{pmatrix}.$$

Es muß also $m = \tilde{m}$ und $Z_1 = \tilde{Z}_1$ gelten, folglich konvergiert $Z(v)$ gegen Z_1 □

In Kap. I (5.2, s. auch 5.3) wurde eine gewisse Untergruppe

$$\Omega_{n,m} \subset \Omega_n = Sp(n, \mathbb{R}), \qquad 0 \le m \le n$$

der symplektischen Gruppe eingeführt. Sie ist durch die Bedingungen

$$A = \begin{pmatrix} A_1 & 0 \\ A_3 & A_4 \end{pmatrix}, \qquad B = \begin{pmatrix} B_1 & B_2 \\ B_3 & B_4 \end{pmatrix},$$

$$C = \begin{pmatrix} C_1 & 0 \\ 0 & 0 \end{pmatrix}, \qquad D = \begin{pmatrix} D_1 & D_2 \\ 0 & D_4 \end{pmatrix}$$

$$A_1 = A_1^{(m)}, \ldots$$

definiert. Die Zuordnung

$$M \to M^* := \begin{pmatrix} A_1 & B_1 \\ C_1 & D_1 \end{pmatrix}$$

definiert einen surjektiven Homomorphismus:

$$\Omega_{n,m} \to \Omega_m.$$

Wir benötigen im folgenden auch die mit $I=\begin{pmatrix} 0 & E \\ -E & 0 \end{pmatrix}=-I^{-1}$ konjugierte Gruppe

$$\Omega_{n,m}^{I}=\{M, IMI\in\Omega_{n,m}\}.$$

Diese ist durch die Bedingungen

$$A=\begin{pmatrix} A_1 & A_2 \\ 0 & A_4 \end{pmatrix}, \qquad B=\begin{pmatrix} B_1 & 0 \\ 0 & 0 \end{pmatrix},$$
$$C=\begin{pmatrix} C_1 & C_2 \\ C_3 & C_4 \end{pmatrix}, \qquad D=\begin{pmatrix} D_1 & 0 \\ D_3 & D_4 \end{pmatrix}$$

definiert.

Die Zuordnung

$$M \to M^*=\begin{pmatrix} A_1 & B_1 \\ C_1 & D_1 \end{pmatrix}$$

ist ein surjektiver Homomorphismus

$$\Omega_{n,m}^{I}\to\Omega_m.$$

2.5 Hilfssatz. *Gegeben seien zwei Punkte*

$$Z\in S_m,\, \tilde Z\in S_{\tilde m}, \qquad 0\le m,\ \tilde m\le n,$$

und eine symplektische Substitution $M\in\Omega_n$ *mit der Eigenschaft*

$$A\begin{pmatrix} Z & 0 \\ 0 & 0 \end{pmatrix}+B=\begin{pmatrix} \tilde Z & 0 \\ 0 & 0 \end{pmatrix}\left(C\begin{pmatrix} Z & 0 \\ 0 & 0 \end{pmatrix}+D\right).$$

Dann gilt $m=\tilde m$, $M\in\Omega_{n,m}^{I}$ *und* $M^*\langle Z\rangle=\tilde Z$.

Beweis. Wenn man $\tilde Z$ und Z vertauscht und M durch $M^{-1}=\begin{pmatrix} D' & -B' \\ -C' & A' \end{pmatrix}$ ersetzt, so erhält man die Gleichung

$$D'\begin{pmatrix} \tilde Z & 0 \\ 0 & 0 \end{pmatrix}-B'=\begin{pmatrix} Z & 0 \\ 0 & 0 \end{pmatrix}\left(-C'\begin{pmatrix} \tilde Z & 0 \\ 0 & 0 \end{pmatrix}+A'\right).$$

Diese geht offenbar aus der ursprünglichen Gleichung durch einfache Umformung hervor. Aus diesem Grunde können wir ohne Beschränkung der Allgemeinheit $m\ge\tilde m$ annehmen. Es sei nun

$$A=\begin{pmatrix} A_1 & A_2 \\ A_3 & A_4 \end{pmatrix}; \qquad A_1=A_1^{(m)},\dots .$$

Eine einfache Rechnung ergibt

a) $A_1 Z + B_1 = \begin{pmatrix} \tilde{Z} & 0 \\ 0 & 0 \end{pmatrix} (C_1 Z + D_1)$,

b) $B_2 = \begin{pmatrix} \tilde{Z} & 0 \\ 0 & 0 \end{pmatrix} D_2$,

c) $A_3 Z + B_3 = 0$,

d) $B_4 = 0$.

Aus c) folgt $\operatorname{Im}(A_3 Z + B_3) = A_3 Y = 0$, also $A_3 = B_3 = 0$ und aus b) folgt $B_2 = D_2 = 0$. Daher ist M in $\Omega^I_{n,m}$ enthalten, insbesondere $M^* = \begin{pmatrix} A_1 & B_1 \\ C_1 & D_1 \end{pmatrix} \in \Omega_m$. Aus a) folgt $m = \tilde{m}$ und $M^* \langle Z \rangle = \tilde{Z}$ □

2.6 Hilfssatz. *Seien $Z(v) \in \mathbb{H}_n$ eine Folge und $M \in \Omega_n$ eine symplektische Substitution mit den Eigenschaften*

a) $Z(v) \to Z_1 \in S_m$,

b) $M \langle Z(v) \rangle \to \tilde{Z}_1 \in S_{\tilde{m}}$.

Dann gilt $m = \tilde{m}$, $M \in \Omega_{n,m}$ und $M^* \langle Z_1 \rangle = \tilde{Z}_1$.

Folgerung. *Seien $Z(v)$, $\tilde{Z}(v)$ zwei Folgen aus $\mathbb{H}_n$. Es gelte*

$$Z(v) \to Z_1 \in S_m,$$
$$\tilde{Z}(v) \to \tilde{Z}_1 \in S_{\tilde{m}},$$
$$Z(v) \sim \tilde{Z}(v) \bmod \Gamma_n.$$

Dann gilt $m = \tilde{m}$ und

$$Z_1 \sim \tilde{Z}_1 \bmod \Gamma_m.$$

Beweis. Aus den Voraussetzungen a), b) folgt

a′) $Z(v)^{-1} \to \begin{pmatrix} Z_1^{-1} & 0 \\ 0 & 0 \end{pmatrix}$,

b′) $M \langle Z(v) \rangle^{-1} \to \begin{pmatrix} \tilde{Z}_1^{-1} & 0 \\ 0 & 0 \end{pmatrix}$.

Es gilt

$$(-M \langle Z(v) \rangle)^{-1} = \tilde{M} \langle -Z(v)^{-1} \rangle; \qquad \tilde{M} = IMI.$$

Aus a′) und b′) erhalten wir

$$(-M \langle Z(v) \rangle)^{-1} (\tilde{C}(-Z(v)^{-1}) + \tilde{D}) \to \begin{pmatrix} -\tilde{Z}_1^{-1} & 0 \\ 0 & 0 \end{pmatrix} \left(\tilde{C} \begin{pmatrix} -Z_1^{-1} & 0 \\ 0 & 0 \end{pmatrix} + \tilde{D} \right),$$

also

$$\tilde{A} \begin{pmatrix} -Z_1^{-1} & 0 \\ 0 & 0 \end{pmatrix} + \tilde{B} = \begin{pmatrix} -\tilde{Z}_1^{-1} & 0 \\ 0 & 0 \end{pmatrix} \left(\tilde{C} \begin{pmatrix} -Z_1^{-1} & 0 \\ 0 & 0 \end{pmatrix} + \tilde{D} \right)$$

und die Behauptung folgt aus 2.5 □

Beweis der Folgerung. Nach Voraussetzung existiert eine Folge $M_\nu \in \Gamma_n$, $M_\nu \langle Z(\nu)\rangle = \tilde{Z}(\nu)$. Die Folgen $Z(\nu)$, $\tilde{Z}(\nu)$ sind in einem gemeinsamen $\mathscr{F}_n(u)$ enthalten. Auf Grund der *Endlichkeitseigenschaft* für $\mathscr{F}_n(u)$ kann die Folge M_ν nur endlich viele verschiedene Glieder enthalten, es existiert also eine konstante Teilfolge und die Behauptung folgt aus 2.6 □

2.7 Hilfssatz. *Sei u hinreichend groß. Gegeben seien*

1) *eine Folge* $Z(\nu) \in \mathscr{F}_n(u)$, $Z(\nu) \to Z_1 \in \mathscr{F}_m(u)$ $(m \leq n)$;

2) *eine Substitution* $M_1 \in \Gamma_m$, *so daß auch* $M_1 \langle Z_1 \rangle$ *in* $\mathscr{F}_m(u)$ *enthalten ist.*

Dann existieren eine Substitution $M \in \Gamma_{n,m}$ *und eine Teilfolge* $Z(\nu_j)$ *mit den Eigenschaften*

a) $M^* = M_1$,

b) $M \langle Z(\nu_j)\rangle \in \mathscr{F}_n(u)$,

c) $M \langle Z(\nu_j)\rangle \to M_1 \langle Z_1 \rangle$.

Beweis. Sei

$$N = \begin{pmatrix} A & B \\ C & D \end{pmatrix}; \quad A = \begin{pmatrix} A_1 & 0 \\ 0 & E \end{pmatrix}, \quad B = \begin{pmatrix} B_1 & 0 \\ 0 & 0 \end{pmatrix},$$
$$C = \begin{pmatrix} C_1 & 0 \\ 0 & 0 \end{pmatrix}, \quad D = \begin{pmatrix} D_1 & 0 \\ 0 & E \end{pmatrix},$$

also $N \in \Gamma_n$, $N^* = M_1$. Dann gilt

$$\tilde{Z}(\nu) := N \langle Z(\nu)\rangle = \begin{pmatrix} \tilde{Z}_1(\nu) & \tilde{Z}_{12}(\nu) \\ * & \tilde{Z}_2(\nu) \end{pmatrix},$$
$$\tilde{Z}_1(\nu) = M_1 \langle Z_1(\nu)\rangle,$$
$$\tilde{Z}_{12}(\nu) = A_1 Z_{12}(\nu) - M_1 \langle Z_1(\nu)\rangle C_1 Z_{12}(\nu),$$
$$\tilde{Z}_2(\nu) = Z_2(\nu) - Z'_{12}(\nu)(C_1 Z_1(\nu) + D_1)^{-1} C_1 Z_{12}(\nu).$$

Nach Hilfssatz 2.2 und 1.6_2 gilt

$$\tilde{Z}(\nu) \to M_1 \langle Z_1 \rangle.$$

Behauptung. Es existiert ein Element $P \in \Gamma_{n,m}$ mit $P^* = E$, so daß eine Teilfolge von $P \langle \tilde{Z}(\nu)\rangle$ in $\mathscr{F}_n(u)$ enthalten ist.

Die Matrix $M = PN$ hat dann die im Hilfssatz geforderten Eigenschaften.

Es genügt natürlich zu zeigen, daß eine *Folge* $P_\nu \in \Gamma_{n,m}$, $P_\nu^* = E$ mit der Eigenschaft $P_\nu(\tilde{Z}(\nu)) \in \mathscr{F}_n(u)$ existiert, denn diese Folge kann auf Grund der *Endlichkeitseigenschaft* von $\mathscr{F}_n(u)$ nur endlich viele Glieder enthalten.

Wie wir wissen, existiert eine Zahl $u_0 = u_0(n) > 1$, so daß $\mathcal{R}_m(u_0)$ bzw. $\mathcal{F}_m(u_0)$ für $m \leq n$ Fundamentalmengen der Gruppen $Gl(m,\mathbb{Z})$, $Sp(m,\mathbb{Z})$ sind also

$$\mathcal{P}_m = \bigcup_{U \in Gl(m,\mathbb{Z})} \mathcal{R}_m(u)[U],$$
$$\mathbb{H}_m = \bigcup_{M \in Sp(m,\mathbb{Z})} M\langle \mathcal{F}_m(u)\rangle, \qquad \text{für } u_0 \leq u,\ m \leq n.$$

Konstruktion von P_ν. Sei

$$\tilde{Y}(\nu) = \begin{pmatrix} \tilde{Y}_1(\nu) & 0 \\ 0 & \tilde{Y}_2(\nu) \end{pmatrix} \begin{bmatrix} E & * \\ 0 & E \end{bmatrix}, \qquad \tilde{Y}_1(\nu) = \tilde{Y}_1(\nu)^{(m)}.$$

Nach Voraussetzung gilt $\tilde{Y}_2(\nu) \to \infty$, insbesondere also $\tilde{Y}_2(\nu) \in \mathcal{R}_{n-m}(\nu)$ für ein $\nu > 0$. Da $\mathcal{R}_{n-m}(u)$ $(u \geq u_0)$ eine Fundamentalmenge von $Sl(n-m,\mathbb{Z})$ ist, findet man eine Folge $A(\nu) \in Sl(n-m,\mathbb{Z})$; $\tilde{Y}_2(\nu)[A(\nu)] \in \mathcal{R}_{n-m}(u)$. Wegen der Endlichkeitseigenschaft für $\mathcal{R}_{n-m}(u)$ enthält die Folge $A(\nu)$ nur endlich viele Glieder, wir können annehmen, daß sie konstant ist, $A(\nu) = A$. Man kann die Folge $\tilde{Z}(\nu)$ durch $\tilde{Z}(\nu)\begin{bmatrix} E & 0 \\ 0 & A \end{bmatrix}$ ersetzen, also ohne Beschränkung der Allgemeinheit

$$\tilde{Y}_2(\nu) \in \mathcal{R}_{n-m}(u)$$

annehmen. Die Jacobizerlegung von $\tilde{Y}(\nu)$ sei (unter Weglassung des Folgenindex ν)

$$\tilde{Y} = \begin{pmatrix} D_1 & 0 \\ 0 & D_2 \end{pmatrix} \begin{bmatrix} B_1 & B_{12} \\ 0 & B_2 \end{bmatrix}, \qquad D_1 = D_1^{(m)}.$$

Wir wissen bereits

$$\tilde{Y}_2(\nu) = D_2(\nu)[B_2(\nu)] \in \mathcal{R}_{n-m}(u),$$
$$\tilde{Y}_1(\nu) = D_1(\nu)[B_1(\nu)] = \operatorname{Im} Z_1(\nu) \in \mathcal{R}_m(u).$$

Weil $d_m(\nu)$ beschränkt ist und $d_{m+1}(\nu)$ nach ∞ konvergiert, können wir auch

$$d_m(\nu) < u\, d_{m+1}(\nu), \qquad \text{also } iD(\nu) = i\begin{pmatrix} D_1(\nu) & 0 \\ 0 & D_2(\nu) \end{pmatrix} \in \mathcal{F}_n(u)$$

annehmen. Die Komponenten von $B_1(\nu)$, $B_2(\nu)$ sind dem Betrag nach kleiner als u. Da $B_1(\nu)$ eine Dreiecksmatrix ist (mit Einselementen in der Diagonalen) findet man eine ganze Matrix $G(\nu)$, so daß die Komponenten von $B_1(\nu)G(\nu) + B_{12}(\nu)$ dem Betrage nach nicht größer als $\frac{1}{2}$, insbesondere kleiner als u sind. Die Folge

$$\tilde{Y}(\nu)\begin{bmatrix} E & G(\nu) \\ 0 & E \end{bmatrix}$$

ist dann in $\mathscr{R}_n(u)$ enthalten. Nach Wahl einer geeigneten Folge ganzer symmetrischer Matrizen

$$S(v) = \begin{pmatrix} 0^{(m)} & * \\ * & * \end{pmatrix}$$

gilt

$$Z(v)\begin{bmatrix} E & G(v) \\ 0 & E \end{bmatrix} + S(v) \in \mathscr{F}_n(u) \quad \square$$

Wir betrachten nun die disjunkte Vereinigung

$$\mathscr{F}_n^*(u) = \mathscr{F}_n(u) \cup \mathscr{F}_{n-1}(u) \cup \ldots \cup \mathscr{F}_0(u), \qquad u > 0$$
$$(\mathscr{F}_0(u) = \{\infty\}).$$

Auf dieser Menge soll eine Topologie eingeführt werden, welche die durch 2.1 eingeführte Konvergenz von Folgen induziert.

Sei $0 \leq m \leq n$ und $U \subset \mathscr{F}_m(u)$ ein offener Teil und $C > 0$ eine positive Zahl. Wir definieren für $m \leq v \leq n$

$$O_v(U, C) = \left\{ \begin{pmatrix} Z_1 & * \\ * & * \end{pmatrix} \in \mathscr{F}_v(u),\ Z_1 = Z_1^{(m)} \in U, d_{m+1} > C \right\}$$

und

$$O_n^*(U, C) = \bigcup_{m \leq v \leq n} O_v(U, C).$$

Im Falle $m = n$ ist speziell

$$O_n^*(U, C) = O_n(U, C) = U \qquad (m = n).$$

2.8 Definition. Eine Menge aus $\mathscr{F}_n^*(u)$, $u > 0$, heiße offen, wenn sie sich als Vereinigung von Mengen der Form

$$O_n^*(U, C); \qquad U \subset \mathscr{F}_m(u) \text{ offen } (0 \leq m \leq n),\ C > 0,$$

schreiben läßt.

Offensichtlich gilt

2.9 Bemerkung. *Durch die Definition 2.8 wird eine Topologie mit abzählbarer Basis auf $\mathscr{F}_n^*(u)$ erklärt. Eine Folge*

$$Z(v) \in \mathscr{F}_m(u) \subset \mathscr{F}_n^*(u), \qquad 0 \leq m \leq n$$

konvergiert bezüglich dieser Topologie genau dann, wenn $Z(v)^{-1}$ im üblichen Sinne konvergiert und zwar gilt dann

$$Z(v) \to Z_1 \Leftrightarrow Z(v)^{-1} \to \begin{pmatrix} Z_1^{-1} & 0 \\ 0 & 0 \end{pmatrix}.$$

Insbesondere ist $\mathcal{F}_n^*(u)$ ein *Hausdorffraum*, da der Grenzwert einer konvergenten Folge eindeutig bestimmt ist und da jeder Punkt eine abzählbare Umgebungsbasis besitzt.

2.10 Theorem. *Auf der Menge*

$$\overline{\mathbb{H}_n/\Gamma_n} = \mathbb{H}_n/\Gamma_n \cup \mathbb{H}_{n-1}/\Gamma_{n-1} \cup \ldots \cup \mathbb{H}_0/\Gamma_0$$

kann eine und nur eine Topologie mit folgenden beiden Eigenschaften definiert werden.

1) $\overline{\mathbb{H}_n/\Gamma_n}$ *ist ein* **Hausdorffraum mit abzählbarer Basis der Topologie.**

2) *Eine Folge* $a(v) \in \mathbb{H}_m/\Gamma_m$; $0 \le m \le n$ *konvergiert genau dann gegen einen Punkt* $a \in \mathbb{H}_{\tilde{m}}/\Gamma_{\tilde{m}}$, *falls es Repräsentanten* $Z(v) \in \mathbb{H}_m$, $Z_1 \in \mathbb{H}_{\tilde{m}}$ *gibt, so daß*

a) $Z(v) \in \mathcal{F}_m(u)$, $u > 0$ *geeignet,*

b) $Z(v)^{-1} \to \begin{pmatrix} Z_1^{-1} & 0 \\ 0 & 0 \end{pmatrix}$ *im üblichen Sinne gilt.*

Zusatz. *Die kanonische Projektion*

$$\mathcal{F}_n^*(u) \to \mathbb{H}_n/\Gamma_n, \qquad u > u_0,\ u_0 \text{ geeignet,}$$

ist offen, d.h. das Bild einer offenen Menge ist offen.

Man nennt diese Topologie $\mathfrak{T}_n$ *auf* $X_n = \overline{\mathbb{H}_n/\Gamma_n}$ *die* **Sataketopologie.**

Beweis. In einem Hausdorffraum mit abzählbarer Basis der Topologie ist eine Teilmenge A genau dann abgeschlossen, wenn der Grenzwert einer konvergenten Folge $a(v) \in A$ auch in A enthalten ist. Die Eindeutigkeit der Sataketopologie ist damit klar.

Um die Existenz der Topologie zu beweisen, wählen wir u_0 wie in Hilfssatz 2.7, also so groß, daß die natürliche Projektion

$$\mathcal{F}_n^*(u_0) \to \overline{\mathbb{H}_n/\Gamma_n}$$

surjektiv ist. Wir wählen $u > u_0$. Die Projektion

$$\mathcal{F}_n^*(u) \to \overline{\mathbb{H}_n/\Gamma_n}$$

ist dann erst recht surjektiv.

Wir versehen nun $\overline{\mathbb{H}_n/\Gamma_n}$ mit der *Verheftungstopologie:* Eine Menge $U \subset \overline{\mathbb{H}_n/\Gamma_n}$ ist genau dann offen, wenn ihr Urbild in $\mathcal{F}_n^*(u)$ offen ist. Wir wollen nun zeigen, daß diese Topologie die im Theorem geforderten Eigenschaften hat. (Sie hängt dann insbesondere nicht von der Wahl von $u > u_0$ ab).

Es ist zweckmäßig, zunächst den Zusatz zu beweisen. Sei also $U \subset \mathcal{F}_n^*(u)$ ein offener Teil. Es ist zu zeigen, daß das Bild von U in

$\overline{\mathbb{H}_n/\Gamma_n}$ offen ist oder, was dasselbe bedeutet, daß die saturierte Hülle

$$\tilde{U}=p^{-1}\,p(U), \qquad p\colon\ \mathscr{F}_n^*(u)\to\overline{\mathbb{H}_n/\Gamma_n}$$

offen ist. Dazu zeigen wir:

Ist $Z(v)\in\mathscr{F}_n^*(u)$ eine konvergente Folge außerhalb $\tilde{U}$, so liegt auch der Grenzwert außerhalb $\tilde{U}$. Dabei können wir $Z(v)\in\mathscr{F}_m(u)$ für ein festes $m\leq n$ annehmen.

Wir schließen indirekt, nehmen also an, daß der Grenzwert in der saturierten Hülle $\tilde{U}$ enthalten ist, also

$$Z(v)\to M_1^{-1}\langle Z_1\rangle \qquad \text{für ein } Z_1=Z_1^{(v)}\in U,\ M_1\in\Gamma_v.$$

Wir wenden nun Hilfssatz 2.7 für v anstelle von m und m anstelle von n an und erhalten nach eventuellem Übergang zu einer Teilfolge:

$$M\langle Z(v)\rangle\to Z_1, \qquad M\in\Gamma_{m,v} \text{ geeignet.}$$

Mit Z_1 sind auch fast alle Folgenglieder $M\langle Z(v)\rangle$ in der offenen Menge U enthalten und folgedessen fast alle $Z(v)$ in $\tilde{U}$, im Widerspruch zu unserer Annahme. Theorem 2.10 ist nach dieser Vorbereitung leicht zu beweisen:

Zunächst überlegt man sich leicht:

Sei X ein topologischer Raum mit abzählbarer Basis der Topologie, $p\colon X\to Y$ eine surjektive, stetige und *offene* Abbildung. Dann ist jede konvergente Folge $b(v)\in Y$ das Bild einer in X konvergenten Folge $a(v)$, $p(a(v))=b(v)$.

Die Eigenschaft 2) der Sataketopologie folgt nun aus dem Zusatz zu 2.10 in Verbindung mit der Folgerung aus Hilfssatz 2.6.

Hilfssatz 2.6 zeigt auch, daß der Grenzwert einer Folge eindeutig bestimmt ist, daß also $(\overline{\mathbb{H}_n/\Gamma_n},\mathfrak{T}_n)$ ein Hausdorffraum ist □

Aus Hilfssatz 2.3 und aus der Definition der Sataketopologie folgt schließlich

2.11 Theorem. *Mit der Sataketopologie $\mathfrak{T}_n$ wird $X_n=\overline{\mathbb{H}_n/\Gamma_n}$ ein* **kompakter topologischer Raum,** *$\mathbb{H}_n/\Gamma_n$ ist ein offener dichter Teil von X_n. Die Quotiententopologie auf $\mathbb{H}_n/\Gamma_n$ stimmt mit der durch die Sataketopologie induzierten Topologie überein. Schränkt man die Sataketopologie von X_n auf X_m, $0\leq m\leq n$, ein, so erhält man die Sataketopologie von X_m.*

Die Sataketopologie wurde von Satake in [66] erstmals betrachtet. Für eine ausführliche Darstellung der meisten Resultate dieses Kapitels verweisen wir auf das grundlegende Seminaire Cartan [10]. Wir führen abweichend von [10] die Kompaktifizierungstheorie zunächst nur für die *volle* Siegelsche Modulgruppe Γ_n durch, was wesentliche technische Vereinfachung bedeutet. In §6 übertragen wir die Theorie auf beliebige mit Γ_n kommensurable Gruppen.

§3. Fortsetzung komplexer Räume

Sei $(X, \mathcal{O}_X)$ ein topologischer Raum, versehen mit einer Garbe $\mathcal{O}_X$ stetiger Funktionen und $X_0 \subset X$ ein offener dichter Teilraum von X.

Annahme. $(X_0, \mathcal{O}_X | X_0)$ ist ein komplexer Raum.

Problem. Unter welchen Voraussetzungen ist $(X, \mathcal{O}_X)$ ein komplexer Raum?

Das vorliegende Kriterium (Satz 3.3) stellt eine Variante eines bekannten Kriteriums von H. Cartan (s. [10]) dar und stammt in dieser Form von R. Kiehl.

Neben den grundlegenden Eigenschaften komplexer Räume *(Dimensionstheorie, Zerlegung in irreduzible Komponenten, Remmertscher Abbildungssatz für endliche Morphismen)* wird vor allem der *Fortsetzungssatz von Remmert-Stein* benutzt.

Die benötigten Eigenschaften sind im Anhang VI zusammengestellt.

Alle im folgenden auftretenden topologischen Räume sind *Hausdorffsch, lokal kompakt und im Unendlichen abzählbar*, d.h. Vereinigung von abzählbar vielen kompakten Teilmengen.

Ein geringter Raum $X = (X, \mathcal{O}_X)$ ist im folgenden ein topologischer Raum, zusammen mit einer Garbe $\mathcal{O}_X$ von Ringen stetiger komplexwertiger Funktionen. Die konstanten Funktionen sollen in $\mathcal{O}_X$ enthalten sein. Ist Y ein beliebiger Teilraum von X (mit der induzierten Topologie versehen), so kann man $\mathcal{O}_X$ auf Y einschränken und erhält einen geringten Raum

$$(Y, \mathcal{O}_X | Y).$$

Eine stetige Funktion $f\colon V \to \mathbb{C}$, $V \subset Y$ offen, gehöre genau dann zu $\mathcal{O}_X | Y$, wenn sie sich lokal zu Funktionen aus $\mathcal{O}_X$, welche ja auf offenen Teilen von X definiert sind, fortsetzen läßt.

Wir nennen auch $(Y, \mathcal{O}_X | Y)$ einen *geringten Unterraum* von $(X, \mathcal{O}_X)$.

Eine stetige Abbildung $f\colon X \to Y$ geringter Räume heißt ein *Morphismus*, wenn für jede offene Menge $V \subset Y$ und jede Funktion $g \in \mathcal{O}_Y(V)$ die zusammengesetzte Funktion $g \circ f$ in $\mathcal{O}_X(f^{-1}(V))$ enthalten ist.

Beispiel. Wir versehen $\mathbb{C}^n$ mit der Garbe der holomorphen Funktionen $\mathcal{O}_{\mathbb{C}^n}$.

Ein geringter Raum $(X, \mathcal{O}_X)$ heißt **abgeschlossen gegenüber lokal gleichmäßiger Konvergenz**, wenn für jeden offenen Teil $U \subset X$ und jede lokal gleichmäßig konvergente Folge $f_1, f_2, f_3, \ldots \in \mathcal{O}_X(U)$ auch die Grenzfunktion in $\mathcal{O}_X(U)$ enthalten ist. Solche geringten Räume haben eine wichtige Eigenschaft:

Sei

$U \subset X$ ein offener Teil, und sei $a \in U$, $f_1, f_2, \ldots, f_n \in \mathcal{O}_X(U)$, $f_1(a) = \ldots = f_n(a) = 0$, $P(T_1, \ldots, T_n)$ eine konvergente Potenzreihe.

Dann konvergiert $P(f_1(x),\dots,f_n(x))$ in einer kleinen offenen Umgebung $U_0, a\in U_0\subset U$ lokal gleichmäßig und definiert somit eine Funktion

$$P(f_1\,|U_0,\dots,f_n|\,U_0)\in\mathcal{O}_X(U_0).$$

Hieraus ergibt sich

3.1 Bemerkung. *Sei $(X,\mathcal{O}_X)$ ein bezüglich lokal gleichmäßiger Konvergenz abgeschlossener geringter Raum und seien $f_1,\dots,f_n\in\mathcal{O}_X(X)$. Durch die Abbildung $x\to(f_1(x),\dots,f_n(x))$ wird ein Morphismus geringter Räume*

$$f=(f_1,\dots,f_n)\colon\ (X,\mathcal{O}_X)\to(\mathbb{C}^n,\mathcal{O}_{\mathbb{C}^n})$$

definiert, und jeder Morphismus ist von dieser Form.

Ein Ring A heißt *normal*, wenn er nullteilerfrei und ganz abgeschlossen in seinem Quotientenkörper Q ist, d.h. jedes über A ganz algebraische Element $x\in Q$ ist schon in A enthalten. Ein geringter Raum $(X,\mathcal{O}_X)$ heißt *normal*, wenn alle lokalen Ringe

$$\mathcal{O}_{X,a}=\varinjlim_{a\in U\subset X \text{ offen}}\mathcal{O}_X(U)$$

normal sind.

Komplexe Räume sind im folgenden komplexe Räume im Sinne von Serre:

Ein geringter Raum $(X,\mathcal{O}_X)$ heißt komplexer Raum, wenn es zu jedem Punkt $x\in X$ eine offene Umgebung U und einen Isomorphismus

$$(U,\mathcal{O}_X|\,U)\to(A,\mathcal{O}_{\mathbb{C}^n}|\,A)$$

gibt. Dabei ist $A\subset\mathbb{C}^n$ eine analytische Menge. Zu jedem Punkt $a\in A$ gibt es eine offene Umgebung $V\subset\mathbb{C}^n$, so daß $A\cap V$ das Nullstellengebilde endlich vieler in V analytischer Funktionen ist. Allgemeiner heiße eine Teilmenge $Y\subset X$ eines komplexen Raumes $(X,\mathcal{O}_X)$ analytisch, wenn sie lokal als Nullstellenmenge endlich vieler holomorpher Funktionen ($\in\mathcal{O}_X$) darstellbar ist.

Der Unterraum $(Y,\mathcal{O}_X|\,Y)$ ist dann ebenfalls ein komplexer Raum.

Die im folgenden benötigten Eigenschaften komplexer Räume sind im Anhang VI zusammengestellt.

3.2 Hilfssatz. *Sei $(X,\mathcal{O}_X)$ ein normaler geringter Raum und sei*

$$f\colon\ (X,\mathcal{O}_X)\to(D,\mathcal{O}_{\mathbb{C}^n}|\,D),\qquad D\subset\mathbb{C}^n \text{ offen}$$

ein eigentlicher Morphismus von X in einen offenen Teil des $\mathbb{C}^n$, versehen mit der Garbe der holomorphen Funktionen:

Voraussetzung. *Es existiert eine dünne abgeschlossene analytische Teilmenge $B\subset D$ mit folgenden Eigenschaften:*

1) *Die offene Menge* $X_0 = X \setminus f^{-1}(B)$ *ist dicht in* X.

2) $(X_0, \mathcal{O}_X | X_0)$ *ist ein komplexer Raum,*

$$\dim_a X_0 > \dim B \quad \textit{für alle } a \in X_0.$$

3) *Ist* $U \subset X$ *offen, so besteht* $\mathcal{O}_X(U)$ *aus allen stetigen Funktionen* $U \to \mathbb{C}$, *deren Einschränkung auf* $X_0 \cap U$ *analytisch, d.h. in* $(\mathcal{O}_X | X_0)(U \cap X_0)$ *enthalten ist.*

4) *Die Faser* $f^{-1}(b)$ *eines Punktes* $b \in B$ *besitzt höchstens endlich viele Häufungspunkte.*

5) *Die Abbildung* f *induziert eine endliche Abbildung* $X_0 \to D \setminus B$. *Die Abbildung*

$$f_0\colon X_0 \to f(X_0), \quad f_0(x) = f(x)$$

ist einblättrig (A6.22).

Behauptung. $(X, \mathcal{O}_X)$ *ist ein komplexer Raum und zwar die Normalisierung des komplexen Raumes* $(f(X), \mathcal{O}_{\mathbb{C}^n} | f(X))$.

Anmerkung. a) Aus 3) folgt, daß $(X, \mathcal{O}_X)$ bezüglich lokal gleichmäßiger Konvergenz abgeschlossen ist.

b) Aus 4) folgt: Wenn die Faser $f^{-1}(b)$, $b \in B$, zusammenhängend ist, so besteht sie nur aus einem Punkt.

Beweis. Da die Abbildung $f | X_0 \colon X_0 \to D \setminus B$ endlich ist, ist $A_0 := f(X_0)$ ein abgeschlossener analytischer Teil von $D \setminus B$ und es gilt (A6.15, A6.13)

$$\dim_{f(x)} A_0 = \dim_x X_0 > \dim B \quad \text{für alle } x \in X_0.$$

Aus dem **Fortsetzungsssatz für analytische Mengen von Remmert-Stein** (A6.21) folgt:

Der Abschluß $A = \bar{A}_0$ von A_0 in D ist analytisch in D.

Nach Voraussetzung ist f eigentlich, das Bild $f(X)$ also abgeschlossen und daher

$$f(X) = f(\overline{X_0}) = \overline{f(X_0)} = A.$$

Wir betrachten die Normalisierung

$$q\colon (\tilde{A}, \mathcal{O}_{\tilde{A}}) \to (A, \mathcal{O}_A).$$

Aus der universellen Abbildungseigenschaft (A6.18) folgt die Existenz eines Morphismus

$$\tilde{f}\colon (X, \mathcal{O}_X) \to (\tilde{A}, \mathcal{O}_{\tilde{A}}), \quad f = q \circ \tilde{f}.$$

Wir müssen zeigen, daß $\tilde{f}$ ein Isomorphismus ist.

Behauptung. $\tilde{f}$ ist injektiv.

Beweis. Sei $a \in \tilde{A}$ ein Punkt, in dessen Faser $\tilde{f}^{-1}(a)$ zwei verschiedene Punkte b_1, b_2 enthalten sind. Aus unseren Voraussetzungen folgt, daß die Faser $\tilde{f}^{-1}(a)$ nur endlich viele Häufungspunkte enthält. Daher ist $\tilde{f}^{-1}(a)$ kein zusammenhängender topologischer Raum und es muß offene Teile $V_1, V_2 \subset X$, $\tilde{f}^{-1}(a) \subset V_1 \cup V_2$, $V_1 \cap V_2 = \emptyset$, $\tilde{f}^{-1}(a) \cap V_\nu \neq \emptyset$, $\nu = 1, 2$, geben.

Wir nutzen nun aus, daß $\tilde{f}$ eine eigentliche Abbildung ist: Die Urbilder der Umgebungen von a bilden ein Fundamentalsystem von Umgebungen der Faser. Es existiert also eine offene Umgebung $U \subset \tilde{A}$ von a mit der Eigenschaft

$$\tilde{f}^{-1}(U) \subset V_1 \cup V_2.$$

Hieraus folgt:

$$\tilde{f}^{-1}(U) \quad \text{ist nicht zusammenhängend.}$$

Wir können annehmen, daß U zusammenhängend ist. Wir bringen nun die Normalität von $\tilde{A}$ ins Spiel. Der Raum U ist irreduzibel (A6.5). Aus A6.4 folgt, daß auch $U_0 = U \cap q^{-1}(A_0)$ irreduzibel ist. Da f_0 die Blätterzahl 1 hat, finden wir einen offenen dichten zusammenhängenden Teil $U_0' \subset U_0$, so daß die Abbildung $\tilde{f}^{-1}(U_0') \to U_0'$ biholomorph, also $\tilde{f}^{-1}(U_0')$ insbesondere auch zusammenhängend ist. Dies ist ein Widerspruch zu der Tatsache, daß $\tilde{f}^{-1}(U_0')$ offener dichter Teil der unzusammenhängenden Menge $\tilde{f}^{-1}(U)$ ist.

Die Abbildung $\tilde{f}$ ist also injektiv. Ihr Bild ist abgeschlossen und enthält (wie f_0) einen offenen dichten Teil. Daher ist $\tilde{f}$ auch surjektiv.

Aus der Voraussetzung 3) in Verbindung mit A6.17 folgt, daß $\tilde{f}$ ein Isomorphismus geringter Räume ist □

3.3 Satz. *Sei $(X, \mathcal{O}_X)$ ein geringter Raum und sei $X_0 \subset X$ ein offener dichter Teilraum mit folgenden Eigenschaften:*

1) *$(X_0, \mathcal{O}_X|X_0)$ ist ein normaler komplexer Raum endlicher Dimension. Ist $U \subset X$ ein offener Teil, so besteht $\mathcal{O}_X(U)$ aus allen stetigen Funktionen, deren Einschränkungen auf $X_0 \cap U$ analytisch, d.h. in $\mathcal{O}_X(X_0 \cap U)$ enthalten sind.*

2) *Zu jedem Punkt $a \in X$ existiert eine offene Umgebung U, so daß die Funktionen aus $\mathcal{O}_X(U)$ die Punkte aus $U \cap X_0$ trennen, d.h.:*

Zu je zwei verschiedenen Punkten $x, y \in U \cap X_0$ existiert eine Funktion $f \in \mathcal{O}_X(U)$, $f(x) = 0$, $f(y) \neq 0$.

3) *Zu jedem Punkt $a \in X$ existiert ein Fundamentalsystem von offenen Umgebungen U, so daß $U \cap X_0$ zusammenhängend ist.*

4) *Es existiert ein endlicher surjektiver Morphismus eines komplexen Raumes $(\tilde{S}, \mathcal{O}_{\tilde{S}})$ auf $(S, \mathcal{O}_X|S)$, $S = X \setminus X_0$;*

$$\dim \tilde{S} < \dim_a X_0 \quad \textit{für alle } a \in X_0.$$

5) *Zu jedem Punkt* $a \in S$ *existieren eine offene Umgebung* $U \subset X$ *und endlich viele Funktionen* $f_1, \ldots, f_m \in \mathcal{O}_X(U)$ *mit der Eigenschaft*

$$\{a\} = \{x \in U \cap S, f_1(x) = \ldots = f_m(x) = 0\}.$$

Dann ist $(X, \mathcal{O}_X)$ *ein normaler komplexer Raum und* S *eine analytische Teilmenge von* X.

Anmerkung. Die Bedingungen 4) und 5) folgen aus der schärferen Bedingung:

$$(S, \mathcal{O}_X | S) \quad \text{ist ein komplexer Raum,}$$
$$\dim S < \dim_a X_0 \quad \text{für alle } a \in X_0.$$

Beweis. Wir zeigen zunächst, daß $(X, \mathcal{O}_X)$ ein normaler *geringter* Raum ist. Sei $U \subset X$ eine offene Umgebung eines Punktes $a \in X$, so daß $U \cap X_0$ zusammenhängend ist. Dann ist $U \cap X_0$ ein irreduzibler komplexer Raum, da X_0 nach Voraussetzung normal ist (A6.5). Infolgedessen ist $\mathcal{O}_X(U \cap X_0)$ ein nullteilerfreier Ring. Auf Grund der Voraussetzung 3) existiert ein Fundamentalsystem von offenen Umgebungen U dieser Art. Daher ist $\mathcal{O}_{X,a}$ *nullteilerfrei.* Wegen der Normalität von X_0 ist $\mathcal{O}_{X,a}$ in seinem Quotientenkörper ganz abgeschlossen, wenn folgende Eigenschaft erfüllt ist:

Sei $U \subset X$ eine offene Umgebung von a, $U \cap X_0$ zusammenhängend. Sei $f \in \mathcal{O}_X(U \cap X_0)$ eine Funktion, welche über dem Ring $\mathcal{O}_X(U)$ ganz algebraisch ist. Dann läßt sich f auf ganz U stetig fortsetzen.

Nach Voraussetzung existiert ein Polynom

$$P(x, T) = T^m + a_{m-1}(x)\, T^{m-1} + \ldots + a_0(x) \in \mathcal{O}_X(U)[T],$$
$$P(x, f(x)) = 0 \quad \text{für } x \in U \cap X_0.$$

Wir betrachten die Mengen

$$M = \{(x, t) \in U \times \mathbb{C};\ P(x, t) = 0\}$$
$$G = \{(x, f(x)),\ x \in U \cap X_0\}.$$

Es gilt $G \subset M$ und M ist eine abgeschlossene Teilmenge von $U \times \mathbb{C}$. Wir bezeichnen mit $\bar{G}$ die Abschließung von G in $U \times \mathbb{C}$. Es gilt also $\bar{G} \subset M$.

Behauptung. *Die natürliche Projektion*

$$q\colon\ \bar{G} \to U$$

ist ein Homöomorphismus.

(Hieraus folgt, daß $\bar{G}$ der Graph einer stetigen Funktion $U \to \mathbb{C}$ ist, der gesuchten Fortsetzung von f.)

Beweis der Behauptung. Offensichtlich ist die Projektion $M \to U$ eine eigentliche Abbildung, die Fasern enthalten höchstens m Punkte. Folgedessen ist $q: \bar{G} \to U$ eine (eigentliche) endliche Abbildung. Die Menge $q(\bar{G})$ ist daher in U abgeschlossen, also $q(\bar{G}) = U$, d.h. q ist surjektiv. Als nächstes zeigen wir die Injektivität von q: Sei $b \in U$ ein Punkt, dessen Faser $q^{-1}(b)$ aus r Punkten besteht.

$$q^{-1}(b) = \{\gamma_1, \ldots, \gamma_r\}; \qquad \gamma_\nu = (b, z_\nu), \quad \nu = 1, \ldots, r.$$

Da q eigentlich ist, bilden die Urbilder $q^{-1}(V)$ aller Umgebungen von b ein Fundamentalsystem von Umgebungen der Faser. Wählt man V klein genug, so gilt also

$$q^{-1}(V) = V_1 \cup \ldots \cup V_r,$$

wobei die $V_1, \ldots, V_r$ paarweise disjunkte Umgebungen der Punkte $\gamma_1, \ldots, \gamma_r$ sind. Wegen der Voraussetzung 3) können wir annehmen, daß $V \cap X_0$ zusammenhängend ist. Die Einschränkung der eigentlichen Abbildung q auf $q^{-1}(V \cap X_0)$ ist injektiv. Folgedessen induziert q einen Homöomorphismus

$$q^{-1}(V \cap X_0) \to V \cap X_0.$$

Also ist auch $q^{-1}(V \cap X_0)$ zusammenhängend. Andererseits ist

$$q^{-1}(V \cap X_0) = (V_1 \cap G) \cup \ldots \cup (V_r \cap G),$$

also folgt $r = 1$.

Die Abbildung q ist also bijektiv. Da sie eigentlich ist, folgt die Stetigkeit von q^{-1} □

Damit ist bewiesen, daß $(X, \mathcal{O}_X)$ ein normaler geringter Raum ist.

Zum Beweis von Satz 3.3 können wir X durch eine offene Umgebung eines vorgegebenen Punktes ersetzen. Da X lokal kompakt ist, können wir wegen 2) annehmen:

Die beschränkten Funktionen aus $\mathcal{O}_X(X)$ trennen die Punkte von X_0.

Wir wollen - nach eventuellen weiteren Verkleinerungen von X - eine Abbildung

$$f: X \to D, \qquad D \subset \mathbb{C}^n \text{ offen},$$

konstruieren, welche den Voraussetzungen von Hilfssatz 3.2 genügt. Dazu benötigen wir folgende Verschärfung der Punktetrennungseigenschaft.

3.3_1 Hilfssatz. *Zu jeder abzählbaren Teilmenge $A \subset X_0$ existiert eine beschränkte Funktion $F \in \mathcal{O}_X(X)$, deren Einschränkung auf A injektiv ist.*

Beweis. Wir wissen, daß die beschränkten Funktionen aus $\mathcal{O}_X(X)$ die Punkte von X_0 trennen. Hieraus folgert man leicht durch Induktion: Es existiert eine beschränkte Funktion aus $\mathcal{O}_X(X)$, welche auf einer endlichen Teilmenge von X_0 vorgegebene Werte annimmt. Sei nun

$$A = \{a_1, a_2, \ldots\},$$
$$A_n = \{a_1, \ldots, a_n\}.$$
$$A_1 \subsetneqq A_2 \subsetneqq A_3 \ldots.$$

Wir wählen für jedes n eine Funktion $f_n \in \mathcal{O}_X(X)$ mit folgenden Eigenschaften aus:

$$f_n(A_{n-1}) = 0, \qquad f_n(a_n) \neq 0,$$
$$|f_n(x)| \leq 1 \qquad \text{für alle } x \in X.$$

Wir bilden mit noch zu bestimmenden positiven Konstanten $\varepsilon_1, \varepsilon_2, \ldots$ die Reihe

$$F(x) = \varepsilon_1 f_1(x) + \varepsilon_2 f_2(x) + \ldots.$$

Diese Reihe konvergiert sicher gleichmäßig, wenn die Majorante $\varepsilon_1 + \varepsilon_2 + \varepsilon_3 + \ldots$ konvergiert, also beispielsweise unter der Voraussetzung

$$0 < \varepsilon_n \leq \frac{1}{2^n}, \qquad n = 1, 2, \ldots.$$

Wir werden zeigen, daß nach geeigneter Wahl der Konstanten ε_n die Einschränkung von F auf A injektiv wird. Sei

$$F_n(x) = \varepsilon_1 f_1(x) + \ldots + \varepsilon_n f_n(x).$$

Aus der Dreiecksungleichung folgt für alle $m < n$

$$|F(a_n) - F(a_m)| \geq |F_n(a_n) - F_n(a_m)| - 2 \sum_{\nu \geq n+1} \varepsilon_\nu.$$

Wir werden die Konstanten ε_n so wählen, daß die Folge $2^n \varepsilon_n$ monoton fallend ist. Dann gilt sogar

$$|F(a_n) - F(a_m)| \geq |F_n(a_n) - F_n(a_m)| - 4\varepsilon_{n+1} \qquad \text{für } m < n.$$

Wir konstruieren nun induktiv eine Zahlenfolge ε_n mit der Eigenschaft

$$|F_n(a_n) - F_n(a_m)| > 4\varepsilon_{n+1} \qquad \text{für } m < n.$$

Wir dürfen ε_n (nicht aber $\varepsilon_1, \ldots, \varepsilon_{n-1}$) beliebig verkleinern, ohne die Induktionsvoraussetzung zu verletzen. Da $F_n(a_m)$ gar nicht von ε_n abhängt, finden wir beliebig kleine positive ε_n mit der Eigenschaft

$$|F_n(a_n) - F_n(a_m)| \neq 0 \qquad \text{für } m < n.$$

Damit ist die Existenz von ε_{n+1} evident □

Wir konstruieren nun – nach eventueller Verkleinerung von X – einen Morphismus

$$f\colon (X,\mathcal{O}_X)\to(D,\mathcal{O}_{\mathbb{C}^n}|D),$$

welcher die in 3.2 geforderten Eigenschaften besitzt: Sei $a\in S\subset X$ ein fester Punkt. „Verkleinerung von X“ bedeute, daß man X durch eine geeignete offene Umgebung von a ersetzt. Auf Grund der Voraussetzung 5) existiert (nach eventueller Verkleinerung) ein Morphismus

$$f\colon (X,\mathcal{O}_X)\to(\mathbb{C}^m,\mathcal{O}_{\mathbb{C}^m})$$

mit der Eigenschaft

$$f^{-1}(0)\cap S=\{a\}.$$

Sei $\varphi\colon Y\to Z$ eine holomorphe Abbildung komplexer Räume und sei $y\in Y$ ein Punkt, welcher isoliert in seiner Faser $\varphi^{-1}(\varphi(y))$ liegt. Dann existiert eine offene Umgebung U von y, so daß $\varphi|U$ endliche Fasern hat (A6.16). Diesen Satz wenden wir auf die Abbildung

$$\tilde{S}\to S\xrightarrow{f}\mathbb{C}^m$$

an und erhalten nach eventueller Verkleinerung von X: *Die Abbildung*

$$f|S\colon S\to\mathbb{C}^m$$

hat endliche Fasern.

Wir betrachten nun den komplexen Raum $f^{-1}(0)\cap X_0$ und zerlegen ihn in seine (höchstens abzählbar vielen) irreduziblen Komponenten

$$f^{-1}(0)\cap X_0=A_1\cup A_2\cup A_3\cup\dots.$$

Wir wählen nun aus jeder Komponente A_ν positiver Dimension zwei verschiedene Punkte a'_ν, a''_ν aus. Die Menge aller Punkte a'_ν, a''_ν bezeichnen wir mit A. Nach Hilfssatz 3.3_1 existiert eine Funktion $f_{m+1}\in\mathcal{O}_X(X)$, deren Einschränkung auf A injektiv ist. Wir können $f_{m+1}(a)=0$ annehmen.

Behauptung. *Sei* $\tilde{f}=(f_1,\dots,f_{m+1})$. *Es gilt entweder*

a) $\dim[\tilde{f}^{-1}(0)\cap X_0]<\dim[f^{-1}(0)\cap X_0]$

oder

b) $\tilde{f}^{-1}(0)\cap X_0$ *ist diskret.*

Beweis. Die Dimension von X_0 ist nach Voraussetzung endlich. Die Behauptung folgt offensichtlich aus:

Es gibt keine Komponente A_ν, $\dim A_\nu>0$, welche ganz in $\tilde{f}^{-1}(0)\cap X_0$ enthalten ist.

Dies folgt aus der Konstruktion von f_{m+1}.

Wir können also ohne Einschränkung der Allgemeinheit

$$\dim(f^{-1}(0) \cap X_0) \leq 0$$

annehmen. Die Menge $f^{-1}(0) \cap X_0$ ist dann höchstens abzählbar.

Durch nochmalige Anwendung von Hilfssatz 3.3$_1$ können wir sogar erreichen, daß diese Menge aus höchstens einem Punkt besteht. Wir können dann X durch eine Umgebung ersetzen, welche diesen Punkt nicht enthält.

Wir haben damit die Existenz eines Morphismus

$$f\colon (X, \mathcal{O}_X) \to (\mathbb{C}^n, \mathcal{O}_{\mathbb{C}^n})$$

mit folgenden Eigenschaften bewiesen:

a) $f^{-1}(0) = \{a\}$,

b) $f|S$ hat nur endliche Fasern.

Als nächstes zeigen wir, daß f nach eventueller Verkleinerung von X eine *eigentliche* Abbildung in einen offenen Teil $D \subset \mathbb{C}^n$ vermittelt. Sei $U \subset X$ eine offene Umgebung von a, welche in einem Kompaktum $K \subset X$ enthalten ist. Die Abbildung $f|K$ ist eigentlich. Es existiert daher eine offene Umgebung $D \subset \mathbb{C}^n$ des Nullpunktes mit der Eigenschaft

$$(f|K)^{-1}(D) \subset U.$$

Die Abbildung

$$f^{-1}(D) \cap U \to D$$

ist eigentlich.

Wir haben also einen Morphismus

$$f\colon (X, \mathcal{O}_X) \to (D, \mathcal{O}_{\mathbb{C}^n}|D), \qquad D \subset \mathbb{C}^n \quad \text{offen}$$

mit den Eigenschaften

a) $f^{-1}(0) = \{a\}$,

b) $f|S$ *ist endlich,*

c) f *ist eigentlich,*

konstruiert.

Als nächstes wollen wir, nach Hinzufügen weiterer Komponenten $f_{n+1}, \ldots$, erreichen, daß gilt:

d) *Die Fasern von* $f|X_0$ *sind diskret.*

Die Menge Y aller Punkte $x \in X_0$ mit maximaler Faserdimension

$$d = \max_{x \in X_0} \dim F_x, \qquad F_x = f^{-1}(f(x)) \cap X_0,$$

bildet bekanntlich eine analytische Menge in X_0 (A 6.14).

Annahme. $d>0$. Wir wählen eine abzählbare Menge $A\subset X_0$ mit folgender Eigenschaft:

In jeder irreduziblen Komponente von Y liegt ein Punkt y, so daß A mit jeder d-dimensionalen irreduziblen Komponente von F_y zwei Punkte gemeinsam hat. Gemäß 3.3_1 finden wir eine Funktion $f_{n+1}\in\mathcal{O}_X(X)$, deren Einschränkung auf A injektiv ist. Die Abbildung $\tilde{f}=(f,f_{n+1})$ hat wie f die Eigenschaften a), b), c). In naheliegender Bezeichnung gilt

$$d<\tilde{d} \quad \text{oder} \quad \dim Y<\dim\tilde{Y}.$$

Durch mehrfache Anwendung dieses Verfahrens erzwingt man die Bedingung d).

Aus d) folgt, daß die Häufungspunkte einer Faser $f^{-1}(f(x))$ in S enthalten sind. Da $f|S$ endlich ist, können nur endlich viele solcher Häufungspunkte auftreten.

Aus der Voraussetzung 4) folgt, daß

$$B:=f(S)\subset D$$

eine dünne analytische Menge ist.

Die Abbildung

$$f\colon X\setminus f^{-1}(B)\to D\setminus B$$

ist wegen c) und d) endlich.

Annahme. X_0 *ist zusammenhängend und damit irreduzibel.*

Da die Fasern der Abbildung $f^{-1}(B)\cap X_0\to B$ diskret sind, ist die Dimension von $f^{-1}(B)\cap X_0$ nicht größer als die Dimension von B und diese ist nach Voraussetzung 4) kleiner als die Dimension von X_0. Daher ist $f^{-1}(B)\cap X_0$ ein dünner Teil von X. Damit ist die Blätterzahl b der Abbildung

$$X\setminus f^{-1}(B)\to f(X\setminus f^{-1}(B))$$

wohldefiniert (s. A6.23). Es ist leicht, die Blätterzahl auf $b=1$ herunterzudrücken, indem man an die Abbildung f eine weitere Komponente f_{n+1} anhängt, welche wieder mit Hilfe 3.3_1 konstruiert wird.

Leider können wir den Zusammenhang von X_0 nicht ohne weiteres erzwingen (ohne die Eigentlichkeit von f zu verlieren). Wir modifizieren daher obige Konstruktion folgendermaßen:

Auf Grund der Voraussetzung 3) in 3.3 existiert eine Zusammenhangskomponente M_1 von X_0, deren Abschließung M in X eine Umgebung von a enthält. Auf diese Zusammenhangskomponente läßt sich obige Konstruktion anwenden. Wir können daher ohne Einschränkung der Allgemeinheit annehmen, daß

$$M_1\to f(M_1),\qquad M_1=M\setminus(f^{-1}(B)\cap M)$$

eine Abbildung der Blätterzahl 1 ist. Wir ersetzen nun D durch diese Umgebung und X durch ihr Urbild. Wir können also annehmen, daß

$$X \setminus f^{-1}(B) \to D \setminus B$$

die Blätterzahl 1 hat.

Satz 3.3 folgt nunmehr aus 3.2 □

Der Fortsetzungssatz 3.3 stammt unter etwas schärferen Voraussetzungen (s. Anmerkung zu 3.3) von H. Cartan [10]. Die vorliegende Fassung ist einem unveröffentlichten Manuskript von R. Kiehl entnommen. Diese Fassung bietet wesentliche Vorteile, wenn man beweisen will, daß die Satakekompaktifizierung $\overline{\mathbb{H}_n/\Gamma_n}$ für beliebige mit Γ_n kommensurable Gruppen ein komplexer Raum ist (§6).

§4. Die Analytifizierung der Satakekompaktifizierung

Sei Γ eine Gruppe von Isomorphismen eines geringten Raumes $(X, \mathcal{O}_X)$. Man führt auf dem Quotientenraum X/Γ eine geringte Struktur, die sogenannte *Quotientenstruktur*, ein.

Sei p: $X \to X/\Gamma$ die kanonische Projektion. Eine Funktion $g: V \to \mathbb{C}$, $V \subset X/\Gamma$ offen, gehöre genau dann der Quotientenstruktur an, wenn die Funktion $g \circ p$: $p^{-1}(V) \to \mathbb{C}$ zu $\mathcal{O}_X$ gehört.

Wenn die Gruppe Γ eigentlich diskontinuierlich operiert, wenn also die Menge

$$\{\gamma \in \Gamma,\ \gamma(K) \cap \tilde{K} \neq \emptyset\}$$

für je zwei Kompakta $K, \tilde{K} \subset X$ endlich ist, so ist der Quotient X/Γ eines komplexen Raumes X selbst ein komplexer Raum, wie H. Cartan bewiesen hat [11].

4.1 Hilfssatz. *Sei X ein komplexer Raum und Γ eine eigentlich diskontinuierliche Gruppe von biholomorphen Selbstabbildungen von X. Dann ist X/Γ - versehen mit der Quotientenstruktur - auch ein komplexer Raum. Mit X ist auch X/Γ normal.*

Insbesondere ist $\mathbb{H}_n/\Gamma_n$ ein normaler komplexer Raum. Wir wollen nun die Satakekompaktifizierung X_n mit einer Struktur als normalem komplexem Raum versehen, so daß $\mathbb{H}_n/\Gamma_n$ ein offener komplexer Unterraum ist.

Die Strukturgarbe $\mathcal{O}_{X_n}$ ist völlig festgelegt:

Eine Funktion

$$f\colon U \to \mathbb{C}, \qquad U \subset X_n \textit{ offen}$$

gehöre genau dann zu $\mathcal{O}_{X_n}$, wenn folgende Bedingungen erfüllt sind.

a) *f ist stetig.*

b) *$f|U \cap \mathbb{H}_n/\Gamma_n$ ist analytisch.*

Es ist unser Ziel zu zeigen, daß $(X_n, \mathcal{O}_{X_n})$ ein normaler komplexer Raum ist.

4.2 Hilfssatz. *Sei $Z(\nu) \in \mathbb{H}_n$ eine Folge, welche gegen den Punkt $Z_1 \in S_j$ im Sinne von 2.1 konvergiert. Dann gilt*

$$\lim_{\nu \to \infty} f(Z(\nu)) = f|\Phi^{n-j}(Z_1)$$

für jede Modulform $f \in [\Gamma_n, r]$.

Beweis. Wenn die Folge $Z(\nu)$ konvergiert, so ist sie in einem durch $Y \geq Y_0 > 0$ definierten Bereich enthalten. Da die Fourierentwicklung einer Modulform in solchen Bereichen gleichmäßig konvergiert, kann man den Φ-Operator gliedweise anwenden und muß daher nur

$$\lim_{\nu \to \infty} e^{\pi i \sigma(Z(\nu) T)} = \begin{cases} e^{\pi i \sigma(Z_1 T_1)} & \text{für } T = \begin{pmatrix} T_1 & 0 \\ 0 & 0 \end{pmatrix}, \\ 0 & \text{sonst} \end{cases}$$

zeigen. Dies folgt aber leicht aus 2.1 und 1.2. Sei $f \in [\Gamma_n, r]$ eine Modulform n-ten Grades und

$$a \in \mathbb{H}_j/\Gamma_j \subset X_n, \qquad 0 \leq j \leq n,$$

ein Punkt der Satakekompaktifizierung $X_n = \overline{\mathbb{H}_n/\Gamma_n}$. Wir sagen, daß die Modulform f in dem Punkt a verschwindet, wenn es einen Repräsentanten $Z \in \mathbb{H}_j$ mit der Eigenschaft

$$f|\Phi^{n-j}(Z) = 0$$

gibt. Diese Bedingung hängt natürlich nicht von der Wahl des Repräsentanten ab, denn $f|\Phi^{n-j}(Z)$ und $f|\Phi^{n-j}(M\langle Z\rangle)$ unterscheiden sich für $M \in \Gamma_j$ nur um den von 0 verschiedenen Faktor $\det(CZ+D)^r$.

Aus Hilfssatz 4.2 folgt

4.3 Bemerkung. *Die Menge der Nullstellen einer Modulform f ist in der Satakekompaktifizierung abgeschlossen.*

Seien $f, g \in [\Gamma_n, r]$ zwei Modulformen desselben Gewichts,

$$U = \{a \in X_n;\ g(a) \neq 0\}.$$

Man definiert in naheliegender Weise eine Funktion

$$\text{„}f/g\text{“}: U \to \mathbb{C}.$$

Ist $a \in U$ ein Punkt, welcher durch $Z_1 \in S_m$ repräsentiert wird, so setzt man

$$f/g(a) = \frac{f \mid \Phi^{n-m}(Z_1)}{g \mid \Phi^{n-m}(Z_1)}.$$

Aus der Definition der Strukturgarbe $\mathcal{O}_{X_n}$ ergibt sich nun:

4.4 Bemerkung. *Seien $f, g \in [\Gamma_n, r]$ zwei Modulformen gleichen Gewichts. Sei*

$$U = \{a \in X_n,\ g(a) \neq 0\}.$$

Die Funktion f/g ist in $\mathcal{O}_{X_n}(U)$ enthalten.

4.5 Theorem. *Mit der Strukturgarbe $\mathcal{O}_{X_n}$ wird X_n ein normaler komplexer Raum, welcher $\mathbb{H}_n/\Gamma_n$ als offenen analytischen Unterraum enthält. Für $m \leq n$ ist X_m eine abgeschlossene analytische Teilmenge von $(X_n, \mathcal{O}_{X_n})$ und es gilt*

$$\mathcal{O}_{X_n} \mid X_m = \mathcal{O}_{X_m}.$$

Wir wollen Theorem 4.5 durch Induktion nach n beweisen und können daher annehmen, daß es für $m < n$ anstelle von n bewiesen ist.

Wir weisen die Voraussetzungen des Cartanschen Satzes 3.3 nach, und zwar für

$$X = X_n, \qquad X_0 = \mathbb{H}_n/\Gamma_n = X_n \setminus X_{n-1}.$$

1) Der Raum $\mathbb{H}_n/\Gamma_n$ ist auf Grund 4.1 ein normaler komplexer Raum □

2) Aus den fundamentalen Existenzsätzen für Modulformen (Kap. I, §§ 3–5), insbesondere der *Surjektivität des Φ-Operators*, folgt zunächst die Existenz einer Modulform $g \in [\Gamma_n, r]$, $r > 0$, $g(a) \neq 0$. Wir setzen $U = \{x \in X_n,\ g(x) \neq 0\}$. In $\mathcal{O}_{X_n}(U)$ sind die Funktionen f/g^ν, $f \in [\Gamma_n, r\nu]$ enthalten. Diese trennen sogar die Punkte von U und nicht nur von $U \cap \mathbb{H}_n/\Gamma_n$ □

3) Wir erinnern kurz an die Konstruktion der Sataketopologie. Die Zahl $u > 0$ sei so groß gewählt, daß die Abbildung

$$\mathcal{F}_n(u)^* \to X_n$$

offen und surjektiv ist. Sei $a \in X_n$ ein Punkt, repräsentiert durch $Z_a \in \mathcal{F}_m(u)$ $(m \leq n)$. Zu einer offenen Umgebung $U \subset \mathcal{F}_m(u)$ von Z_a und einer positiven Zahl $C > 0$ haben wir die Mengen

$$O_\nu(U, C) = \left\{ \begin{pmatrix} Z_1 & * \\ * & * \end{pmatrix} \in \mathcal{F}_\nu(u),\ Z_1 \in U,\ d_{m+1} > C \right\}$$

$$O_n^*(U, C) = O_n(U, C) \cup \ldots \cup O_m(U, C)$$

eingeführt.

Die Bilder der Mengen $O_n^*(U, C)$ bilden ein Fundamentalsystem offener Umgebungen von a. Zum Beweis von 3) genügt es daher zu zeigen:

Sei $U \subset \mathscr{F}_m(u)$ eine zusammenhängende offene Menge. Dann ist $O_n(U, C) \subset \mathscr{F}_n(u)$ zusammenhängend.

Die natürliche Projektion

$$p\colon\ O_n(U, C) \to U, \qquad Z \to Z_1$$

ist stetig, offen und surjektiv. Der Raum $O_n(U, C)$ ist also zusammenhängend, wenn die Fasern $p^{-1}(Z_1)$, $Z_1 \in U$, zusammenhängend sind. Diese Fasern sind sogar konvex in bezug auf die Jacobikoordinaten □

4) Nach Induktionsvoraussetzung ist $(X_{n-1}, \mathcal{O}_{X_{n-1}})$ ein komplexer Raum. Wir zeigen, daß die identische Abbildung ein Morphismus geringter Räume

$$id\colon\ (X_{n-1}, \mathcal{O}_{X_{n-1}}) \to (X_{n-1}, \mathcal{O}_{X_n} | X_{n-1})$$

ist, d.h.:

Seien $U \subset X_n$ offen, $f \in \mathcal{O}_{X_n}(U)$. Dann ist

$$f | U \cap X_{n-1} \in \mathcal{O}_{X_{n-1}}(U \cap X_{n-1}).$$

Beweis. Wir können annehmen, daß U das Bild einer Menge

$$O_n^*(V, C) = O_n(V, C) \cup V, \qquad V \subset \mathscr{F}_{n-1}(u) \text{ offen},$$

ist. Die holomorphen Funktionen auf dem Bild dieser offenen Menge entsprechen stetigen Funktionen

$$f\colon\ O_n^*(V, C) \to \mathbb{C},$$

deren Einschränkungen auf $O_n(V, C)$ holomorph sind und auf äquivalenten Punkten denselben Wert annehmen. Wir zeigen, daß die Einschränkung f_0 von f auf V analytisch ist. Wegen der Stetigkeit gilt

$$f_0(Z) = \lim_{\operatorname{Im} z \to \infty} f\begin{pmatrix} Z & 0 \\ 0 & z \end{pmatrix}.$$

Die Funktion

$$g(z) = f\begin{pmatrix} Z & 0 \\ 0 & z \end{pmatrix}, \qquad Z \text{ fest},$$

ist in dem Streifen

$$|x| < u, \qquad y > C$$

definiert und holomorph, und es gilt

$$g(z+1) = g(z),$$

falls z und $z+1$ in diesem Streifen liegen. Nach Voraussetzung ist $u>1$. Wir können also $g(z)$ als periodische Funktion auf eine ganze Halbebene fortsetzen und dann in eine Fourierreihe entwickeln.

$$g(z)=f\begin{pmatrix} Z & 0 \\ 0 & z \end{pmatrix}=\sum_{\nu=-\infty}^{\infty} a_\nu q^\nu, \qquad q=e^{2\pi i z}.$$

Nach Voraussetzung existiert der Grenzwert für $\operatorname{Im} z\to\infty$, d.h. $q\to 0$. Die Funktion hat daher in $q=0$ eine hebbare Singularität, und es folgt

$$f_0(Z)=\lim_{\operatorname{Im} z\to\infty} g(z)=a_0=a_0(Z).$$

Aus der Integraldarstellung für die Fourierkoeffizienten folgt, daß alle $a_\nu=a_\nu(Z)$ holomorph in Z sind.

5) Sei $a\in X_n$. Wie wir in 2) gesehen haben, existiert eine offene Umgebung U von a, so daß die Funktionen aus $\mathcal{O}_{X_n}(U)$ die Punkte von U trennen, erst recht also die von $U\cap X_{n-1}$. Nach Induktionsvoraussetzung ist $(X_{n-1}, \mathcal{O}_{X_{n-1}})$ ein komplexer Raum, und es gilt nach 4) $\mathcal{O}_{X_n}|X_{n-1}\subset\mathcal{O}_{X_{n-1}}$. Die Behauptung folgt nun aus folgendem einfachen Hilfssatz der lokalen Funktionentheorie:

Sei X ein komplexer Raum und $\mathfrak{M}$ eine Menge von holomorphen Funktionen auf X, welche die Punkte von X trennen. Zu jedem Punkt $a\in X$ findet man dann *endlich* viele Funktionen $f_1,\dots,f_m\in\mathfrak{M}$ und eine offene Umgebung U von x mit der Eigenschaft

$$\{a\}=\{x\in U;\, f_1(x)=\dots=f_m(x)=0\} \quad \square$$

Wir beweisen noch die Aussage $\mathcal{O}_{X_n}|X_m=\mathcal{O}_{X_m}$: Die identische Abbildung

$$id_{X_m}\colon (X_m, \mathcal{O}_{X_m})\to(X_m, \mathcal{O}_{X_n}|X_m), \qquad m\le n,$$

ist analytisch wegen 4). Es genügt daher zu zeigen, daß die Ringe $(\mathcal{O}_{X_n}|X_m)_a$ normal sind (A6.19). Zum Beweis benutzen wir folgendes Kriterium für die Normalität einer analytischen Algebra $R=\mathcal{O}_{X,a}$:

Sei a ein Punkt des komplexen Raumes X. Ein Unterring $A\subset R$ heißt *punktetrennend*, wenn es eine offene Umgebung $a\in U\subset X$ gibt, so daß diejenigen Funktionen $f\in\mathcal{O}_X(U)$, deren Keime f_a in A enthalten sind, die Punkte von U trennen.

4.5_1 Hilfssatz. *Sei R ein nullteilerfreier analytischer Ring, $A\subset R$ eine Unteralgebra mit den Eigenschaften*

a) *A ist normal*

b) *A ist punktetrennend,*

c) *Der Quotientenkörper ist ein algebraischer Funktionenkörper vom Transzendenzgrad*

$$n = \dim R.$$

Dann ist R normal.

Wir beweisen den Hilfssatz am Ende des Paragraphen.

Wir beweisen nun die Voraussetzungen von 4.5_1 für den Ring

$$R = (\mathcal{O}_{X_n} | X_m)_a, \qquad a \in X_m.$$

Für A nehmen wir den Ring aller Quotienten f/g, $g(a) \neq 0$ von Modulformen $f, g \in [\Gamma_m, r]$ gleichen Gewichts. Daß dieser Ring in R enthalten ist, folgt aus der (eingeschränkten) Surjektivität des Φ-Operators (I 5.1).

Der Quotientenkörper von A ist isomorph zum *Körper* $K(\Gamma_m)$ *der Modulfunktionen*, d.h. zum Körper aller meromorphen Funktionen auf $\mathbb{H}_m$, welche sich als Quotienten zweier Modulformen gleichen Gewichts darstellen lassen. Die Bedingungen b) und c) folgen aus den Existenz- und Endlichkeitssätzen des ersten Kapitels.

Es bleibt zu zeigen, daß A normal ist:

Sei $\chi \in K(\Gamma)$ ganz über A, also

$$\chi^m + \varphi_{m-1}\chi^{m-1} + \ldots + \varphi_0 = 0.$$

Es existiert eine Darstellung

$$\varphi_\nu = \frac{f_\nu}{g}; \qquad f_\nu, g \in [\Gamma_n, r], \nu = 0, \ldots, m-1$$

mit einer Modulform g, $g(a) \neq 0$.

Die Funktion $g\chi$ ist ganz über dem Ring $\mathcal{O}(\mathbb{H}_n)$. Da dieser Ring normal ist, muß $g\chi$ holomorph sein, und es folgt

$$g\chi \in [\Gamma_n, r], \qquad \text{also } \chi \in A \quad \square$$

Beweis von 4.5_1. Der Ring R besitzt einen endlich erzeugten Unterring A mit den Eigenschaften b) und c). Nach einem Satz aus der kommutativen Algebra ist die Normalisierung einer endlich erzeugten Algebra selbst endlich erzeugt. Wir können also annehmen, daß A selbst endlich erzeugt ist.

$$A = \mathbb{C}[T_1, \ldots, T_m]/\mathfrak{a}.$$

Wir bezeichnen mit $\tilde{A}$ die Analytifizierung von A im 0-Punkt, d.h.

$$\tilde{A} = \mathbb{C}\{T_1, \ldots, T_m\}/\mathfrak{a}\,\mathbb{C}\{T_1, \ldots, T_m\},$$

wobei $\mathbb{C}\{T_1, \ldots, T_m\}$ den Ring der konvergenten Potenzreihen in m Unbestimmten bezeichne. Außerdem sei $Y \subset \mathbb{C}^n$ das Nullstellengebilde von $\mathfrak{a}$. Wir bezeichnen mit $(Y, \mathcal{O}_Y)$ den assoziierten komplexen Raum.

Es gilt

$$\tilde{A} = \mathcal{O}_{Y,0}.$$

Bekanntlich gilt: Ist $Y \subset \mathbb{C}^n$ eine algebraische Varietät mit normalem Koordinatenring $A(Y)$, so ist auch der assoziierte komplexe Raum $(Y, \mathcal{O}_Y)$ normal (A6.27).

Der Ring $\tilde{A}$ ist also normal. Wir werden $\tilde{A} = R$ zeigen. Wir können nach eventueller Verkleinerung von X annehmen, daß holomorphe Funktionen $f_1, \ldots, f_m$ auf ganz X existieren, deren Keime in a mit den Restklassen der Unbestimmten $T_1, \ldots, T_m \bmod \mathfrak{a}$ übereinstimmen. Wir erhalten dann eine holomorphe Abbildung

$$X \to Y$$
$$x \to (f_1(x), \ldots, f_m(x))$$

und einen assoziierten Homomorphismus analytischer Algebren

$$\mathcal{O}_{Y,0} = \tilde{A} \to R = \mathcal{O}_{X,a}.$$

Aus der Voraussetzung b) folgt (A6.16), daß R ein endlicher $\tilde{A}$-Modul ist. Wir finden also offene Umgebungen X_0 von a und Y_0 von 0, so daß eine *endliche* Abbildung

$$f_0\colon X_0 \to Y_0$$

induziert wird. Da die Menge der nicht normalen Punkte eines komplexen Raumes analytisch ist, können wir annehmen, daß Y_0 normal ist. Wir können außerdem annehmen, daß X_0 und Y_0 zusammenhängend sind. Y_0 ist also irreduzibel, $f_0(X_0)$ ist eine abgeschlossene analytische Teilmenge von Y_0. Aus Dimensionsgründen muß $f_0(X_0) = Y_0$ gelten. Nach Voraussetzung b) aus 4.5_1 können wir sogar annehmen, daß f bijektiv ist. Aus A6.19 folgt, daß f_0 ein Isomorphismus ist. Insbesondere folgt $\tilde{A} = R$ □

Die Aussage

$$\mathcal{O}_{X_n} | X_m = \mathcal{O}_{X_m}$$

ist eine *lokale* Version der Surjektivität des Φ-Operators. Man kann diese auch rein lokal beweisen [10]. Erst bei der Algebraisierung von X_n (nächster Abschnitt) wird die (eingeschränkte) *globale* Surjektivität des Φ-Operators wesentlich benutzt.

§ 5. Die Algebraisierung der Satakekompaktifizierung

Wir wollen die Satakekompaktifizierung

$$X_n = \mathbb{H}_n/\Gamma_n \cup \ldots \cup \mathbb{H}_0/\Gamma_0$$

mit einer Struktur als *projektiv algebraische Varietät* versehen. Als wichtige Anwendung ergibt sich die **endliche Erzeugbarkeit des Ringes der Modulformen**

$$A(\Gamma_n) = \bigoplus_{r \in \mathbb{Z}} [\Gamma_n, r].$$

Zum Beweis benötigt man neben der Satakekompaktifizierung und deren Analytifizierung die fundamentalen Existenzsätze für Modulformen aus Kap. I, §§ 3–5.

Die Elemente der direkten Summe

$$\bigoplus_{r\in\mathbb{Z}}[\Gamma_n, r]$$

sind formale endliche Summen

$$\sum_{r\in\mathbb{Z}} f_r, \qquad f_r\in[\Gamma_n, r].$$

Diese kann man in naheliegender Weise addieren und multiplizieren und erhält so eine $\mathbb{C}$-Algebra

$$A(\Gamma_n)=\bigoplus_{r\in\mathbb{Z}}[\Gamma_n, r]=\bigoplus_{r=0}^{\infty}[\Gamma_n, r].$$

Eine endliche formale Summe

$$\sum_{r\in\mathbb{Z}} f_r \qquad (f_r=0 \text{ für fast alle } r)$$

ist definitionsgemäß genau dann gleich 0, wenn alle Komponenten f_r gleich 0 sind. Es ist nicht schwer zu zeigen, daß dies genau dann der Fall ist, wenn die Funktion

$$F(Z)=\sum_{r\in\mathbb{Z}} f_r(Z)$$

identisch verschwindet.

Beweis. Sei $Z\in\mathbb{H}_n$ ein fester Punkt. Aus

$$F(M\langle Z\rangle)=0 \qquad \text{für } M\in\Gamma_n$$

folgt

$$\sum_{r\in\mathbb{Z}}\det(CZ+D)^r f_r(Z)=0.$$

Das Polynom

$$\sum f_r(Z)\,X^r$$

hat also unendlich viele Nullstellen. Seine Koeffizienten $f_r(Z)$ müssen daher verschwinden □

Wir können den Ring $A(\Gamma_n)$ also als Unterring von $\mathcal{O}(\mathbb{H}_n)$ auffassen und seinen Quotientenkörper als Unterkörper des Körpers der meromorphen Funktionen auf $\mathbb{H}_n$.

5.1 Bemerkung. *Der Ring $A(\Gamma_n)$ ist normal. Sein Quotientenkörper $Q(A(\Gamma_n))$ ist ein algebraischer Funktionenkörper vom Transzendenzgrad* $\frac{1}{2}n(n+1)+1$.

Beweis. Wir zeigen, daß jedes über $A(\Gamma_n)$ ganz algebraische Element $\varphi \in Q(A(\Gamma_n))$ schon in $A(\Gamma_n)$ enthalten ist. Es genügt dabei, sich auf homogene φ zu beschränken,

$$\varphi = \frac{f}{g}, \qquad f \in [\Gamma_n, r],\ g \in [\Gamma_n, s].$$

(Wir benutzen einige Grundtatsachen über graduierte Ringe und verweisen hierzu auf [44], Kap. III, § 1.) Die Funktion φ transformiert sich wie eine Modulform vom Gewicht $r-s$. Da der Ring $\mathcal{O}(\mathbb{H}_n)$ normal ist, stellt φ eine in ganz $\mathbb{H}_n$ holomorphe Funktion dar. Im Falle $n \geq 2$ folgt daher schon

$$\varphi \in [\Gamma_n, r-s] \subset A(\Gamma_n).$$

Die im Fall $n=1$ notwendige Zusatzüberlegung sei dem Leser überlassen.

Als nächstes zeigen wir, daß $Q(A(\Gamma_n))$ ein algebraischer Funktionenkörper des angegebenen Transzendenzgrades ist. Dieser Körper enthält den Körper der Modulfunktionen

$$K(\Gamma_n) = \left\{ \frac{f}{g};\ f, g \text{ Modulformen desselben Gewichts} \right\}$$

als Unterkörper. Jede Modulform f von 0 verschiedenen Gewichts ist transzendent über $K(\Gamma_n)$. Je $\frac{1}{2}n(n+1)+2$ Modulformen sind algebraisch abhängig (I 3.18). Es bleibt zu zeigen, daß $Q(A(\Gamma_n))$ über $K(\Gamma_n)$ (und damit über $\mathbb{C}$) endlich erzeugt ist. Sei $f \in [\Gamma_n, r_0]$ eine von 0 verschiedene Modulform. Offenbar wird der Quotientenkörper des Ringes

$$A^{(r_0)}(\Gamma_n) := \bigoplus_{r \equiv 0 \bmod r_0} [\Gamma_n, r]$$

über $K(\Gamma_n)$ von f erzeugt. Es genügt daher zu zeigen, daß die $\mathbb{C}$-Algebra $A(\Gamma_n)$ von endlich vielen Unteralgebren

$$A^{(r_\nu)}(\Gamma_n), \qquad [\Gamma_n, r_\nu] \neq 0,\ \nu = 1, \ldots, m,$$

erzeugt wird. Dazu betrachte man die Menge der ganzen Zahlen

$$G = \{ r \in \mathbb{Z};\ [\Gamma_n, r] \neq 0 \}.$$

Diese ist offenbar eine additive Unterhalbgruppe von $\mathbb{N}_0 = \mathbb{N} \cup \{0\}$. Jede solche Halbgruppe ist endlich erzeugt,

$$G = \mathbb{N}_0 r_1 \cup \ldots \cup \mathbb{N}_0 r_h.$$

Das Erzeugendensystem $r_1, \ldots, r_h$ hat die gewünschte Eigenschaft □

Wir konstruieren nun eine Einbettung der Satakekompaktifizierung X_n in einen projektiven Raum.

Aus den fundamentalen Existenzsätzen für Modulformen aus Kap. I, §§3–5, insbesondere aus der (eingeschränkten) **Surjektivität des Φ-Operators** (I5.1) ergibt sich in Verbindung mit der Kompaktheit von X_n:

5.2 Hilfssatz. *Es existieren endlich viele Modulformen $f_0, \dots, f_m$ eines geeigneten Gewichts $r>0$, welche in der Satakekompaktifizierung X_n keine gemeinsame Nullstelle haben.*

Mit den in Hilfssatz 5.2 auftretenden Modulformen konstruieren wir eine Abbildung

$$f\colon X_n \to P^m \mathbb{C}.$$

Sei a ein Punkt in der Satakekompaktifizierung

$$a \in \mathbb{H}_j/\Gamma_j \subset X_n, \qquad j \leq n.$$

Wir wählen einen Repräsentanten $Z \in \mathbb{H}_j$. Der Punkt

$$[f_0 | \Phi^{n-j}(Z), \dots, f_m | \Phi^{n-j}(Z)] \in P^m \mathbb{C}$$

hängt nicht von der Wahl dieses Repräsentanten ab, da sich die Vektoren

$$(f_0 | \Phi^{n-j}(Z), \dots) \quad \text{und} \quad (f_0 | \Phi^{n-j}(M\langle Z\rangle), \dots)$$

für $M \in \Gamma_j$ nur um einen skalaren Faktor $\det(CZ+D)^r$ unterscheiden.

5.3 Hilfssatz. *Seien $f_0, \dots, f_m \in [\Gamma_n, r]$, $r>0$, Modulformen ohne gemeinsame Nullstelle in der Satakekompaktifizierung. Durch die Zuordnung*

$$Z \to [f_0 | \Phi^{n-j}(Z), \dots, f_m | \Phi^{n-j}(Z)], \qquad Z \in \mathbb{H}_j,$$

wird eine holomorphe Abbildung

$$X_n \to P^m \mathbb{C}$$

definiert.

Der Beweis ist eine unmittelbare Folge von 4.4 □

Wie in §0 betrachten wir die projektive Mannigfaltigkeit $V = V(f_0, \dots, f_m)$, welche durch die zwischen den Modulformen $f_0, \dots, f_m$ bestehenden Relationen definiert wird.

Ein Punkt $a \in P^m \mathbb{C}$ gehört genau dann V an, wenn $P(a)=0$ für jedes homogene Polynom $P \in \mathbb{C}[T_0, \dots, T_m]$ mit der Eigenschaft

$$P(f_0, \dots, f_m) \equiv 0$$

gilt.

Aus $P(f_0, \dots, f_m) = 0$ folgt natürlich auch

$$P(f_0 | \Phi^{n-j}, \dots, f_m | \Phi^{n-j}) = 0,$$

das Bild von X_n ist also in V enthalten.

5.4 Theorem. *Es existieren Modulformen $f_0, \dots, f_m \in [\Gamma_n, r_0]$ eines geeigneten Gewichts $r_0 = r_0(n)$ mit folgenden Eigenschaften:*

1) *Jede Modulform $f \in [\Gamma_n, r r_0]$ ist als homogenes Polynom in $f_0, \dots, f_m$ darstellbar.*

2) *Durch*

$$Z \to [f_0 | \Phi^{n-j}(Z), \dots, f_m | \Phi^{n-j}(Z)], \qquad Z \in \mathbb{H}_j,$$

wird eine biholomorphe Abbildung

$$X_n \xrightarrow{\sim} V = V(f_0, \dots, f_m) \subset P^m \mathbb{C}$$

definiert.

Beweis. Wir wählen zunächst Modulformen $f_0, \dots, f_m \in [\Gamma_n, r_0]$ ohne gemeinsame Nullstelle und erhalten eine holomorphe Abbildung

$$f\colon X_n \to P^m \mathbb{C}.$$

Die Koinzidenzmenge

$$\Delta_f = \{(x, y) \in X_n \times X_n;\ f(x) = f(y)\}$$

ist eine analytische Teilmenge von $X_n \times X_n$, welche die Diagonale

$$\Delta = \{(x, x) \in X_n \times X_n\}$$

enthält. Die Abbildung f ist genau dann injektiv, wenn $\Delta = \Delta_f$ gilt. Wenn f nicht injektiv ist, so existiert ein Punkt

$$(x, y) \in \Delta_f, \qquad x \neq y.$$

Aus den fundamentalen Existenzsätzen, insbesondere der **Surjektivität des Φ-Operators,** folgt die Existenz einer Modulform

$$h \in [\Gamma_n, r r_0], \qquad r > 0 \text{ geeignet},$$

welche die beiden Punkte trennt. Wir betrachten nun die durch die Modulformen

$$h \text{ und } f_0^{\nu_0} \dots f_m^{\nu_m}; \qquad \nu_0 + \dots + \nu_m = r$$

definierte holomorphe Abbildung

$$g\colon X_n \to P^{\tilde{m}} \mathbb{C}.$$

Es gilt $\Delta_g \subsetneqq \Delta_f$.

Da in einem kompakten komplexen Raum jede absteigende Kette von abgeschlossenen analytischen Teilräumen aus Dimensionsgründen abbrechen muß (A6.3), erreichen wir nach geeigneter Wahl von $f_0, \ldots, f_m$ eine injektive Abbildung

$$f\colon X_n \to P^m \mathbb{C}.$$

Da X_n kompakt ist, ist die Abbildung f eigentlich. Aus dem **Abbildungssatz von Remmert** (A6.15) folgt, daß $f(X_n)$ ein analytischer Teil von $P^m \mathbb{C}$ ist. Nach dem **Satz von Chow** ist jeder abgeschlossene analytische Teilraum von $P^m \mathbb{C}$ algebraisch. Jedes homogene Polynom, welches auf $f(X_n)$ verschwindet, verschwindet sogar auf V nach Definition von V. Wir erhalten

$$f(X_n) = V.$$

Versieht man V mit der Garbe der holomorphen Funktionen $\mathcal{O}_V = \mathcal{O}_{P^m\mathbb{C}|V}$, so ist

$$(X_n, \mathcal{O}_{X_n}) \to (V, \mathcal{O}_V)$$

eine bijektive holomorphe Abbildung. Daher ist X_n die Normalisierung von V.

Diese Abbildung ist dann und nur dann biholomorph, wenn $(V, \mathcal{O}_V)$ ein normaler komplexer Raum ist. Bekanntlich ist dies (genau) dann der Fall, wenn V normal im Sinne der algebraischen Geometrie ist, A6.27. Sei $\mathfrak{P} \subset \mathbb{C}[T_0, \ldots, T_m]$ die Menge aller Polynome P, so daß jeder homogene Bestandteil von P auf V verschwindet. Der Ring $A = \mathbb{C}[T_0, \ldots, T_m]/\mathfrak{P}$ ist der sogenannte (homogene) Koordinatenring von V. Bekanntlich ist V eine normale algebraische Varietät, wenn der Koordinatenring A normal ist (A6.27). Wir wollen zeigen, daß A bei geeigneter Wahl der Formen $f_0, \ldots, f_m$ normal ist.

Wir betrachten hierzu den Unterring

$$B = \mathbb{C}[f_0, \ldots, f_m] \subset A(\Gamma_n),$$

welcher in $A(\Gamma_n)$ von den Modulformen $f_0, \ldots, f_m$ erzeugt wird. Der Einsetzungshomomorphismus

$$\mathbb{C}[T_0, \ldots, T_m] \to B; \qquad T_\nu \to f_\nu$$

hat gerade den Kern $\mathfrak{P}$. Wir erhalten also

$$A \cong B = \mathbb{C}[f_0, \ldots, f_m].$$

Es ist also zu zeigen, daß B normal ist (bei geeigneter Wahl von $f_0, \ldots, f_m$).

Der Transzendenzgrad des Quotientenkörpers von B ist um 1 größer als die Dimension von V, also gleich dem Transzendenzgrad des Quotientenkörpers von $A(\Gamma_n)$. Infolgedessen ist die Erweiterung der Quotientenkörper $Q(A(\Gamma_n)) \supset Q(B)$ endlich algebraisch. Wir betrachten nun die Normalisierung $\bar{B}$ von B in $Q(A(\Gamma_n))$. Diese ist nach einem

Satz der kommutativen Algebra eine *endlich erzeugte Algebra.* Sie ist in $A(\Gamma_n)$ enthalten, da $A(\Gamma_n)$ normal ist. Man überlegt sich leicht, daß $\bar{B}$ graduiert ist ([44], III 1.6).

$$\bar{B} = \bigoplus_{r=0}^{\infty} \bar{B}_r, \qquad \bar{B}_r = \bar{B} \cap [\Gamma_n, r r_0].$$

Der Ring

$$\bar{B}^{(s)} := \bigoplus_{r \equiv 0 \bmod s} \bar{B}_r$$

ist für $s \in \mathbb{N}$ ebenfalls normal. Da $\bar{B}$ eine endlich erzeugte Algebra ist, existiert eine Zahl s, so daß $\bar{B}^{(s)}$ von endlich vielen Elementen aus $\bar{B}_s$ erzeugt wird ([44], III 1.3).

$$\bar{B}^{(s)} = \mathbb{C}[g_0, \ldots, g_l]; \qquad g_\nu \in \bar{B}_s \subset [\Gamma_n, r_0 s].$$

Wir können natürlich annehmen, daß alle Potenzprodukte der Formen $f_0, \ldots, f_m$ des richtigen Gewichts unter den Formen $g_0, \ldots, g_l$ vorkommen. Daher ist die durch $g_0, \ldots, g_l$ definierte Abbildung

$$g\colon X_n \to P^l\mathbb{C}$$

erst recht injektiv. Wir können also von vornherein annehmen, daß schon $\mathbb{C}[f_0, \ldots, f_m]$ ein normaler Ring ist. Die Abbildung $f\colon X_n \to V$ ist dann aber biholomorph!

Zum vollständigen Beweis von Theorem 5.3 müssen wir noch

$$A(\Gamma_n)^{(r_0)} = \mathbb{C}[f_0, \ldots, f_m]$$

zeigen. Es ist leicht zu sehen und könnte auch aus obiger Konstruktion entnommen werden, daß die Quotientenkörper der beiden Ringe übereinstimmen. Daher genügt es zu zeigen, daß jedes Element von $A(\Gamma_n)^{(r_0)}$ ganz algebraisch über $\mathbb{C}[f_0, \ldots, f_m]$ ist. Dies folgt unmittelbar aus einem von Hilbert stammenden Regularitätskriterium, welches wir der Vollständigkeit halber formulieren aber nicht beweisen wollen:

Hilbertsches Regularitätskriterium [38]. Sei $X \subset P^m\mathbb{C}$ eine projektive algebraische Varietät, $\mathfrak{P} \subset \mathbb{C}[T_0, \ldots, T_m]$ das Verschwindungsideal und

$$A = \mathbb{C}[T_0, \ldots, T_m]/\mathfrak{P} = \bigoplus_{r=0}^{\infty} A_r$$

der homogene Koordinatenring von X. Wir nehmen an, daß A nullteilerfrei und daß X normal ist. Die Bilder der Variablen T_ν in A seien f_ν, $\nu = 0, \ldots, m$. Sei φ ein Element des Quotientenkörpers von A, welches sich in der Form

$$\varphi = \frac{f}{g}; \qquad f \in A_r, \; g \in A_s, \; g \neq 0,$$

schreiben läßt. Man nennt φ regulär auf X, wenn in jedem Punkt $a \in X$ mindestens eine der rationalen Funktionen

$$\varphi f_\nu^{s-r}; \qquad \nu = 0, \ldots, m$$

holomorph ist. Das Hilbertsche Kriterium besagt nun:

Jede reguläre Form $\varphi = \frac{f}{g}$; $f \in A_r$, $g \in A_s$ *ist über dem Ring A ganz algebraisch.*

Jede Modulform aus $[\Gamma_n, r r_0]$ ist in dem angegebenen Sinne regulär auf X_n. Aus dem Hilbertschen Kriterium folgt, daß f ganz über $\mathbb{C}[f_0, \ldots, f_m]$ ist □

Aus Theorem 5.4 folgt, daß der Ring $A^{(r_0)}(\Gamma_n)$ für ein geeignetes r_0 endlich erzeugt ist. Hieraus folgt sogar (s. [44], III 1.8):

5.5 Theorem. *Der graduierte Ring der Modulformen*

$$A(\Gamma_n) = \bigoplus_{r \in \mathbb{Z}} [\Gamma_n, r]$$

ist eine endlich erzeugte $\mathbb{C}$*-Algebra.*

Wir skizzieren einen etwas anderen Beweis von Theorem 5.4. Für jede ganze Zahl $r \in \mathbb{Z}$ definiert man eine Garbe - genauer einen $\mathcal{O}_X$-Modul - $\mathcal{G}_{n,r}$. Und zwar sei für jede offene Menge $U \subset X_n$; $\mathcal{G}_{n,r}(U)$ der Modul aller holomorphen Funktionen

$$f\colon p^{-1}(U) \to \mathbb{C}; \qquad p\colon \mathbb{H}_n \to X_n,$$

welche sich wie Modulformen transformieren,

$$f(M\langle Z \rangle) = \det(CZ + D)^r f(Z)$$

und welche im Falle $n = 1$ noch gewissen Beschränktheitsbedingungen genügen. Man zeigt dann

5.6 Theorem. *Die Garben* $\mathcal{G}_{n,r}$ *sind kohärent. Zu jedem n existiert eine natürliche Zahl* $r_0 = r_0(n)$, *so daß* $\mathcal{G}_{n,r}$ *für* $r_0 | r$ *ein Geradenbündel ist. Diese Geradenbündel sind* „ample“ *und es gilt*

$$\mathcal{G}_{n, r r_0} = \mathcal{G}_{n, r_0}^{\otimes r}.$$

Die Analytifizierung und Algebraisierung der Satakekompaktifizierung stammt von W. Baily [5]. Eine ausführliche Darstellung findet man in [10]. Im nächsten Abschnitt führen wir die Kompaktifizierungstheorie mit leicht modifizierter Konstruktion für mit Γ_n kommensurable Untergruppen von $Sp(n, \mathbb{R})$ durch. Die ganze Theorie läßt sich auch auf beliebige beschränkte symmetrische Gebiete und arithmetische Gruppen übertragen [7].

§6. Die Theorie der Modulformen für Untergruppen von endlichem Index in der Siegelschen Modulgruppe

Die Theorie der Modulformen zu Untergruppen von endlichem Index von Γ_n oder allgemeiner zu mit Γ_n kommensurablen Gruppen läßt sich weitgehend analog zum bisher betrachteten Fall der vollen Modulgruppe entwickeln. Viele Sätze lassen sich sogar auf den Fall der vollen Modulgruppe leicht zurückführen, wie zum Beispiel die endliche Erzeugbarkeit des Ringes $A(\Gamma)$. Man braucht hierzu nicht die Satakekompaktifizierung $\overline{\mathbb{H}_n/\Gamma}$. Deren Konstruktion ist technisch aufwendiger als im Falle $\Gamma=\Gamma_n$. Wir konstruieren $\overline{\mathbb{H}_n/\Gamma}$ als Quotientenraum

$$\overline{\mathbb{H}_n/\Gamma}=\mathbb{H}_n^*/\Gamma$$

der durch die rationalen Randkomponenten (Spitzen) erweiterten Siegelschen Halbebene $\mathbb{H}_n$. Wir konstruieren $\mathbb{H}_n^*$ als Teilmenge des „kompakten Duals" $\mathscr{G}_n$ aus Kap. I, §1.

Eine reelle Matrix A heißt **projektiv rational,** wenn es eine reelle Zahl $t\neq 0$ gibt, so daß tA eine rationale Matrix ist.

6.1 Hilfssatz. *Zu jeder projektiv rationalen Matrix $A=A^{(n)}$ existiert eine unimodulare Matrix $U\in Gl(n,\mathbb{Z})$, so daß*

$$UA=\begin{pmatrix} * & & * \\ & \ddots & \\ 0 & & * \end{pmatrix}$$

eine Dreiecksmatrix ist.

Beweis. Auf Grund des Lemmas von Gauß (A 5.2) existiert zunächst eine unimodulare Matrix U, so daß die erste Spalte von UA ein Vielfaches des Einheitsvektors $(1,0,\dots,0)'$ ist.

Der Beweis erfolgt nun leicht durch Induktion nach n □

6.2 Hilfssatz. *Zu jeder projektiv rationalen symplektischen Matrix $M\in Sp(n,\mathbb{R})$ existiert eine Modulmatrix $N\in Sp(n,\mathbb{Z})$ mit der Eigenschaft*

$$NM=\begin{pmatrix} A & B \\ 0 & D \end{pmatrix}, \quad A=\begin{pmatrix} * & & * \\ & \ddots & \\ 0 & & * \end{pmatrix}.$$

Beweis. Beim Beweis der Erzeugbarkeit der Modulgruppe durch die Substitutionen $Z\to -Z^{-1}$ und $Z\to Z+S$ haben wir gezeigt, daß zu jedem ganzen Vektor $g\in\mathbb{Z}^{2n}$ eine Modulmatrix $N\in Sp(n,\mathbb{Z})$ mit der Eigenschaft

$$Ng=\begin{pmatrix} * \\ 0 \\ \vdots \\ 0 \end{pmatrix}$$

existiert (s. AV). Folgedessen existiert zu jeder projektiv rationalen Matrix M eine Modulmatrix N, so daß die erste Spalte von NM ein Vielfaches des Einheitsvektors $(1,0,\dots,0)'$ ist.

Der Beweis von 6.2 erfolgt nun durch Induktion nach n: Man orientiere sich an dem Beweis von A 5.4 und findet eine (neue) Matrix $N \in Sp(n, \mathbb{Z})$ mit

$$NM = \left(\begin{array}{cc|c} 1 & * & \\ & & * \\ 0 & A_1 & \\ \hline 0 & C_2 & \\ & & * \\ 0 & 0 & \end{array}\right)$$

Aus den symplektischen Relationen ($A'C = C'A$) folgt $C_2 = 0$ □

6.3 Definition. Eine Untergruppe $\Gamma \subset Sp(n, \mathbb{R})$ heißt mit der Siegelschen Modulgruppe *kommensurabel*, falls folgende beiden Bedingungen erfüllt sind:

a) Die Elemente von Γ sind projektiv rational.

b) Die Gruppe $\Gamma \cap \Gamma_n$ hat sowohl in Γ als auch in Γ_n endlichen Index.

Es läßt sich zeigen, daß a) eine Folge von b) ist [14]. Jede mit Γ_n kommensurable Gruppe ist diskret in $Sp(n, \mathbb{R})$, operiert also auf $\mathbb{H}_n$ eigentlich diskontinuierlich.

Wichtige Beispiele sind die *Kongruenzgruppen.*

6.4 Definition. Die Hauptkongruenzgruppe der Stufe $l \geq 1$ ist der Kern des natürlichen Homomorphismus

$$Sp(n, \mathbb{Z}) \rightarrow Sp(n, \mathbb{Z}/l\mathbb{Z})$$

Wir bezeichnen sie mit $\Gamma_n[l]$.

Dies ist ein Normalteiler von endlichem Index in Γ_n.

6.5 Hilfssatz. *Im Falle $l \geq 3$ enthält die Hauptkongruenzgruppe $\Gamma_n[l]$ außer E kein Element endlicher Ordnung, operiert also fixpunktfrei auf $\mathbb{H}_n$.*

Folgerung. $\mathbb{H}_n/\Gamma_n[l]$, $l \geq 3$, *ist eine analytische Mannigfaltigkeit.*

Beweis. Sei $M \neq E$ ein Element minimaler Ordnung in $\Gamma_n[l]$. Die Ordnung von M ist notwendigerweise eine Primzahl p,

$$M^p = E.$$

Die Zahl $a > 0$ sei maximal gewählt, so daß

$$M \in \Gamma_n[l^a], \qquad \text{also } M = E + l^a A$$

gilt. Aus der binomischen Formel folgt

$$\sum_{j=1}^{p} l^{aj} \binom{p}{j} A^j = 0.$$

Hieraus folgt, daß der erste Term dieser Summe, $l^a p A$, durch l^{2a} teilbar ist. Da A nicht mehr durch l teilbar ist, muß l^a ein Teiler von p sein. Da p eine Primzahl ist, sind die Binomialkoeffizienten $\binom{p}{j}$, $1 \leq j \leq p-1$ durch p teilbar. Aus obiger Formel folgt

$$p^{a+1} A + p^{ap} A^p \equiv 0 \bmod p^{a+2}.$$

Da A nicht durch p teilbar ist, folgt

$$ap \leq a+1$$

und hieraus

$$l = p = 2 \quad \text{und} \quad a = 1 \quad \square$$

6.6 Definition. Sei Γ eine mit Γ_n kommensurable Gruppe. Eine Modulform vom Gewicht $r \in \mathbb{Z}$ bezüglich Γ ist eine Funktion $f\colon \mathbb{H}_n \to \mathbb{C}$ mit den Eigenschaften:

a) f ist holomorph,

b) $f \underset{r}{|} M = f$ für alle $M \in \Gamma$,

c) $f \underset{r}{|} N$ ist für alle projektiv rationalen Matrizen $N \in Sp(n, \mathbb{R})$ in Bereichen der Art $Y \geq Y_0 > 0$ beschränkt.

Wir bezeichnen wieder mit $[\Gamma, r]$ den Vektorraum all dieser Modulformen.

Wie im Falle $\Gamma = \Gamma_n$ zeigt man, daß die Bedingung c) im Falle $n > 1$ schon aus a) und b) folgt (s.u.).

Aus Hilfssatz 6.2 folgt unmittelbar:

6.7 Bemerkung. *In obiger Definition 6.6 ist es ausreichend, wenn N alle Modulmatrizen ($N \in \Gamma_n$) durchläuft. Da $f|N$ nur von der Linksnebenklasse ΓN abhängt, genügt es sogar, wenn N ein Vertretersystem aller Nebenklassen ΓN, $N \in \Gamma_n$ durchläuft. Deren Anzahl ist endlich, nämlich gleich dem Index $[\Gamma_n : \Gamma \cap \Gamma_n]$. Im Falle der vollen Modulgruppe ist also Definition 6.6 mit der in* I 3.1 *gegebenen Definition konsistent.*

6.8 Bemerkung. *Sei Γ mit der Siegelschen Modulgruppe Γ_n kommensurabel, $N \in Sp(n, \mathbb{R})$ eine projektiv rationale Substitution. Dann ist auch*

$N\Gamma N^{-1}$ mit Γ_n kommensurabel. Die Abbildung $f \to f|N^{-1}$ definiert einen Isomorphismus

$$[\Gamma, r] \to [N\Gamma N^{-1}, r].$$

Beweis. Wir zeigen die Kommensurabilität. Es genügt zu zeigen, daß $N\Gamma_n N^{-1}$ mit Γ_n kommensurabel ist, daß also der Durchschnitt

$$\Gamma_0 := N\Gamma_n N^{-1} \cap \Gamma_n$$

sowohl in $N\Gamma_n N^{-1}$, als auch in Γ_n, endlichen Index hat. Da man N durch N^{-1} ersetzen kann, genügt es zu zeigen, daß Γ_0 in Γ_n endlichen Index hat. Wir wählen eine Zahl $t > 0$, so daß tN ganz rational ist und behaupten

$$\Gamma_0 \supset \Gamma_n[l], \qquad l := \det(tN).$$

Wir müssen also zeigen, daß jede Matrix aus

$$N^{-1}\Gamma_n[l]N$$

ganz und damit in Γ_n enthalten ist. Sei

$$M = E + lA \in \Gamma_n[l].$$

Dann ist

$$N^{-1}MN = E + l(tN)^{-1}A(tN)$$

ganz, wie zu zeigen war □

Das **Translationsgitter** $\mathfrak{t} = \mathfrak{t}(\Gamma)$ einer mit Γ_n kommensurablen Gruppe Γ besteht aus allen Matrizen $S = S'$, so daß die Substitution $Z \to Z + S$ in Γ enthalten ist.

Mit $\mathfrak{U} = \mathfrak{U}(\Gamma)$ bezeichnen wir die Gruppe aller Matrizen $U \in Gl(n, \mathbb{R})$, so daß die Substitution $Z \to Z[U]$ in Γ enthalten ist.

Die Gruppe $\mathfrak{t}(\Gamma) \cap \mathfrak{t}(\Gamma_n)$ hat sowohl in $\mathfrak{t}(\Gamma)$ als auch in $\mathfrak{t}(\Gamma_n)$ endlichen Index. Entsprechendes gilt für $\mathfrak{U}$. Da die Gruppe $\mathfrak{t}(\Gamma_n)$ kommutativ ist, muß eine natürliche Zahl l mit der Eigenschaft

$$l\,\mathfrak{t}(\Gamma_n) \subset \mathfrak{t}(\Gamma)$$

existieren. Eine Modulform $f \in [\Gamma, r]$ ist periodisch:

$$f(Z + lS) = f(Z), \qquad S = S' \text{ ganz.}$$

Wir können die Funktion $f(lZ)$ in eine Fourierreihe entwickeln:

$$f(Z) = \sum_{T = T' \text{ gerade}} a(T)\, e^{\frac{\pi i}{l}\sigma(TZ)}.$$

Es gilt

$$a(T[U]) = a(T) \qquad \text{für } U \in \mathfrak{U}, \det U = 1.$$

Allein hieraus und aus der Konvergenz der Fourierreihe folgert man im Falle $n>1$ (III 4.11)

$$a(T) \neq 0 \Rightarrow T \geq 0.$$

Im Falle $n=1$ folgt dies aus Bedingung c) in Definition 6.6. Im Falle $n>1$ ist also Bedingung c) in Definition 6.6 überflüssig! Wir können nun wieder den Siegelschen Φ-Operator anwenden und erhalten

$$\begin{aligned}(f|\Phi)(Z) &:= \lim_{t\to\infty} f\begin{pmatrix} Z & 0 \\ 0 & it\end{pmatrix} \\ &= \sum_{T=T^{(n-1)}} a\begin{pmatrix} T & 0 \\ 0 & 0\end{pmatrix} e^{\frac{\pi i}{l}\sigma(TZ)}.\end{aligned}$$

Sei $\Gamma|\Phi$ die Gruppe aller symplektischen Matrizen

$$M_1 = \begin{pmatrix} A_1 & B_1 \\ C_1 & D_1\end{pmatrix} \in Sp(n-1, \mathbb{R}),$$

so daß

$$M = \begin{pmatrix} A & B \\ C & D\end{pmatrix}; \quad A = \begin{pmatrix} A_1 & 0 \\ 0 & 1\end{pmatrix}; \quad B = \begin{pmatrix} B_1 & 0 \\ 0 & 0\end{pmatrix}; \dots$$

in Γ enthalten ist. Offensichtlich ist diese Gruppe mit Γ_{n-1} kommensurabel und es gilt

$$f|\Phi \in [\Gamma|\Phi, r].$$

6.9 Definition. Eine Modulform $f \in [\Gamma, r]$ heißt *Spitzenform*, wenn

$$(f|N)|\Phi = 0$$

für alle projektiv rationalen Matrizen $N \in Sp(n, \mathbb{R})$ gilt.

Anmerkung. *Wie in 6.6 ist es auch hierbei ausreichend, wenn N ein Vertretersystem der Nebenklassen ΓN, $N \in \Gamma_n$ durchläuft.*

6.10 Bemerkung. *Ist $f \in [\Gamma, r]$ eine Spitzenform, so besitzt*

$$g(Z) := |f(Z)|(\det Y)^{\frac{r}{2}}$$

ein Maximum in $\mathbb{H}_n$.

Beweis. Sei $M_1, \dots, M_h$ ein Vertretersystem der endlich vielen Nebenklassen

$$\Gamma M, \qquad M \in \Gamma_n.$$

Wir setzen

$$\mathcal{F} = \bigcup_{\nu=1}^{h} M_\nu \langle \mathcal{F}_n \rangle,$$

wobei $\mathcal{F}_n$ den Siegelschen Fundamentalbereich bezeichne.

Behauptung. $\mathscr{F}$ ist eine **Fundamentalmenge** von Γ, d.h.

$$\mathbb{H}_n = \bigcup_{M \in \Gamma} M\langle \mathscr{F} \rangle.$$

Beweis. Sei $Z \in \mathbb{H}_n$. Es existiert eine Matrix $M \in \Gamma_n$, $M^{-1}\langle Z \rangle \in \mathscr{F}_n$. Sei

$$\Gamma M = \Gamma M_\nu$$

Dann gilt

$$M = N M_\nu \qquad \text{für ein } N \in \Gamma,$$

also

$$M_\nu^{-1} N^{-1} \langle Z \rangle \in \mathscr{F}_n$$

oder

$$Z \in N\langle \mathscr{F} \rangle.$$

Der Beweis von Bemerkung 6.10 erfolgt nun wie im Falle der vollen Modulgruppe (I § 3) □

Die Existenz- und Endlichkeitssätze des Kapitels I lassen sich nun auf beliebige Γ übertragen. Sie lassen sich sogar auf den Fall $\Gamma = \Gamma_n$ zurückführen, wie im folgenden dargelegt wird.

Bezeichnung. $[\Gamma, r]$: Vektorraum aller Modulformen, $[\Gamma, r]_0$: Unterraum der Spitzenformen, $A(\Gamma) = \bigoplus_{r \in \mathbb{Z}} [\Gamma, r]$.

Dieser graduierte Ring ist ein normaler Integritätsbereich (vgl. 5.1), sein Quotientenkörper sei $Q(A(\Gamma))$. Der homogene Quotientenkörper $K(A(\Gamma)) \subset Q(A(\Gamma))$ besteht aus allen Quotienten von Modulformen desselben Gewichts. Die Elemente von $K(A(\Gamma))$ können als meromorphe Funktionen auf $\mathbb{H}_n/\Gamma$ interpretiert werden.

6.11 Theorem. *Die $\mathbb{C}$-Algebra $A(\Gamma)$ ist endlich erzeugt. Der Körper $K(A(\Gamma))$ ist ein algebraischer Funktionenkörper vom Transzendenzgrad $N = \frac{1}{2} n(n+1)$.*

Zusatz. *Sei $\Gamma_0 \subset \Gamma$ eine Untergruppe von endlichem Index. Dann ist $K(\Gamma_0)$ eine endliche algebraische Körpererweiterung von $K(\Gamma)$. Ihr Grad stimmt mit dem Index $[\Gamma : \Gamma_0]$ überein.*

Beweis. Sei Γ_0 ein Normalteiler von endlichem Index in Γ. Die endliche Gruppe $G = \Gamma/\Gamma_0$ operiert auf $[\Gamma_0, r]$ durch

$$f \underset{r}{|} M\Gamma_0 := f \underset{r}{|} M.$$

$[\Gamma, r]$ ist genau der Unterraum der G-invarianten Elemente von $[\Gamma_0, r]$.

$$[\Gamma, r] = [\Gamma_0, r]^G, \qquad A(\Gamma) = A(\Gamma_0)^G.$$

Nach einem bekannten Satz der kommutativen Algebra ist $A(\Gamma)$ genau dann endlich erzeugte $\mathbb{C}$-Algebra, wenn $A(\Gamma_0)$ endlich erzeugt ist. Ist $\Gamma_0 \subset \Gamma$ nur eine Untergruppe von endlichem Index, so existiert bekanntlich ein Normalteiler $\Gamma_1 \subset \Gamma$ von endlichem Index, welcher in Γ_0 enthalten ist. Da Γ_1 dann auch in Γ_0 Normalteiler ist, gilt auch in diesem Fall:

$A(\Gamma)$ ist genau dann endlich erzeugt, wenn $A(\Gamma_0)$ endlich erzeugt ist.

Die endliche Erzeugbarkeit von $A(\Gamma_n)$ überträgt sich daher auf alle mit Γ_n kommensurablen Gruppen Γ.

Auch beim Beweis des Zusatzes kann man annehmen, daß Γ_0 Normalteiler in Γ ist. $K(\Gamma)$ ist Fixkörper einer endlichen Gruppe von Automorphismen von $K(\Gamma_0)$,

$$K(\Gamma)=K(\Gamma_0)^G, \qquad G=\Gamma/\Gamma_0.$$

Aus der *Galoistheorie* folgt, daß $K(\Gamma_0)$ eine endliche algebraische Körpererweiterung von $K(\Gamma)$ ist. Der Grad stimmt mit der Ordnung der Automorphismengruppe überein. Wir müssen daher zeigen, daß verschiedene Elemente von G verschiedene Automorphismen von $K(\Gamma_0]$ induzieren, mit anderen Worten:

Sei $M\in\Gamma$, $M\notin\Gamma_0$. Es existiert eine Modulfunktion $f\in K(\Gamma_0)$, $f|M\neq f$.

Wegen der Diskontinuität von Γ findet man zunächst einen Punkt $Z\in\mathbb{H}_n$, so daß Z und $M\langle Z\rangle$ modulo Γ_0 inäquivalent sind. Mit Hilfe von Poincaréreihen (I 4.9) konstruiert man eine Modulfunktion $f\in K(\Gamma_0)$, welche die beiden Punkte trennt □

Allein aus der endlichen Erzeugbarkeit von $A(\Gamma)$ kann man folgern, daß sich $\mathbb{H}_n/\Gamma$ als Zariski-offener Teil in eine projektive algebraische Varietät X_Γ einbetten läßt. Nur für die genaue Beschreibung des „Randes“ $X_\Gamma-\mathbb{H}_n/\Gamma$ ist es notwendig, die nun folgende Konstruktion der „Satakekompaktifizierung“ für beliebige Γ durchzuführen.

Für die Konstruktion benutzen wir die in Kap. I, §1 durchgeführte Einbettung von $\mathbb{H}_n$ in $\mathcal{G}_n$.

Man kann auch die Halbebene $\mathbb{H}_m$ kleineren Grades m in $\mathcal{G}_n$ einbetten:

Die Zuordnung

$$j(Z)=\begin{pmatrix}E\\ \tilde{Z}\end{pmatrix}, \qquad \tilde{Z}=\begin{pmatrix}Z^{-1} & 0\\ 0 & 0\end{pmatrix}$$

definiert eine Einbettung

$$j=j_{n,m}\colon\ \mathbb{H}_m\to\mathcal{G}_n, \qquad m\le n,$$

welche im Falle $m=n$ mit der in Kap. I, §1 betrachteten Einbettung $Z \to \begin{bmatrix} Z \\ E \end{bmatrix}$ *übereinstimmt.*

6.12 Definition. Die m-dimensionale *Standardrandkomponente* der Siegelschen Halbebene $\mathbb{H}_n$ ist das Bild

$$j_{n,m}(\mathbb{H}_m) \subset \mathcal{G}_n; \qquad 0 \le m < n.$$

6.13 Definition. Eine Teilmenge $A \subset \mathcal{G}_n$ heißt m-dimensionale rationale Randkomponente der Siegelschen Halbebene, wenn eine projektiv rationale Matrix $M \in Sp(n, \mathbb{R})$ existiert, so daß $M(A)$ die m-dimensionale Standardrandkomponente ist.

Beispiel $n=1$. In diesem Fall ist $\mathcal{G}_1$ nichts anderes als die projektive Gerade $P^1\,\mathbb{C}$, welche mit Hilfe der Abbildung

$$\begin{bmatrix} z_1 \\ z_2 \end{bmatrix} \to z_1 z_2^{-1}$$

mit der Riemannschen Zahlkugel $\bar{\mathbb{C}} = \mathbb{C} \cup \{\infty\}$ identifiziert werden kann. Die (0-dimensionale) Standardrandkomponente ist offensichtlich der Punkt ∞. Die rationalen Randkomponenten sind die einpunktigen Teilmengen von $\mathbb{Q} \cup \{\infty\}$.

6.14 Hilfssatz. *Zu jeder rationalen Randkomponente $A \subset \mathcal{G}_n$ existiert eine Modulmatrix $M \in \Gamma_n$, so daß $M(A)$ Standardrandkomponente ist.*

Beweis. Zunächst existiert eine projektiv rationale symplektische Matrix M_0, so daß $M_0(A)$ Standardrandkomponente ist. Es genügt daher zu zeigen:

Es existiert eine projektiv rationale Matrix N, welche im Durchschnitt aller Stabilisatoren der Standardrandkomponenten enthalten ist, so daß NM_0 in Γ_n enthalten ist.

Die Matrizen in diesem Durchschnitt haben die Gestalt

$$N = \begin{pmatrix} A & B \\ 0 & D \end{pmatrix}; \qquad A' = \begin{pmatrix} * & \cdots & * \\ & \ddots & \vdots \\ 0 & & * \end{pmatrix}$$

und entstehen aus den in Hilfssatz 6.2 beschriebenen Matrizen durch Konjugation mit

$$\begin{pmatrix} U' & 0 \\ 0 & U^{-1} \end{pmatrix}; \qquad U = \begin{pmatrix} 0 & & 1 \\ & \cdot^{\cdot^{\cdot}} & \\ 1 & & 0 \end{pmatrix}.$$

Hilfssatz 6.14 ist nun eine leichte Folgerung aus 6.2 □

Wir bezeichnen mit $\mathbb{H}_n^*$ die Vereinigung von $\mathbb{H}_n$ mit allen rationalen Randkomponenten

$$\mathbb{H}_n \cup \bigcup A$$
$$A \subset \mathcal{G}_n, \quad A \text{ rationale Randkomponente von } \mathbb{H}_n.$$

Auf $\mathbb{H}_n^*$ operiert die Gruppe aller projektiv rationalen symplektischen Substitutionen $M \in Sp(n, \mathbb{R})$, insbesondere jede mit Γ_n kommensurable Gruppe Γ. Wir können also die Menge

$$X_\Gamma := \mathbb{H}_n^*/\Gamma$$

bilden.

6.15 Hilfssatz. *Sei A die m-dimensionale Standardrandkomponente der Siegelschen Halbebene. Der Stabilisator von A in $\Omega_n := Sp(n, \mathbb{R})$ ist die in I 5.2 definierte Untergruppe $\Omega_{n,m}$, also*

$$\Omega_{n,m} = \{M \in \Omega_n,\ M(A) = A\}.$$

Ist $M \in \Omega_n$ eine Substitution mit der Eigenschaft $M(A) \cap A \neq \emptyset$, so ist sie schon im Stabilisator $\Omega_{n,m}$ enthalten.

Folgerung. *Im Falle $\Gamma = \Gamma_n$ besteht zwischen den Mengen X_Γ und $X_n = \mathbb{H}_n/\Gamma_n \cup \ldots \cup \mathbb{H}_0/\Gamma_0$ eine kanonische Bijektion.*

Hilfssatz 6.15 ist lediglich eine andere Formulierung von 2.5. Zum Beweis von der Folgerung muß man noch 6.14 heranziehen □

Wir führen auf $\mathbb{H}_n^*$ eine Topologie ein. Sei $U \subset \mathbb{H}_m$, $m \leq n$, eine offene Menge und $C > 0$ eine positive Zahl. Die Menge $W_n(U, C)$ bestehe aus allen Punkten $Z \in \mathbb{H}_n$ mit der Eigenschaft

$$Z = \begin{pmatrix} Z_1 & * \\ * & * \end{pmatrix}, \quad Z_1 = Z_1^{(m)} \in U,$$

$$Y = \begin{pmatrix} Y_1 & 0 \\ 0 & Y_2 \end{pmatrix} \begin{bmatrix} E & B \\ 0 & E \end{bmatrix}, \quad m(Y_2) > C.$$

Hierbei ist

$$m(Y_2) = \min_{g \text{ ganz},\, g \neq 0} Y_2[g] \quad \text{(s. I, §2).}$$

Wir bezeichnen mit

$$\Omega_{n,m}^0 = \operatorname{Kern}(\Omega_{n,m} \to \Omega_m)$$

den Kern des in I 5.3 beschriebenen natürlichen Homomorphismus von $\Omega_{n,m}$ in Ω_m. Die Elemente aus dieser Gruppe lassen die m-dimensionale Standardrandkomponente *punktweise* fest. Wir definieren

$$\Gamma_{n,m}^0 = \Omega_{n,m}^0 \cap \Gamma_n$$

und

$$\tilde{W}_n(U, C) = \Gamma^0_{n,m}\Big(\bigcup_{m \le \nu \le n} j_{n,\nu}\, W_\nu(U, C)\Big)$$
$$= \{a \in \mathcal{G}_n;\ a = M(b) \text{ für ein } M \in \Gamma^0_{n,m};$$
$$b \in \bigcup_{m \le \nu \le n} j_{n,\nu}\, W_\nu(U, C)\}.$$

6.16 Hilfssatz. *Sei $M \in \Omega_{n,m}$, $m \le n$ eine projektiv rationale Matrix und $U \subset \mathbb{H}_m$ eine offene Umgebung eines Punktes $a \in \mathbb{H}_m$, sowie $C > 0$ eine positive Zahl. Dann gilt*

1) $W_n(U', C') \subset M\, W_n(U, C)$
2) $\tilde{W}_n(U', C') \subset M\, \tilde{W}_n(U, C)$,

wobei $U' \subset \mathbb{H}_m$ eine geeignete offene Umgebung von $M(a)$ und $C' > 0$ eine positive Konstante bezeichne.

Beweis von 1. Sei A eine reelle invertierbare Matrix, $t > 0$, so daß tA, tA^{-1} ganz sind. Dann gilt

$$t^{-2} m(Y) \le m(Y[A]) \le t^2 m(Y).$$

Hieraus folgt leicht 1) □

Beweis von 2. Die Gruppe $M^{-1}\Gamma^0_{n,m} M$ ist in $\Omega^0_{n,m}$ enthalten und offensichtlich mit $\Gamma^0_{n,m}$ kommensurabel (vgl. 6.3 und 6.8). Es gilt daher

$$M^{-1}\Gamma^0_{n,m} M \subset \bigcup_{\nu=1}^{h} \Gamma^0_{n,m} M_\nu$$

mit geeigneten projektiv rationalen Substitutionen $M_\nu \in \Omega^0_{n,m}$. Es folgt

$$M^{-1}\Gamma^0_{n,m} \subset \bigcup_{\nu=1}^{h} \Gamma^0_{n,m} N_\nu$$

mit gewissen projektiv rationalen $N_\nu \in \Omega_{n,m}$. Man kann wie beim Beweis von 6.14 erreichen, daß die Matrizen N_ν im Durchschnitt der Stabilisatoren der Standardrandkomponenten $j_{n,\nu}(\mathbb{H}_\nu)$; $m \le \nu \le n$, enthalten sind. Aus dem 1. Teil des Hilfssatzes 6.16 folgt

$$j_{n,\nu}\, W_\nu(U', C') \subset N_\nu j_{n,\nu}\, W_\nu(U, C), \qquad m \le \nu \le n,$$

und daher

$$M^{-1}\, \tilde{W}_n(U', C') \subset \tilde{W}_n(U, C),$$

was zu beweisen war □

6.17 Definition. Eine Teilmenge $U \subset \mathbb{H}_n^*$ heiße offen, falls folgende beiden Bedingungen erfüllt sind.

a) $U \cap \mathbb{H}_n$ ist im üblichen Sinne offen,

b) zu jedem „Randpunkt" $a \in \mathbb{H}_n^* \setminus \mathbb{H}_n$, $a \in D$, existiert eine projektiv rationale Substitution $M \in Sp(n, \mathbb{R})$, so daß $M(a)$ in einer Standardrandkomponente $j_{n,m}(\mathbb{H}_m)$ enthalten ist, und so daß $M(U)$ eine Menge $\tilde{W}_n(V, C)$ umfaßt, wobei $V \subset \mathbb{H}_m$ eine geeignete offene Umgebung von $M(a)$ und C eine positive Zahl bezeichne.

6.18 Satz. *Durch Definition 6.17 wird eine Topologie auf* $\mathbb{H}_n^*$ *mit folgenden Eigenschaften erklärt:*

1) $\mathbb{H}_n$ *ist (mit der üblichen Topologie) ein offener dichter Teil von* $\mathbb{H}_n^*$.

2) *Projektiv rationale symplektische Matrizen definieren Homöomorphismen von* $\mathbb{H}_n^*$.

3) *Sei* $\Gamma \subset Sp(n, \mathbb{R})$ *eine mit* Γ_n *kommensurable Gruppe.* $X_\Gamma = \mathbb{H}_n^*/\Gamma$ *ist – mit der Quotiententopologie versehen – ein kompakter topologischer Hausdorffraum mit abzählbarer Basis der Topologie, welcher* $\mathbb{H}_n/\Gamma$ *als offenen dichten Teilraum enthält.*

4) *Im Falle* $\Gamma = \Gamma_n$ *stimmt die so definierte Topologie auf*

$$\mathbb{H}_n^*/\Gamma_n = \mathbb{H}_n/\Gamma_n \cup \ldots \cup \mathbb{H}_0/\Gamma_0$$

mit der Sataketopologie überein.

Wir nennen auch die Topologien auf $\mathbb{H}_n^*$ bzw. $\mathbb{H}_n^*/\Gamma$ Sataketopologien.

Beweis. Die ersten beiden Behauptungen sind klar. Im folgenden wollen wir der Einfachheit halber $\mathbb{H}_m$ mit seinem Bild $j_{n,m}(\mathbb{H}_m) \subset \mathcal{G}_n$ identifizieren. Die disjunkte Vereinigung aller $\mathbb{H}_m$, $0 \leq m \leq n$, ist also ein Teil von $\mathbb{H}_n^*$,

$$\mathbb{H}_n \dot{\cup} \ldots \dot{\cup} \mathbb{H}_0 \subset \mathbb{H}_n^*.$$

Zum Beweis von 3) und 4) benötigen wir die nun folgenden Hilfssätze 6.18_1 und 6.18_2.

6.18_1 Hilfssatz. *Sei* $u > 0$. *Die Sataketopologie auf* $\mathbb{H}_n^*$ *induziert auf* $\mathcal{F}_n^*(u)$ *die in 2.8 definierte Topologie.*

Beweis. Wann konvergiert eine Folge $Z(v) \in \mathbb{H}_n$ bezüglich der Sataketopologie (6.17) gegen den Punkt $Z_1 \in \mathbb{H}_m$, $m < n$?

Zerlegt man

$$Z(v) = \begin{pmatrix} Z_1(v) & * \\ * & * \end{pmatrix}, \quad Y(v) = \begin{pmatrix} Y_1(v) & 0 \\ 0 & Y_2(v) \end{pmatrix} \begin{bmatrix} E & B(v) \\ 0 & E \end{bmatrix}$$

so bedeutet dies

a) $Z_1(v) \to Z_1$ im üblichen Sinne,

b) $m(Y_2(v)) \to \infty$.

Wenn die Folge $Z(v)$ in einem $\mathcal{F}_n(u)$ enthalten ist, stimmt dies mit dem in 2.1 gegebenen Konvergenzbegriff überein! (Man benutze die Folgerung zu 1.2) □

Zum Beweis von 3) und 4) untersuchen wir nun allgemein, wann eine Folge $a(\nu)\in\mathbb{H}_n^*$; $\nu=1,2,\ldots$ gegen einen Punkt $a\in\mathbb{H}_n^*$ konvergiert. Wir dürfen annehmen, daß a in einem $\mathbb{H}_m$, $m\leq n$, und alle Folgenglieder in $W_n(U,C)$; U offene Umgebung von a, $C>0$, enthalten sind. Für jede Folge $M_\nu\in\Gamma_{n,m}^0$ gilt auch

$$M_\nu(a(\nu))\to a \quad \text{(und umgekehrt)}.$$

Wir dürfen daher annehmen, daß alle $a(\nu)$ in den Standardrandkomponenten enthalten sind. Da es nur endlich viele Standardrandkomponenten gibt, dürfen wir annehmen, daß alle $a(\nu)$ in *einer* Standardrandkomponente enthalten sind, o.B.d.A.

$$a(\nu)=Z(\nu)\in\mathbb{H}_n.$$

6.18$_2$ Hilfssatz. *Wenn die Folge $Z(\nu)\in\mathbb{H}_n$ bezüglich der Sataketopologie von $\mathbb{H}_n^*$ (6.17) konvergiert, so existiert eine Folge von Modulmatrizen $M_\nu\in\Gamma_n$, welche Z_1 festlassen, so daß alle $M_\nu\langle Z(\nu)\rangle$ in einem $\mathscr{F}_n(u)$ enthalten sind.*

Zum Beweis setzen wir $M_\nu\langle Z(\nu)\rangle=\tilde{Z}(\nu)$.

$$\tilde{Z}(\nu)=\begin{pmatrix}Z_1(\nu) & *\\ * & *\end{pmatrix}; \quad \tilde{Y}(\nu)=\begin{pmatrix}\tilde{Y}_1(\nu) & 0\\ 0 & \tilde{Y}_2(\nu)\end{pmatrix}\begin{bmatrix}E & \tilde{B}(\nu)\\ 0 & E\end{bmatrix}.$$

Durch geeignete Wahl von M_ν erzwingt man der Reihe nach

a) $\tilde{Y}_2(\nu)$ ist Minkowski-reduziert,
b) $\tilde{B}(\nu)$ ist mod 1 reduziert,
c) $\tilde{X}(\nu)$ ist mod 1 reduziert.

Aus 1.6$_4$ folgt, daß alle $\tilde{Z}(\nu)$ in einem $\mathscr{F}_n(u)$ enthalten sind □

Beweis von 3) *aus* 6.18. Sei G eine *endliche* Gruppe von Homöomorphismen eines Hausdorffraumes X. Dann ist auch der Quotientenraum X/G Hausdorffsch. Wenn X/G ein kompakter Raum mit abzählbarer Topologie ist, so trifft dies auch für X zu (und natürlich auch umgekehrt).

Wir müssen aus diesem Grund nur noch beweisen, daß X_Γ ein **Hausdorffraum** ist und dürfen dabei sogar annehmen, daß Γ ein Normalteiler von endlichem Index in Γ_n ist.

Wir schließen indirekt, nehmen also an, daß zwei verschiedene Punkte $a,b\in X_\Gamma$ existieren, welche sich nicht trennen lassen. Wir wählen für jeden Punkt ein abzählbares Fundamentalsystem $U_\nu(a)$, $U_\nu(b)$ von offenen Umgebungen aus. Es gilt also $U_\nu(a)\cap U_\nu(b)\neq\emptyset$. Da $\mathbb{H}_n/\Gamma$ dicht in X_Γ ist, finden wir eine Folge

$$a_\nu\in U_\nu(a)\cap U_\nu(b)\cap\mathbb{H}_n/\Gamma.$$

Diese Folge konvergiert sowohl gegen a als auch gegen b. Seien

$$M\langle Z_1\rangle; \quad \tilde{M}\langle\tilde{Z}_1\rangle; \quad Z_1\in\mathbb{H}_m, \tilde{Z}_1\in\mathbb{H}_m, M, \tilde{M}\in\Gamma_n,$$

Repräsentanten der Punkte a, b. Wir finden Repräsentanten $Z(v)$, $\tilde{Z}(v)\in\mathbb{H}_n$ von a_v, so daß

$$Z(v)\to M\langle Z_1\rangle, \quad \tilde{Z}(v)\to\tilde{M}\langle\tilde{Z}_1\rangle$$

bezüglich der in 6.17 definierten Topologie gilt. Da $Z(v)$ und $\tilde{Z}(v)$ modulo Γ denselben Punkt a_v repräsentieren, muß

$$P_v\langle Z(v)\rangle=\tilde{Z}(v), \quad P_v\in\Gamma$$

gelten.

Behauptung. Es gilt $P_v M\langle Z_1\rangle=\tilde{M}\langle\tilde{Z}_1\rangle$ für unendlich viele v und daher $a=b$ im Widerspruch zu unserer Annahme.

Beweis. Nach Voraussetzung gilt

$$M^{-1}\langle Z(v)\rangle\to Z_1, \quad \tilde{M}^{-1}\langle\tilde{Z}(v)\rangle\to\tilde{Z}_1.$$

Wir wollen Hilfssatz 6.18_2 anwenden und wählen daher Folgen

$$M_v\in(\Gamma_n)_{Z_1}; \quad \tilde{M}_v\in(\Gamma_n)_{\tilde{Z}_1},$$

so daß alle Glieder

$$M_v M^{-1}\langle Z(v)\rangle; \quad \tilde{M}_v\tilde{M}^{-1}P_v\langle Z(v)\rangle$$

in einem $\mathscr{F}_n(u)$ enthalten sind. Nun können wir Hilfssatz 2.6 anwenden und erhalten

$$\tilde{M}_v\tilde{M}^{-1}P_v M M_v^{-1}Z_1=\tilde{Z}_1$$

für unendlich viele v. Hieraus folgt aber, wie behauptet

$$P_v M\langle Z_1\rangle=\tilde{M}\langle\tilde{Z}_1\rangle.$$

Damit ist Satz 6.18 bewiesen □

Beschreibung des Randes $X_\Gamma\setminus\mathbb{H}_n/\Gamma$ für eine mit Γ_n kommensurable Gruppe Γ. Wir gehen aus von der kanonischen Einbettung

$$j_{n,n-1}\colon \mathbb{H}_{n-1}\to\mathbb{H}_n^*.$$

Diese läßt sich offenbar zu einer stetigen Einbettung

$$\mathbb{H}_{n-1}^*\hookrightarrow\mathbb{H}_n^*$$

fortsetzen, und diese induziert eine stetige Abbildung

$$\mathbb{H}_{n-1}^*/(\Gamma|\Phi)\to\mathbb{H}_n^*/\Gamma\setminus\mathbb{H}_n/\Gamma.$$

Wenn Γ von Γ_n verschieden ist, braucht diese Abbildung nicht surjektiv zu sein.

Sei $M \in Sp(n,\mathbb{R})$ eine projektiv rationale Substitution. Die Zuordnung $Z \to M^{-1}\langle Z\rangle$ induziert eine topologische Abbildung

$$X_{M\Gamma M^{-1}} \to X_\Gamma .$$

Setzt man diese mit einer Abbildung der soeben konstruierten Art zusammen, so erhält man eine Abbildung

$$X_{(M\Gamma M^{-1})|\Phi} \to X_\Gamma \setminus \mathbb{H}_n/\Gamma .$$

6.19 Bemerkung. *Sei Γ eine mit Γ_n kommensurable Untergruppe von $Sp(n,\mathbb{R})$. Es existieren endlich viele Substitutionen $M_1, \ldots, M_h \in \Gamma$, so daß die natürliche Abbildung*

$$\bigcup_{1 \le \nu \le h} X_{(M_\nu \Gamma M_\nu^{-1})|\Phi} \to X_\Gamma \setminus \mathbb{H}_n/\Gamma$$

surjektiv ist. Da ihre Fasern diskret sind, ist sie endlich.

Die Analytifizierung der Satakekompaktifizierung erfolgt nun analog zum Fall der vollen Siegelschen Modulgruppe.

Man versieht zunächst X_Γ mit einer geringten Struktur $\mathcal{O}_{X_\Gamma}$. Eine Funktion $f\colon U \to X$ auf einem offenem Teil $U \subset X_\Gamma$ gehöre genau dann dieser Struktur an, wenn sie stetig ist und wenn ihre Einschränkung auf $\mathbb{H}_n/\Gamma$ holomorph ist.

Wir müssen zeigen, daß $(X_\Gamma, \mathcal{O}_{X_\Gamma})$ ein normaler komplexer Raum ist.

Behauptung. Es genügt anzunehmen, daß Γ ein Normalteiler von endlichem Index in Γ_n ist.

Beweis. Ist Γ eine beliebige mit Γ_n kommensurable Gruppe, so existieren gemeinsame Untergruppen von endlichem Index, $\Gamma'' \subset \Gamma' \subset \Gamma \cap \Gamma_n$.

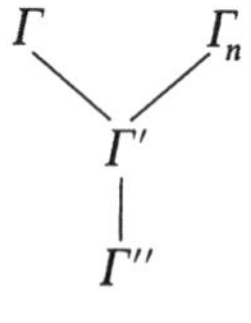

Man kann erreichen, daß Γ'' in Γ_n (damit auch in Γ') und daß Γ' in Γ Normalteiler ist. Der Satz sei für den Normalteiler Γ'' bewiesen. Die endliche Gruppe Γ'/Γ'' operiert auf dem komplexen Raum $(X_{\Gamma''}, \mathcal{O}_{X_{\Gamma''}})$, und $(X_{\Gamma'}, \mathcal{O}_{X_{\Gamma'}})$ ist zum Quotientenraum nach dieser Gruppe isomorph. Daher ist $(X_{\Gamma'}, \mathcal{O}_{X_{\Gamma'}})$ ein normaler komplexer Raum und mit demselben Schluß zeigt man, daß $(X_\Gamma, \mathcal{O}_{X_\Gamma})$ ein normaler komplexer Raum ist □

Sei nun Γ ein Normalteiler von endlichem Index in Γ_n. Die Punkte 1)–5) des „Cartanschen Kriteriums" 3.3 sind leicht nachzuweisen:

1) gilt nach Definition von $\mathcal{O}_{X_\Gamma}$.

2) folgt aus der Punktetrennungseigenschaft der Poincaréreihen (Kap. I, §4). Diese Theorie wurde für beliebige eigentlich diskontinuierliche Gruppen durchgeführt!

3) wird analog zum Fall $\Gamma = \Gamma_n$ bewiesen. (Hier ist es von Vorteil zu benutzen, daß Γ in Γ_n enthalten ist!)

4) Der Rand $X_\Gamma \setminus \mathbb{H}_n/\Gamma$ wird nach 6.19 von der *disjunkten Vereinigung*

$$\dot{\bigcup_{1 \leq \nu \leq h}} X_{M_\nu \Gamma M_\nu^{-1} | \Phi}$$

endlich überlagert. Diese ist nach Induktionsvoraussetzung ein komplexer Raum.

5) folgt aus dem entsprechenden Satz für die volle Modulgruppe (nach Voraussetzung ist $\Gamma \subset \Gamma_n$).

Die Algebraisierung der Satakekompaktifizierung kann man auf den Fall der vollen Modulgruppe zurückspielen. Man kann auch hierbei zunächst einmal annehmen, daß die Gruppe Γ ein Normalteiler von endlichem Index in Γ_n ist. Hierbei hat man zu benutzen, daß der Quotientenraum einer projektiven Varietät nach einer endlichen Gruppe von biholomorphen Selbstabbildungen selbst eine natürliche Struktur als projektive Varietät besitzt. Sei also $\Gamma \subset \Gamma_n$ ein Normalteiler von endlichem Index.

Wir wissen bereits, daß die Algebra $A(\Gamma)$ endlich erzeugt ist. Wir wählen eine natürliche Zahl r, so daß $A^{(r)}(\Gamma)$ und $A^{(r)}(\Gamma_n)$ von Modulformen vom Gewicht r erzeugt werden.

Sei $f_0, \ldots, f_m$ eine Basis von $[\Gamma_n, r]$. Wir ergänzen diese zu einer Basis

$$g_0 = f_0, \ldots, g_m = f_m, g_{m+1}, \ldots, g_{m'} \qquad \text{von } [\Gamma, r].$$

Diese Basen definieren holomorphe Abbildungen

$$\begin{array}{ccc} X_{\Gamma_n} & \xrightarrow{\;f\;} & V \subset P^m\,\mathbb{C} \\ \uparrow & & \uparrow \\ X_\Gamma & \xrightarrow{\;g\;} & V' \subset P^{m'}\,\mathbb{C} \end{array}$$

auf gewisse algebraische Varietäten V, V'. Die vertikalen Pfeile sind natürliche Projektionsabbildungen. Wir wissen:

a) f ist biholomorph (aus der Theorie für $\Gamma = \Gamma_n$).

b) Die Abbildung $V' \to V$ hat die Blätterzahl $[\Gamma_n : \Gamma]$ (weil diese Zahl mit dem Körpergrad $[K(\Gamma) : K(\Gamma_n)]$ übereinstimmt).

c) V' ist normal (weil $A(\Gamma)$ und daher $A^{(r_0)}(\Gamma)$ normal ist).

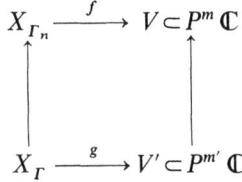

Aus a), b), c) folgt, daß $g: X_\Gamma \to V'$ eine endliche analytische Abbildung der Blätterzahl 1 zwischen normalen komplexen Räumen ist. Sie ist daher biholomorph. Wir erhalten daher:

6.20 Theorem. *Sei Γ eine mit Γ_n kommensurable Untergruppe von $Sp(n,\mathbb{R})$. Es existieren Modulformen*

$$f_0, \dots, f_m \in [\Gamma, r]$$

eines geeigneten Gewichts r, so daß die Abbildung

$$X_\Gamma \to P^m \mathbb{C}$$
$$„x \to [f_0(x), \dots, f_m(x)]“$$

eine biholomorphe Abbildung von X_Γ auf eine normale algebraische Varietät $V \subset P^m \mathbb{C}$ definiert.

Aus der Konstruktion geht hervor, daß der Rand $X_\Gamma \setminus \mathbb{H}_n/\Gamma$ eine analytische Teilmenge von X_Γ ist. Ihr Bild ist also eine algebraische Teilmenge von V. Der komplexe Raum $\mathbb{H}_n/\Gamma$ trägt also insbesondere die Struktur einer *quasiprojektiven algebraischen Varietät*. (Eine quasiprojektive algebraische Varietät entsteht aus einer projektiven durch Herausnahme einer algebraischen Teilvarietät.) Im Gegensatz zum Falle der vollen Modulgruppe ist der Rand $X_\Gamma \setminus \mathbb{H}_n/\Gamma$ nicht mehr irreduzibel und seine irreduziblen Komponenten brauchen nicht mehr normal zu sein.

In dem grundlegenden Seminaire Cartan [10] wird die Erweiterung $\mathbb{H}_n^*$ von $\mathbb{H}_n$ durch seine rationalen Randkomponenten auf anderem Wege - ohne Benutzung des „Duals“ $\mathcal{G}_n$ konstruiert: Da jede rationale Randkomponente durch eine Modulsubstitution $M \in \Gamma_n$ in eine Standardrandkomponente überführt werden kann, erhält man eine surjektive Abbildung

$$(\mathbb{H}_n \dot{\cup} \mathbb{H}_{n-1} \dot{\cup} \dots \dot{\cup} \mathbb{H}_0) \times \Gamma_n \to \mathbb{H}_n^*,$$
$$(Z, M) \to M(j_{n,m}(Z)), \quad Z \in \mathbb{H}_m,\ M \in \Gamma_n.$$

Man kann daher $\mathbb{H}_n^*$ mit Äquivalenzklassen von Paaren

$$(Z, M); \quad Z \in \mathbb{H}_m,\ M \in \Gamma_n,$$

bei einer geeigneten Äquivalenzrelation identifizieren. Diese Äquivalenzrelation wird in [10] direkt definiert und zur Konstruktion von $\mathbb{H}_n^*$ verwendet.

Abschließend verweisen wir noch einmal auf die Arbeit von Baily-Borel [7], wo die Kompaktifizierungstheorie für beliebige arithmetische Gruppen durchgeführt wird.

Kapitel III. Der Körper der Modulfunktionen

§ 1. Modulformen ersten und zweiten Grades

Der Ring der Siegelschen Modulformen vom Grade 1 bzw. 2 wird von 2 bzw. 4 algebraisch unabhängigen Modulformen erzeugt. Die Körper der Modulfunktionen sind in beiden Fällen rational.

Aus der Theorie der elliptischen Modulformen ist bekannt:

1.1 Satz. *Es existieren Modulformen*

$$G_4 \in [\Gamma_1, 4], \qquad G_6 \in [\Gamma_1, 6],$$

so daß sich jede Modulform $f \in [\Gamma_1, r]$ *eindeutig als isobares Polynom*

$$f = \sum_{4\mu + 6\nu = r} a_{\mu\nu} G_4^{\mu} G_6^{\nu}$$

schreiben läßt.

1.1₁ Folgerung. *Die Dimension* $\dim[\Gamma_1, r]$ *ist gleich der Anzahl aller Lösungen*

$$r = 4\mu + 6\nu; \qquad 0 \leq \mu, \nu,$$

d.h.

$$\dim[\Gamma_1, r] = \begin{cases} \left[\dfrac{r}{12}\right]^{*)}, & r \equiv 2 \bmod 12 \\[2ex] \left[\dfrac{r}{12}\right] + 1, & \text{sonst} \end{cases}$$

für gerade $r \geq 0$.

1.1₂ Folgerung. *Jede Modulfunktion ist als rationale Funktion in einer Funktion, etwa* $G_4^3 \cdot G_6^{-2}$ *darstellbar.*

Unter den vielen Beweisen von Satz 1.1 wählen wir einen aus, welcher sich auf den Fall $n = 2$ verallgemeinern läßt.

---

*) Wie üblich sei $[x] = \max\{n \in \mathbb{Z}, n \leq x\}$

Zur Konstruktion der Formen werden die in Kap. I, §0 eingeführten Thetareihen

$$\vartheta(z;a,b)=\sum_{g=-\infty}^{\infty} e^{\pi i\{z(g+\frac{1}{2}\cdot a)^2+b\cdot g\}},$$
$$a,b\in\{0,1\},\qquad ab=0,$$

benutzt. Wir schreiben häufig $\vartheta_{a,b}(Z)$ anstelle von $\vartheta(Z;a,b)$. Die achte Potenz ihres Produkts ist eine Spitzenform vom Gewicht 12 (I, §3.3, 3.10 Folgerung)

$$\Delta^{(1)}(z)=(\vartheta_{00}\,\vartheta_{01}\,\vartheta_{10})^8.$$

Der erste Koeffizient ihrer Fourierentwicklung

$$\Delta^{(1)}(z)=a_1\,q+a_2\,q^2+\dots,\qquad (q=e^{2\pi iz})$$

berechnet sich zu

$$a_1=\lim_{y\to\infty}\frac{\Delta^{(1)}(z)}{q}=2^8$$

und ist daher von 0 verschieden*). Schlüssel zum Beweis von Satz 1.1 ist:

1.1_3 Hilfssatz. *Die Modulform $\Delta^{(1)}(z)$ hat keine Nullstelle in der oberen Halbebene.*

Beweis. Es genügt zu zeigen, daß $\Delta^{(1)}(z)$ keine Nullstelle im Fundamentalbereich $\mathscr{F}_1$ hat. Dieser ist in dem durch $y\geq\frac{1}{2}\sqrt{3}$ definierten Bereich enthalten. Wir schätzen die drei Thetareihen in dieser Halbebene ab:

1) Sei $a=0$. Der konstante Term in der Entwicklung von $\vartheta_{0,b}$ ist 1. Wir ziehen diesen aus der Thetareihe heraus und schätzen den Rest durch die Betragsreihe ab. Im Bereich $y\geq\frac{1}{2}\sqrt{3}$ gilt

$$|\vartheta_{0,b}(z)-1|\leq 2\sum_{g=1}^{\infty} e^{-\frac{\pi}{2}\sqrt{3}\,g^2}=0{,}13\ldots<1$$

und es folgt

$$\vartheta_{0,b}(z)\neq 0\qquad\text{für } y\geq\tfrac{1}{2}\sqrt{3}.$$

2) Sei $a=1$. Im Bereich $y\geq\frac{1}{2}\sqrt{3}$ gilt

$$|\vartheta_{10}(z)\,e^{-\frac{\pi iz}{4}}-2|\leq 2\sum_{g=1}^{\infty} e^{-\frac{\pi\sqrt{3}}{2}g(g+1)}=0{,}0\ldots<1$$

und es folgt wiederum

$$\vartheta_{10}(z)\neq 0\qquad\text{für } y\geq\tfrac{1}{2}\sqrt{3}.$$

*) $\Delta(z)=2^{-8}\,\Delta^{(1)}$ ist die berühmte „Diskriminante“.

1.1$_4$ Hilfssatz. *Die Multiplikation mit $\Delta^{(1)}$ liefert einen Isomorphismus*

$$[\Gamma_1, r] \to [\Gamma_1, r+12]_0, \qquad f \to f\Delta^{(1)}.$$

Beweis. Sei g eine Spitzenform vom Gewicht $r+12$. Da $\Delta^{(1)}$ in der oberen Halbebene keine Nullstelle hat, ist $g/\Delta^{(1)}$ in der oberen Halbebene regulär und hat das Transformationsverhalten einer Modulform vom Gewicht r. Da $\Delta^{(1)}$ als Funktion von $q = e^{2\pi i z}$ eine Nullstelle erster Ordnung in $q=0$ hat, ist $g/\Delta^{(1)}$ in $q=0$ regulär und daher in Bereichen der Art $y \geq \delta > 0$ beschränkt. Aus 1.1$_4$ folgt unmittelbar

1.1$_5$ Hilfssatz. *Es gilt*

a) $\dim[\Gamma_1, r]_0 = 0$ *für* $r<12$,
b) $\dim[\Gamma_1, 12]_0 = 1$,
c) $\dim[\Gamma_1, r] \leq 1$ *für* $r<12$.

1.1$_6$ Hilfssatz. *Die Funktionen*

$$2G_4 := \vartheta_{00}^8 + \vartheta_{10}^8 + \vartheta_{01}^8,$$
$$2G_6 := (\vartheta_{00}^4 + \vartheta_{01}^4)(\vartheta_{00}^4 + \vartheta_{10}^4)(\vartheta_{01}^4 + \vartheta_{10}^4)$$

sind Modulformen vom Gewicht 4 *und* 6.

Es gilt

$$\lim_{y\to\infty} G_4(z) = \lim_{y\to\infty} G_6(z) = 1.$$

Die Spitzenform $G_4^3 - G_6^2 \in [\Gamma, 12]_0$ verschwindet nicht identisch. Es gilt daher

$$\Delta^{(1)}(z) = C\cdot(G_4^3 - G_6^2), \qquad C \neq 0.$$

Beweis. Die Periodizität (Invarianz bezüglich $z \to z+1$) von G_4 und G_6 rechnet man direkt nach. Das Transformationsverhalten unter $z \to -\dfrac{1}{z}$ ergibt sich aus den in Kap. I, §0 angegebenen Formeln. Die restlichen Aussagen von 1.1$_6$ beweist man leicht, indem man die ersten beiden Fourierkoeffizienten von G_4 und G_6 berechnet □

1.1$_7$ Hilfssatz. *Es gilt* $[\Gamma_1, 2] = 0$.

Beweis indirekt. Sei $f \in [\Gamma_1, 2]$ eine Modulform, welche nicht identisch verschwindet. Dann gilt

$$f^2 = aG_4; \quad f^3 = bG_6; \quad a, b \neq 0.$$

Die Formen G_4^3 und G_6^2 wären demnach linear abhängig, im Widerspruch zu 1.1$_6$ □

Wir beweisen nun Satz 1.1 durch Induktion nach r. Sei $f \in [\Gamma_1, r]$, $f \neq 0$. Dann gilt $r \equiv 0 \bmod 2$ und $r > 2$. Jede ganze Zahl mit dieser

Eigenschaft läßt sich in der Form

$$r=4\mu+6\nu; \qquad \mu, \nu \geq 0,$$

darstellen. Nach geeigneter Wahl von c ist

$$f-c\,G_4^{\mu}\,G_6^{\nu}$$

eine Spitzenform und daher durch $\Delta^{(1)}$ teilbar. Wendet man die Induktionsvoraussetzung auf den Quotienten an, so erhält man die Darstellbarkeit von f als isobares Polynom in G_4, G_6 □

Modulformen zweiten Grades. Wir benötigen die zehn Thetareihen

$$\vartheta_{a,b}(Z)=\sum_{g\in\mathbb{Z}^2} e^{\pi i\{Z[g+\frac{1}{2}a]+b'g\}},$$

$a, b\in\{0,1\}^2$; $a'b\equiv 0 \bmod 2$, also

$$\begin{pmatrix} a_1\\ a_2\\ b_1\\ b_2\end{pmatrix}\in\left\{\begin{matrix} 0&0&0&0&1&1&0&0&1&1\\ 0&0&0&0&0&0&1&1&1&1\\ 0&1&0&1&0&0&0&1&0&1\\ 0&0&1&1&0&1&0&0&0&1\end{matrix}\right\}.$$

Das Produkt dieser zehn Thetareihen sei

$$\Delta_0^{(2)}(Z)=\prod \vartheta_{a,b}(Z).$$

1.2 Hilfssatz. *Es existiert ein Homomorphismus* v: $\Gamma_2\to\{\pm 1\}$ *mit der Eigenschaft*

$$\Delta_0^{(2)}(M\langle Z\rangle)=v(M)\det(CZ+D)^5\,\Delta_0^{(2)}(Z).$$

Der Homomorphismus v *ist nicht trivial* ($v\not\equiv 1$), *aber es gilt*

$$v\begin{pmatrix} U' & 0\\ 0 & U^{-1}\end{pmatrix}=1 \quad \textit{für } U=\begin{pmatrix}1&0\\0&-1\end{pmatrix}.$$

Beweis. Man braucht das Transformationsverhalten nur für ein Erzeugendensystem der Modulgruppe zu beweisen. Die Modulgruppe zweiten Grades wird von der Substitution $Z\to -Z^{-1}$ und den Translationen

$$Z\to Z+S; \qquad S=\begin{pmatrix}1&0\\0&0\end{pmatrix},\quad \begin{pmatrix}0&0\\0&1\end{pmatrix},\quad \begin{pmatrix}0&1\\1&0\end{pmatrix},$$

erzeugt. Für jede einzelne Modulsubstitution ist die Transformationsformel leicht nachzurechnen. Wir bezeichnen mit $[\Gamma_2, r, v]$ den Vektorraum aller holomorphen Funktionen f: $\mathbb{H}_2\to\mathbb{C}$, welche der Transformationsformel

$$f(M\langle Z\rangle)=v(M)\det(CZ+D)^r f(Z)$$

genügen. Dabei sei v der in 1.2 auftretende Charakter. Im folgenden bestimmen wir

$$[\Gamma_2, r] \text{ für gerade } r \text{ und } [\Gamma_2, r, v] \text{ für ungerade } r.$$

Ein genaues Analogon von 1.1_3 kann nicht richtig sein, $\Delta_0^{(2)}(Z)$ muß Nullstellen haben. Andernfalls wäre $\Delta_0^{(2)}(Z)^{-2}$ eine Modulform negativen Gewichts. (Im Falle $n>1$ benötigt man auf Grund des Koecherprinzips keine Wachstumsbedingung „im Unendlichen".) Man kann Nullstellen von $\Delta_0^{(2)}(Z)$ explizit angeben:

Jede Form $f\in[\Gamma_2, r, v]$, $[\Gamma_2, r]$ verschwindet für ungerades r auf der Mannigfaltigkeit

$$z_1=0, \qquad Z=\begin{pmatrix} z_0 & z_1 \\ z_1 & z_2 \end{pmatrix};$$

denn es gilt

$$\begin{pmatrix} z_0 & z_1 \\ z_1 & z_2 \end{pmatrix}\begin{bmatrix} 1 & 0 \\ 0 & -1 \end{bmatrix}=\begin{pmatrix} z_0 & -z_1 \\ -z_1 & z_2 \end{pmatrix}$$

und daher

$$f\begin{pmatrix} z_0 & z_1 \\ z_1 & z_2 \end{pmatrix}=(-1)^r f\begin{pmatrix} z_0 & -z_1 \\ -z_1 & z_2 \end{pmatrix}.$$

1.3 Hilfssatz. *Die Funktion*

$$\frac{\Delta_0^{(2)}(Z)}{(e^{\pi i z_1}+1)(e^{\pi i z_1}-1)}; \qquad Z=\begin{pmatrix} z_0 & z_1 \\ z_1 & z_2 \end{pmatrix},$$

ist holomorph und hat im Siegelschen Fundamentalbereich $\mathscr{F}_2$ keine Nullstelle.

Folgerung. *Durch die Multiplikation mit $\Delta_0^{(2)}(Z)$ werden Isomorphismen*

$$\begin{aligned} &[\Gamma_2, 2r] &&\to [\Gamma_2, 2r+5, v] \\ &[\Gamma_2, 2r, v] &&\to [\Gamma_2, 2r+5] \end{aligned}$$

induziert.

Beweis. Im Fundamentalbereich $\mathscr{F}_2$ gelten die Ungleichungen

$$0\leq 2y_1\leq y_0\leq y_2, \qquad \frac{\sqrt{3}}{2}\leq y_0,$$

aus welchen

$$Y\geq\frac{\sqrt{3}}{4}\begin{pmatrix} 1 & 0 \\ 0 & 1 \end{pmatrix}$$

gefolgert werden kann. In diesem Bereich werden wir die Thetareihen abschätzen.

1) Sei $a=0$. Wir ziehen aus der Thetareihe $\vartheta(Z;0,b)$ den konstanten Term $(g=0)$ heraus und schätzen den Rest durch die Betragsreihe ab.

$$|\vartheta(Z;0,b)-1|\leq \sum_{g\neq 0} e^{-\pi Y[g]}.$$

Wir ziehen die Glieder zu $g_1^2+g_2^2=1$ aus der Summe heraus und erhalten

$$\sum_{g\neq 0} e^{-\pi Y[g]}\leq 4\,e^{-\frac{\pi}{2}\sqrt{3}}+\sum_{g_1^2+g_2^2>1} e^{-\frac{\pi}{4}\sqrt{3}(g_1^2+g_2^2)}<1.$$

Eine numerische Rechnung zeigt, daß die auf der rechten Seite stehende Zahl kleiner als 1 ist. Hieraus folgt

$$\vartheta(Z;0,b)\neq 0.$$

2) Sei $a=\begin{pmatrix}1\\0\end{pmatrix}$. Wir dividieren die Reihe $\vartheta(Z;a,b)$ erst durch $e^{\frac{\pi i z_0}{4}}$ und ziehen dann die konstanten Terme, welche zu $g=\begin{pmatrix}0\\0\end{pmatrix}$, $\begin{pmatrix}-1\\0\end{pmatrix}$ gehören, heraus und schätzen dann den Rest durch die Betragsreihe ab,

$$\left|\vartheta\left(Z;\begin{pmatrix}1\\0\end{pmatrix},\begin{pmatrix}0\\ *\end{pmatrix}\right)e^{-\frac{\pi i z_0}{4}}-2\right|\leq \sum_{g\neq\begin{pmatrix}0\\0\end{pmatrix},\begin{pmatrix}-1\\0\end{pmatrix}} e^{-\pi\{y_0 g_1(g_1+1)+y_1(2g_1+1)g_2+y_2 g_2^2\}}.$$

Mittels der Identität

$$(2g_1+1)g_2=(g_1+g_2+1)(g_1+g_2)-g_1(g_1+1)-g_2^2$$

beweist man

$$\begin{aligned}&y_0 g_1(g_1+1)+y_1(2g_1+1)g_2+y_2 g_2^2\\ &\geq (y_0-y_1)g_1(g_1+1)+(y_2-y_1)g_2^2\geq \tfrac{1}{4}\sqrt{3}[g_1(g_1+1)+g_2^2].\end{aligned}$$

Eine numerische Rechnung ergibt wie im ersten Fall $\vartheta\left(Z;\begin{pmatrix}1\\0\end{pmatrix},b\right)\neq 0$ und analog $\vartheta\left(Z;\begin{pmatrix}0\\1\end{pmatrix},b\right)\neq 0$ für $Z\in\mathscr{F}_2$.

3) Es bleibt der Fall $a=\begin{pmatrix}1\\1\end{pmatrix}$, $b=\varepsilon\begin{pmatrix}1\\1\end{pmatrix}$ mit $\varepsilon=0$ oder 1 zu untersuchen.

Eine einfache Umformung der Thetareihe zeigt

$$\begin{aligned}&e^{-\frac{1}{4}\pi i Z[a]+\pi i z_1}\,\vartheta(Z;a,b)\\ &=2\sum_{g_1,g_2\geq 0}(-1)^{\varepsilon(g_1+g_2)}\,e^{\pi i g_1(g_1+1)(z_0-z_1)+\pi i g_2(g_2+1)(z_2-z_1)}\\ &\quad\cdot\{e^{\pi i(g_1+g_2+1)^2 z_1}+(-1)^{\varepsilon}\,e^{\pi i(g_2-g_1)^2 z_1}\}.\end{aligned}$$

Nachdem man die Gleichung durch $2(1+(-1)^\varepsilon e^{\pi i z_1})$ dividiert hat, bringe man das zu $g_1=g_2=0$ gehörige Glied auf die linke Seite und schätze den Rest durch die Betragsreihe ab.

$$\left|\frac{\vartheta(Z;a,b)}{2\,e^{\pi i(\frac{1}{4}Z[a]-z_1)}(1+(-1)^\varepsilon e^{\pi i z_1})}-(-1)^\varepsilon\right|$$
$$\leq -1+\sum_{g_1,g_2\geq 0} e^{-\pi g_1(g_1+1)(y_0-y_1)-\pi g_2(g_2+1)(y_2-y_1)}$$
$$\cdot\left\{\sum_{n=0}^{(2g_1+1)(2g_2+1)-1} e^{-\pi n y_1}\right\}.$$

Dabei ist

$$e^{\pi i(g_1+g_2+1)^2 z_1}+(-1)^\varepsilon e^{\pi i(g_1-g_2)^2 z_1}=e^{\pi i(g_1-g_2)^2 z_1}(1+(-1)^\varepsilon e^{\pi i z_1})(-1)^\varepsilon$$
$$\cdot\sum_{n=0}^{(2g_1+1)(2g_2+1)-1}(-1)^{n(\varepsilon-1)}e^{\pi i n z_1}$$

verwendet worden.

Ist $Z\in\mathscr{F}_2$, so folgt unmittelbar

$$\left|\frac{\vartheta(Z;a,b)}{2\,e^{\pi i(\frac{1}{4}Z[a]-z_1)}(1+(-1)^\varepsilon e^{\pi i z_1})}-(-1)^\varepsilon\right|\leq -1+\left(\sum e^{-\frac{\pi\sqrt{3}}{4}n(n+1)}(2n+1)\right)^2<1.$$

Es zeigt sich somit, daß

$$\frac{\vartheta\left(Z;\begin{pmatrix}1\\1\end{pmatrix},\varepsilon\begin{pmatrix}1\\1\end{pmatrix}\right)}{1+(-1)^\varepsilon e^{\pi i z_1}}$$

keine Nullstellen in $\mathscr{F}_2$ hat □

Als nächstes bestimmen wir alle Funktionen $f_0\colon \mathbb{H}_1\times\mathbb{H}_1\to\mathbb{C}$, welche sich in der Form

$$f_0(z_0,z_2)=f\begin{pmatrix}z_0 & 0\\ 0 & z_2\end{pmatrix},\qquad f\in[\Gamma_2,r],$$

schreiben lassen.

1.4 Hilfssatz. *Sei $f\in[\Gamma_n,r]$ eine Modulform n-ten Grades und sei $0<m<n$. Dann gilt*

$$f\begin{pmatrix}Z_0^{(m)} & 0\\ 0 & Z_2^{(n-m)}\end{pmatrix}=\sum_{\nu=1}^{l} g_\nu(Z_0)\,h_\nu(Z_2)$$

mit geeigneten Modulformen

$$g_\nu\in[\Gamma_m,r],\qquad h_\nu\in[\Gamma_{n-m},r],\qquad 1\leq\nu\leq l.$$

1.4$_1$ Folgerung. *Sei $f \in [\Gamma_2, r]$, $r \equiv 0 \bmod 2$, eine Modulform zweiten Grades. Dann ist $f\begin{pmatrix} z_0 & 0 \\ 0 & z_2 \end{pmatrix}$ als isobares Polynom in den Funktionen*

$$G_4(z_0)\,G_4(z_2), \quad G_6(z_0)\,G_6(z_2), \quad G_4^3(z_0)\,G_6^2(z_2) + G_6^2(z_0)\,G_4^3(z_2)$$

darstellbar.

Beweis. Es ist klar, daß die Funktion $z_2 \to f\begin{pmatrix} z_0 & 0 \\ 0 & z_2 \end{pmatrix}$ für festes z_0 eine Modulform vom Gewicht r ist. Sei $h_1, \ldots, h_l$ eine Basis von $[\Gamma_{n-m}, r]$. Dann kann f in der Form

$$f\begin{pmatrix} z_0 & 0 \\ 0 & z_2 \end{pmatrix} = \sum_{\nu=1}^{l} g_\nu(z_0)\,h_\nu(z_2)$$

dargestellt werden. Wir haben zu zeigen, daß die Funktionen $g_1, \ldots, g_l$ Modulformen sind. Dazu zeigen wir, daß es Punkte $w_1, \ldots, w_l$ gibt, so daß jede Funktion $g_\nu(z_0)$ eine Linearkombination der m Funktionen

$$z_0 \to f\begin{pmatrix} z_0 & 0 \\ 0 & w_\nu \end{pmatrix}; \qquad \nu = 1, \ldots, l,$$

ist. Dies ist sicherlich möglich, wenn die Matrix

$$(h_\mu(w_\nu)); \qquad 1 \leq \mu, \nu \leq l,$$

nicht ausgeartet ist. Wir bestimmen die Punkte $w_1, \ldots, w_l$ induktiv. Der Punkt w_1 ist so zu wählen, daß mindestens eine der Funktionen $h_1, \ldots, h_l$ in w_1 nicht verschwindet. Die Punkte $w_1, \ldots, w_k$ seien bereits so gewählt, daß die k Vektoren

$$(h_1(w_j), \ldots, h_l(w_j)), \qquad 1 \leq j \leq k$$

linear unabhängig sind. Wenn $k < l$ ist, besitzt das Gleichungssystem

$$\sum_{\mu=1}^{l} a_\mu h_\mu(w_\nu) = 0; \qquad 1 \leq \nu \leq k,$$

eine nichttriviale Lösung $a_1, \ldots, a_l$. Da die Funktionen $h_1, \ldots, h_l$ linear unabhängig sind, finden wir einen Punkt w_{k+1} mit der Eigenschaft

$$\sum_{\mu=1}^{l} a_\mu h_\mu(w_{k+1}) \neq 0.$$

Wir behaupten, daß die Vektoren

$$(h_1(w_\mu), \ldots, h_l(w_\mu)); \qquad 1 \leq \mu \leq k+1,$$

linear unabhängig sind. Andernfalls besitzt das Gleichungssystem

$$\sum_{\nu=1}^{k+1} b_\nu h_\mu(w_\nu)=0; \qquad 1 \le \mu \le l,$$

eine nichttriviale Lösung $b_1, \ldots, b_{k+1}$. Multipliziert man die μ-te Gleichung mit a_μ und summiert über μ, so folgt jedoch $b_{k+1}=0$ □

Beweis der Folgerung 1.4_1. Verwendet man die Symmetrierelation

$$f\begin{pmatrix} z_0 & 0 \\ 0 & z_2 \end{pmatrix} = f\begin{pmatrix} z_2 & 0 \\ 0 & z_0 \end{pmatrix}, \qquad \text{so folgt, daß } f\begin{pmatrix} z_0 & 0 \\ 0 & z_2 \end{pmatrix}$$

linear aus den Termen

$$G_4^\mu(z_0)\, G_6^\nu(z_0)\, G_4^\alpha(z_2)\, G_6^\beta(z_2) + G_4^\mu(z_2)\, G_6^\nu(z_2)\, G_4^\alpha(z_0)\, G_6^\beta(z_0),$$
$$4\alpha+6\beta=4\mu+6\nu=r,$$

kombiniert werden kann. Zieht man aus diesen Termen geeignete Potenzen von

$$G_4(z_0)\, G_4(z_2), \qquad G_6(z_0)\, G_6(z_2)$$

heraus, so zeigt sich, daß $f\begin{pmatrix} z_0 & 0 \\ 0 & z_2 \end{pmatrix}$ als isobares Polynom in

$$G_4(z_0)\cdot G_4(z_2), \qquad G_6(z_0)\cdot G_6(z_2),$$
$$G_4^a(z_0)\cdot G_6^b(z_2) + G_6^b(z_0)\cdot G_4^a(z_2)$$

mit $4a=6b$ dargestellt werden kann. Der letzte Term kann wegen der Exponentenrelation in der Form

$$(G_4^3(z_0)\cdot G_6^2(z_2))^h + (G_6^2(z_0)\cdot G_4^3(z_2))^h$$

geschrieben werden. Zieht man hiervon

$$(G_4^3(z_0)\, G_6^2(z_2) + G_6^2(z_0)\, G_4^3(z_2))^h$$

ab, so sieht man durch Induktion, daß $f\begin{pmatrix} z_0 & 0 \\ 0 & z_2 \end{pmatrix}$ als isobares Polynom in

$$G_4(z_0)\, G_4(z_2), \qquad G_6(z_0)\, G_6(z_2), \qquad G_4^3(z_0)\, G_6^2(z_2) + G_6^2(z_0)\, G_4^3(z_2)$$

darstellbar ist □

Als nächstes zeigen wir, daß die in Folgerung zu Hilfssatz 1.4 auftretenden drei Funktionen tatsächlich in der Form $f\begin{pmatrix} z_0 & 0 \\ 0 & z_2 \end{pmatrix}$ mit geeigneten Modulformen zweiten Grades darstellbar sind. Dazu benötigen wir Modulformen der Gewichte 4, 6 und 12.

1.5 Hilfssatz. *Es existieren Modulformen zweiten Grades*

$$F_r \in [\Gamma_2, r] \quad \textit{für } r=4,6,12;$$

$$F_r\begin{pmatrix} z_0 & 0 \\ 0 & z_2 \end{pmatrix} = \begin{cases} G_4(z_0)\,G_4(z_2), & r=4, \\ G_6(z_0)\,G_6(z_2), & r=6, \\ G_4^3(z_0)\,G_6^2(z_2)+G_4^3(z_2)\,G_6^2(z_0), & r=12. \end{cases}$$

Folgerung. *Zu jeder Modulform f zweiten Grades existiert ein isobares Polynom $P(F_4, F_6, F_{12})$, so daß $f-P(F_4, F_6, F_{12})$ auf der durch $z_1=0$ definierten Mannigfaltigkeit verschwindet.*

Beweis. Die Funktion

$$\varphi_{4r}(Z)=\sum_{a,b} \vartheta^{8r}(Z;a,b)$$

ist eine Modulform vom Gewicht $4r$, wie in Kap. I, 3.2 gezeigt wurde. Es gilt

$$\varphi_4\begin{pmatrix} z_0 & 0 \\ 0 & z_2 \end{pmatrix} = c\cdot G_4(z_0)\cdot G_4(z_2).$$

$$\varphi_{12}\begin{pmatrix} z_0 & 0 \\ 0 & z_2 \end{pmatrix} = A\cdot G_4^3(z_0)\cdot G_4^3(z_2)+B\cdot G_6^2(z_0)\cdot G_6^2(z_2)$$
$$+C[G_4^3(z_0)\,G_6^2(z_2)+G_6^2(z_0)\,G_4^3(z_2)].$$

Durch Vergleich einiger Fourierkoeffizienten zeigt man

$$c \neq 0 \quad \text{und} \quad C \neq 0.$$

Bei dieser elementaren Rechnung verwendet man zweckmäßigerweise die Beziehung

$$\vartheta\left(\begin{pmatrix} z_0 & 0 \\ 0 & z_2 \end{pmatrix}; \begin{pmatrix} a_1 \\ a_2 \end{pmatrix} \begin{pmatrix} b_1 \\ b_2 \end{pmatrix}\right) = \vartheta(z_0; a_1, b_1)\cdot\vartheta(z_2; a_2, b_2).$$

Die Einzelheiten seien dem Leser überlassen. Hilfssatz 1.5 ist bewiesen, wenn wir die Existenz einer Nichtspitzenform φ_6 vom Gewicht 6 nachweisen, denn dann gilt

$$\varphi_6\begin{pmatrix} z_0 & 0 \\ 0 & z_2 \end{pmatrix} = a\cdot G_6(z_0)\cdot G_6(z_2)$$

mit einer von 0 verschiedenen Konstanten a. Die Existenz einer solchen Modulform haben wir bereits in Kap. I bewiesen, denn die Eisensteinreihe

$$E_r(Z)=\sum_{M:\Gamma_{n,0}\backslash\Gamma_n} \det(CZ+D)^{-r}$$

konvergiert im Falle $r>n+1=3$.

Es ist möglich, anstelle der Eisensteinreihe auch eine geeignete Kombination der Thetareihen zu verwenden. Der Vollständigkeit halber wollen wir dies kurz andeuten [42]:

Ein Tripel $\mathfrak{m}^{(1)}, \mathfrak{m}^{(2)}, \mathfrak{m}^{(3)}$ von Thetacharakteristiken heißt *syzygisch*, wenn die $\mathfrak{m}^{(\nu)}$ paarweise verschieden sind und wenn

$$\sum_{\nu \neq \mu} a^{(\nu)} b^{(\mu)} \equiv 0 \bmod 2, \qquad \mathfrak{m}^{(\nu)} = \begin{pmatrix} a^{(\nu)} \\ b^{(\nu)} \end{pmatrix}.$$

Es läßt sich zeigen (beispielsweise durch geduldiges Rechnen), daß es 60 syzygische Tripel gibt und daß die Gruppe Γ_2 transitiv auf diesen Tripeln operiert. Nach geeignetem Verteilen der Vorzeichen wird

$$\sum \pm \prod_{\nu=1}^{3} \vartheta^4(Z; a^{(\nu)}, b^{(\nu)})$$

eine Nichtspitzenform vom Gewicht 6.

Sei nun f eine Modulform zweiten Grades geraden Gewichts, $f \in [\Gamma_2, 2r]$. Wir ziehen von f ein isobares Polynom in F_4, F_6, F_{12} ab und erhalten eine Modulform $f - P(F_4, F_6, F_{12})$, welche auf der durch $z_1 = 0$ definierten Mannigfaltigkeit verschwindet. Dann ist

$$(f - P(F_4, F_6, F_{12}))\, \Delta_0^{-1} \in [\Gamma_2, 2r-5, v]$$

und daher

$$(f - P(F_4, F_6, F_{12}))\, \Delta_0^{-2} \in [\Gamma_2, 2r-10].$$

Nun folgt durch Induktion nach r:

1.6 Theorem. *Es existieren Modulformen*

$$F_r \in [\Gamma_2, r]; \qquad r = 4, 6, 10, 12,$$

so daß sich jede Modulform zweiten Grades $f \in [\Gamma_2, r]$ geraden Gewichts als isobares Polynom in diesen vier Formen darstellen läßt.

Jede Modulfunktion n-ten Grades, d.h. jede unter Γ_n invariante in $\mathbb{H}_n$ meromorphe Funktion, die im Falle $n=1$ noch einer Meromorphieforderung im Unendlichen genügt, ist Quotient zweier Modulformen gleichen Gewichts. Daher ist jede Modulfunktion zweiten Grades als rationale Funktion in den speziellen Modulfunktionen

$$F_4^{\nu_1} F_6^{\nu_2} F_{10}^{\nu_3} F_{12}^{\nu_4} \qquad (\nu_1, \dots, \nu_4 \text{ ganz}; \ 4\nu_1 + 6\nu_2 + 10\nu_3 + 12\nu_4 = 0)$$

darstellbar.

Für $4\nu_1 + 6\nu_2 + 10\nu_3 + 12\nu_4 = 0$ bestätigt man die Identität

$$\left(\frac{F_4 F_6}{F_{10}}\right)^{\nu_2 + 2\nu_4} \left(\frac{F_6^2}{F_{12}}\right)^{-\nu_4} \left(\frac{F_4^5}{F_{10}^2}\right)^{\nu_1 + \nu_2 + 2\nu_3 + 2\nu_4} = F_4^{\nu_1} F_6^{\nu_2} F_{10}^{\nu_3} F_{12}^{\nu_4}.$$

1.7 Satz. *Die Modulfunktionen zweiten Grades bilden einen rationalen Funktionenkörper mit den Erzeugenden*

$$\frac{F_4 F_6}{F_{10}}; \quad \frac{F_6^2}{F_{12}}; \quad \frac{F_4^5}{F_{10}^2}.$$

Die algebraische Unabhängigkeit dieser drei Funktionen ist gesichert, da der Körper den Transzendenzgrad drei hat.

Die Struktur des Ringes der Modulformen zweiten Grades (geraden Gewichts) wurde erstmals von J. Igusa [41, 42] bestimmt. Er selbst hat zwei weitere Beweise für diesen Struktursatz gegeben. Von Hammond [35] stammt ein Beweis, welcher ebenfalls auf dem Schlüsselhilfssatz 1.5 beruht. Dieser wird jedoch mit algebraisch geometrischen Methoden bewiesen. Der vorliegende elementare Beweis wurde [22] entnommen.

§ 2. Reguläre N-Formen des Körpers der Modulfunktionen

Ist $K \supset \mathbb{C}$ ein algebraischer Funktionenkörper, so existiert stets ein *normales* projektives Modell X von K. (Nach der Hironakaschen Desingularisierungstheorie existiert sogar ein *singularitätenfreies* Modell. Von diesem tiefen Resultat wollen wir hier keinen Gebrauch machen). Es ist leicht zu sehen, daß die Dimension des Vektorraumes der *quadratintegrierbaren* holomorphen n-Formen auf dem regulären Ort von X ($n = \dim X$) nicht von der Wahl von X abhängt. Sie ist also eine Invariante $g_n(K)$ des Funktionenkörpers K. Ist speziell $K = K(\Gamma_n)$ der Körper der Siegelschen Modulfunktionen n-ten Grades, so gilt

$$g_N(K) = \dim[\Gamma_n, n+1]_0 \quad (N = \tfrac{1}{2} n(n+1)).$$

Die holomorphen n-Formen auf einer offenen Teilmenge $U \subset \mathbb{C}^n$ entsprechen umkehrbar eindeutig den holomorphen Funktionen auf U. Ist $f\colon U \to \mathbb{C}$ eine holomorphe Funktion, so schreibt man

$$\omega = f\, dz_1 \wedge \ldots \wedge dz_n$$

für die entsprechende n-Form.

Ist $\varphi\colon U' \to U$ eine holomorphe Abbildung zwischen offenen Teilen des $\mathbb{C}^n$, so definiert man

$$\varphi^* \omega = f(\varphi(z))\, j(\varphi, z)\, dz_1 \wedge \ldots \wedge dz_n,$$

wobei $j(\varphi, z)$ die komplexe Funktionaldeterminante von φ bezeichne. Wir bezeichnen mit $\mathscr{H}(U)$ die Menge aller holomorphen n-Formen auf U. Eine solche n-Form heißt **quadratintegrierbar**, wenn das Integral

$$\frac{1}{(-2i)^n} \int_U \omega \wedge \bar{\omega} = \int_U |f(z)|^2\, dx_1 \ldots dy_n$$

konvergiert.

Der Begriff der n-Form läßt sich in üblicher Weise auf analytische Mannigfaltigkeiten X übertragen: Eine n-dimensionale analytische Mannigfaltigkeit $X=(X,\mathcal{O}_X)$ ist ein geringter Raum, welcher sich durch Karten φ, d.h. durch Isomorphismen

$$\varphi\colon (U,\mathcal{O}_X|U)\to(V,\mathcal{O}_{\mathbb{C}^n}|V), \qquad U\subset X, V\subset\mathbb{C}^n \text{ offen},$$

überdecken läßt. Eine n-Form auf einer n-dimensionalen analytischen Mannigfaltigkeit ist eine Familie (ω_φ), $\omega_\varphi\in\mathcal{K}(V)$, wobei φ alle Karten von X durchläuft, und wobei beim Übergang von einer Karte φ zu einer anderen Karte ψ in deren gemeinsamem Durchschnitt die Übergangsformel

$$(\psi\circ\varphi^{-1})^*\,\omega_\psi=\omega_\varphi$$

gültig ist. Der Begriff der quadratintegrierbaren Form und gegebenenfalls die Größe $\int_X \omega\wedge\bar{\omega}$ lassen sich auf den globalen Fall wie üblich übertragen.

2.1 Hilfssatz. *Sei X eine n-dimensionale analytische Mannigfaltigkeit, $S\subset X$ eine dünne abgeschlossene analytische Teilmenge und $\omega\in\mathcal{K}(X\setminus S)$ eine holomorphe n-Form. Wenn das Integral $\int\omega\wedge\bar{\omega}$ konvergiert, so ist ω auf ganz X holomorph fortsetzbar.*

Beweis. Sei A die Menge aller Punkte $a\in S$, in denen S entweder singulär ist oder in denen $\dim_a S\leq n-2$ gilt. Bekanntlich ist A eine analytische Menge der Dimension $\leq n-2$. Da sich holomorphe Funktionen über analytische Ausnahmemengen der Dimension $\leq n-2$ analytisch fortsetzen lassen (Riemannscher Hebbarkeitssatz, A 6.24), können wir X durch $X\setminus A$ ersetzen, also annehmen, daß S eine singularitätenfreie Hyperfläche in X ist. Damit ist Hilfssatz 2.1 auf folgende lokale Situation zurückgeführt:

1) $X=\{z\in\mathbb{C}^n;\ \|z\|<r\}$,
2) $S=\{z\in X;\ z_n=0\}$.

Der Beweis von Hilfssatz 2.1 erfolgt nun leicht mit Mitteln der Funktionentheorie einer Veränderlichen: Sei $f(z)$ holomorph in $X\setminus S$. Das Integral über $|f(z)|^2$ kann nur konvergieren, wenn f in $z_n=0$ eine hebbare Singularität hat □

2.2 Definition. Sei $X\subset P^m\mathbb{C}$ eine irreduzible n-dimensionale algebraische Varietät, $S\subset X$ der singuläre Ort und $X_0=X\setminus S$. Wir bezeichnen mit $g_n=g_n(X)$ die Dimension des Vektorraumes aller quadratintegrierbaren holomorphen n-Formen auf X_0.

Aus 2.1 folgt leicht

2.3 Satz. *Die in 2.2 definierte Größe $g_n=g_n(X)$ ist eine* **birationale Invariante,** *hängt also nur vom Isomorphietyp des Körpers $K=K(X)$ der rationalen Funktionen auf X ab.*

Wir setzen daher

$$g_n(K) := g_n(X),$$

wobei X ein projektives Modell des algebraischen Funktionenkörpers K sei. Ist X ein singularitätenfreies projektives Modell, so gilt also

$$g_n(K) = \dim \mathscr{K}(X).$$

2.4 Bemerkung. *Ist $K = \mathbb{C}(T_1, \ldots, T_n)$ ein rationaler Funktionenkörper in n Unbestimmten, so gilt*

$$g_n(K) = 0, \quad n > 0.$$

Beweis. Der projektive Raum $P^n\mathbb{C}$ ist ein projektives Modell des rationalen Funktionenkörpers K. Es ist leicht zu zeigen, daß jede holomorphe n-Form auf $P^n\mathbb{C}$ verschwindet. Man benötigt die Formel

$$d\left(\frac{1}{z}\right) = -\frac{dz}{z^2}.$$

Im Falle $n=1$ ist $\omega = f(z)\,dz$ genau dann auf der Riemannschen Zahlkugel $\bar{\mathbb{C}} = P^1\mathbb{C}$ holomorph, wenn $f(z)$ in ganz $\mathbb{C}$ holomorph ist, und wenn $f\left(\frac{1}{z}\right) \cdot z^{-2}$ im Nullpunkt holomorph ist. Hieraus folgt, daß f auf ganz $\bar{\mathbb{C}}$ holomorph, also konstant ist. Der Fall $n > 1$ ist ähnlich zu behandeln □

Wir wollen die Invariante $g_N(K)$ für den Körper der Siegelschen Modulfunktionen $K(\Gamma_n)$ berechnen. Wir haben in Kap. II gezeigt, daß $\mathbb{H}_n/\Gamma_n$ in einem projektiven Modell von $K(\Gamma_n)$ als Zariski-offener Teil enthalten ist. Der komplexe Raum $\mathbb{H}_n/\Gamma_n$ hat im allgemeinen Singularitäten. Wir bezeichnen mit $\mathring{\mathbb{H}}_n$ die Menge aller Punkte $Z \in \mathbb{H}_n$ mit trivialem Stabilisator,

$$M\langle Z\rangle = Z, \qquad M \in \Gamma_n \;\Rightarrow\; M = \pm E.$$

Aus I 4.3$_1$ folgt, daß $\mathring{\mathbb{H}}_n$ ein offener Teil von $\mathbb{H}_n$ ist und daß das Komplement eine abgeschlossene analytische Menge ist. Da die Abbildung $\mathbb{H}_n \to \mathbb{H}_n/\Gamma_n$ lokal endlich ist (ebenfalls wegen I 4.3$_1$), ist auch das Komplement von $\mathring{\mathbb{H}}_n/\Gamma_n$ in $\mathbb{H}_n/\Gamma_n$ eine dünne abgeschlossene analytische Menge. Die Gruppe Γ_n operiert eigentlich diskontinuierlich und fixpunktfrei auf $\mathring{\mathbb{H}}_n$. Folgedessen ist die kanonische Projektion p: $\mathring{\mathbb{H}}_n \to \mathring{\mathbb{H}}_n/\Gamma_n$ lokal biholomorph und $\mathring{\mathbb{H}}_n/\Gamma_n$ ist eine analytische Mannigfaltigkeit. Ist ω eine holomorphe N-Form ($N = \frac{1}{2}n(n+1)$) auf $\mathring{\mathbb{H}}_n/\Gamma_n$, so ist $p^*\omega$ eine Γ_n-invariante holomorphe N-Form auf $\mathring{\mathbb{H}}_n$. Aus der lokalen Biholomorphie von p folgert man leicht, daß umgekehrt jede Γ_n-invariante holomorphe N-Form auf $\mathring{\mathbb{H}}_n$ das Urbild einer N-Form auf $\mathring{\mathbb{H}}_n/\Gamma_n$ ist. Die Zuordnung

$$\mathscr{K}(\mathring{\mathbb{H}}_n/\Gamma_n) \to \mathscr{K}(\mathring{\mathbb{H}}_n)^{\Gamma_n},$$
$$\omega \to \omega_0 = p^* \omega,$$

ist also ein Isomorphismus.

2.5 Hilfssatz. *Die holomorphe N-Form ω auf $\mathring{\mathbb{H}}_n/\Gamma_n$ ist genau dann quadratintegrierbar, wenn das Integral*

$$\int_{\mathring{\mathscr{F}}_n(u)} \omega_0 \wedge \bar{\omega}_0 \qquad \text{für } u>0, \ \mathring{\mathscr{F}}_n(u) = \mathscr{F}_n(u) \cap \mathring{\mathbb{H}}_n,$$

konvergiert.

Beweis. Für hinreichend großes u ist $\mathscr{F}_n(u)$ eine Fundamentalmenge von $\mathbb{H}_n$. Die Abbildung

$$\mathring{\mathscr{F}}_n(u) \to \mathring{\mathbb{H}}_n/\Gamma_n, \qquad u \geq u_0 \geq 0,$$

ist also surjektiv und unverzweigt. Die Quadratintegrierbarkeit von ω_0 auf $\mathring{\mathscr{F}}_n(u)$ impliziert daher die Quadratintegrierbarkeit von ω. Um die Umkehrung zu zeigen, benötigt man die in II, §1 bewiesene *Endlichkeitseigenschaft* von $\mathscr{F}_n(u)$. Aus ihr folgert man leicht die Existenz einer natürlichen Zahl l, so daß folgende Bedingung erfüllt ist:

Zu jedem Punkt $b \in \mathring{\mathbb{H}}_n/\Gamma_n$ existiert eine offene Umgebung $V(b)$, so daß das Urbild von $V(b)$ in $\mathring{\mathscr{F}}_n(u)$ Vereinigung disjunkter offener Mengen $U_1, \ldots, U_l$ ist, welche durch p injektiv in $V(b)$ abgebildet werden. (Es ist zugelassen, daß einzelne der U_j leer sind.)

Mit Hilfe dieser Bedingung zeigt man leicht, daß aus der Quadratintegrierbarkeit von ω die von ω_0 auf $\mathring{\mathscr{F}}_n(u)$ folgt □

Aus Hilfssatz 2.1 folgt für quadratintegrierbares ω, daß ω_0 auf ganz $\mathscr{F}_n(u)$ holomorph fortsetzbar ist und daher auf ganz

$$\mathbb{H}_n = \bigcup_{u>0} \mathscr{F}_n(u).$$

Wir schreiben nun

$$\omega_0 = f \bigwedge_{1 \leq i \leq j \leq n} dz_{ij}, \qquad f\colon \mathbb{H}_n \to \mathbb{C},$$

wobei wir uns die Differentiale dz_{ij} in irgendeiner Reihenfolge, etwa lexikographisch, angeordnet denken. Die Γ_n-Invarianz von ω_0 bedeutet (I 1.6)

$$f(M\langle Z\rangle) = \det(CZ+D)^{n+1} f(Z) \qquad \text{für } M \in \Gamma_n;$$

die Funktion f ist also eine Modulform vom Gewicht $n+1$.

Wir beschreiben das Bild bei der Zuordnung $\omega \to f$.

2.6 Satz. *Die Zuordnung*

$$\omega \to p^* \omega = f \bigwedge_{1 \le i \le j \le n} dz_{ij}$$

definiert einen Isomorphismus vom Vektorraum der quadratintegrierbaren holomorphen N-Formen auf $\mathbb{H}_n/\Gamma_n$ *auf den Vektorraum der Spitzenformen vom Gewicht* $n+1$. *Insbesondere ist die Dimension des Vektorraumes der Spitzenformen vom Gewicht* $n+1$ *eine Invariante des Körpers der Modulfunktionen:*

$$g_N(K(\Gamma_n)) = \dim[\Gamma_n, n+1]_0.$$

Folgerung. *Wenn eine nicht identisch verschwindende Spitzenform vom Gewicht* $n+1$ *existiert, so ist der Körper der Modulfunktionen kein rationaler Funktionenkörper.*

Anmerkung. *Da sich die Theorie der Modulformen n-ten Grades einschließlich Satakekompaktifizierung auf mit* Γ_n *kommensurable Gruppen verallgemeinern läßt, gilt 2.6 auch für beliebige mit* Γ_n *kommensurable Untergruppen* $\Gamma \subset Sp(n, \mathbb{R})$,

$$g_N(K(\Gamma)) = \dim[\Gamma, n+1]_0.$$

Beweis. 1) f sei eine Spitzenform. Dann ist die Funktion $|f(Z)|^2(\det Y)^{n+1}$ beschränkt in $\mathscr{F}_n(u)$ (I 3.11). Da $\mathscr{F}_n(u)$ endliches Volumen bezüglich des symplektischen Volumenelements

$$d\omega = (\det Y)^{-(n+1)} dv, \qquad dv = dX\, dY \text{ (Euklidisches Volumenelement)},$$

hat (I 5.9), konvergiert das Integral

$$\int_{\mathscr{F}_n(u)} |f(Z)|^2 (\det Y)^{n+1} d\omega = \int_{\mathscr{F}_n(u)} |f(Z)|^2 dv \quad \square$$

2) f sei keine Spitzenform. Dann existiert ein Punkt $Z_0 \in \mathbb{H}_{n-1}$ mit $(f|\phi)(Z_0) \neq 0$. Aus II 6.18$_1$ u. II 4.2 folgt die Existenz einer Umgebung $V(Z_0) \subset \mathbb{H}_{n-1}$ von Z_0 und einer Zahl $u > 0$, so daß

$$|f(Z)| \ge \delta = \tfrac{1}{2} |f|\phi(Z_0)|$$

in dem Bereich

$$\mathfrak{B} = \left\{ Z = \begin{pmatrix} Z_1^{(n-1)} & * \\ * & * \end{pmatrix} \in \mathscr{F}_n(u),\ Z_1^{(n-1)} \in V(Z_0) \right\}$$

gilt. Dieser Bereich hat offensichtlich kein endliches Euklidisches Volumen. Daher divergiert das Integral $\int_{\mathfrak{B}} |f(Z)|^2 dv$ $\square$

Wir definieren eine weitere Invariante für algebraische Funktionenkörper.

Sei X_0 eine zusammenhängende n-dimensionale analytische Mannigfaltigkeit und ω_0 eine holomorphe n-Form auf X_0, welche nicht identisch verschwindet. Ist ω eine beliebige holomorphe n-Form, so kann man in naheliegender Weise eine meromorphe Funktion ω/ω_0 auf X_0 definieren.

Jeder algebraische Funktionenkörper K besitzt bekanntlich ein normales projektives Modell X. Da X normal ist, läßt sich jede meromorphe Funktion auf dem regulären Ort X_0 von X zu einer meromorphen Funktion auf X fortsetzen (A 6.24, 25). Jede meromorphe Funktion auf X ist nach dem Satz von Chow rational. Der algebraische Funktionenkörper K ist also zum Körper der meromorphen Funktionen auf X_0 isomorph.

Der Einfachheit halber identifizieren wir die Elemente von K mit meromorphen Funktionen auf X_0.

Annahme. *Es existiert eine von 0 verschiedene quadratintegrierbare holomorphe n-Form ω_0 auf X_0.*

Wir können dann jeder quadratintegrierbaren holomorphen n-Form auf X_0 ein Element

$$\omega/\omega_0 \in K$$

zuordnen. Wir bezeichnen mit K_1 den von all diesen Funktionen erzeugten Unterkörper von K. Dieser hängt natürlich weder von der Wahl von X noch von ω_0 ab.

2.7 Definition. Sei $K \subset \mathbb{C}$ ein algebraischer Funktionenkörper vom Transzendenzgrad n. Wir setzen

a) $k_1(K) = -\infty$, falls $g_n(K)=0$,

b) $k_1(K)$ sei der Transzendenzgrad von K_1, falls $g_n(K) \neq 0$.

Es ist also stets

$$k_1(K) \leq n.$$

Ist K isomorph zum Körper der rationalen Funktionen $\mathbb{C}(T_1, \ldots, T_n)$, so ist

$$k_1(K) = -\infty.$$

2.8 Satz. *Sei $\Gamma \subset Sp(n, \mathbb{R})$ eine mit der Siegelschen Modulgruppe Γ_n kommensurable Gruppe. Es sei*

$$\dim[\Gamma, n+1]_0 > 0.$$

Die Maximalzahl μ algebraisch unabhängiger Spitzenformen vom Gewicht $n+1$ ist eine Invariante des Körpers $K(\Gamma)$ und zwar gilt

$$k_1(K(\Gamma)) = \mu - 1.$$

Nach der Hironakaschen Desingularisierungstheorie besitzt jeder Funktionenkörper K, wie schon erwähnt, ein singularitätenfreies projektives Modell X. Da X kompakt ist, sind alle holomorphen n-Formen quadratintegrierbar, d.h.

$$g_n(K) = \dim \mathscr{H}(X).$$

Betrachtet man anstelle von holomorphen n-Formen andere Typen holomorpher Tensoren, so bekommt man weitere Invarianten von K (s. §4, 5). Der Fall der n-Formen ist jedoch wegen Hilfssatz 2.1 ausgezeichnet. Literatur: [29].

§3. Konstruktion von Spitzenformen kleinen Gewichts (Thetareihen mit harmonischen Koeffizienten)

Die bisherigen Konstruktionsverfahren für Modulformen liefern nicht ohne weiteres Spitzenformen kleinen Gewichts, wenn man unter „klein" etwa „$<2n$" verstehen will. Poincaréreihen scheiden aus Konvergenzgründen aus, Thetareihen liefern zwar Modulformen kleinen Gewichts, aber keine Spitzenformen.

Es gibt jedoch verallgemeinerte Thetareihen mit „harmonischen Koeffizienten", welche auch Spitzenformen kleinen Gewichts liefern. Deren Konstruktion wollen wir uns nun zuwenden.

Unter einem Polynom $P(X)$ in einer Matrixvariablen $X = X^{(m,n)}$ verstehen wir ein komplexwertiges Polynom in den Komponenten von X.

$$P \in \mathbb{C}[x_{ij}]_{\substack{1 \le i \le m \\ 1 \le j \le n}}.$$

Sei $S = S^{(m)}$ eine positive Matrix. Wir bilden eine (erneut verallgemeinerte) Thetareihe

$$\vartheta_{S,P}(Z) = \sum_{G = G^{(m,n)}} P(S^{\frac{1}{2}} G)\, e^{\pi i \sigma(S[G]Z)}.$$

Hierbei ist $S^{\frac{1}{2}}$ die eindeutig bestimmte positive Matrix mit $S^{\frac{1}{2}} S^{\frac{1}{2}} = S$.

Es ist leicht zu sehen, daß auch diese Thetareihen in der Siegelschen Halbebene absolut und lokal gleichmäßig konvergieren. Wie transformiert sich eine solche Thetareihe unter $Z \to -Z^{-1}$?

Zur Aufstellung des Transformationsgesetzes benötigen wir die Gaußtransformation.

3.1 Definition. Die Gaußtransformierte eines Polynoms $P(X)$, $X = X^{(m,n)}$ ist durch

$$\tilde{P}(X) := \int_{\mathscr{X}_{mn}} P(U+X)\, e^{-\pi \sigma(U'U)}\, dU$$

definiert. Hierbei ist $\mathscr{X}_{mn}$ der Raum aller reellen Matrizen $U = U^{(m,n)}$ und dU das Euklidsche Volumenelement in diesem Raum.

Es ist klar, daß dieses Integral absolut konvergiert und daß $\tilde{P}(X)$ selbst ein Polynom ist.

Wir wollen die Gaußtransformierte in Zusammenhang mit dem Laplaceoperator Δ bringen,

$$\Delta P(X) := \sum_{\mu,\nu} \frac{\partial^2 P(X)}{(\partial x_{\mu\nu})^2}.$$

Faßt man die Operatoren $\partial/\partial x_{\mu\nu}$ zu einer Matrix

$$\partial/\partial X := (\partial/\partial x_{\mu\nu})_{\substack{1\le\mu\le m\\ 1\le\nu\le n}}$$

zusammen, so kann man Δ in der Form

$$\Delta = \sigma(\partial/\partial X' \cdot \partial/\partial X)$$

schreiben.

Ist $P(X)$ ein Polynom, so ist die Summe

$$P^*(X) := \sum_{\nu=0}^{\infty} \frac{1}{\nu!} \left(\frac{\Delta}{4\pi}\right)^{\nu} P(X)$$

endlich, also wohldefiniert. Wir schreiben auch

$$P^*(X) = e^{\frac{\Delta}{4\pi}} P(X).$$

3.2 Hilfssatz. *Sei $\tilde{P}(X)$ die Gaußtransformierte des Polynoms P. Es gilt*

$$\tilde{P}(X) = e^{\frac{\Delta}{4\pi}} P(X).$$

Folgerung. *Wenn P ein harmonisches Polynom ist ($\Delta P = 0$), so gilt*

$$\tilde{P}(X) = P(X).$$

Beweis. Der Operator $e^{\frac{\Delta}{4\pi}}$ ist das Produkt der $m \cdot n$ Operatoren

$$e^{\frac{\partial^2}{4\pi(\partial x_{\mu\nu})^2}}; \qquad 1 \le \mu \le m,\ 1 \le \nu \le n.$$

Entsprechend erhält man die Gaußtransformierte, indem man den Operator

$$f(x) \to \int_{-\infty}^{\infty} f(u+x)\, e^{-\pi u^2}\, du,$$

also die Gaußtransformierte im Falle $m = n = 1$, auf jede Variable $x_{\mu\nu}$ getrennt anwendet. Man kann sich beim Beweis daher auf den Fall $m = n = 1$ beschränken und nun die Formel durch direkte Rechnung für die Polynome $P(x) = x^k$ beweisen □

In unseren Anwendungen sind solche Polynome $P(X)$ von Interesse, für die alle Funktionen

$$X \to P(XA), \qquad A = A^{(n)},$$

harmonisch sind. Man zeigt leicht:

3.3 Bemerkung. *Für ein Polynom $P(X)$, $X = X^{(m,n)}$ sind folgende beiden Aussagen gleichbedeutend*

a) $\Delta P(XA) = 0$ *für alle* $A = A^{(n)}$,

b) $\partial/\partial X' \cdot \partial/\partial X\, P(X) = 0$, *d.h.*

$$\sum_{\nu=1}^{m} \frac{\partial^2 P(X)}{\partial x_{\nu i}\, \partial x_{\nu k}} = 0 \qquad \text{für } 1 \le i,\ k \le n.$$

Um die Transformationsformel für $\vartheta_{S,P}(Z)$ zu erhalten, entwickeln wir nach bewährtem Muster (Kap. I, § 0) die Funktion

$$f(W) = \sum_{G = G^{(m,n)} \text{ ganz}} P(S^{\frac{1}{2}}(G+W))\, e^{\pi i \sigma(S[G+W]Z)}$$

in eine Fourierreihe. Es ist leicht zu sehen, daß diese Reihe im Raum aller komplexen Matrizen $W = W^{(m,n)}$ absolut und lokal gleichmäßig konvergiert und dort periodisch ist:

$$f(W+H) = f(W); \qquad H \text{ ganz}.$$

3.4 Satz. *Gegeben sei ein Polynom $P(X)$, so daß $P(XA)$ für alle n-reihigen Matrizen $A = A^{(n)}$ harmonisch ist. Dann gilt*

$$\sum_{G = G^{(m,n)} \text{ ganz}} P(S^{\frac{1}{2}}(G+W))\, e^{\pi i \sigma(S[G+W]Z)} = \sum_{G \text{ ganz}} a(G)\, e^{2\pi i \sigma(G'W)}$$

mit

$$a(G) = a(G,S,Z) = (\det S)^{-\frac{n}{2}} \det\left(\frac{Z}{i}\right)^{-\frac{m}{2}} P(S^{-\frac{1}{2}} G Z^{-1})\, e^{-\pi i \sigma(S^{-1}[G]Z^{-1})}.$$

Beweis. Da beide Seiten dieser Formel als Funktionen von Z analytisch sind, braucht man sie nur im Spezialfall $Z = iY$ zu beweisen.

Es gilt (vgl. Kap. I, § 0)

$$a(G) = a(G,S,iY) = \int_{\mathfrak{X}_{mn}} P(S^{\frac{1}{2}} U)\, e^{\pi i \sigma\{S[U]iY - 2U'G\}}.$$

Durch quadratische Ergänzung erhalten wir

$$a(G,S,iY)\, e^{\pi \sigma(S^{-1}[G]Y^{-1})} = \int_{\mathfrak{X}_{mn}} P(S^{\frac{1}{2}} U)\, e^{-\pi \sigma(S[U + iS^{-1}GY^{-1}]Y)}\, dU.$$

Mit Hilfe der Variablentransformation $U \to S^{-\frac{1}{2}} U Y^{-\frac{1}{2}}$ erhalten wir

$$a(G)\, e^{\pi\sigma(S^{-1}[G]Y^{-1})} (\det S)^{\frac{n}{2}} (\det Y)^{\frac{m}{2}}$$
$$= \int_{\mathfrak{X}_{mn}} P(UY^{-\frac{1}{2}})\, e^{-\pi\sigma\{(U+iS^{-\frac{1}{2}}GY^{-\frac{1}{2}})'(U+iS^{-\frac{1}{2}}GY^{-\frac{1}{2}})\}}\, dU.$$

Nach Voraussetzung ist $P(UY^{-\frac{1}{2}})$ harmonisch. Das Integral ist wegen 3.2 gleich

$$P(-iS^{-\frac{1}{2}}GY^{-1}).$$

Damit ist Satz 3.4 bewiesen.

Spezialisiert man die in Satz 3.4 bewiesene Formel auf $W=0$, so erhält man die **„Thetatransformationsformel"**

$$\sum_G P(S^{-\frac{1}{2}}GZ^{-1})\, e^{\pi i\sigma(S^{-1}[G](-Z^{-1}))}$$
$$=(\det S)^{\frac{n}{2}} \left(\det \frac{Z}{i}\right)^{\frac{m}{2}} \sum_G P(S^{\frac{1}{2}}G)\, e^{\pi i\sigma(S[G]Z)}.$$

An dieser Formel ist störend, daß der Faktor $P(S^{-\frac{1}{2}}GZ^{-1})$ auf der linken Seite von Z abhängt.

3.5 Definition. Eine *harmonische Form* vom Gewicht k in der Matrixvariablen $X=X^{(m,n)}$ ist ein Polynom $P(X)$ mit den Eigenschaften

1) $P(XA)=(\det A)^k P(X)$ für $A=A^{(n)}$,

2) $\Delta P=\sum\limits_{\mu,\nu} \dfrac{\partial^2}{(\partial x_{\mu\nu})^2} P=0.$

Harmonische Formen haben natürlich die Eigenschaft, daß nicht nur $P(X)$, sondern alle Funktionen

$$X \to P(XA), \qquad A=A^{(n)},$$

harmonisch sind. Wir erhalten aus 3.4 daher

3.6 Satz. *Sei $P(X)$; $X=X^{(m,n)}$ eine harmonische Form vom Gewicht k und sei $S=S^{(m)}$, $8|m$, eine positive, gerade, unimodulare Matrix. Die Thetareihe $\vartheta_{S,P}(Z)$ ist eine Modulform vom Gewicht $r=\frac{m}{2}+k$.*

$$\vartheta_{S,P} \in \left[\Gamma_n, \frac{m}{2}+k\right].$$

Beispiel. *Im Falle $m=n$ ist das Polynom $P(X)=\det X$ eine harmonische Form vom Gewicht 1. Die Reihe*

$$\sum_G (\det G)\, e^{\pi i\sigma(S[G]Z)}$$

ist also eine Modulform vom Gewicht $\frac{n}{2}+1$.

Beweis. Aus der expliziten Formel für die Determinante folgt

$$\partial^2/(\partial x_{\mu\nu})^2 \det X = 0,$$

also erst recht

$$\Delta(\det X) = 0.$$

Wann verschwindet diese Modulform identisch? Sicherlich dann, wenn eine unimodulare Matrix U mit den Eigenschaften

$$S[U] = S, \qquad \det U = -1,$$

existiert. Aber sie verschwindet auch nur dann, denn wenn eine solche Matrix U nicht existiert, ist der Fourierkoeffizient

$$a(S) = \sum_{S[U]=S} \det U = A(S,S)$$

von 0 verschieden!

3.7 Satz. *Die natürliche Zahl m sei durch* 24 *teilbar. Dann existiert eine positive, gerade, unimodulare Matrix* $S = S^{(24)}$, *so daß jede unimodulare Matrix U mit der Eigenschaft* $S[U] = S$ *eine positive Determinante hat.*

Multipliziert man eine Spitzenform vom Gewicht $\frac{n}{2}+1$ mit einer Modulform vom Gewicht $\frac{n}{2}$, so erhält man eine Spitzenform vom Gewicht $n+1$.

3.7$_1$ Folgerung. *Unter der Voraussetzung* $n \equiv 0 \bmod 24$ *gilt*

$$\dim[\Gamma_n, n+1]_0 \geq \dim\left[\Gamma_n, \frac{n}{2}\right] > 0.$$

Beweis von Satz 3.7. Wir benutzen einige arithmetische Eigenschaften von positiv definiten quadratischen Formen und verweisen auf das Buch von Milnor-Husemoller [55].

Sei S eine gerade, positive, unimodulare Matrix, welche die Zahl 2 darstellt, $A(S,2) > 0$. Dann existiert in der Einheitengruppe $\mathscr{E}(S)$ stets eine Spiegelung, insbesondere ein Element $U \in \mathscr{E}(S)$ mit $\det U = -1$. Unter allen Klassen von Matrizen $S = S^{(m)}, m \leq 24$, existiert eine einzige, welche die Zahl 2 nicht darstellt

$$S = S^{(24)}, \qquad A(S,2) = 0.$$

Sie wurde von *Leech* im Zusammenhang mit dem „*Kugelpackungsproblem*" konstruiert. Die Gruppe $\mathscr{E}(S)/\{\pm E\}$ ist - wie *Conway* gezeigt hat - eine *einfache* Gruppe (Literaturhinweise: s. [55]). Da der Kern des Homomorphismus $U \to \det U$ ein Normalteiler ist, muß

$$\det U = 1 \qquad \text{für alle } U \in \mathscr{E}(S)$$

gelten.

Der nun folgende von M. Eichler stammende Hilfssatz zeigt, daß auch die Einheiten der Form

$$\begin{pmatrix} S & & 0 \\ & \ddots & \\ 0 & & S \end{pmatrix}, \qquad S = S^{(24)} \text{ Matrix des Leech-Gitters,}$$

positive Determinanten haben, womit Satz 3.7 bewiesen ist □

Eine symmetrische Matrix S heißt *irreduzibel*, wenn sie nicht unimodular äquivalent ist mit einer Form der Art

$$S_1 \oplus S_2 := \begin{pmatrix} S_1 & 0 \\ 0 & S_2 \end{pmatrix}, \qquad S_j = S_j^{(m_j)}, \qquad m_j > 0 \qquad \text{für } j = 1, 2.$$

Die „Leech-Matrix" ist irreduzibel.

3.7$_2$ Hilfssatz. *Seien*

$$S_\nu = S_\nu^{(m_\nu)}; \qquad \nu = 1, \ldots, l,$$

irreduzible, positive, gerade, unimodulare Matrizen. Die Gruppe

$$\mathscr{E}(S), \qquad S = S_1 \oplus \ldots \oplus S_l$$

wird erzeugt von

a) *den Permutationen der Kästchen* S_ν,

b) *den Einheitsgruppen* $\mathscr{E}(S_\nu)$ *der einzelnen Kästchen. (Diese sind in* $\mathscr{E}(S)$ *in natürlicher Weise eingebettet.)*

Zusatz. *Seien*

$$\tilde{S}_\nu = \tilde{S}_\nu^{(\tilde{m}_\nu)}; \quad \nu = 1, \ldots, \tilde{l},$$

ebenfalls irreduzible Matrizen, so daß

$$S = S_1 \oplus \ldots \oplus S_l \quad \textit{und} \quad \tilde{S} = \tilde{S}_1 \oplus \ldots \oplus \tilde{S}_l$$

unimodular äquivalent sind. Dann gilt $l = \tilde{l}$ *und es existiert eine Permutation* σ *so daß*

$$S_\nu \sim \tilde{S}_{\sigma(\nu)} \qquad \textit{für } \nu = 1, \ldots, l$$

(also insbesondere $m_\nu = \tilde{m}_{\sigma(\nu)}$*).*

Aus 3.7$_1$ und 2.6 folgt nun

3.8 Satz. *Der Körper der Siegelschen Modulfunktionen* $K(\Gamma_n)$ *ist unter der Voraussetzung* $n \equiv 0 \bmod 24$, $n > 0$, *kein rationaler Funktionenkörper.*

Mit derselben Methode erhält man auch Aussagen über die Invarianten k_1:

3.9 Satz. *Die Zahl* n *durchlaufe alle durch* 24 *teilbaren natürlichen Zahlen. Dann gilt*

$$k_1(K(\Gamma_n)) \to \infty \qquad \textit{für } n \to \infty.$$

Beweis. Sei
$$f\in[\Gamma_n, r], \quad 8|r, \quad r\leq\frac{n}{2}.$$
Multipliziert man f mit einer Spitzenform vom Gewicht $\frac{n}{2}+1$ und einer geeigneten Potenz einer Modulform vom Gewicht 4, so erhält man eine Spitzenform vom Gewicht $n+1$.

Im Hinblick auf 3.7_1 genügt es zu zeigen, daß die Maximalzahl algebraisch unabhängiger Modulformen vom Gewicht $r\leq\frac{n}{2}$, $8|r$, mit n gegen ∞ strebt. Zur Konstruktion solcher Formen verwenden wir Thetareihen ϑ_S zu irreduziblem S. Bekanntlich gibt es zu jedem m, $m\equiv 0 \bmod 8$, mindestens eine irreduzible positive gerade unimodulare Matrix $S^{(m)}$ □

Satz 3.9 ist nach unseren Vorbereitungen eine leichte Folgerung aus

3.9_1 Hilfssatz. *Seien $S_j=S_j^{(m_j)}$, $1\leq j\leq l$, irreduzible, paarweise inäquivalente, positive, unimodulare gerade Matrizen. Die Thetareihen $\vartheta(S_j, Z^{(n)})$ sind für hinreichend großes n algebraisch unabhängig.*

Beweis. Die Gesamtheit aller Polynome $P\in\mathbb{C}[X_1,\dots,X_l]$, welche durch $\vartheta_{S_1}(Z^{(n)}),\dots,\vartheta_{S_l}(Z^{(n)})$ annulliert werden*), bildet ein Primideal
$$\mathfrak{p}_n\subset\mathbb{C}[X_1,\dots,X_l].$$
Es gilt
$$\mathfrak{p}_1\supset\mathfrak{p}_2\supset\mathfrak{p}_3\supset\dots.$$
Bekanntlich ist jede Primidealkette im Polynomring stationär, d.h.
$$\mathfrak{p}_n=\mathfrak{p}_{n+1}=\dots \quad \text{für geeignetes } n.$$
Wir schließen nun indirekt, nehmen also an, daß die Thetareihen für jedes n algebraisch abhängig sind. Es folgt nun die Existenz einer Relation
$$P(\vartheta_{S_1}(Z^{(n)}),\dots,\vartheta_{S_l}(Z^{(n)})=0 \quad \text{für alle } n,$$
wobei P ein festes von n unabhängiges Polynom bezeichnet, welches nicht identisch verschwindet. Das Produkt von Thetareihen ist selbst eine Thetareihe
$$\vartheta_S\cdot\vartheta_T=\vartheta_{S\oplus T} \quad \text{mit } S\oplus T:=\begin{pmatrix} S & 0\\ 0 & T\end{pmatrix}.$$
Aus der algebraischen Relation erhalten wir also eine nicht triviale lineare Relation
$$\sum_{\nu_1\geq 0,\dots,\nu_l\geq 0} c_{\nu_1,\dots,\nu_l}\,\vartheta_{S_{\nu_1,\dots,\nu_l}}(Z^{(n)})=0 \quad \text{für alle } n$$

*) Wir fassen hierbei die Thetareihen als Elemente des Ringes $A(\Gamma_n)$ auf.

mit

$$S_{\nu_1,\dots,\nu_l}=\overbrace{S_1\oplus\dots\oplus S_1}^{\nu_1}\oplus\dots\oplus\overbrace{S_l\oplus\dots\oplus S_l}^{\nu_l}.$$

Wir können annehmen, daß nur ein einziges Gewicht r

$$2r=\nu_1 m_1+\dots+\nu_l m_l$$

auftritt. Wir wählen nun speziell

$$n=2r.$$

Durch Berechnen des Fourierkoeffizienten $a(T)$ speziell für $T=S_{\mu_1,\dots,\mu_l}$ erhält man

$$\sum c_{\nu_1,\dots,\nu_l} A(S_{\nu_1,\dots,\nu_l}, S_{\mu_1,\dots,\mu_l})=0.$$

Der Beweis ergibt sich nun aus dem Zusatz zu dem Hilfssatz von Eichler 3.7_2 □

Die beim Beweis von Hilfssatz 3.9_1 verwendete Methode liefert *keine effektive Abschätzung* für $k_1(K(\Gamma_n))$. Insbesondere läßt sich nicht entscheiden, ob diese Invariante für hinreichend großes n den maximalen Wert $N=\frac{1}{2}n(n+1)$ annimmt.

Bessere Resultate erhält man für Kongruenzgruppen. Es ist zum Beispiel leicht, Spitzenformen kleinen Gewichts zur Kongruenzgruppe $\Gamma_n[8]$ zu konstruieren. Mit Hilfe der Thetatransformationsformeln kann man

$$\vartheta_{a,b}(Z)^2\in[\Gamma_n[8],1] \qquad \text{für } a,b\in\mathbb{Z}^n$$

beweisen (vgl. Anhang II).

Infolgedessen sind $N+2$ dieser Thetaquadrate algebraisch abhängig. Es läßt sich zeigen, daß es tatsächlich $N+1$ algebraisch unabhängige Thetareihen $\vartheta_{a,b}(Z)$ gibt. Man kann mehr zeigen [39].

Der Körper der Modulfunktionen n-ten Grades $K(\Gamma_n)$ ist Unterkörper des Körpers, welcher von allen Quotienten

$$\frac{\vartheta_{a,b}(Z)}{\vartheta_{0,0}(Z)}; \qquad a,b \text{ ganz}$$

erzeugt wird.

Wenn also überhaupt eine von 0 verschiedene Spitzenform

$$f\in[\Gamma,r]_0, \qquad r<n+1, \qquad \Gamma\subset\Gamma_n[8],$$

existiert, so folgt

$$k_1(K(\Gamma))=N=\frac{n(n+1)}{2}.$$

Thetareihen mit harmonischen Koeffizienten wurden im Fall $n=1$ von E. Hecke und für beliebiges n von H. Maaß eingeführt. In [54] finden sich einige Existenzaussagen für Spitzenformen beliebigen Grades und von kleinem Gewicht.

§ 4. Γ-invariante Tensoren auf der Siegelschen Halbebene

Wir führen holomorphe Tensoren auf einem offenen Teil $U \subset \mathscr{X}$ eines endlich dimensionalen Vektorraumes als holomorphe Abbildungen

$$T: U \to \mathrm{Mult}(\mathscr{X}^k, \mathbb{C})$$

von U in den Raum der Multilinearformen auf $\mathscr{X}$ ein. Von besonderem Interesse sind alternierende Tensoren (= alternierende Differentialformen), symmetrische Tensoren und multikanonische Tensoren. Die Γ_n-invarianten holomorphen Tensoren auf der Siegelschen Halbebene entsprechen vektorwertigen Modulformen. Gewöhnliche (skalarwertige) Modulformen können sowohl zur Konstruktion multikanonischer Tensoren (die in §1 betrachteten N-Formen sind ein Spezialfall) als auch zur Konstruktion symmetrischer Tensoren verwendet werden. Alternierende Differentialformen vom Grade $p = N-1$ können mittels vektorwertiger Thetareihen mit harmonischen Koeffizienten konstruiert werden.

Sei $\mathscr{X}$ ein endlichdimensionaler Vektorraum über dem Körper der komplexen Zahlen. Wir bezeichnen mit

$$\mathscr{X}' = \mathrm{Hom}(\mathscr{X}, \mathbb{C})$$

den Dualraum von $\mathscr{X}$, also die Menge aller $\mathbb{C}$-Linearformen $l: \mathscr{X} \to \mathbb{C}$ und mit

$$\mathscr{X}'^{\otimes k} = \overbrace{\mathscr{X}' \otimes \ldots \otimes \mathscr{X}'}^{k\text{-fach}}, \quad k > 0,$$

sein k-faches Tensorprodukt mit sich selbst. Wie üblich setzen wir

$$\mathscr{X}'^{\otimes 0} = \mathbb{C}.$$

Man kann jedem Element $T \in \mathscr{X}'^{\otimes k}$ eine Multilinearform

$$\mathscr{X}^k = \mathscr{X} \times \ldots \times \mathscr{X} \to \mathbb{C}$$

zuordnen. Bezeichnet man mit $\mathrm{Mult}(\mathscr{X}^k, \mathbb{C})$ die Menge all dieser Multilinearformen, so stiftet diese Zuordnung einen Isomorphismus

$$\mathscr{X}'^{\otimes k} \xrightarrow{\sim} \mathrm{Mult}(\mathscr{X}^k, \mathbb{C}).$$

Im Spezialfall $T = T_1 \otimes \ldots \otimes T_k$ ist diese Multilinearform durch

$$T(a_1, \ldots, a_k) = T_1(a_1) \ldots T_k(a_k)$$

definiert.

Wir bezeichnen mit $\mathfrak{S}_k$ die symmetrische Gruppe, also die Permutationsgruppe der Menge $\{1, \ldots, k\}$. Jeder Permutation $\sigma \in \mathfrak{S}_k$ ist ein Isomorphismus

$$\mathscr{X}'^{\otimes k} \to \mathscr{X}'^{\otimes k}$$

$$T \to T^\sigma$$

zugeordnet, im Spezialfall
$$T = T_1 \otimes \ldots \otimes T_k, \quad T_\nu \in \mathscr{Z}' \quad \text{für } \nu = 1, \ldots, k,$$
ist
$$T^\sigma = T_{\sigma^{-1}(1)} \otimes \ldots \otimes T_{\sigma^{-1}(k)}.$$
Ein Tensor T heißt
  a) *symmetrisch*, falls
$$T^\sigma = T \quad \text{für alle } \sigma \in \mathfrak{S}_k,$$
  b) *alternierend*, falls
$$T^\sigma = (\text{sgn } \sigma) T \quad \text{für alle } \sigma \in \mathfrak{S}_k$$
gilt. Hierbei sei sgn σ das Vorzeichen der Permutation σ.

Symmetrische Tensoren. Eine Funktion $P: \mathscr{Z} \to \mathbb{C}$ ist genau dann ein homogenes Polynom vom Grade k, wenn es eine Multilinearform $T \in \text{Mult}(\mathscr{Z}^k, \mathbb{C})$ gibt, so daß
$$P(z) = T(z, \ldots, z)$$
gilt. Diese Multilinearform kann man stets symmetrisch wählen. Sie ist dann eindeutig bestimmt. Wir erhalten also

Der Vektorraum der homogenen Polynome vom Grade k auf einem endlich dimensionalen Vektorraum $\mathscr{Z}$ ist kanonisch isomorph zum Unterraum der symmetrischen Tensoren in $\mathscr{Z}'^{\otimes k}$.

Alternierende Tensoren. Wir bezeichnen den Unterraum der alternierenden Tensoren von $\mathscr{Z}'^{\otimes k}$ mit $\mathscr{Z}'^{[k]}$. Man kann jedem Tensor $T \in \mathscr{Z}'^{\otimes k}$ seinen alternierenden Bestandteil
$$T^{\text{alt}} := \frac{1}{k!} \sum_{\sigma \in \mathfrak{S}_k} (\text{sgn } \sigma) T^\sigma$$
zuordnen und erhält so eine surjektive lineare Abbildung
$$\mathscr{Z}'^{\otimes k} \to \mathscr{Z}'^{[k]}.$$
Das *schiefe Produkt* zweier alternierender Tensoren
$$T \in \mathscr{Z}'^{[k]}, \quad T' \in \mathscr{Z}'^{[l]}$$
ist
$$T \wedge T' := (T \otimes T')^{\text{alt}}.$$
Dieses schiefe Produkt ist
  a) *bilinear*,
  b) *assoziativ*,
  c) *schiefkommutativ*, d.h. $T \wedge T' = (-1)^{kl} T' \wedge T$.

Sei $l_1, \ldots, l_n$ eine Basis von $\mathscr{Z}'$. Dann bilden die Tensoren

$$l_{j_1} \wedge \ldots \wedge l_{j_k}, \quad 1 \leq j_1 < \ldots < j_k \leq n,$$

eine Basis von $\mathscr{Z}'^{[k]}$.

Es gilt also

$$\dim \mathscr{Z}'^{[k]} = \binom{n}{k}.$$

Insbesondere ist

$$\mathscr{Z}'^{[k]} = 0 \quad \text{für } k > n.$$

Der höchste Term $\mathscr{Z}'^{[n]}$ ist eindimensional,

$$\mathscr{Z}'^{[n]} = \mathbb{C}\, l_1 \wedge \ldots \wedge l_n.$$

Multikanonische Tensoren. Ein Tensor T heißt *multikanonisch*, wenn er sich als Tensorprodukt von alternierenden Tensoren aus $\mathscr{Z}'^{[n]}$, $n = \dim \mathscr{Z}$, schreiben läßt,

$$T = T_1 \otimes \ldots \otimes T_k, \quad T_\nu \in \mathscr{Z}'^{[n]}.$$

Der Grad eines solchen Tensors ist $n k$. Die Menge dieser multikanonischen Tensoren bildet einen *eindimensionalen* Unterraum von $\mathscr{Z}'^{\otimes kn}$. Dieser Unterraum ist also isomorph

$$\overbrace{\mathscr{Z}'^{[n]} \otimes \ldots \otimes \mathscr{Z}'^{[n]}}^{k\text{-fach}}.$$

Transformation von Tensoren. Sei L: $\mathscr{Z}_1 \to \mathscr{Z}_2$ eine lineare Abbildung endlichdimensionaler Vektorräume. Diese induziert die duale Abbildung

$$L': \mathscr{Z}_2' \to \mathscr{Z}_1', \quad l \to l \circ L,$$

allgemeiner

$$L'^{\otimes k}: \mathscr{Z}_2'^{\otimes k} \to \mathscr{Z}_1'^{\otimes k}.$$

Wir schreiben auch einfach

$$L^* T \quad \text{anstelle von } L'^{\otimes k} T.$$

Wenn T ein symmetrischer Tensor ist, so ist auch der Tensor $\tilde{T} := L^* T$ symmetrisch. Die diesen beiden Tensoren entsprechenden Polynomfunktionen bezeichnen wir mit

$$P: \mathscr{Z}_2 \to \mathbb{C}, \quad \tilde{P}: \mathscr{Z}_1 \to \mathbb{C}.$$

Man zeigt leicht

$$\tilde{P}(z) = P(Lz).$$

Wenn T ein alternierender Tensor ist, so ist auch $L^* T$ alternierend. Sei nun L: $\mathscr{Z} \to \mathscr{Z}$ eine lineare Abbildung von $\mathscr{Z}$ in sich. Wenn T in dem eindimensionalen Vektorraum $\mathscr{X}'^{[n]}$, $n=\dim\mathscr{X}$, enthalten ist, so können sich T und L^*T nur um einen skalaren Faktor unterscheiden. Tatsächlich gilt

$$L^*T=(\det L)\cdot T \qquad \text{für } T\in\mathscr{X}'^{[n]}.$$

Ist allgemeiner $T\in(\mathscr{X}'^{[n]})^{\otimes k}$ ein multikanonischer Tensor vom Grad kn, so gilt

$$L^*T=(\det L)^k\,T.$$

Wir betrachten nun speziell den Vektorraum $\mathscr{X}=\mathscr{X}_n$ aller symmetrischen n-reihigen komplexen Matrizen. Die Linearformen

$$l_{\mu\nu}(Z)=z_{\mu\nu}, \qquad 1\le\mu\le\nu\le n,$$

bilden eine Basis von $\mathscr{X}_n'$. Wir ordnen die Koordinaten $z_{\mu\nu}$, $1\le\mu\le\nu\le n$, irgendwie - etwa lexikographisch - an und bezeichnen das schiefe Produkt der Linearformen $l_{\mu\nu}$ in dieser Reihenfolge mit

$$\omega_0:=\bigwedge_{1\le\mu\le\nu\le n} l_{\mu\nu} \qquad (=l_{11}\wedge l_{12}\wedge\ldots\wedge l_{nn}).$$

4.1 Hilfssatz. *Sei $A=A^{(n)}$ eine n-reihige komplexe Matrix und*

$$l_A\colon\ \mathscr{X}_n\to\mathscr{X}_n$$

die durch

$$l_A(Z)=A'ZA$$

definierte lineare Abbildung. Es gilt

$$l_A^*\,\omega_0=(\det A)^{n+1}\,\omega_0.$$

Beweis. Für eine beliebige lineare Abbildung $l\colon\ \mathscr{X}_n\to\mathscr{X}_n$ gilt

$$l^*\,\omega_0=(\det l)\,\omega_0.$$

Außerdem gilt

$$\det l_A=(\det A)^{n+1} \quad \square$$

Die Funktion

$$\mathscr{X}_n\to\mathbb{C}, \qquad W\to(\det W)^k, \quad k\ge 0,$$

ist ein homogenes Polynom vom Grade kn auf $\mathscr{X}_n$. Den diesem Polynom entsprechenden symmetrischen Tensor bezeichnen wir mit

$$\Delta_0^k\in\mathscr{X}_n'^{\otimes kn}.$$

4.2 Hilfssatz. *Es gilt*

$$(l_A)^*\,\Delta_0^k=(\det A)^{2k}\,\Delta_0^k.$$

Der Beweis ist trivial $\square$

Wenn $n+1$ gerade ist, haben also der alternierende Tensor ω_0 und der symmetrische Tensor $\Delta_0^{(n+1)/2}$ dasselbe Transformationsverhalten unter den linearen Abbildungen l_A.

Sei U ein offener Teil des endlich dimensionalen $\mathbb{C}$-Vektorraums $\mathscr{X}$. Unter einem *holomorphen* Tensor T auf U verstehen wir eine holomorphe Abbildung

$$T\colon\ U \to \mathscr{X}'^{\otimes k}, \quad k \geq 0.$$

Ein solcher Tensor heißt *symmetrisch (alternierend, multikanonisch)*, wenn dies für alle $T(a)$, $a \in U$, der Fall ist. Alternierende Tensoren nennt man auch (alternierende) Differentialformen.

Bezeichnung. $\Omega^{\otimes k}(U)$ ist die Menge aller holomorphen Tensoren vom Grade k auf U.

Transformation holomorpher Tensoren. Seien $U_j \subset \mathscr{X}_j$; $j=1,2$, offene Teile endlich dimensionaler $\mathbb{C}$-Vektorräume und sei

$$\varphi\colon\ U_1 \to U_2$$

eine holomorphe Abbildung. Jedem $a \in U_1$ ist eine lineare Abbildung

$$J(\varphi, a)\colon\ \mathscr{X}_1 \to \mathscr{X}_2,$$

die Ableitung („Jacobische") von φ im Punkt a zugeordnet. Sei T ein holomorpher Tensor auf U_2. Durch

$$(\varphi^* T)(a) = J(\varphi, a)^* \, T(\varphi(a))$$

wird ein holomorpher Tensor auf U_1 definiert. Wir erhalten so eine natürliche Abbildung

$$\Omega^{\otimes k}(U_2) \to \Omega^{\otimes k}(U_1).$$

Bei dieser Transformation werden symmetrische (alternierende, multikanonische) Tensoren in ebensolche überführt.

Wir untersuchen nun speziell *holomorphe* Tensoren T auf der Siegelschen Halbebene $\mathbb{H}_n \subset \mathscr{X}_n$. Ist $M \in Sp(n, \mathbb{R})$ eine symplektische Substitution, so schreiben wir

$$T|M \qquad \text{anstelle von } M^* T.$$

Der Tensor T heißt unter einer Gruppe $\Gamma \subset Sp(n, \mathbb{R})$ symplektischer Substitutionen invariant, falls $T|M = T$ für alle $T \in \Gamma$ gilt. Wir betrachten nur solche Gruppen Γ, welche mit der Siegelschen Modulgruppe kommensurabel sind.

Wir ordnen einer holomorphen Funktion $f\colon\ \mathbb{H}_n \to \mathbb{C}$ den multikanonischen Tensor

$$T = T(f) = f\omega_0^{\otimes k}$$

zu. Aus Hilfssatz 4.1 ergibt sich

$$T(f)|M = T(f \underset{r}{|} M), \qquad r = k(n+1).$$

Bezeichnung. $\mathscr{K}^k(\mathbb{H}_n)^\Gamma$ ist die Menge der multikanonischen Tensoren aus $\Omega^{\otimes Nk}(\mathbb{H}_n)$, $N = \frac{n(n+1)}{2}$, welche unter Γ invariant sind.

Wir erhalten also

4.3 Bemerkung. *Sei $r = (n+1)k$, k ganz, $k \geq 0$. Die Abbildung $f \to f\omega_0^{\otimes k}$ definiert eine injektive lineare Abbildung*

$$[\Gamma, r] \to \mathscr{K}^k(\mathbb{H}_n)^\Gamma.$$

Es ist höchst bemerkenswert, daß man Siegelschen Modulformen dank Hilfssatz 4.2 auch *symmetrische* invariante Tensoren zuordnen kann.

4.4 Bemerkung. *Sei k eine nicht negative ganze Zahl. Die Zuordnung $f \to f \cdot \Delta_0^k$ definiert eine injektive lineare Abbildung*

$$[\Gamma, 2k] \to \Omega^{\otimes kn}(\mathbb{H}_n)^\Gamma.$$

Das Bild von $[\Gamma, 2k]$ ist im Unterraum der symmetrischen Tensoren enthalten.

Als nächstes beschreiben wir die Wirkung symplektischer Transformationen auf Tensoren ersten Grades. Jeder solche Tensor läßt sich in der Form

$$\omega = \sum_{1 \leq \mu, \nu \leq n} f_{\mu\nu}(Z)\, dz_{\mu\nu}$$

schreiben. Dabei ist

$$f = (f_{\mu\nu})_{1 \leq \mu, \nu \leq n}$$

eine eindeutig bestimmte symmetrische Matrix holomorpher Funktionen auf $\mathbb{H}_n$.

Faßt man die Differentiale $dz_{\mu\nu}$ in einer symmetrischen Matrix

$$dZ := (dz_{\mu\nu})_{1 \leq \mu, \nu \leq n}$$

zusammen, so gilt

$$\omega = \sigma(f \cdot dZ).$$

4.5 Hilfssatz. *Es gilt*

$$dZ|M = (CZ+D)'^{-1}\, dZ (CZ+D)^{-1}.$$

Dabei ist natürlich $dZ|M := (dz_{\mu\nu}|M)$.

Beweis. Benutze I 1.6.

4.5$_1$ Folgerung. *Es gilt*

$$\sigma(f\,dZ)|M=\sigma(\tilde{f}\,dZ),$$
$$\tilde{f}(Z)=(CZ+D)^{-1}f(M\langle Z\rangle)(CZ+D)'^{-1}.$$

Die Differentialform $\sigma(f\,dZ)$ ist also genau dann Γ-invariant, falls

$$f(M\langle Z\rangle)=(CZ+D)f(Z)(CZ+D)'$$

für alle $M\in\Gamma$ gilt.

Wir streichen aus dem Ausdruck

$$\omega_0=\bigwedge_{1\le\mu\le\nu\le n} dz_{\mu\nu}$$

ein einzelnes Differential $dz_{ik}=dz_{ki}$ heraus und erhalten bis auf den Faktor $\pm e_{ik}$

$$\omega_{ik}=\pm e_{ik}\bigwedge_{\substack{1\le\mu\le\nu\le n\\ dz_{\mu\nu}\neq dz_{ik}}} dz_{\mu\nu},\qquad e_{ik}=\begin{cases}1 & \text{für } i=k,\\ 1/2 & \text{für } i\neq k.\end{cases}$$

Das Vorzeichen soll so eingerichtet werden, daß

$$\omega_{ik}\wedge dz_{ik}=e_{ik}\,\omega_0$$

gilt.

Wir fassen die Differentialformen ω_{ik} alsdann zu einer symmetrischen Matrix

$$\Omega=(\omega_{ik})_{1\le i,k\le n}$$

zusammen.

4.6 Hilfssatz. *Es gilt*

$$\Omega|M=\det(CZ+D)^{-(n+1)}(CZ+D)\,\Omega(CZ+D)'.$$

4.6$_1$ Folgerung. *Die Zuordnung*

$$f\to\sigma(f\Omega)$$

stiftet eine umkehrbar eindeutige Beziehung zwischen

a) *den holomorphen Abbildungen f: $\mathbb{H}_n\to\mathfrak{X}_n$ mit der Eigenschaft*

$$f(M\langle Z\rangle)=\det(CZ+D)^{n+1}(CZ+D)'^{-1}f(Z)(CZ+D)^{-1}$$

für alle $M\in\Gamma$ und

b) *den Γ-invarianten holomorphen alternierenden Differentialformen vom Grade $N-1$, $N=\frac{1}{2}n(n+1)$.*

Beweis. Sei $h=(h_{ik})_{1\le i,k\le n}$ eine symmetrische Matrix holomorpher Funktionen, welche in $\mathbb{H}_n$ definiert sind. Es gilt

$$\sigma(h\Omega)=\sum_{1\le i,j\le n} h_{ij}\,\omega_{ij}.$$

Hieraus folgt

$$\sigma(h\Omega)\wedge dz_{ij}=\begin{cases} h_{ii}\,\omega_{ii}\wedge dz_{ii} & \text{für } i=j \\ 2h_{ij}\,\omega_{ij}\wedge dz_{ij} & \text{für } i\neq j \end{cases}$$

$$=h_{ij}\,\omega_0.$$

In naheliegender Schreibweise bedeutet dies

$$(*)\qquad \sigma(h\,\Omega)\wedge dZ=h\,\omega_0.$$

Ist $M\in Sp(n,\mathbb{R})$ eine symplektische Transformation, so setzen wir

$$h^M(Z)=h(M\langle Z\rangle).$$

Transformiert man die Gleichung $(*)$ mit M, so erhält man

$$\sigma(h^M\,\Omega|M)\wedge(CZ+D)'^{-1}\,dZ(CZ+D)^{-1}=h^M\det(CZ+D)^{-(n+1)}\,\omega_0$$

oder

$$\begin{aligned}\sigma(h^M\,\Omega|M)\wedge dZ&=\det(CZ+D)^{-(n+1)}(CZ+D)'\,h^M(CZ+D)\,\omega_0\\ &=\det(CZ+D)^{-(n+1)}\,\sigma((CZ+D)'\,h^M(CZ+D)\,\Omega)\wedge dZ.\end{aligned}$$

Hieraus folgt

$$\sigma(h^M\,\Omega|M)=\det(CZ+D)^{-(n+1)}\,\sigma(h^M(CZ+D)\,\Omega(CZ+D)').$$

Da die Funktion h^M beliebig vorgegeben werden kann, folgt die in 4.6 behauptete Formel □

Vektorwertige Modulformen. Sei $\mathscr{Z}$ ein endlichdimensionaler komplexer Vektorraum und $Gl(\mathscr{Z})$ die Gruppe aller Vektorraumisomorphismen von $\mathscr{Z}$ auf sich. Sei außerdem $D\subset\mathbb{C}^n$ ein Gebiet und Γ eine Gruppe biholomorpher Selbstabbildungen von D.

4.7 Definition. Ein **Automorphiefaktor** von (D,Γ) mit Werten in $Gl(\mathscr{Z})$ ist eine Abbildung

$$I\colon\ \Gamma\times D\to Gl(\mathscr{Z})$$

mit folgenden Eigenschaften

a) $I(\gamma,z)$ ist für jedes feste $\gamma\in\Gamma$ holomorph.

b) $I(\gamma\gamma',z)=I(\gamma,\gamma' z)\,I(\gamma',z)$.

4.8 Definition. Eine (vektorwertige) automorphe Form bezüglich der Gruppe Γ und zum Automorphiefaktor I ist eine holomorphe Funktion $f\colon D\to\mathscr{Z}$ mit den Eigenschaften

$$f(\gamma z)=I(\gamma,z)f(z)\qquad \text{für } \gamma\in\Gamma.$$

Eine Abbildung

$$P\colon\ \mathbb{C}^n\to\mathbb{C}^m$$

heißt polynomial, wenn alle m Komponenten von P Polynome sind. Dieser Begriff ist bezüglich linearer Koordinatentransformation invariant. Wir können also allgemein in naheliegender Weise von polynomialen Abbildungen

$$P\colon \mathscr{X} \to \tilde{\mathscr{X}}$$

zwischen endlichdimensionalen Vektorräumen $\mathscr{X}$, $\tilde{\mathscr{X}}$ sprechen.

Eine Abbildung

$$P_0\colon D \to \tilde{D}$$

zwischen offenen Teilen $D \subset \mathscr{X}$, $\tilde{D} \subset \tilde{\mathscr{X}}$ schließlich heißt polynomial, wenn sie Einschränkung einer polynomialen Abbildung $P\colon \mathscr{X} \to \tilde{\mathscr{X}}$ ist.

4.9 Definition. Eine polynomiale Darstellung von $Gl(n, \mathbb{C})$ auf einem endlichdimensionalen Vektorraum $\mathscr{X}$ ist ein polynomialer Homomorphismus

$$\rho\colon Gl(n, \mathbb{C}) \to Gl(\mathscr{X}).$$

4.10 Bemerkung. *Sei*

$$\rho\colon Gl(n, \mathbb{C}) \to Gl(\mathscr{X})$$

eine polynomiale Darstellung, dann ist

$$I(M, Z) = \rho(CZ + D); \qquad M = \begin{pmatrix} A & B \\ C & D \end{pmatrix},$$

ein Automorphiefaktor der symplektischen Gruppe $Sp(n, \mathbb{R})$.

Beweis. I 1.4$_2$ □

Sei

$$f\colon \mathbb{H}_n \to \mathscr{X}$$

eine automorphe Form bezüglich der Siegelschen Modulgruppe und bezüglich der polynomialen Darstellung ρ. Dann ist f insbesondere periodisch,

$$f(Z+S) = f(Z); \qquad S = S' \text{ ganz},$$

und kann daher in eine Fourierreihe entwickelt werden.

$$f(Z) = \sum_{T = T' \text{ gerade}} a(T)\, e^{\pi i \sigma(TZ)}.$$

Die Koeffizienten $a(T)$ sind *Vektoren* aus $\mathscr{X}$. Aus der Formel

$$f(Z[U]) = \rho(U^{-1}) f(Z)$$

folgt

$$a(T[U]) = \rho(U')\, a(T).$$

Eine Verallgemeinerung des Koecherprinzips besagt

4.11 Hilfssatz. *Sei $n \geq 2$ und sei*

$$f(Z) = \sum_{T=T' \text{ gerade}} a(T)\, e^{\pi i \sigma(TZ)}$$

eine in $\mathbb{H}_n$ absolut konvergente Fourierreihe. Für eine geeignete positive Zahl $k>0$ gelte

$$|a(T[U])| \leq \sigma(U'U)^k\, |a(T)|,$$

wobei U alle Elemente einer Untergruppe von endlichem Index in $Gl(n,\mathbb{Z})$ durchlaufe. Dann gilt

$$a(T) \neq 0 \;\Rightarrow\; T \geq 0.$$

Beweis. Man orientiert sich an I 3.5 □

4.12 Definition. Eine vektorwertige Modulform n-ten Grades bezüglich der polynomialen Darstellung

$$\rho\colon\; Gl(n,\mathbb{C}) \to Gl(\mathscr{X})$$

ist eine Funktion $f\colon \mathbb{H}_n \to \mathscr{X}$ mit den Eigenschaften

1) f ist holomorph,

2) $f(M\langle Z\rangle) = \rho(CZ+D) f(Z)$ für $M = \begin{pmatrix} A & B \\ C & D \end{pmatrix} \in \Gamma$,

3) $f(Z)$ ist in Bereichen der Art $Y \geq Y_0 > 0$ beschränkt.

Im Falle $n>1$ ist die Bedingung 3) überflüssig (4.11).

Beispiele für vektorwertige Modulformen liefern **Thetareihen mit vektorwertigen harmonischen Koeffizienten.**

4.13 Definition. Eine harmonische Form $P(X)$, $X = X^{(m,n)}$ bezüglich der polynomialen Darstellung

$$\rho_0\colon\; Gl(n,\mathbb{C}) \to Gl(\mathscr{X})$$

ist eine Polynomfunktion $P\colon M_{m,n}(\mathbb{C}) \to \mathscr{X}$ mit den Eigenschaften

a) $P(XA) = \rho_0(A')P(X)$ für alle $A = A^{(n)}$.

b) $\Delta P = 0$.

4.14 Satz. *Sei $P(X^{(m,n)})$ eine harmonische Form bezüglich der polynomialen Darstellung*

$$\rho_0\colon\; Gl(n,\mathbb{C}) \to Gl(\mathscr{X})$$

und sei $S = S^{(m)}$, $8|m$ eine positive gerade unimodulare Matrix. Dann ist die Thetareihe

$$\vartheta(S,Z) = \sum_{G=G^{(m,n)} \text{ ganz}} P(S^{\frac{1}{2}} G)\, e^{\pi i \sigma(S[G]Z)}$$

eine Modulform n-ten Grades bezüglich der Darstellung

$$\rho(A)=\rho_0(A)(\det A)^{\frac{m}{2}}.$$

Beispiele harmonischer Formen

Annahme. Die Darstellung ρ_0 sei polynomial und selbst harmonisch, d.h.

$$\Delta\rho_0(X)=0.$$

Dann erhält man für jeden Vektor $a\in\mathscr{X}$ eine harmonische Form

$$P(X):=\rho_0(X')\,a.$$

Hierbei ist speziell $m=n$.

Wir betrachten nun eine spezielle Darstellung ρ_0 auf dem Vektorraum $\mathscr{X}=\mathscr{X}_n$ aller symmetrischen n-reihigen Matrizen, nämlich

$$\rho_0\colon\ Gl(n,\mathbb{C})\to Gl(\mathscr{X}_n),$$
$$\rho_0(A)(Z)=(\det A)^2\,A'^{-1}\,Z A^{-1}.$$

Diese Darstellung ist polynomial, denn die Matrix $(\det A)A^{-1}$ ist ganz. Ihre Komponenten sind bis aufs Vorzeichen $(n-1)$-reihige Unterdeterminanten von A. Es gilt insbesondere

$$\Delta((\det X)\,X^{-1})=0.$$

Dies gibt uns die Möglichkeit, eine harmonische Form $P(X)$, $X=X^{(m,n)}$ zu konstruieren. Wir setzen

$$A^*=(\det A)\,A^{-1}$$

und definieren

$$P(X)=(X'\,HX)^*+(X'\,HX)^*,\qquad H=H^{(m)}.$$

Für gewisse H, beispielsweise für $H=\begin{pmatrix}0 & E^{(n)}\\ 0 & 0\end{pmatrix}$ ist P harmonisch.

Es sei nun $n\equiv 1 \bmod 4$. Wir ordnen einer positiven unimodularen geraden Matrix $S=S^{2(n-1)}$ die Thetareihe

$$f(Z)=\sum P(S^{\frac{1}{2}}\,G)\,e^{\pi i\sigma(S[G]Z)}$$

mit dem soeben konstruierten Polynom P zu. Dies ist eine vektorwertige Modulform

$$f\colon\ \mathbb{H}_n\to\mathscr{X}_n$$

mit dem Transformationsverhalten

$$f(M\langle Z\rangle)=\det(CZ+D)^{n+1}(CZ+D)'^{-1}f(Z)(CZ+D)^{-1},$$

definiert also gemäß 4.6_1 eine holomorphe Γ_n-invariante Differentialform vom Grade $N-1$.

4.15 Satz. *Sei $S=S^{2(n-1)}$ eine positive gerade unimodulare Matrix (insbesondere $n\equiv 1 \bmod 4$). Die Reihe*

$$\sum_{G=G^{(2(n-1),n)}} e^{\pi i\sigma(S[G]Z)}\sigma((H[S^{\frac{1}{2}}G])^*\Omega), \qquad H=\begin{pmatrix}0 & E^{(n)}\\ 0 & 0\end{pmatrix},$$

stellt eine Γ_n-invariante alternierende holomorphe Differentialform vom Grade $\frac{1}{2}n(n+1)-1$ dar.

Ein anderes Konstruktionsverfahren für $(N-1)$-Formen werden wir in §6 kennenlernen.

§5. Reguläre Tensoren des Körpers der Modulfunktionen

Wenn ein algebraischer Funktionenkörper $K\supset\mathbb{C}$ ein singularitätenfreies projektives Modell X besitzt, so ist die Dimension des Vektorraumes holomorpher Tensoren auf X eines vorgegebenen Typs eine Invariante von K, hängt also nicht von der Wahl von X ab. Da wir weder von der Hironakaschen Desingularisierungstheorie noch von der Konstruktion expliziter singularitätenfreier Modelle des Körpers der Modulfunktionen Gebrauch machen wollen, modifizieren wir die übliche Definition, indem wir für beliebige Modelle **„Tensoren mit Fortsetzungseigenschaft"** (s. 5.2) betrachten. Mittels elementarer Schlüsse aus der Wertverteilungstheorie analytischer Funktionen kann man diese Fortsetzungseigenschaft für den Körper $K(\Gamma_n[l])$, $l\geq 3$, analysieren. Als Anwendung erhält man Tais Resultat, daß diese Körper für genügend große l von allgemeinem Typ sind. Nach Tai ist auch der Körper $K(\Gamma_n)$ zur vollen Siegelschen Modulgruppe für $n\geq 9$ von allgemeinem Typ. Am Ende dieses Paragraphen skizzieren wir einen elementaren Beweis dieses wichtigen Satzes (sogar für $n\geq 8$).

Ein *(holomorpher kovarianter) Tensor* T auf einer analytischen Mannigfaltigkeit X ist eine Familie von Tensoren

$$T(\varphi)\in\Omega^{\otimes k}(V),$$
$$\varphi\colon U\to V, \qquad U\subset X \text{ offen}, V\subset\mathbb{C}^n \text{ offen},$$

wobei φ alle Karten von X durchläuft und beim Übergang von der Karte φ zu einer anderen Karte ψ in deren gemeinsamem Durchschnitt die Umsetzungsformel

$$(\psi\circ\varphi^{-1})^*\,T(\psi)=T(\varphi)$$

gültig ist. Wir bezeichnen mit

$$\Omega^{\otimes k}(X)$$

den $\mathcal{O}_X(X)$-Modul aller holomorphen Tensoren auf X. Wie im lokalen Fall kann man von *alternierenden, symmetrischen, multikanonischen Tensoren* sprechen.

Bezeichnung. a) $\Omega^{[k]}(X)$ ist der Unterraum aller alternierenden Tensoren aus $\Omega^{\otimes k}(X)$. Man nennt alternierende Tensoren auch **alternierende Differentialformen.**

b) Sei X rein n-dimensional. Mit $\mathcal{K}^k(X)$ wird der Unterraum aller multikanonischen Tensoren aus $\Omega^{\otimes kn}(X)$ bezeichnet. Es gilt

$$\mathcal{K}^1(X) = \Omega^{[n]}(X).$$

Anmerkung. Es besteht eine natürliche Isomorphie zwischen dem in §2 eingeführten Raum $\mathcal{K}(X)$ der n-Formen und $\mathcal{K}^1(X)$:

$$\mathcal{K}(X) \cong \mathcal{K}^1(X) = \Omega^{[n]}(X).$$

Ist $\varphi\colon X \to Y$ eine holomorphe Abbildung analytischer Mannigfaltigkeiten, so definiert man in natürlicher Weise eine Transformation

$$\varphi^*\colon\ \Omega^{\otimes k}(Y) \to \Omega^{\otimes k}(X).$$

Diese erhält den Typ eines Tensors.

Anstelle des einfachen Integralkriteriums für die Fortsetzbarkeit von n-Formen (Hilfssatz 2.1) tritt für beliebige Tensoren folgender

5.1 Hilfssatz. *Sei X eine n-dimensionale analytische Mannigfaltigkeit, $S \subset X$ eine dünne abgeschlossene analytische Teilmenge und T ein holomorpher Tensor auf $X \setminus S$. Folgende beiden Bedingungen sind gleichwertig:*

1) *T ist auf X holomorph fortsetzbar.*

2) *Sei*

$$\begin{aligned}\psi\colon\ &\dot{E} \times E^{n-1} \to X \setminus S,\\ &E = \{q \in \mathbb{C},\ |q| < 1\},\\ &\dot{E} = E \setminus \{0\},\end{aligned}$$

eine holomorphe Abbildung, welche sich zu einer holomorphen Abbildung $E^n \to X$ fortsetzen läßt. Dann ist der Tensor $\psi^* T$ auf E^n holomorph fortsetzbar.

Beweis. Wie beim Beweis von Hilfssatz 2.1 kann man annehmen, daß S eine glatte Hyperfläche in X ist. Da der Hilfssatz lokaler Natur ist, können wir dann sogar

$$X = E^n, \qquad S = \{0\} \times E^{n-1}, \qquad \psi = \mathrm{id},$$

annehmen. In diesem Fall ist 5.1 trivial □

5.2 Definition. Sei X eine projektive irreduzible n-dimensionale algebraische Varietät, $S \subset X$ der *singuläre Ort* und $X_0 = X \setminus S$. Ein holomorpher Tensor T auf X_0 besitzt die **Fortsetzungseigenschaft,** falls folgende Bedingung erfüllt ist.

Sei

$$\psi\colon \dot{E} \times E^{n-1} \to X_0$$

eine holomorphe Abbildung, welche sich zu einer holomorphen Abbildung $\psi\colon E^n \to X$ fortsetzen läßt. Dann ist $\psi^* T$ auf ganz E^n holomorph fortsetzbar.

Wir bezeichnen mit

$$\Omega_f^{\otimes k}(X)$$

den Vektorraum aller k-fach kovarianten holomorphen Tensoren auf X_0, welche die Fortsetzungseigenschaft besitzen und definieren entsprechend

$$\Omega_f^{[k]}(X), \qquad \mathcal{K}_f^k(X).$$

Ein (elementares) Kompaktheitskriterium der algebraischen Geometrie besagt:

5.3 Hilfssatz. *Sei $f\colon X \dashrightarrow Y$ eine rationale Abbildung algebraischer Varietäten, welche auf dem dichten Zariski-offenen Teil $X_0 \subset X$ definiert sei. Die Varietät Y sei kompakt. Sei außerdem $\psi\colon \dot{E} \to X_0$ eine holomorphe Abbildung, welche sich zu einer stetigen Abbildung $E \to X$ fortsetzen läßt. Dann ist $f \circ \psi$ zu einer holomorphen Abbildung*

$$„f \circ \psi\text{“}\colon E \to Y$$

fortsetzbar.

Aus den Hilfssätzen 5.1 und 5.3 folgt die **birationale Invarianz** der in 5.2 definierten Fortsetzungseigenschaft.

5.4 Hilfssatz. *Sei $f\colon X \dashrightarrow Y$ eine birationale Abbildung irreduzibler kompakter algebraischer Varietäten. Die Zuordnung $T \to f^* T$ definiert einen Isomorphismus*

$$\Omega_f^{\otimes k}(Y) \xrightarrow{\sim} \Omega_f^{\otimes k}(X).$$

Wenn X singularitätenfrei ist, wird

$$\Omega_f^{\otimes k}(X) = \Omega^{\otimes k}(X)$$

nach bekannten Sätzen endlich dimensional. Ein tiefliegender *Satz von Hironaka* besagt, daß jede algebraische Mannigfaltigkeit mit einer kompakten, singularitätenfreien algebraischen Mannigfaltigkeit birational äquivalent ist. Hieraus ergibt sich allgemein die Endlichdimensionalität von $\Omega_f^{\otimes m}(X)$.

Wir benutzen Hilfssatz 5.4, um *Invarianten algebraischer Funktionenkörper* einzuführen.

5.5 Definition. Sei $K \supset \mathbb{C}$ ein algebraischer Funktionenkörper und X ein Modell von K, also eine irreduzible projektive algebraische Varietät, zusammen mit einem Isomorphismus

$$K \xrightarrow{\sim} K(X) = \text{Körper der rationalen Funktionen auf } X,$$

welcher die Konstanten festläßt.

Wir setzen

$$\begin{aligned} t_k &= t_k(K) = \dim \Omega_f^{\otimes k}(X), \\ g_k &= g_k(K) = \dim \Omega_f^{[k]}(X), \\ p_k &= p_k(K) = \dim \mathscr{K}_f^k(X) \end{aligned}$$

und schließlich sei $s_k = s_k(K)$ die Dimension des Unterraumes aller symmetrischen Tensoren aus $\Omega_f^{\otimes k}(X)$.

Verallgemeinerung. Sei $n = \dim X$ und sei

$$V \subset (\mathbb{C}^n)^{\otimes k}$$

ein Untervektorraum mit der Eigenschaft

$$A^* V \subset V \quad \text{für } A \in Gl(n, \mathbb{C}).$$

Dann kann man in naheliegender Weise von holomorphen Tensoren „vom Typ" V sprechen. Die Dimension des Unterraumes aller holomorphen Tensoren $T \in \Omega^{\otimes k}(X)$ vom Typ V ist dann eine Invariante

$$d_V = d_V(K)$$

des Funktionenkörpers K.

Sprechweise. *Die Elemente von $\Omega_f^{\otimes k}(X)$ heißen reguläre Tensoren des Funktionenkörpers K.*

5.6 Bemerkung. *Die eingeführten Invarianten verschwinden für den Körper $K = \mathbb{C}(T_1, \dots, T_n)$ der rationalen Funktionen in n Unbestimmten im Falle $k > 0$.*

$$t_k(K) = 0 \quad \text{für } k > 0.$$

Beweis. Man zeigt leicht, daß jeder holomorphe Tensor positiven Grades auf dem projektiven Raum $P^n\mathbb{C}$ verschwindet □

Es ist unser Ziel, holomorphe Abbildungen

$$\begin{aligned} \psi\colon\ & \dot{E} \times E^{N-1} \to \mathbb{H}_n/\Gamma, \\ & E = \{q, |q| < 1\}, \quad \dot{E} = E \setminus \{0\}, \end{aligned}$$

zu beschreiben, welche sich stetig zu einer Abbildung von E^N in die Satakekompaktifizierung fortsetzen lassen. In unseren Anwendungen ist $N=\frac{1}{2}n(n+1)$, was jedoch vorerst ohne Belang ist.

Annahme. Die Gruppe Γ enthalte außer $\pm E$ keine Elemente endlicher Ordnung.

Die Gruppe Γ operiert dann fixpunktfrei auf $\mathbb{H}_n$ und $\mathbb{H}_n$ ist die universelle Überlagerung von $\mathbb{H}_n/\Gamma$. Die Abbildung ψ läßt sich also zu einer holomorphen Abbildung der universellen Überlagerung von $\dot{E}\times E^{N-1}$ in $\mathbb{H}_n$ hochheben.

Die universelle Überlagerung von $\dot{E}$ ist die obere Halbebene $\mathbb{H}_1$ mit der Überlagerungsabbildung

$$\mathbb{H}_1 \to \dot{E}, \qquad z \to q = e^{2\pi i z}.$$

Wir bezeichnen die hochgehobene Abbildung mit

$$\Psi: \mathbb{H}_1 \times E^{N-1} \to \mathbb{H}_n,$$
$$\psi(q,w) = \Psi(z,w) \bmod \Gamma.$$

Es gilt notwendigerweise

$$\Psi(z+1,w) \equiv \Psi(z,w) \bmod \Gamma,$$

also

$$\Psi(z+1,w) = M\langle \Psi(z,w)\rangle, \qquad M\in\Gamma.$$

Die Matrix M könnte von z und w abhängen. Da die Gruppe Γ eigentlich diskontinuierlich und frei operiert, folgert man leicht, daß die Funktion $(z,w)\mapsto M$ lokal konstant ist. Sie ist daher überhaupt konstant, d.h. M ist gar nicht von (z,w) abhängig.

5.7 Hilfssatz. *Sei* $\Gamma=\Gamma_n[l]$, $l\geq 3$,

$$\Psi: \mathbb{H}_1 \times E^{N-1} \to \mathbb{H}_n$$

eine holomorphe Abbildung mit den Eigenschaften:

a) $\Psi(z+1,w)=M\langle\Psi(z,w)\rangle$ *für ein* $M\in\Gamma$.

b) *Die durch* Ψ *induzierte Abbildung*

$$\psi:\ \dot{E}\times E^{N-1} \to \mathbb{H}_n/\Gamma$$

ist zu einer stetigen Abbildung von E^N *in die Satakekompaktifizierung* $\overline{\mathbb{H}_n/\Gamma}$ *fortsetzbar.*

Dann gibt es

$$N\in Sp(n,\mathbb{Z}), \qquad NMN^{-1}=\begin{pmatrix} * & * \\ 0 & * \end{pmatrix}.$$

Beweis. Sei

$$a\in\mathbb{H}_n^*, \qquad a\notin\mathbb{H}_n,$$

ein Randpunkt, welcher den Punkt $\psi(0)$ repräsentiert. Es gibt eine Umgebung U von a bezüglich der Sataketopologie, so daß zwei Punkte in U genau dann bezüglich Γ äquivalent sind, wenn sie bezüglich des Stabilisators Γ_a äquivalent sind.

Hieraus folgert man leicht, daß M in einem Stabilisator Γ_a enthalten ist. Nach Konjugation mit einem geeigneten $N \in \Gamma_n$ kann man annehmen, daß a in einer Standardrandkomponente und daher M in $\Gamma_{n,m}[l]$ enthalten ist. Das Bild von M in $\Gamma_m[l]$ (s. Kap. II, §2) ist eine Matrix endlicher Ordnung und daher die Einheitsmatrix ($l \geq 3$). Es folgt $C=0$ □

5.8 Satz. *Es sei*

$$\Psi\colon \mathbb{H}_1 \times E^{N-1} \to \mathbb{H}_n$$

eine holomorphe Abbildung mit der Eigenschaft

$$\Psi(z+1, w) = \Psi(z, w)[U] + S,$$
$$U \in Gl(n, \mathbb{Z}), \qquad S = S' \text{ reell.}$$

Die Matrix U ist dann von endlicher Ordnung m, d.h.

$$U^m = E, \qquad m \in \mathbb{N} \text{ geeignet.}$$

Mit einer geeigneten reellen, symmetrischen, semipositiven Matrix S_0 *gilt*

$$\Psi(z, w) = S_0 z + \Psi_0(q_m, w), \qquad q_m = e^{\frac{2\pi i z}{m}}.$$

Die Funktion Ψ_0 *hat in* $q_m = 0$ *eine hebbare Singularität, ist also auf ganz* E^N *holomorph fortsetzbar.*

Der Beweis dieses Satzes beruht auf einem Hilfssatz aus der Werteverteilungstheorie analytischer Funktionen einer komplexen Variablen.

5.8₁ Hilfssatz. *Ist*

$$\varphi\colon \mathbb{H}_1 \to \mathbb{H}_n$$

eine analytische Abbildung der gewöhnlichen in die Siegelsche Halbebene, so existiert der Grenzwert

$$Y = \lim_{z \to \infty} \frac{\varphi(z)}{z}$$

in jedem Winkelbereich

$$\pi - \varepsilon \geq \arg z \geq \varepsilon, \qquad \varepsilon > 0.$$

Die Matrix Y ist reell, symmetrisch und semipositiv.

Der Fall $n=1$ ist als *Satz von Julia-Caratheodory-Landau-Valiron* bekannt. Einen Beweis findet man in dem Lehrbuch von A. Dinghas [17]. Den allgemeinen Fall führt man sofort hierauf zurück, indem man anstelle φ die Funktionen

$$\varphi(z)[a], \qquad a \in \mathbb{R}^n \setminus \{0\},$$

betrachtet.

5.8$_2$ Hilfssatz. *Die Funktionen $f_0, \ldots, f_m$ seien im punktierten Einheitskreis $\dot{E}$ analytisch. Es gelte*

$$\operatorname{Im}[f_0(q) + z f_1(q) + \ldots + z^m f_m(q)] > 0.$$
$$\textit{für } q = e^{2\pi i z}, \qquad \operatorname{Im} z > 0.$$

Die Funktionen $f_0, \ldots, f_m$ haben dann in $q = 0$ eine hebbare Singularität. Es gilt sogar

a) $f_2(q) = \ldots = f_m(q) = 0$,

b) $f_1(q)$ *ist eine reelle, nicht negative Konstante.*

Beweis. Es sei

$$F(z) = f_0(q) + \ldots + z^m f_m(q),$$

also

$$F(z+v) = \sum_{\mu=0}^{m} (z+v)^\mu f_\mu(q) \qquad \text{für } 0 \le v \le m.$$

Da die Determinante der Matrix

$$[(z+v)^\mu]_{0 \le \mu, v \le m}$$

nicht identisch verschwindet, existieren rationale Funktionen in z

$$R_0^{(v)}, \ldots, R_m^{(v)}, \qquad 0 \le v \le m,$$

mit der Eigenschaft

$$f_v(q) = R_0^{(v)}(z) F(z) + \ldots + R_m^{(v)}(z) F(z+m).$$

Wir wenden nun den *Satz von Julia-Caratheodory-Landau-Valiron* auf die Funktionen $F(z+v)$ an und erhalten mit gewissen Konstanten C_1, C_2, C_3 eine Abschätzung

$$|f_v(q)| \le C_1 |z|^{C_2} \qquad \text{für } \operatorname{Im} z \ge C_3.$$

Für den n-ten Entwicklungskoeffizienten von f_v

$$a_n = \int_0^1 f_v(q) e^{-2\pi i n z} dx$$

erhält man hieraus die Abschätzung

$$|a_n| \le C_1 \int_0^1 |z|^{C_2} e^{2\pi n y} dx \qquad \text{für } y \ge C_3.$$

Durch Grenzübergang $y \to \infty$ zeigt man

$$a_n = 0 \qquad \text{für } n < 0.$$

Die Funktionen $f_0, \dots, f_m$ haben also, wie behauptet, in $q=0$ eine hebbare Singularität.

Wir beweisen noch die Zusätze a), b): Es gilt

$$f_n(q) = \lim_{\substack{k\to\infty \\ k\in\mathbb{N}}} \frac{F(z+k)}{k^n}$$

und daher

$$\operatorname{Im} f_n(q) \geq 0.$$

Nach dem *Satz von Julia-Caratheodory-Landau-Valiron* ist der Grenzwert

$$\lim_{\operatorname{Im} z\to\infty} \frac{F(z)}{z^n} = f_n(0)$$

reell und im Falle $n>2$ sogar Null. Der Wertevorrat von $f_n(q)$ ist daher nicht offen. Aus dem *Satz über die Gebietstreue* analytischer Funktionen folgt, daß $f_n(q)$ konstant, im Falle $n\geq 2$ sogar identisch 0 ist.

5.8$_3$ Hilfssatz. *Es sei $F: \mathbb{H}_1 \to \mathbb{H}_n$ eine holomorphe Abbildung mit der Eigenschaft*

$$\frac{dF(z)}{dz} = f_0(q) + z f_1(q) + \dots + z^m f_m(q), \qquad q = e^{2\pi i z},$$

wobei die Abbildungen $f_0, \dots, f_m$ im punktierten Einheitskreis $\dot{E}$ holomorph seien. Dann gilt

$$f_1(q) = \dots = f_m(q) = 0.$$

Beweis. Es ist keine Einschränkung der Allgemeinheit, $n=1$ anzunehmen, denn man kann $F[a] = a' F a$, $a \in \mathbb{R}^n \setminus \{0\}$, anstelle von F betrachten.

Sei f: $\mathbb{H}_1 \to \mathbb{C}$ eine holomorphe periodische Funktion, $f(2+1) = f(z)$. Durch gliedweise Integration der Fourierreihe zeigt man, daß die Stammfunktion von f die Form

$$a z + \tilde{f}(z), \quad a \in \mathbb{C}$$

mit einer ebenfalls periodischen Funktion $\tilde{f}$ hat. Hieraus gewinnt man durch partielle Integration für $F(z)$ eine Darstellung der Form

$$F(z) = g_0(q) + \dots + z^{m+1} g_{m+1}(q).$$

Dabei ist die Funktion

$$g_{m+1}(q) = c$$

konstant und es ist

$$\frac{d}{dz} g_m(q) = f_m(q) - (m+1)\,c.$$

Die Behauptung folgt nun aus 5.8_2 □

Wir haben nun die Hilfsmittel zu dem Beweis von Satz 5.8 bereitgestellt. Aus dem Satz folgt, daß die Funktion $\frac{\partial \Psi(z,w)}{\partial z}$ als Funktion von z eine natürliche Zahl m als Periode hat.

Dies soll als nächstes bewiesen werden.

Für den Beweis der Periodizität von $\frac{\partial \Psi(z,w)}{\partial z}$ benötigen wir die

Behauptung. *Die Eigenwerte der Matrix U sind Einheitswurzeln.*

Beweis der Behauptung. Die Eigenwerte sind ganz algebraische Zahlen. Nach einem *Satz von Kronecker* ist eine ganz algebraische Zahl Einheitswurzel, wenn alle Konjugierten den absoluten Betrag Eins haben. Sei λ solch ein Eigenwert und $\mathfrak{a} \in \mathbb{C}^n$ ein von 0 verschiedener Eigenvektor

$$U\,\mathfrak{a} = \lambda\,\mathfrak{a}.$$

Die Funktion

$$\varphi(z) = \bar{\mathfrak{a}}'\,\Psi(z)\,\mathfrak{a}, \qquad \Psi(z) = \Psi(z,w),$$

bildet die obere Halbebene in sich ab und besitzt das Transformationsverhalten

$$\varphi(z+1) = a\,\varphi(z) + s, \qquad a = \lambda \cdot \bar{\lambda} > 0, \quad s \text{ reell.}$$

Durch Differentiation erhält man

$$\frac{d\varphi(z+1)}{dz} = a\,\frac{d\varphi(z)}{dz},$$

also

$$\frac{d\varphi(z)}{dz} = a^z\,\varphi_0(q), \qquad q = e^{2\pi i z}.$$

Wir wollen $|\lambda| = 1$ zeigen. Wir schließen indirekt, nehmen also $a > 1$ an. Dann erhält man durch Integration

$$\varphi(z) = C + a^z\,\varphi_1(q), \qquad C \in \mathbb{C}.$$

Die Funktion φ_1 ist im punktierten Einheitskreis holomorph. Aus dem *Satz von Julia-Caratheodory-Landau-Valiron* folgt sofort, daß $\varphi_1(q)$ in $q=0$ eine hebbare Singularität hat. Diese Gestalt von φ steht offenbar im Widerspruch zur Tatsache, daß φ die obere Halbebene in sich abbildet. Die Behauptung ist damit bewiesen □

Wir wählen die natürliche Zahl m so, daß alle Eigenwerte von U m-te Einheitswurzeln sind. Es gilt dann

$$U^m = E + A \quad (E \text{ Einheitsmatrix})$$

mit einer nilpotenten Matrix A. Wir definieren

$$U^{mz} = \sum_{\nu=0}^{\infty} \binom{z}{\nu} A^{\nu}, \qquad U'^{mz} = \sum_{\nu=0}^{\infty} \binom{z}{\nu} A'^{\nu}.$$

Beide Summen sind endlich. Die Koeffizienten dieser Matrizen sind Polynome in z. Die Abbildung

$$z \to U'^{-mz} \frac{\partial \Psi(mz)}{\partial z} U^{-mz}$$

ist invariant unter $z \to z+1$. Es gilt also

$$\frac{\partial \Psi(mz)}{\partial z} = U'^{mz} \Psi_0(q) U^{mz}.$$

Aus Hilfssatz 5.8_3 folgt nun, daß $\dfrac{\partial \Psi(z)}{\partial z}$ nur von q_m abhängt, d.h. als Funktion von z die Periode m hat! Durch Integration der Fourierreihe von $\dfrac{\partial \Psi(z)}{\partial z}$ erhalten wir nun eine Darstellung der Form

$$\Psi(z, w) = S_0(w) z + \Psi_0(q_m, w), \qquad q_m = e^{\frac{2\pi i z}{m}}.$$

Aus Hilfssatz 5.8_2 folgt, daß Ψ_0 in $q_m = 0$ eine hebbare Singularität hat. Aus den Voraussetzungen von Satz 5.8 folgt

$$\operatorname{Im} \Psi(mz, w)[U^m] = \operatorname{Im} \Psi(mz, w).$$

Da die Gruppe $Gl(n, \mathbb{Z})$ auf dem Raum der positiven Matrizen eigentlich diskontinuierlich operiert, folgt, daß U^m, als auch U endliche Ordnung hat. Die Matrix U ist insbesondere diagonalisierbar und es folgt $U^m = E$. Damit ist Satz 5.8 vollständig bewiesen □

Wir können nun die regulären Tensoren des Körpers der Modulfunktionen genau beschreiben. Der Einfachheit halber beschränken wir uns auf die Hauptkongruenzgruppen

$$\Gamma_n[l], \qquad l \geq 3.$$

Dann ist $\mathbb{H}_n/\Gamma_n[l]$ eine analytische Mannigfaltigkeit. Die kanonische Projektion

$$p\colon \mathbb{H}_n \to \mathbb{H}_n/\Gamma_n[l]$$

ist lokal biholomorph. Die Zuordnung $T \to p^* T$ definiert eine umkehrbar eindeutige Beziehung zwischen holomorphen Tensoren auf $\mathbb{H}_n/\Gamma_n[l]$ und $\Gamma_n[l]$-invarianten holomorphen Tensoren auf $\mathbb{H}_n$.

$$\Omega^{\otimes k}(\mathbb{H}_n/\Gamma_n[l]) \xrightarrow{\sim} \Omega^{\otimes k}(\mathbb{H}_n)^{\Gamma_n[l]}.$$

Ist T ein holomorpher Tensor auf $\mathbb{H}_n$ und $M \in Sp(n, \mathbb{R})$ eine symplektische Substitution, so schreiben wir

$$T|M \qquad \text{anstelle von } M^* T.$$

Sei nun T ein Element von $\Omega^{\otimes k}(\mathbb{H}_n)^{\Gamma_n[l]}$, also ein auf $\mathbb{H}_n$ holomorpher Tensor T, welcher unter $\Gamma_n[l]$ invariant ist, $T|M = T$ für alle $M \in \Gamma_n[l]$. Dann ist T insbesondere periodisch und kann daher in eine Fourierreihe entwickelt werden:

$$T(Z) = \sum_{H = H' \text{ gerade}} a(H) e^{\frac{\pi i}{l} \sigma(HZ)}, \qquad a(H) \in \mathscr{X}_n'^{\otimes k}.$$

Sei $M \in \Gamma_n$ eine Modulsubstitution. Der transformierte Tensor $T|M$ ist ebenfalls unter $\Gamma_n[l]$ invariant, da diese Gruppe ein Normalteiler in Γ_n ist. Die Fourierentwicklung von $T|M$ bezeichnen wir mit

$$T|M(Z) = \sum a_M(H) e^{\frac{\pi i}{l} \sigma(HZ)}.$$

Die Tensoren $T|M$ und die Koeffizienten $a_M(H)$ hängen natürlich nur von dem Bild von M in der endlichen Gruppe $\Gamma_n/\Gamma_n[l]$ ab.

5.9 Satz. *Sei*

$$T \in \Omega^{\otimes p}(\mathbb{H}_n)^{\Gamma_n[l]}, \quad l \geq 3,$$

ein $\Gamma_n[l]$-invarianter Tensor,

$$T|M = \sum_{H = H' \text{ gerade}} a_M(H) e^{\frac{\pi i}{l} \sigma(HZ)} \qquad \textit{für } M \in \Gamma_n,$$
$$a_M(H) \in \operatorname{Mult}(\mathscr{X}_n^k, \mathbb{C}).$$

Dieser Tensor definiert genau dann einen regulären Tensor des Körpers $K(\Gamma_n[l])$, wenn folgende beiden Bedingungen erfüllt sind:

a) $a_M(H) \neq 0 \Rightarrow H \geq 0$.

(*Diese Bedingung ist im Fall $n > 1$ automatisch erfüllt.*)

b) *Seien $W_1, \ldots, W_p$ Vektoren aus $\mathscr{X}_n$ mit der Eigenschaft*

$$a_M(H)(W_1, \ldots, W_p) \neq 0.$$

Sei außerdem $S = S^{(n)}$ eine semipositive ganze Matrix. Wir bezeichnen mit

$$\rho(S; W_1, \ldots, W_p) = \#\{\nu; W_\nu = S\}$$

die Anzahl der mit S übereinstimmenden W_v's. Die Bedingung lautet:

$$\tfrac{1}{2}\sigma(SH) \geq \rho(S; W_1, \ldots, W_p).$$

Anmerkung. *Hinreichend für die Bedingung b) ist*

b') $\tfrac{1}{2}\sigma(SH) \geq p$ *für alle* $S = S'$ *ganz,* $S \geq 0$, $S \neq 0$.

Beweis. 1) Die Bedingungen a), b) seien erfüllt. Wir beweisen die Fortsetzungseigenschaft (5.2).

Im Falle $l \geq 3$ existieren in der Kongruenzgruppe außer E keine Elemente endlicher Ordnung. Der $\Gamma_n[l]$-invariante Tensor T induziert daher einen holomorphen Tensor auf der analytischen Mannigfaltigkeit $\mathbb{H}_n/\Gamma_n[l]$. Wir bezeichnen diesen ebenfalls mit T. Sei nun

$$\psi\colon \dot{E} \times E^{N-1} \to \mathbb{H}_n/\Gamma_n[l]$$

eine holomorphe Abbildung, welche zu einer stetigen (und damit holomorphen) Abbildung von E^N in die Satakekompaktifizierung fortsetzbar ist. Wir müssen zeigen, daß $\psi^* T$ auf ganz E^N fortsetzbar ist. Wir heben die Abbildung ψ auf die universellen Überlagerungen hoch und erhalten ein kommutatives Diagramm

$$\begin{array}{cccc} (z,w) & \mathbb{H}_1 \times E^{N-1} & \xrightarrow{\ \Psi\ } & \mathbb{H}_n \\ \downarrow & \downarrow & & \downarrow \\ (q,w) & \dot{E} \times E^{N-1} & \xrightarrow{\ \psi\ } & \mathbb{H}_n/\Gamma_n[l], \qquad q = e^{2\pi i z}. \end{array}$$

Wegen Hilfssatz 5.7 ist es keine Einschränkung der Allgemeinheit, wenn wir annehmen, daß Ψ die in Satz 5.8 angegebene Form hat. Dabei muß (in den Bezeichnungen von Satz 5.8) notwendig $m = 1$ sein, also

$$\Psi(z,w) = S_0 z + \Psi_0(q,w), \qquad q = e^{2\pi i z}.$$

Die Funktion $\Psi_0(q,w)$ hat in $q = 0$ eine hebbare Singularität. Es gilt $S_0 \equiv 0 \bmod l$.

Wir berechnen nun den zurückgezogenen Tensor $\Psi^*(T)$ auf $\mathbb{H}_1 \times E^{N-1}$. Dieser Tensor ist eine Funktion, welche jedem Punkt $(z,w) \in \mathbb{H}_1 \times E^{N-1}$ eine *Multilinearform*

$$\Psi^*(T)(z,w) \in \mathrm{Mult}(\overbrace{\mathbb{C}^N \times \ldots \times \mathbb{C}^N}^{p\text{-mal}}, \mathbb{C})$$

zuordnet. Sei $J(\Psi,(z,w))$ die „*Jacobimatrix*" von Ψ in (z,w), interpretiert als lineare Abbildung

$$J(\Psi,(z,w))\colon \mathbb{C}^N \to \mathscr{Z}_n.$$

Wir bezeichnen die Koordinaten von $\mathbb{C}^N$ mit

$$\mathfrak{z}=(\xi, \eta_2, \ldots, \eta_N)$$

und schreiben abkürzend

$$\frac{\partial \Psi}{\partial z}=\frac{\partial \Psi}{\partial z}(z, w), \qquad \frac{\partial \Psi}{\partial w_\nu}=\frac{\partial \Psi}{\partial w_\nu}(z, w) \quad \text{für } \nu=2, \ldots, N.$$

Dann gilt

$$J(\Psi,(z, w))(\mathfrak{z})=\frac{\partial \Psi}{\partial z} \xi+\sum_{\nu=2}^{N} \frac{\partial \Psi}{\partial w_\nu} \eta_\nu .$$

Dies ist bei festem $\mathfrak{z}$ eine holomorphe Funktion von (z, w). Seien

$$\begin{aligned} &\mathfrak{z}_\nu \in \mathbb{C}^N, \\ &W_\nu=J(\Psi,(z, w))\, \mathfrak{z}_\nu ; \quad \nu=1, \ldots, p . \end{aligned}$$

Nach Definition von Ψ^* gilt

$$\begin{aligned} {\left[\Psi^*(T)(z, w)\right]\left(\mathfrak{z}_1, \ldots, \mathfrak{z}_p\right) } & =T(\Psi(z, w))\left(W_1, \ldots, W_p\right) \\ & =\sum_H a(H)\left(W_1, \ldots, W_p\right) e^{\frac{\pi i}{l} \sigma\left(H\left(S_0 z+\Psi_0(q, w)\right)\right)} \\ & =\sum_H a(H)\left(W_1, \ldots, W_p\right) q^{\frac{1}{2} \sigma(H S)} g_H(q, w) . \end{aligned}$$

Hierbei ist

$$S=\frac{1}{l} S_0=S' \geq 0$$

eine ganze Matrix, $\frac{1}{2} \sigma(H S)$ also eine nicht negative ganze Zahl. Die Funktion

$$g_H(q, w)=e^{\frac{\pi i}{l} \sigma\left(H \Psi_0(q, w)\right)}$$

ist in $q=0$ regulär.

Wir betrachten nun für einen festen Index H den Tensor

$$\check{T} \in \Omega^{\otimes p}\left(\mathbb{H}_1 \times E^{N-1}\right),$$

welcher durch

$$\check{T}(z, w)\left(\mathfrak{z}_1, \ldots, \mathfrak{z}_p\right)=a(H)\left(W_1, \ldots, W_p\right) q^{\frac{1}{2} \sigma(H S)}$$

definiert ist. Dieser ist periodisch (bezüglich $z \rightarrow z+1$) und ist daher das Urbild eines holomorphen Tensors

$$\check{t} \in \Omega^{\otimes p}\left(\dot{E} \times E^{N-1}\right).$$

Wir zeigen, daß (unter den in Satz 5.9 angegebenen Bedingungen a), b)) der Tensor $\check{t}$ auf E^N holomorph fortsetzbar ist. Hiermit gleichbedeutend ist folgende Aussage:

Seien

$$\mathfrak{z}_\nu = (\xi^{(\nu)}, \eta_2^{(\nu)}, \ldots, \eta_N^{(\nu)}); \quad \nu = 1, \ldots, N,$$

feste Punkte und

$$\mathfrak{z}_\nu(q) = \left(\frac{\xi^{(\nu)}}{q}, \eta_2^{(\nu)}, \ldots, \eta_N^{(\nu)}\right).$$

Die Funktion

$$(q, w) \to \check{T}(z, w)(\mathfrak{z}_1(q), \ldots, \mathfrak{z}_p(q))$$

hat in $q=0$ eine hebbare Singularität.

Um dies zu zeigen, benutzen wir die explizite Gestalt der Abbildung Ψ. Aus ihr ergibt sich

$$W_\nu(q) = J(\Psi, (z, w))(\mathfrak{z}_\nu(q)) = \frac{\xi^{(\nu)}}{q} S_0 + \tilde{W}_\nu,$$

wobei $\tilde{W}_\nu$ in $q=0$ eine hebbare Singularität hat. Wir müssen zeigen, daß ein eventueller Pol (in $q=0$) der Funktion

$$a(H)\left(\frac{\xi^{(1)}}{q} S_0 + \tilde{W}_1, \ldots, \frac{\xi^{(N)}}{q} S_0 + \tilde{W}_p\right)$$

höchstens die Ordnung $\frac{1}{2}\sigma(SH)$ hat. Wertet man diese Funktion multilinear aus, so erhält man eine Darstellung als Linearkombination von Funktionen

$$q^{-l} a(H)(W_1^*, \ldots, W_p^*),$$

wobei l der Funktionen W_ν^* konstant S_0 sind und die restlichen $k-l$ in $q=0$ regulär sind. Nach der in Satz 5.9 gemachten Voraussetzung b) ist dieser Ausdruck nur dann von Null verschieden, wenn

$$l \leq \tfrac{1}{2}\sigma(SH)$$

gilt. Damit ist die Fortsetzungseigenschaft für den Tensor T bewiesen □

5.10 Satz. *Sei*

$$T \in \Omega^{\otimes p}(\mathbb{H}_n)^{\Gamma_n[l]}, \quad l \geq 3,$$

ein $\Gamma_n[l]$-invarianter Tensor

$$T|M = \sum_{H=H'} a_M(H)\, e^{\frac{\pi i}{l}\sigma(HZ)}, \qquad \textit{für } M \in \Gamma_n$$

mit der Eigenschaft

$$a_M(H) \neq 0 \Rightarrow H > 0.$$

Sei $p' > p$.

Der Tensor T definiert einen regulären Tensor des Körpers $K(\Gamma_n[lp'])$ der Modulfunktionen der Stufe lp'.

Beweis. Die Fourierentwicklung von $T|M$ in bezug auf die Gruppe $\Gamma_n[l p']$ lautet

$$T|M = \sum_{H=H' \text{ gerade}} b_M(H)\, e^{\frac{\pi i}{l p'}\sigma(HZ)};$$

$$b_M(H) = \begin{cases} a_M\left(\dfrac{1}{p'} H\right), & \text{falls } \dfrac{1}{p'} H \text{ gerade,} \\ 0, & \text{sonst.} \end{cases}$$

Insbesondere gilt

$$\begin{aligned} b_M(H) \neq 0 \;&\Rightarrow\; \frac{1}{p'} H \text{ gerade} \\ &\Rightarrow\; \tfrac{1}{2}\sigma(HS) \geq p' \geq p \qquad (S = S' \geq 0 \text{ ganz, } S \neq 0). \end{aligned}$$

Wir wenden uns nun dem Spezialfall alternierender Tensoren (= alternierender Differentialformen) zu.

5.11 Satz. *Jede holomorphe alternierende Differentialform vom Grade*

$$k = \frac{n(n+1)}{2} - 1$$

auf

$$\mathbb{H}_n/\Gamma_n[l], \quad l \geq 3,$$

*besitzt die Fortsetzungseigenschaft.**)

Beweis. Der Tensor $T|M$ (in den Bezeichnungen von Satz 5.9) ist invariant unter einer Gruppe $\mathfrak{U}$ unimodularer Substitutionen $Z \to Z[U]$, welche in $Gl(n, \mathbb{Z})$ endlichen Index hat. Für diese Substitutionen gilt

$$\begin{aligned} &a_M(H[U'])(W_1[U^{-1}], \ldots, W_k[U^{-1}]) \\ &= a_M(H)(W_1, \ldots, W_k). \end{aligned}$$

Wir nehmen nun an, daß T und damit $a_M(H)$ ein alternierender Tensor ist. Ist

$$a_M(H)(W_1, \ldots, W_k) \neq 0,$$

so müssen $W_1, \ldots, W_k$ linear unabhängig, insbesondere paarweise verschieden sein. Die in Satz 5.9 formulierte Bedingung kann höchstens dann verletzt sein, wenn die Situation

$$\sigma(SH) = 0, \quad a_M(H)(S, W_2, \ldots, W_k) \neq 0,$$

---

*) Dieser Satz gilt allgemein unter der Voraussetzung $k < \dfrac{n(n+1)}{2}$.

auftritt. Es ist keine Einschränkung der Allgemeinheit,
$$H = \begin{pmatrix} 0 & 0 \\ 0 & H_2 \end{pmatrix}, \quad H_2 = H_2^{(n-r)} > 0,$$
anzunehmen. Aus $\sigma(SH) = 0$ folgt
$$S = \begin{pmatrix} S_1 & 0 \\ 0 & 0 \end{pmatrix}, \quad S_1 = S_1^{(r)} \geq 0.$$
Es gilt
$$H[U] = H \quad \text{für} \quad U = \begin{pmatrix} U_1 & 0 \\ 0 & E \end{pmatrix} \begin{pmatrix} E & G \\ 0 & E \end{pmatrix},$$
$$U_1 \in Gl(r, \mathbb{C}), \quad G = G^{(r, n-r)}.$$

Wenn die in 5.9 formulierte Bedingung nicht erfüllt wäre, so müßte eine alternierende Multilinearform $a(=a_M(H))$ vom Grade k auf $\mathscr{Z}_n$ existieren, welche folgende Bedingungen erfüllt.

1) $a(W_1[U], \ldots, W_k[U]) = a(W_1, \ldots, W_k)$
für

a) $U = \begin{pmatrix} U_1 & 0 \\ 0 & E \end{pmatrix} \in \mathfrak{U}, \; U_1 = U_1^{(r)}$,

b) $U = \begin{pmatrix} E & 0 \\ G' & E \end{pmatrix} \in \mathfrak{U}, \; G = G^{(r, n-r)}$.

2) Es existiert eine symmetrische Matrix
$$S = \begin{pmatrix} S_1^{(r)} & 0 \\ 0 & 0 \end{pmatrix}$$
mit
$$a(S, W_2, \ldots, W_k) \not\equiv 0.$$
Die in 1b) auftretende Bedingung
$$\text{„} \begin{pmatrix} E & 0 \\ G' & E \end{pmatrix} \in \mathfrak{U} \text{"}$$
ist überflüssig. Da $\mathfrak{U}$ eine Untergruppe von endlichem Index von $Gl(n, \mathbb{Z})$ ist, bildet die Menge aller auftretenden G's ein Gitter in $M_{r, n-r}(\mathbb{R})$. Jedes Gitter in einem reellen Vektorraum liegt in der Komplexifizierung dieses Vektorraumes Zariski-dicht (d.h. Polynomfunktionen, welche auf dem Gitter übereinstimmen, sind identisch).

Auch die in 1a) auftretende Bedingung „$\in \mathfrak{U}$" ist überflüssig, denn es gilt:

5.11$_1$ Hilfssatz. *Jede Untergruppe von endlichem Index in $Sl(n, \mathbb{Z})$ liegt in $Sl(n, \mathbb{C})$ Zariski-dicht*

(d.h. Jede Polynomfunktion $P(X)$, $X = X^{(n)}$, welche auf dieser Untergruppe verschwindet, ist identisch 0).

Den Beweis führt man auf den trivialen additiven Fall zurück, indem man beachtet, daß $Sl(n,\mathbb{C})$ von mit der additiven Gruppe $\mathbb{C}$ isomorphen Gruppen erzeugt wird. Beispielsweise wird $Sl(2,\mathbb{C})$ von speziellen Matrizen

$$\begin{pmatrix} 1 & x \\ 0 & 1 \end{pmatrix}, \quad \begin{pmatrix} 1 & 0 \\ x & 1 \end{pmatrix}$$

erzeugt.

Halten wir noch einmal fest.

5.11$_2$ Hilfssatz. *Wenn auf*

$$\mathbb{H}_n/\Gamma_n[l], \quad l \geq 3,$$

eine holomorphe alternierende Differentialform vom Grade k existiert, welche nicht die Fortsetzungseigenschaft besitzt, so muß eine alternierende Multilinearform a vom Grade k auf $\mathcal{X}_n$ und eine Zahl r, $0 \leq r \leq n$ existieren, so daß folgende Bedingungen erfüllt sind:

1) $a(W_1[U],\ldots,W_k[U]) = a(W_1,\ldots,W_k)$

für

a) $U = \begin{pmatrix} U_1 & 0 \\ 0 & E \end{pmatrix}, \quad U_1 = U_1^{(r)},$

b) $U = \begin{pmatrix} E & 0 \\ G' & E \end{pmatrix}, \quad G = G^{(r,n-r)}.$

2) *Es existiert eine symmetrische Matrix*

$$S = \begin{pmatrix} S_1 & 0 \\ 0 & 0 \end{pmatrix}, \quad S_1 = S_1^{(r)}$$

mit

$$a(S, W_2, \ldots, W_k) \not\equiv 0.$$

Wir zeigen nun, daß im Falle $k = \frac{n(n+1)}{2} - 1$ keine alternierende Multilinearform a mit den in 5.11$_2$ angegebenen Eigenschaften existiert*):

Der Vektorraum $\mathrm{Alt}(\mathcal{X}^{N-1},\mathbb{C})$ der alternierenden $(N-1)$-Formen auf einem N-dimensionalen Vektorraum $\mathcal{X}$ ist bekanntlich isomorph zu $\mathcal{X}$. Einen Isomorphismus erhält man, wenn man eine von 0 verschiedene alternierende Multilinearform

$$\Delta \in \mathrm{Alt}(\mathcal{X}^N, \mathbb{C}) \quad (\cong \mathbb{C})$$

(eine sogenannte Determinantenform) auszeichnet.

*) Dies gilt allgemein für $1 \leq k < \frac{n(n+1)}{2}$.

Man ordnet einem Vektor $W_1 \in \mathscr{X}$ die Multilinearform

$$a_{W_1}(W_2, \ldots, W_N) = \Delta(W_1, \ldots, W_N)$$

zu.

$$\mathscr{X} \xrightarrow{\sim} \mathrm{Alt}(\mathscr{X}^{N-1}, \mathbb{C}), \qquad W_1 \mapsto a_{W_1}.$$

Wir wählen W_1 so, daß in den Bezeichnungen von 5.11_2 $a = a_{W_1}$ gilt und schreiben die in 5.11_2 formulierten Eigenschaften auf W_1 um.

1) Da die Determinantenform invariant gegenüber simultanen Substitutionen $W_\nu \to W_\nu[U]$; $U \in Sl(n, \mathbb{C})$ ist, folgt

$$W_1 = W_1[U]$$

für alle in 5.11_2 unter 1) auftretenden Substitutionen. Da W_1 von 0 verschieden sein muß ($a \neq 0$) folgt

$$r = 1 \quad \text{und} \quad W_1 \doteq \begin{pmatrix} w & 0 \\ 0 & 0 \end{pmatrix}, \quad w \in \mathbb{C}.$$

Die Matrizen S und W_1 sind demnach linear abhängig. Es folgt

$$a(S, W_3, \ldots, W_N) = \Delta(W_1, S, \ldots, W_N) = 0$$

im Widerspruch zur Voraussetzung 2) in 5.11_2 □

Der folgende Hilfssatz ist eine Besonderheit *alternierender* Tensoren.

5.12 Hilfssatz. *Wir betrachten für gewisse natürliche Zahlen l, m die Abbildung*

$$f\colon\ \dot{E} \times E^m \to \dot{E} \times E^m$$
$$(q, w) \to (q^l, w).$$

Gegeben sei eine holomorphe Differentialform ω auf $\dot{E} \times E^m$. Die Differentialform $f^*\omega$ ist genau dann auf ganz $E \times E^m$ holomorph fortsetzbar, wenn dies für ω selbst zutrifft.

Der Beweis ist elementar und sei dem Leser überlassen. Aus diesem Hilfssatz folgt

5.13 Satz. *Die Gleichung*

$$g_{N-1}(K(\Gamma_n[l])) = \dim \Omega^{N-1}(\mathbb{H}_n)^{\Gamma_n[l]}$$

gilt für alle l (nicht nur für $l \geq 3$).

Beweis. Sei $\mathring{\mathbb{H}}_n$ die Menge aller Punkte $Z \in \mathbb{H}_n$, welche nicht Fixpunkt einer Modulsubstitution $M \neq \pm E$ von Γ_n sind. Der Raum

$$\mathring{X}_n(l) = \mathring{\mathbb{H}}_n / \Gamma_n[l]$$

ist offen und dicht in $\mathbb{H}_n/\Gamma_n[l]$, das Komplement ist analytisch. Wir betrachten die kanonische Projektion

$$p\colon \mathring{X}_n(3l) \to \mathring{X}_n(l).$$

Diese ist lokal biholomorph und eigentlich.

Wir beweisen die Fortsetzungseigenschaft für eine Differentialform

$$\omega \in \Omega^{N-1}(\mathring{X}_n(l)).$$

Dazu müssen wir eine holomorphe Abbildung

$$\varphi\colon \dot{E} \times E^{N-1} \to \mathring{X}_n(l)$$

betrachten. Wir bilden das *Faserprodukt* mit p und erhalten ein Diagramm

$$\begin{array}{ccc} \mathring{X}_n(3l) & \xrightarrow{\;p\;} & \mathring{X}_n(l) \\ {\scriptstyle \Phi}\uparrow & & \uparrow{\scriptstyle \varphi} \\ Y & \xrightarrow{\;\tilde{p}\;} & \dot{E} \times E^{N-1}. \end{array}$$

Die Abbildung $\tilde{p}$ ist lokal biholomorph und eigentlich, also eine unverzweigte Überlagerung. Jede Zusammenhangskomponente von Y ist daher biholomorph äquivalent zu $\dot{E} \times E^{N-1}$ und $\tilde{p}$ ist durch

$$(q, w) \to (q^{\tilde{l}}, w) \quad (\tilde{l} \text{ geeignet})$$

auf der Zusammenhangskomponente gegeben. Hierbei wird benutzt, daß man die universelle Überlagerung von $\dot{E} \times E^{N-1}$ kennt:

$$\mathbb{H}_1 \times E^{n-1} \to \dot{E} \times E^{n-1}, \qquad (z, w) \to (e^{2\pi i z}, w).$$

Die Differentialform $p^* \omega$ besitzt nach 5.11 die Fortsetzungseigenschaft ($3l \geq 3$). Die Behauptung folgt nun aus Hilfssatz 5.12 □

Anmerkung. Mit dem beim Beweis von Satz 5.13 verwendeten Beweisverfahren zeigt man allgemeiner:

Sei $K \subset L$ eine endlich algebraische Erweiterung algebraischer Funktionenkörper. Eine (rationale) alternierende Differentialform von K ist genau dann regulär, wenn sie eine reguläre Differentialform von L definiert.

Anhang. Ein Satz von Tai (Skizze)

Wir benötigen Informationen über die elliptischen Fixpunkte der Siegelschen Modulgruppe $\Gamma_n = Sp(n, \mathbb{Z})$. Das sind Punkte $Z_0 \in \mathbb{H}_n$, deren Stabilisator nicht trivial ist. Es existiert also eine Modulsubstitution

$$M \in \Gamma_n, \quad M\langle Z_0 \rangle = Z_0, \quad M \neq \pm E.$$

Die Matrix M hat notwendig endliche Ordnung,

$$M^h = E \qquad \text{für geeignetes } h \in \mathbb{N}.$$

Es ist zweckmäßig, den Fixpunkt in das beschränkte Modell von $\mathbb{H}_n$, den verallgemeinerten Einheitskreis zu transformieren. Es existiert eine komplexe symplektische Matrix $M_0 \in Sp(n, \mathbb{C})$, welche die Siegelsche Halbebene $\mathbb{H}_n$ biholomorph auf den verallgemeinerten Einheitskreis $\mathscr{E}_n$ abbildet (I 4.2)

$$\mathbb{H}_n \to \mathscr{E}_n; \qquad Z \to (A_0 Z + B_0)(C_0 Z + D_0)^{-1}.$$

Man kann erreichen, daß M_0 den Fixpunkt Z_0 in 0 überführt. Es gilt dann

$$M_0 M M_0^{-1}(0) = 0, \qquad \text{also } M_0 M M_0^{-1} = \begin{pmatrix} U & 0 \\ 0 & U'^{-1} \end{pmatrix}.$$

Die Matrix $U \in Gl(n, \mathbb{C})$ ist unitär und hat endliche Ordnung. Wir können nach geeigneter Wahl von M_0 sogar

$$U = \begin{pmatrix} \zeta_1 & & 0 \\ & \ddots & \\ 0 & & \zeta_n \end{pmatrix}; \qquad \zeta_j^h = 1 \text{ für } j = 1, \ldots, n,$$

annehmen. Die Einheitswurzeln $\zeta_1, \ldots, \zeta_n, \bar{\zeta}_1, \ldots, \bar{\zeta}_n$ sind die Eigenwerte der ganzen Matrix M, insbesondere also die Nullstellen eines normierten Polynoms mit ganz rationalen Koeffizienten. Sei ζ eine primitive l-te Einheitswurzel. Das Kreisteilungspolynom

$$\prod_{(j,l)=1,\, j \bmod l} (X - \zeta^j)$$

ist bekanntlich irreduzibel über $\mathbb{Q}$. Es teilt daher jedes normierte Polynom aus $\mathbb{Z}[X]$, welches ζ als Nullstelle hat. Wir erhalten zusammenfassend:

5.14 Hilfssatz. *Sei $M \in \Gamma_n$ im Stabilisator eines Punktes $Z_0 \in \mathbb{H}_n$ enthalten. Dann existiert ein symplektischer Isomorphismus $M_0 \in Sp(n, \mathbb{C})$*

$$\mathbb{H}_n \xrightarrow{\sim} \mathscr{E}_n, \qquad Z_0 \to 0,$$

mit der Eigenschaft

$$M_0 M M_0^{-1} = \begin{pmatrix} \zeta_1 & & & & & 0 \\ & \ddots & & & & \\ & & \zeta_n & & & \\ & & & \bar{\zeta}_1 & & \\ & & & & \ddots & \\ 0 & & & & & \bar{\zeta}_n \end{pmatrix}.$$

Die Elemente ζ_j, $1 \leq j \leq n$ *sind Einheitswurzeln. Ist* ζ_j $(1 \leq j \leq n)$ *eine primitive l-te Einheitswurzel, so kommen alle primitiven l-ten Einheitswurzeln unter den* $\zeta_1, \dots, \zeta_n, \bar{\zeta}_1, \dots, \bar{\zeta}_n$ *vor.*

Als erste Anwendung dieses Hilfssatzes bestimmen wir die maximal mögliche Dimension der Fixpunktmenge

$$\mathrm{Fix}(M) = \{Z \in \mathbb{H}_n, M\langle Z\rangle = Z\}.$$

In den Koordinaten (w_{ij}) des verallgemeinerten Einheitskreises lautet die Fixpunktgleichung

$$w_{ij}\zeta_i\zeta_j = w_{ij}.$$

Die Dimension von Fix(M) ist also gleich der Anzahl aller Paare

$$(i,j); \quad i \leq j, \quad \zeta_i\zeta_j = 1.$$

Diese Anzahl ist unter den in Hilfssatz 5.14 angegebenen Bedingungen höchstens $\frac{1}{2}n(n+1)-(n-1)$, wie man sich leicht überlegen kann.

Wir bezeichnen mit A_n die Menge aller elliptischen Fixpunkte von Γ_n, also die Menge aller $Z \in \mathbb{H}_n$ mit nichttrivialem Stabilisator. Lokal ist A_n endliche Vereinigung von Mengen der Form Fix M.

5.15 Hilfssatz. *Die Menge*

$$A_n = \{Z \in \mathbb{H}_n, (\Gamma_n)_Z \neq \{\pm E\}\}$$

der elliptischen Fixpunkte der Siegelschen Modulgruppe Γ_n *ist eine abgeschlossene analytische Teilmenge von* $\mathbb{H}_n$. *Es gilt*

$$\dim A_n \leq \dim \mathbb{H}_n - (n-1).$$

Im Falle $n \geq 3$ *ist das* Bild B_n *von* A_n *im Restklassenraum* $\mathbb{H}_n/\Gamma_n$ *genau der singuläre Ort von* $\mathbb{H}_n/\Gamma_n$.

Beweis. Nach unseren Vorbereitungen bleibt zu zeigen, daß B_n der singuläre Ort von $\mathbb{H}_n/\Gamma_n$ ist. Da Γ_n auf $\mathbb{H}_n \setminus A_n$ fixpunktfrei operiert, ist der singuläre Ort von $\mathbb{H}_n/\Gamma_n$ in B_n enthalten.

Wir zeigen umgekehrt, daß die Punkte aus B_n singulär sind. Zunächst eine

Vorbemerkung. *Sei*

$$f\colon D \to \mathbb{C}^n$$

eine holomorphe Abbildung eines Gebiets $D \subset \mathbb{C}^n$, *welche in mindestens einem Punkt unverzweigt (= lokal biholomorph) ist. Der Verzweigungsort von f hat dann in jedem seiner Punkte die genaue Kodimension* 1.

Beweis. Der Verzweigungsort ist die Nullstellenmenge der Funktionaldeterminante von f □

Wir bezeichnen nun mit $\tilde{B}_n$ den singulären Ort von $\mathbb{H}_n/\Gamma_n$ und mit $\tilde{A}_n$ sein Urbild in $\mathbb{H}_n$. Die Abbildung

$$\mathbb{H}_n \setminus \tilde{A}_n \to \mathbb{H}_n/\Gamma_n \setminus \tilde{B}_n$$

ist eine holomorphe Abbildung analytischer Mannigfaltigkeiten (ohne Singularitäten). Der Verzweigungsort dieser Abbildung ist nach der Vorbemerkung leer oder hat die genaue Kodimension 1. Die zweite Möglichkeit scheidet aus, da diese Abbildung nur in den elliptischen Fixpunkten verzweigt sein kann. Der Verzweigungsort ist also leer, d.h. $A_n \subset \tilde{A}_n$ □

Der singuläre Ort einer algebraischen Varietät ist bekanntlich selbst algebraisch. Wir erhalten also:

Im Falle $n \geq 3$ ist $\mathring{\mathbb{H}}_n/\Gamma_n$ ($\mathring{\mathbb{H}}_n = \mathbb{H}_n \setminus A_n$) eine quasiprojektive Varietät.

Wir benutzen dieses Modell, um die Invarianten $p_k(K(\Gamma_n))$ zu untersuchen. Sei T ein holomorpher Tensor auf $\mathring{\mathbb{H}}_n/\Gamma_n$ und T_0 sein Urbild auf $\mathring{\mathbb{H}}_n$. Jede holomorphe Funktion ist nach einem bekannten Satz der Funktionentheorie über analytische Mannigfaltigkeiten der Kodimension ≥ 2 holomorph fortsetzbar. Wir erhalten:

5.16 Hilfssatz. *Im Falle $n \geq 3$ entsprechen die holomorphen Tensoren auf $\mathring{\mathbb{H}}_n = \mathbb{H}_n \setminus A_n$ umkehrbar eindeutig den Γ_n-invarianten holomorphen Tensoren auf ganz $\mathbb{H}_n$. Insbesondere gilt*

$$\mathscr{K}^k(\mathring{\mathbb{H}}_n/\Gamma_n) \cong [\Gamma_n, k(n+1)].$$

Wir untersuchen nun die Fortsetzungseigenschaft einer multikanonischen Form

$$T \in \mathscr{K}^k(\mathring{\mathbb{H}}_n/\Gamma_n).$$

(Wenn man die Existenz eines singularitätenfreien Modelles $\tilde{X}_{\Gamma_n}$ voraussetzt, so bedeutet dies die holomorphe Fortsetzbarkeit von T auf $\tilde{X}_{\Gamma_n}$.)

Dazu müssen wir holomorphe Abbildungen

$$\psi\colon \dot{E} \times E^{N-1} \to \mathring{\mathbb{H}}_n/\Gamma_n, \qquad N = \tfrac{1}{2}n(n+1),$$

untersuchen. Diese Abbildung läßt sich zu einem kommutativen Diagramm

$$\begin{array}{ccc} S_1 \times E^{N-1} & \xrightarrow{\ \Psi\ } & \mathring{\mathbb{H}}_n \\ \big\downarrow & & \big\downarrow \\ \dot{E} \times E^{N-1} & \xrightarrow{\ \psi\ } & \mathring{\mathbb{H}}_n/\Gamma_n \end{array}$$

hochheben. Man hat zu benutzen, daß der erste Vertikalpfeil eine universelle und der zweite Vertikalpfeil eine (unverzweigte und unbegrenzte) Überlagerung ist. Es gilt

$$\Psi(z+1, w) = M\langle \Psi(z, w)\rangle$$

mit einer geeigneten Modulsubstitution M. Wir können und wollen annehmen, daß ψ zu einer stetigen Abbildung von E^N in die Satake-kompaktifizierung fortsetzbar ist. Dann muß wieder M im Stabilisator eines Punktes $a \in \mathbb{H}_n^*$ enthalten sein.

Wir können annehmen, daß a in einer „Standardrandkomponente" enthalten ist (Kap. II, §6);

$$a = j_{n,m}(Z_1), \qquad Z_1 \in S_m, \quad 0 \le m \le n,$$

d.h.

$$M \in \Gamma_{n,m}, \qquad M_1\langle Z_1\rangle = Z_1$$

(M_1 bezeichnet das Bild von M unter dem natürlichen Homomorphismus $\Gamma_{n,m} \to \Gamma_m$).

Hieraus folgt, daß M_1 endliche Ordnung und daß eine geeignete Potenz von M die Form

$$\begin{pmatrix} A & B \\ 0 & D \end{pmatrix}$$

hat. Dies reicht aus, um zu beweisen, daß Ψ von der Form

$$\Psi(z, w) = S_0 z + \Psi_0(q_m, w), \qquad q_m = e^{\frac{2\pi i z}{m}}$$

mit einer geeigneten natürlichen Zahl m ist (vgl. 5.8). Die Matrix S_0 ist ganz und semipositiv.

Sei nun f eine Modulform vom Gewicht $r = k(n+1)$. Wir untersuchen die Fortsetzungseigenschaft für die multikanonische Form

$$T = f \cdot \omega_0^k, \qquad \omega_0 = dz_{11} \wedge dz_{12} \wedge \ldots \wedge dz_{nn}.$$

5.17 Hilfssatz. *Sei*

$$\psi\colon\ \dot{E} \times E^{N-1} \to \mathring{\mathbb{H}}_n/\Gamma_n$$

eine holomorphe Abbildung der Form

$$\psi(e^{2\pi i z}, w) = S_0 z + \psi_0(q_m, w) \bmod \Gamma_n.$$

Das Urbild $\psi^* T$ der multikanonischen Form $T = f\omega_0^k$, $f \in [\Gamma_n, k(n+1)]$ ist auf E^N holomorph fortsetzbar, wenn folgende hinreichende Bedingung erfüllt ist:

$$a(H) \neq 0 \ \Rightarrow\ \sigma(S_0 H) \ge k.$$

Beweis: analog zu 5.9. (Im Falle multikanonischer Tensoren kann man die in der Anmerkung gegebene Bedingung zu $\frac{1}{2}\sigma(SH) \geq \frac{p}{n+1}$ verschärfen.) □

Im Falle $S_0 = 0$ ist das in Hilfssatz 5.18 angegebene Kriterium nicht anwendbar. In diesem Falle ist der Punkt

$$a = \psi(0) \in \mathbb{H}_n/\Gamma_n$$

im endlichen Teil enthalten. Für uns ist nur der Fall von Interesse, daß a nicht in $\mathring{\mathbb{H}}_n/\Gamma_n$ enthalten ist:

$$a \in \mathbb{H}_n/\Gamma_n \setminus \mathring{\mathbb{H}}_n/\Gamma_n.$$

Der Punkt a ist dann das Bild eines *elliptischen Fixpunktes* $Z_0 \in \mathbb{H}_n$.

Ein entscheidender Punkt in Tais Beweis ist der Nachweis, daß im Falle $n \geq 5$ durch das Vorhandensein der elliptischen Fixpunkte keine neuen Bedingungen auftreten! Dies beruht auf einem allgemeinen Kriterium für Quotientensingularitäten $\mathbb{C}^n/G$. Hierbei sei $G \subset Gl(n, \mathbb{C})$ eine endliche Untergruppe. Da die Hermitesche Metrik

$$\langle z, w \rangle \underset{\text{Def}}{=} \sum_{g \in G} (\overline{g\,z})'(g\,w)$$

G-invariant ist, kann man nach einer eventuellen Koordinatentransformation erreichen, daß G aus unitären Matrizen besteht. Die Gruppe G heißt *spiegelungsfrei*, wenn die Abbildung $\mathbb{C}^n \to \mathbb{C}^n/G$ außerhalb einer analytischen Menge der Kodimension ≥ 2 unverzweigt ist.

5.18 Definition. Eine spiegelungsfreie endliche Untergruppe $G \subset U(n)$ (unitäre Gruppe) hat die Eigenschaft (T), falls jedes Element $g \in G$, $g \neq \mathrm{id}$, der folgenden Bedingung genügt:

Sei m die Ordnung von g und seien

$$\zeta_\nu = e^{\frac{2\pi i a_\nu}{m}}, \quad 0 \leq a_\nu < m, \; 1 \leq \nu \leq n,$$

die Eigenwerte von g. Die Bedingung lautet

$$a_1 + \ldots + a_m \geq m.$$

Die Bedeutung der Eigenschaft (T) zeigt sich in

5.19 Hilfssatz. *Die Untergruppe* $G \subset U(n)$ *besitze die Eigenschaft* (T). *Sei*

$$\psi\colon \dot{E} \times E^{n-1} \to (U_r/G)_{\text{reg}}, \qquad r > 0,$$
$$(U_r = \{z \in \mathbb{C}^n;\ \bar{z}'\,z < r^2\})$$

eine holomorphe Abbildung, welche sich zu einer stetigen Abbildung von E^n *in* U_r/G *fortsetzen läßt. Das Urbild* $\psi^*(T)$ *einer multikanonischen Form* T *auf* $(U_r/G)_{\mathrm{reg}}$ *ist auf ganz* E^n *holomorph fortsetzbar.*

Beweis. Es ist leicht zu sehen, daß sich ψ zu einer holomorphen Abbildung

$$\Psi\colon S_1 \times E^{n-1} \to \mathbb{C}^n,$$
$$\Psi(z+1, w) = g\,\Psi(z, w) \qquad \text{für ein } g \in G,$$

hochheben läßt. Man kann

$$g = \begin{pmatrix} \zeta_1 & & 0 \\ & \ddots & \\ 0 & & \zeta_n \end{pmatrix}$$

annehmen und dann alle Abbildungen Ψ klassifizieren: Wenn g die Ordnung m hat, so hat Ψ die Periode m und wir erhalten ein kommutatives Diagramm

$$\begin{array}{ccccc} (q^m, w) & \dot{E} \times E^{n-1} & \xrightarrow{\ \psi\ } & (\mathbb{C}^n/G)_{\mathrm{reg}} & \\ \uparrow & \uparrow & & \uparrow & \\ (q, w) & \dot{E} \times E^{n-1} & \xrightarrow{\ \psi_0\ } & \mathbb{C}^n \setminus S & (S \text{ der Verzweigungsort}) \end{array}$$

Die Abbildung ψ_0 ist zu einer holomorphen Abbildung

$$\psi_0\colon E^n \to \mathbb{C}^n$$

fortsetzbar und daher in eine Taylorreihe entwickelbar. Sie genügt der Bedingung

$$\psi_0\left(e^{\frac{2\pi i z}{m}} \cdot q, w\right) = g \cdot \psi_0(q, w).$$

Diese läßt sich in Bedingungen für die *Taylorkoeffizienten* umschreiben.

Die multikanonischen Formen auf $(U_r/G)_{\mathrm{reg}}$ entsprechen umkehrbar eindeutig den G-invarianten multikanonischen Formen auf ganz U_r. Auch diese lassen sich in einer Umgebung von 0 in Taylorreihen entwickeln und die G-Invarianz läßt sich in Bedingungen der Taylorkoeffizienten ummünzen.

Wir wollen diese Rechnungen hier nicht durchführen. Der Beweis von 5.19 ist eine triviale Folge aus diesen Rechnungen □

Wenn eine Untergruppe $G \subset Gl(n, \mathbb{C})$ die Eigenschaft (T) besitzt, so trifft dies auch für jede konjugierte Gruppe zu. Man kann daher die

Eigenschaft (T) in naheliegender Weise auch für Untergruppen

$$G \subset Gl(\mathscr{Z}), \quad \mathscr{Z} \text{ ein endlichdimensionaler Vektorraum,}$$

definieren. Ist $Z_0 \in \mathbb{H}_n$ ein elliptischer Fixpunkt der Siegelschen Modulgruppe, so existiert eine symplektische Substitution $M_0 \in Sp(n, \mathbb{C})$, welche $\mathbb{H}_n$ biholomorph auf $\mathscr{E}_n$ abbildet und Z_0 in 0 überführt. Die konjugierte Gruppe $M_0 (\Gamma_n)_{Z_0} M_0^{-1}$ besteht dann aus linearen Substitutionen, ist also eine Untergruppe von $Gl(\mathscr{Z}_n)$.

5.20 Definition. Der elliptische Fixpunkt $Z_0 \in \mathbb{H}_n$ hat die Eigenschaft (T), wenn die Gruppe $M_0 (\Gamma_n)_{Z_0} M_0^{-1} \subset Gl(\mathscr{Z}_n)$ die Eigenschaft (T) hat.

5.21 Hilfssatz. *Im Falle* $n \geq 5$ *hat jeder elliptische Fixpunkt der Siegelschen Modulgruppe die Eigenschaft* (T).

Beweis. Die Eigenwerte der linearen Substitution $M_0 M M_0^{-1}$, $M \in (\Gamma_n)_{Z_0}$ sind in den Bezeichnungen von 5.14 gerade

$$\zeta_\mu \zeta_\nu, \quad 1 \leq \mu \leq \nu \leq n.$$

Aus der in 5.14 angegebenen Eigenschaft der Einheitswurzeln $\zeta_1, \ldots, \zeta_n$ läßt sich leicht die Eigenschaft (T) im Falle $n \geq 5$ ableiten. Die Einzelheiten seien dem Leser überlassen.

Wir erhalten also, daß im Falle $n \geq 5$ die Bedingung

$$a(H) \neq 0 \;\Rightarrow\; \tfrac{1}{2} \sigma(HS) \geq k \quad \text{für } S = S' \text{ ganz, } S \geq 0, \, S \neq 0,$$

die Fortsetzungseigenschaft der multikanonischen Form $\omega = f \omega_0^k$ impliziert.

Diese Bedingung läßt sich noch weiter vereinfachen.

5.22 Hilfssatz [8]. *Es gilt*

$$m(H) \leq \sigma(HS) \quad \text{für } S = S' \text{ ganz, } S \geq 0, \, S \neq 0.$$

(Zur Erinnerung: $m(H) = \min_{g \in \mathbb{Z}^n \setminus \{0\}} H[g]$.)

5.23 Definition. Eine Siegelsche Modulform

$$f(Z) = \sum_{H \text{ gerade}} a(H) e^{\pi i \sigma(HZ)}$$

verschwindet im Unendlichen in mindestens k-ter Ordnung, falls

$$a(H) \neq 0 \;\Rightarrow\; \tfrac{1}{2} h_{11} \geq k.$$

Mit $a(H)$ sind auch alle $a(H[U])$, U unimodular, von 0 verschieden. Die angegebene Bedingung impliziert also

$$a(H) \neq 0 \;\Rightarrow\; \tfrac{1}{2} m(H) \geq k.$$

Damit erhalten wir

5.24 Satz. *Sei f eine Siegelsche Modulform vom Gewicht $k(n+1)$, welche im Unendlichen in mindestens k-ter Ordnung verschwindet. Es gelte $n \geq 5$. Die multikanonische Form*

$$f(Z)[dz_{11} \wedge dz_{12} \wedge \ldots \wedge dz_{nn}]^k$$

besitzt dann die Fortsetzungseigenschaft (definiert also auf einem kompakten und singularitätenfreien Modell von $K(\Gamma_n)$ eine überall holomorphe Form, wenn man die Existenz eines derartigen Modells als bewiesen annimmt).

Es erhebt sich die Frage nach der Existenz von Modulformen mit hoher Nullstellenordnung im Unendlichen. Das Produkt

$$\Delta^{(n)}(Z) = \prod_{a,b \text{ gerade}} \vartheta(Z; a, b)$$

ist im Falle $n \geq 3$ eine Modulform vom Gewicht $(2^n+1)2^{n-2}$. Ein Fourierkoeffizient $a(H)$ kann nur dann von 0 verschieden sein, wenn H eine Darstellung der Form

$$H = \sum_{(a,b)} (g + \tfrac{1}{2}a)(g + \tfrac{1}{2}a)', \qquad g \text{ ganz},$$

besitzt. Hierbei ist über alle geraden Thetacharakteristiken zu summieren. Es folgt

$$\tfrac{1}{2}h_{11} \geq \tfrac{1}{8} \sum_{a,b} (2g_1 + a_1)^2.$$

Die auftretende Summe ist größer oder gleich der Anzahl aller geraden Thetacharakteristiken mit ungeradem a_1 und diese ist $2^{2(n-1)}$. Wir erhalten

$$\tfrac{1}{2}h_{11} \geq 2^{2n-5}.$$

5.26 Bemerkung. *Es existiert eine nicht identisch verschwindende Modulform $\Delta^{(n)}(Z)$ vom Gewicht $(2^n+1)2^{n-2}$, welche im Unendlichen in mindestens 2^{2n-5}-ter Ordnung verschwindet.*

5.27 Satz. *Die multikanonische Form*

$$\Delta^{(n)}(Z)^{n+1}(dz_{11} \wedge \ldots \wedge dz_{nn})^k, \qquad k = 2^{n-2}(2^n+1),$$

besitzt im Falle $n \geq 8$ die Fortsetzungseigenschaft. Insbesondere ist der Körper der Siegelschen Modulfunktionen $K(\Gamma_n)$, $n \geq 8$ nicht rational.

Beweis. Die kritische Ungleichung zwischen Nullstellenordnung und Gewicht lautet

$$(n+1)2^{2n-5} \geq (2^n+1) \cdot 2^{n-2}.$$

Diese ist für $n \geq 8$ erfüllt □

Für die Konstruktion *algebraisch unabhängiger* Formen benutzen wir die Tatsache, daß unter den Thetareihen $\vartheta_{a,b}(Z)$ die Maximalzahl $(\frac{1}{2}n(n+1)+1)$ algebraisch unabhängiger Modulformen enthalten ist [39]. (Dazu genügt es zu zeigen, daß diese Reihen in der Satakekompaktifizierung keine simultane Nullstelle haben.) Als Folgerung erhält man, daß auch unter den $2^{n-1}(2^n+1)$ Formen

$$f_{a,b}=\vartheta_{a,b}^{-1}\cdot\Delta^{(n)}(Z)$$

$\frac{1}{2}n(n+1)+1$ algebraisch unabhängige enthalten sind.

Um Modulformen zur vollen Modulgruppe zu erhalten, bilden wir die Ausdrücke

$$F_l=\sum_{a,b}f_{a,b}^{8l},\quad l=1,2,\ldots.$$

Auch unter diesen müssen $\frac{1}{2}n(n+1)$ algebraisch unabhängige enthalten sein. Eine einfache Rechnung ähnlich wie bei $\Delta^{(n)}(Z)$ ergibt, daß F_l im Unendlichen in mindestens $l(2^{2(n-1)}-1)$-ter Ordnung verschwindet.

Das Gewicht der Modulform F_l ist

$$8l[2^{n-2}(2^n+1)-\tfrac{1}{2}].$$

Die kritische Ungleichung zwischen Nullstellenordnung und Gewicht lautet

$$(n+1)\cdot l(2^{2(n-1)}-1)\geq 8l[2^{(n-2)}(2^n+1)-\tfrac{1}{2}].$$

Auch diese ist für $n\geq 8$ erfüllt.

5.28 Satz. *Im Falle $n\geq 8$ besitzen die multikanonischen Formen*

$$F_l(Z)^{(n+1)}(dz_{11}\wedge\ldots\wedge dz_{nn})^k,\qquad k=8l[2^{n-2}(2^n+1)-\tfrac{1}{2}]$$

die Fortsetzungseigenschaft. Unter ihnen kommen $\frac{1}{2}n(n+1)+1$ algebraisch unabhängige vor.

Damit erhalten wir

5.29 Theorem. *Der Körper der Siegelschen Modulfunktionen $K(\Gamma_n)$ ist im Falle $n\geq 8$ von allgemeinem Typ, d.h.* $\limsup p_k/k^{n(n+1)/2}>0$.

Tais Beweis von 5.29 (unter der Voraussetzung $n\geq 9$) basiert auf der *Mumford-Kompaktifizierung* von $\mathbb{H}_n/\Gamma$. Mit Hilfe von „Torus-Einbettungen" kann man im Falle $\Gamma=\Gamma_n[l]$, $l\geq 3$, eine singularitätenfreie Kompaktifizierung konstruieren.

Literatur: *Ash, A., Mumford, D., Rapoport, M., Tai Y.: Smooth Compactification of Locally Symmetric Varieties. Brookline, Mass. USA: Math. Sci. Press 1975.*

Man kann die in diesem Paragraphen entwickelte Theorie der „Fortsetzungseigenschaft holomorpher Tensoren" als einen elementaren Ersatz für diese tiefliegende Theorie ansehen.

Schließlich beweist Tai die Existenz von Modulformen mit hoher Verschwindungsordnung im Unendlichen durch Dimensionsabschätzungen, welche auf dem „*Mumford-Hirzebruchschen*“ *Proportionalitätssatz* beruhen.

Literatur: *Mumford, D.: Hirzebruch's Proportionality Theorem in the Non-Compact Case. Inv. Math 42, 239-272 (1977).*

Die Methoden dieses Paragraphen sind im Prinzip auch auf *Untervarietäten* $Y \subset \mathbb{H}_n/\Gamma_n$ anwendbar. Sei $d = \dim Y$. Man kann beispielsweise Tensoren in

$$(\mathrm{Symm}^r(\Lambda^d \Omega))(\mathbb{H}_n)^{\Gamma_n}$$

konstruieren. Durch Restriktion erhält man multikanonische Tensoren auf Y.

§6. Konstruktion holomorpher alternierender Differentialformen vom Grade $N-1$ mit Hilfe singulärer Modulformen

Wir konstruieren einen bilinearen Differentialoperator

$$\left[\Gamma_n, \frac{n-1}{2}\right] \times \left[\Gamma_n, \frac{n-1}{2}\right] \to \Omega^{[N-1]}(\mathbb{H}_n)^{\Gamma_n}, \qquad N = \tfrac{1}{2} n(n+1).$$

Im Falle $n \equiv 1 \bmod 8$, $n > 9$, ist das Bild von 0 verschieden. Wichtigstes Hilfsmittel ist das Transformationsverhalten der Operatorenmatrix

$$\left(e_{\mu\nu} \frac{\partial}{\partial z_{\mu\nu}}\right); \qquad e_{\mu\nu} = \begin{cases} 1 & \text{für } \mu = \nu, \\ \frac{1}{2} & \text{für } \mu \neq \nu \end{cases}$$

und ihrer Unterdeterminanten unter der Substitution $Z \to -Z^{-1}$ (Satz 6.10).

Aus der Tatsache, daß jede Differentialform aus $\Omega^{[N-1]}(\mathbb{H}_n)^{\Gamma}$ geschlossen ist, erhält man interessante Anwendungen auf die Theorie der singulären Modulformen. Dies wird im Anhang IV ausgeführt werden.

Sei V ein Vektorraum der Dimension n über einem Körper k. Wir bezeichnen mit $V^{[p]}$ die p-te äußere Potenz dieses Vektorraumes und mit

$$V^{[p]} \times V^{[q]} \to V^{[p+q]},$$
$$(a, b) \to a \wedge b,$$

die schiefe Multiplikation (s. §4).

Der Vollständigkeit halber fassen wir die charakteristischen Eigenschaften von $(V^{[\cdot]}, \wedge)$ in einem „Axiomensystem“ zusammen:

1) $V^{[p]} \neq 0 \Rightarrow 0 \leq p \leq n$.
2) $V^{[0]} = k$, $V^{[1]} = V$.
3) Im Falle $p = 0$ ist die schiefe Multiplikation die gewöhnliche skalare Multiplikation.
4) Die schiefe Multiplikation ist
   a) bilinear,
   b) assoziativ,
   c) antikommutativ, $a \wedge a = 0$ für $a \in V$.

5) Sei $e_1, \dots, e_n$ eine Basis von V. Wir setzen

$$e_a = e_{a_1} \wedge \dots \wedge e_{a_p}$$

für irgendeine Teilmenge $a \subset \{1, \dots, n\}$, deren Elemente $a_1, \dots, a_p$ wir uns der Größe nach geordnet denken:

$$a: \ 1 \leq a_1 < \dots < a_p \leq n.$$

Die Vektoren e_a bilden eine Basis von $V^{[p]}$, wenn a alle Teilmengen von $\{1, \dots, n\}$ mit p Elementen durchläuft.

$$V^{[p]} = \bigoplus_{|a|=p} k\, e_a.$$

Insbesondere ist $V^{[p]}$ ein Vektorraum der Dimension $\binom{n}{p}$. Aus 4c) folgt

$$(a+b) \wedge (a+b) = 0,$$

$$\text{also } a \wedge b = -b \wedge a \qquad \text{für } a, b \in V.$$

Mit Hilfe von 5) beweist man allgemein

$$a \wedge b = (-1)^{pq}\, b \wedge a \qquad \text{für } a \in V^{[p]},\ b \in V^{[q]}.$$

Wir betrachten lineare Abbildungen

$$A: \ V^{[p]} \to V^{[p]}.$$

Mittels einer Basis $e_1, \dots, e_n$ von V kann man diese durch verallgemeinerte Matrizen beschreiben

$$A \cdot e_a = \sum_b A_b^a\, e_b,$$

$$A \leftrightarrow (A_b^a)_{\substack{a,\, b \subset \{1, \dots, n\} \\ |a| = |b| = p}}.$$

Die Hintereinanderausführung von solchen Abbildungen entspricht der Matrizenmultiplikation

$$(AB)_b^a = \sum_x A_x^a\, B_b^x.$$

Wir wollen noch eine andere Komposition definieren, bei welcher lineare Abbildungen

$$A: \ V^{[p]} \to V^{[p]}$$

$$B: \ V^{[q]} \to V^{[q]}$$

zu einer linearen Abbildung

$$A \sqcap B: \ V^{[p+q]} \to V^{[p+q]}$$

verknüpft werden. Zunächst kann man das Tensorprodukt

$$A \otimes B: \ V^{[p]} \otimes V^{[q]} \to V^{[p]} \otimes V^{[q]}$$

betrachten und dann versuchen, diese lineare Abbildung mittels der kanonischen Abbildung

$$\begin{aligned} V^{[p]} \otimes V^{[q]} &\to V^{[p+q]} \\ a \otimes b \quad &\to a \wedge b \end{aligned}$$

„durchzudrücken": Dies ist so ohne weiteres nicht möglich. Für die Definition benötigen wir den bereits in §4 betrachteten Operator, welcher einem Tensor T seinen alternierenden Bestandteil zuordnet. Wir bezeichnen diesen Operator in der vorliegenden Situation mit

$$\Delta\colon \; V^{[p]} \otimes V^{[q]} \to V^{[p]} \otimes V^{[q]}.$$

Er ist durch die Eigenschaft

$$\begin{aligned} &\Delta((a_1 \wedge \ldots \wedge a_p) \otimes (a_{p+1} \wedge \ldots \wedge a_{p+q})) \\ &= \frac{1}{(p+q)!} \sum_{\sigma \in \mathfrak{S}_{p+q}} \operatorname{sgn}(\sigma)(a_{\sigma(1)} \wedge \ldots \wedge a_{\sigma(p)}) \otimes (a_{\sigma(p+1)} \wedge \ldots \wedge a_{\sigma(p+q)}) \end{aligned}$$

charakterisiert. Offensichtlich gilt

$$\Delta \circ \Delta = \Delta.$$

Für eine beliebige lineare Abbildung

$$L\colon \; V^{[p]} \otimes V^{[q]} \to V^{[p]} \otimes V^{[q]}$$

sind offenbar folgende beiden Eigenschaften gleichbedeutend:

1) $\Delta \circ L = \Delta \circ L \circ \Delta$.

2) Es existiert eine lineare Abbildung L^*, so daß das folgende Diagramm kommutativ ist:

$$\begin{array}{ccccc} V^{[p]} \otimes V^{[q]} & \xrightarrow{L} & V^{[p]} \otimes V^{[q]} & & a \otimes b \\ \downarrow & & \downarrow & & \downarrow \\ V^{[p+q]} & \xrightarrow{L^*} & V^{[p+q]} & & a \wedge b \end{array} \; .$$

Dies wenden wir auf $L = (A \otimes B) \circ \Delta$ an und definieren

$$A \sqcap B = [(A \otimes B) \circ \Delta]^*.$$

Für die Matrixdarstellung von $A \sqcap B$ errechnet man folgende Formel.

Seien $a, b \subset \{1, \ldots, n\}$ Teilmengen von je $p+q$ Elementen

$$\boxed{(A \sqcap B)^a_b = \frac{1}{\binom{p+q}{p}} \sum \varepsilon(a', a'')\, \varepsilon(b', b'')\, A^{a'}_{b'}\, B^{a''}_{b''}.}$$

Dabei durchlaufen a', a'', b', b'' alle Mengen mit folgenden Eigenschaften

$$|a'| = |b'| = p; \qquad |a''| = |b''| = q$$
$$a = a' \cup a''; \qquad b = b' \cup b''.$$

Der Vorzeichenfaktor $\varepsilon(a', a'')$ ist folgendermaßen definiert. Man ordnet die Elemente von a' und a'' in natürlicher Reihenfolge an:

$$a'\colon\ a'_1 < \ldots < a'_p$$
$$a''\colon\ a''_1 < \ldots < a''_q.$$

Dann ist $\varepsilon(a', a'')$ das Vorzeichen der Permutation, welche man benötigt, um das $(p+q)$-Tupel $(a'_1, \ldots, a'_p, a''_1, \ldots, a''_q)$ in die natürliche Reihenfolge zu bringen.

6.1 Bemerkung. *Die $\sqcap$-Multiplikation ist bilinear, kommutativ und assoziativ.*

Die Bilinearität ist klar. Die Kommutativität folgt aus der Matrixdarstellung, wenn man

$$\varepsilon(a', a'')\,\varepsilon(a'', a') = (-1)^{pq}$$

beachtet. Die Assoziativität folgt leicht aus der Assoziativität des Tensorproduktes.

Man kann insbesondere die p-te Potenz einer linearen Abbildung $A\colon V \to V$ definieren:

$$A^{[p]} = A \sqcap \ldots \sqcap A; \qquad V^{[p]} \to V^{[p]}.$$

6.2 Bemerkung. *Die Matrixdarstellung von $A^{[p]}$ wird durch die p-reihigen Unterdeterminanten von A gegeben.*

$$(A^{[p]})^a_b = \det(A^i_j)_{\substack{i \in a\\ j \in b}}.$$

Will man 6.2 direkt in der Matrixdarstellung beweisen, so hat man von dem Laplaceschen Entwicklungssatz (Entwicklung der Determinante nach einer Zeile) Gebrauch zu machen (Induktion nach p).

Einen anderen Laplaceschen Entwicklungssatz erhält man aus der *binomischen Formel*

$$(A+B)^{[h]} = \sum_{p+q=h} \binom{h}{p} A^{[p]} \sqcap B^{[q]}.$$

Diese Formel gibt an, wie man die Unterdeterminanten von $A+B$ aus denen von A und B zu berechnen hat.

6.3 Bemerkung. *Seien*

$$A\colon V \to V, \quad B\colon V^{[p]} \to V^{[p]}, \quad C\colon V^{[q]} \to V^{[q]},$$

lineare Abbildungen, dann gilt

$$A^{[p+q]}(B \sqcap C) = (A^{[p]} B) \sqcap (A^{[q]} C),$$
$$(B \sqcap C)\, A^{[p+q]} = (B A^{[p]}) \sqcap (C A^{[q]}).$$

Spezialfall.

$$(A \cdot B)^{[h]} = A^{[h]} B^{[h]} \quad \text{für } A, B\colon\ V \to V.$$

Wir weisen abschließend darauf hin, daß obiger Formalismus genauso durchgeführt werden kann, wenn man für k einen kommutativen Ring und für V einen endlich erzeugten freien Modul nimmt, etwa $V = k^n$.

Die Definition der $\sqcap$-Multiplikation in der Matrixschreibweise ist sogar sinnvoll, wenn k nicht kommutativ ist.

Natürlich sind dann die Bemerkungen 6.1–6.3 nicht allgemein richtig.

Setzt man jedoch voraus, daß die Koeffizienten von A und B im Zentrum von k liegen, so gelten die Formeln

$$(A \sqcap B) \sqcap C = A \sqcap (B \sqcap C)$$
$$A^{[p+q]}(B \sqcap C) = (A^{[p]} B) \sqcap (A^{[q]} C)$$
$$(B \sqcap C)\, A^{[p+q]} = (B A^{[p]}) \sqcap (C A^{[q]})$$

auch im nicht kommutativen Fall.

Der Differentialoperator $\frac{\partial}{\partial Y}$ und seine Unterdeterminanten

Im folgenden sei $D \subset \mathfrak{P}_n$ eine offene Menge mit der Eigenschaft

$$Y \in D \;\Rightarrow\; Y^{-1} \in D.$$

Wir betrachten die $\mathbb{C}$-Algebra der unendlich oft differenzierbaren Funktionen $f\colon D \to \mathbb{C}$ und bezeichnen diese wie üblich mit $C^\infty(D)$. Wir untersuchen im folgenden lineare Operatoren

$$L\colon\ C^\infty(D) \to C^\infty(D),$$

insbesondere deren Verhalten bei der Transformation $Y \to Y^{-1}$.

Den transformierten Operator bezeichnen wir mit $\hat{L}$:

$$(\hat{L} f)(Y) := (L \hat{f})(Y^{-1}), \qquad \hat{f}(Y) = f(Y^{-1}).$$

Die Operatoren, die wir betrachten, sind einfache Differentialoperatoren, für die auf Grund der Taylorschen Formel folgende Eigenschaft evident ist:

Gilt $Lf = 0$ für alle Polynome f, so ist L der Nulloperator.

Eine Variante dieses Prinzips besagt:

Gilt $Lf=0$ *für alle Funktionen vom Typ*

$$f(Y)=e^{\sigma(TY)}; \qquad T=T' \text{ reell}$$

so ist L der Nulloperator.

Wir sind interessiert an den Differentialoperatoren

$$\partial_{\mu\nu}=e_{\mu\nu}\frac{\partial}{\partial y_{\mu\nu}}; \qquad e_{\mu\nu}=\begin{cases}1 & \text{für } \mu=\nu,\\ \frac{1}{2} & \text{für } \mu\neq\nu,\end{cases}$$

welche wir zu einer Matrix von Operatoren zusammenfassen:

$$\partial:=\frac{\partial}{\partial Y}:=(\partial_{\mu\nu}).$$

Die Operatoren $\partial_{\mu\nu}$ sind untereinander vertauschbar, d.h. sie erzeugen einen *kommutativen Ring in der Algebra aller Operatoren.* Man kann insbesondere Unterdeterminanten von ∂ betrachten und diese in der p-ten äußeren Potenz zusammenfassen.

$$\partial^{[p]}=(|\partial|_b^a)_{\substack{a,b\subset\{1,\dots,n\},\\ |a|=|b|=p}}$$

$$|\partial|_b^a:=\det(\partial_{\mu\nu})_{\substack{\mu\in a\\ \nu\in b}}.$$

In diesem Abschnitt verwenden wir allgemein die Bezeichnung

$$|T|_b^a=\det(t_{\mu\nu})_{\substack{\mu\in a\\ \nu\in b}} \quad \text{und} \quad |T|=\det T.$$

Wenn wir die Matrix $\partial^{[p]}$ auf eine Funktion $f\in C^\infty(D)$ anwenden, so ist dies natürlich komponentenweise zu verstehen:

$$\partial^{[p]}f=(|\partial|_b^a f).$$

Wir wollen für $\partial^{[p]}$ eine Reihe von Rechenregeln ableiten und insbesondere die Matrix

$$\hat{\partial}^{[p]}:=(|\hat{\partial}|_b^a)$$

der transformierten Operatoren bestimmen.

Sei T eine symmetrische reelle Matrix. Dann gilt offenbar

$$\partial_{\mu\nu}e^{\sigma(TY)}=t_{\mu\nu}e^{\sigma(TY)},$$

Hieraus folgt

$$|\partial|_b^a e^{\sigma(TY)}=|T|_b^a e^{\sigma(TY)},$$

also

$$\partial^{[p]}e^{\sigma(TY)}=T^{[p]}e^{\sigma(TY)}.$$

6.4 Hilfssatz. *Es gilt die Produktformel*

$$\partial^{[h]}(fg) = \sum_{p+q=h} \binom{h}{p} (\partial^{[p]} f) \sqcap (\partial^{[q]} g).$$

Beweis. Es genügt den Spezialfall

$$f(Y) = e^{\sigma(TY)}, \qquad g(Y) = e^{\sigma(SY)}$$

zu behandeln. Die Produktformel ist dann mit der binomischen Formel

$$(T+S)^{[h]} = \sum_{p+q=h} \binom{h}{p} T^{[p]} \sqcap S^{[q]}$$

identisch □

Es ist unser nächstes Ziel, das Transformationsverhalten von $\partial^{[h]}$ unter der Substitution $Y \to Y^{-1}$ zu bestimmen. Ausgangspunkt ist das Integral

$$\int_{-\infty}^{\infty} e^{-\pi t^2} dt = 1.$$

Durch die Transformation $t \to t\, y^{\frac{1}{2}}$ beweist man

$$y^{-\frac{1}{2}} = \int_{-\infty}^{\infty} e^{-\pi t^2 y} dt.$$

Differenziert man nach y und spezialisiert das Ergebnis auf $y=1$, so erhält man

$$\int_{-\infty}^{\infty} t^2 e^{-\pi t^2} dt = \frac{1}{2\pi}.$$

Eine Verallgemeinerung hiervon ist

6.5 Hilfssatz. *Es gilt*

$$\int |P|^2 e^{-\pi\sigma(P'P)} dP = \frac{n!}{(2\pi)^n} \qquad (|P| = \det P).$$

Hierbei wird über den Raum aller n-reihigen reellen Matrizen integriert.

Beweis. Wir bestimmen den Wert I_n dieses Integrals durch Induktion nach n.

Wir entwickeln $|P|$ nach der ersten Zeile

$$|P| = \sum_{\nu=1}^{n} p_{1\nu} P_{1\nu}.$$

Dabei bezeichne $P_{1\nu}$ das algebraische Komplement von $p_{1\nu}$. Es gilt

$$I_n = \sum_{1 \le \mu, \nu \le n} \int p_{1\mu} p_{1\nu} P_{1\mu} P_{1\nu} e^{-\pi\sigma(P'P)} dP.$$

Das unter der Summe stehende Integral verschwindet, wenn μ von ν verschieden ist. Dies zeigt die Substitution $p_{1\mu} \to -p_{1\mu}$. Beachtet man

$$\sigma(P'P) = \sum_{1 \leq \mu, \nu \leq n} p_{\mu\nu}^2,$$

so folgt

$$I_n = n \cdot I_1 \cdot I_{n-1} \quad \square$$

Eine einfache Verallgemeinerung von 6.5 ist

6.6 Hilfssatz. *Gegeben seien Teilmengen*

$$a', b', a'', b'' \subset \{1, \ldots, n\}$$
$$|a'| = |b'| = p; \qquad |a''| = |b''| = q.$$

Dann gilt

$$\int |P|_{b'}^{a'} \, |P|_{b''}^{a''} \, e^{-\pi\sigma(P'P)} \, dP = \begin{cases} \dfrac{p!}{(2\pi)^p}, & \textit{falls } a' = a'', \ b' = b'', \\ 0 & \textit{sonst.} \end{cases}$$

Beweis. Sei $\nu \in a'$, $\nu \notin a''$. Ersetzt man die ν-te Zeile von P durch ihr Negatives, so sieht man, daß dieses Integral verschwindet. Der Rest folgt aus 6.5 $\square$

6.7 Hilfssatz. *Sei A eine reelle n-reihige Matrix. Dann gilt*

$$\int (P+A)^{[h]} (P+A)'^{[h]} \, e^{-\pi\sigma(P'P)} \, dP$$
$$= \sum_{p+q=h} \frac{p!}{(2\pi)^p} \binom{h}{p} \binom{n-q}{p} E^{[p]} \sqcap (AA')^{[q]}.$$

Beweis. Man „zertrümmere" den Integranden und wende 6.6 an:

$$[(P+A)^{[h]} (P+A)'^{[h]}]_b^a$$
$$= \sum_{p+q=h} \; \sum_{p'+q'=h} \; \sum \varepsilon(a', a'') \, \varepsilon(b', b'') \, \varepsilon(x', x'') \, \varepsilon(y', y'')$$
$$\cdot |P|_{x'}^{a'} \, |A|_{x''}^{a''} \, |P|_{y'}^{b'} \, |A|_{y''}^{b''}.$$

Die Summationsbedingungen lauten:

$$a' \cup a'' = a, \qquad b' \cup b'' = b, \qquad x' \cup x'' = y' \cup y'',$$
(disjunkte Zerlegung)
$$|a'| = |x'| = p, \qquad |a''| = |x''| = q,$$
$$|b'| = |y'| = p', \qquad |b''| = |y''| = q'.$$

Jetzt kann man die Integration mit Hilfe von 6.6 durchführen. Einen von Null verschiedenen Wert erhält man nur für

$$a' = b', \qquad x' = y' \quad (\Rightarrow x'' = y'').$$

Bei der weiteren Berechnung ist zu beachten, daß zu jedem y'', $|y''|=q$ genau $\binom{n-q}{p}$ Mengen x', $|x'|=p$ im Komplement von y'' liegen. Die Einzelheiten seien dem Leser überlassen □

6.8 Hilfssatz. *Sei* $Y=Y'>0$. *Dann gilt*

$$|Y|^{-\frac{n}{2}}=\int e^{-\pi\sigma(Y[P])}\,dP.$$

Beweis. In dem Integral

$$1=\int e^{-\pi\sigma(P'P)}\,dP \qquad (\sigma(P'P)=\sum p_{\mu\nu}^2)$$

führe man die Variablentransformation

$$P\to UP; \qquad U'U=Y$$

durch. Deren Determinante ist $|\det U|^n=|Y|^{\frac{n}{2}}$ □

Wir bestimmen nun die Wirkung von $\partial^{[h]}$ auf Potenzen der Determinante von Y. Aus 6.8 folgt

$$\partial^{[h]}|Y|^{-\frac{n}{2}}=(-\pi)^h\int (PP')^{[h]}\,e^{-\pi\sigma(Y[P])}\,dP.$$

Führt man die Substitution $P\to U^{-1}P$, $U'U=Y$ aus, so erhält man

$$\partial^{[h]}|Y|^{-\frac{n}{2}}=|Y|^{-\frac{n}{2}}\,U^{-[h]}(-\pi)^h\left(\int (PP')^{[h]}\,e^{-\pi\sigma(P'P)}\,dP\right)U'^{-[h]}.$$

Das hierin auftretende Integral hat nach 6.7 den Wert

$$\binom{n}{h}\left(\frac{h!}{(2\pi)^h}\right)E^{[h]}.$$

Das Ergebnis dieser Rechnung lautet

$$\partial^{[h]}|Y|^{-\frac{n}{2}}=(-1)^h\binom{n}{h}\,h!\,2^{-h}\,|Y|^{-\frac{n}{2}}\,Y^{-[h]}.$$

6.9 Satz. *Es gilt*

$$\partial^{[h]}|Y|^{\alpha}=C_h(\alpha)\,|Y|^{\alpha}\,Y^{-[h]},$$

$$C_h(\alpha)=\alpha(\alpha+\tfrac{1}{2})\cdot\ldots\cdot\left(\alpha+\frac{h-1}{2}\right).$$

Beweis. Beide Seiten dieser Gleichung haben - abgesehen von dem Faktor $|Y|^{\alpha}$ ein polynomiales Verhalten in α. Daher genügt es, diese Identität für eine unendliche Menge von Indizes α zu beweisen. Für $\alpha=-\frac{n}{2}$ haben wir den Beweis durchgeführt. Aus der Produktformel 6.4 folgt, daß sie auch für $\alpha+\beta$ gilt, wenn sie für α und β bewiesen ist.

Man hat dabei die elementare Relation

$$C_h(\alpha+\beta)=\sum_{p+q=h}\binom{h}{p}C_p(\alpha)\,C_q(\beta)$$

zu benutzen □

Wir bestimmen nun das Transformationsverhalten von $\partial^{[h]}$ unter $Y\to Y^{-1}$.

6.10 *Die Operatorenmatrix*

$$D(h)=Y^{[h]}\,\partial^{[h]}$$

genügt der Transformationsformel

$$D(h)=(-1)^h\,|Y|^{\frac{h-1}{2}}\,D(h)'\,|Y|^{-\frac{h-1}{2}}.$$

Vor dem Beweis wollen wir diese Formel kurz kommentieren. Wir fassen $Y^{[h]}$ als Matrix von Operatoren auf, indem wir eine Funktion f mit den Komponenten dieser Matrix multiplizieren

$$(Y^{[h]}\cdot f)^a_b=|Y|^a_b f.$$

Es ist zu beachten, daß die Operatoren

$$f\to|Y|^a_b f\quad\text{und}\quad f\to|\partial|^a_b f$$

nicht miteinander vertauschbar sind. Man kann natürlich dessen ungeachtet die Produktmatrix $D(h)=Y^{[h]}\,\partial^{[h]}$,

$$D(h)^a_b=\sum|Y|^a_x\,|\partial|^x_b,$$

und deren Transponierte $D(h)'$

$$D(h)'^a_b=D(h)^b_a=\sum|Y|^b_x\,|\partial|^x_a$$

betrachten. Nicht sinnvoll dagegen ist die Bildung $(Y\cdot\partial)^{[h]}$. Die Operatorenmatrizen $D(h)'$ und $\partial^{[h]}\,Y^{[h]}$ stimmen nicht miteinander überein!

Beweis von Satz 6.10. Es genügt, diese Formel für die Testfunktionen

$$f(Y)=|Y|^{\frac{n}{2}}\,e^{\pi\sigma(TY)},\qquad T=T'\ \text{reell}$$

zu beweisen. Wir setzen

$$L=\hat{D}(h)\,f(Y),$$

$$R=(-1)^h\,|Y|^{\frac{h-1}{2}}\,Y^{[h]}\cdot\partial^{[h]}\,|Y|^{-\frac{h-1}{2}}\,f(Y).$$

Die Behauptung lautet dann $L=R'$.

Aus der Produktformel 6.4 und 6.9 folgt

$$R=(-1)^h f(Y)\,Y^{[h]}\sum_{p+q=h}\binom{h}{p}\pi^q\,C_p\,\frac{n-(h-1)}{2}\,Y^{-[p]}\sqcap T^{[q]}.$$

Bei der Berechnung von L nehmen wir an, daß T positiv definit ist. (Das ist keine wesentliche Einschränkung der Allgemeinheit, weil die behauptete Formel in T analytisch ist.) Es gibt dann eine positiv definite Quadratwurzel $T^{\frac{1}{2}}$ aus T.

In dem Integral aus Hilfssatz 6.8 führt man die Substitution $P \to P + Y^{-1} T^{\frac{1}{2}}$ durch und erhält

$$\hat{f}(Y) = |Y|^{-\frac{n}{2}} e^{\pi \sigma(TY^{-1})} = \int e^{-\pi\sigma(Y[P] + P' T^{\frac{1}{2}} + T^{\frac{1}{2}} P)} dP.$$

Hieraus folgt

$$\partial^{[h]} \hat{f}(Y) = (-1)^h \pi^h \int (PP')^{[h]} e^{-\pi\sigma(Y[P] + P' T^{\frac{1}{2}} + T^{\frac{1}{2}} P)} dP.$$

Das Integral kann berechnet werden. Die Substitution $P \to Y^{-\frac{1}{2}}(P - Y^{-\frac{1}{2}} T^{\frac{1}{2}})$ liefert

$$\partial^{[h]} f(Y) = (-1)^h \cdot \pi^h \cdot f(Y^{-1}) \cdot (Y^{-\frac{1}{2}})^{[h]} \cdot I \cdot (Y^{-\frac{1}{2}})^{[h]},$$

mit

$$I = \int (P - Y^{-\frac{1}{2}} T^{-\frac{1}{2}})^{[h]} (P - Y^{-\frac{1}{2}} T^{-\frac{1}{2}})'^{[h]} e^{-\pi\sigma(P'P)} dP.$$

Dieses Integral hat nach Hilfssatz 6.7 den Wert

$$I = \sum_{p+q=h} \frac{p!}{(2\pi)^p} \binom{h}{p} \binom{n-q}{p} E^{[p]} \sqcap T[Y^{-\frac{1}{2}}]^{[q]}.$$

Ersetzt man Y durch Y^{-1}, so folgt

$$L = (-1)^h \pi^h f(Y) \sum_{p+q=h} \frac{p!}{(2\pi)^p} \cdot \binom{h}{p} \binom{n-q}{p} (Y^{-\frac{1}{2}})^{[h]} (E^{[p]} \sqcap T[Y^{\frac{1}{2}}]^{[q]}) (Y^{\frac{1}{2}})^{[h]}.$$

Die Behauptung $L = R'$ folgt nun aus folgenden beiden Beziehungen:

a) $\frac{p!}{2^p} \binom{n-q}{p} = C_p \left(\frac{n-(h-1)}{2}\right)$.

b) $(Y^{-[p]} \sqcap T^{[q]}) \, Y^{[h]} = (Y^{-\frac{1}{2}})^{[h]} (E^{[p]} \sqcap T[Y^{\frac{1}{2}}]^{[q]}) (Y^{\frac{1}{2}})^{[h]}$.

Die letztere Relation ist in Bemerkung 6.3 enthalten □

Konstruktion von Differentialformen

Wir wollen nun mit Hilfe von Differentialoperatoren Γ_n-invariante holomorphe Differentialformen konstruieren. Diese Operatoren wirken auf holomorphe Funktionen $f\colon \mathbb{H}_n \to \mathbb{C}$. Im folgenden sei

$$\partial = (\partial_{\mu\nu})_{1 \le \mu, \nu \le n}$$

$$\partial_{\mu\nu} = e_{\mu\nu} \frac{\partial}{\partial z_{\mu\nu}}, \qquad e_{\mu\nu} = \begin{cases} 1 & \text{für } \mu = \nu, \\ \frac{1}{2} & \text{für } \mu \neq \nu, \end{cases}$$

die aus den komplexen Ableitungen gebildete Operatorenmatrix. Die im Reellen bewiesenen formalen Identitäten 6.10 übertragen sich natürlich auf den komplexen Fall. Bezeichnet man allgemein mit $\tilde{L}$ den Operator, welchen man aus einem Operator

$$L:\ \mathcal{O}(\mathbb{H}_n)\to\mathcal{O}(\mathbb{H}_n)$$

durch Konjugation mit $Z\to -Z^{-1}$ erhält, so folgt aus 6.10 (Spezialfall $h=n$):

$$|\tilde{\partial}|=(\det Z)^{\frac{n+3}{2}}\,|\partial|\,(\det Z)^{-\frac{n-1}{2}},\qquad (|\partial|=\det(\partial_{\mu\nu})).$$

Hierbei ist irgendeine holomorphe Wahl der Wurzel aus $\det Z$ zugrunde gelegt. Auf deren Auswahl kommt es bei obiger Formel nicht an.

Die Funktion $\det(CZ+D)$ besitzt für jede symplektische Substitution M eine holomorphe Wurzel. Für die Erzeugenden der symplektischen Gruppe haben wir dies bereits gezeigt, der allgemeine Fall ergibt sich aus der „Kettenregel" (I 1.4$_2$). Wir wählen für jedes M einen Zweig dieser Wurzel aus und können dann

$$\det(CZ+D)^r \quad \text{für } 2r\in\mathbb{Z}$$

definieren. Wir definieren wie üblich

$$f\underset{r}{|}M(Z)=f(M\langle Z\rangle)\det(CZ+D)^{-r}$$

für Funktionen f: $\mathbb{H}_n\to\mathbb{C}$. Es gilt

$$f\underset{r}{|}MN=\pm(f\underset{r}{|}M)\underset{r}{|}N.$$

6.11 Hilfssatz. *Sei f: $\mathbb{H}_n\to\mathbb{C}$ eine holomorphe Funktion. Es gilt*

$$(|\partial|f)\underset{\frac{n+3}{2}}{|}M=|\partial|(f\underset{\frac{n-1}{2}}{|}M)$$

für beliebige symplektische Substitutionen.

Folgerung. *Sei n ungerade. Der Operator $|\partial|$ definiert eine lineare Abbildung*

$$\left[\Gamma_n,\frac{n-1}{2}\right]\to\left[\Gamma_n,\frac{n+3}{2}\right].$$

Wir sind an der Konstruktion invarianter holomorpher Differentialformen interessiert. Aus 6.11 folgt

6.12 Hilfssatz. *Die bilineare Abbildung*

$$\mathcal{O}(\mathbb{H}_n)\times\mathcal{O}(\mathbb{H}_n)\to\Omega^{[N]}(\mathbb{H}_n)$$

$$[f,g]:=(f\,|\partial|\,g)\,\omega_0,\qquad \omega_0=\bigwedge_{1\le i\le k\le n}dz_{ik}$$

genügt dem Transformationsverhalten

$$[f \underset{\frac{n-1}{2}}{|} M, g \underset{\frac{n-1}{2}}{|} M] = [f, g] | M.$$

Hierbei bezeichnet $[f, g]|M$ $(=M^*[f, g])$ die transformierte Differentialform.

Folgerung. *Die Paarung* $[f, g]$ *induziert eine bilineare Abbildung*

$$\left[\Gamma_n, \frac{n-1}{2}\right] \times \left[\Gamma_n, \frac{n-1}{2}\right] \to \Omega^{[N]}(\mathbb{H}_n)^{\Gamma_n} \qquad (n \text{ ungerade}).$$

Wir werden mit einer ähnlichen, allerdings komplizierteren Konstruktion holomorphe Differentialformen vom Grade $N-1$ konstruieren. Solche Differentialformen kann man in der Form

$$\sigma(A\Omega)$$

ansetzen. Hierbei ist $A(Z)$ eine symmetrische Matrix holomorpher Funktionen und

$$\Omega = (\omega_{\mu\nu})_{1 \le \mu, \nu \le n},$$

wobei $\omega_{\mu\nu}$ bis auf den Faktor $e_{\mu\nu}$ durch Streichen der Komponente $dz_{\mu\nu}$ aus ω_0 entsteht. Das Vorzeichen wird so eingerichtet, daß

$$\omega_{\mu\nu} \wedge dz_{\mu\nu} = e_{\mu\nu}\, \omega_0$$

gilt (s. §4, insbesondere 4.5ff.).

6.13 Definition. Seien f, g holomorphe Funktionen auf $\mathbb{H}_n$

$$\{f, g\} := \sum_{p+q=n-1} (-1)^p\, \partial^{[p]} f \sqcap \partial^{[q]} g \sqcap \Omega.$$

Benutzt man die expliziten Formeln für die $\sqcap$-Multiplikation, so erhält man

$$\{f, g\} = \sigma(A\Omega)$$

$$A_{ik}(-1)^{i+k} = \sum_{p=1}^{n} \frac{(-1)^{p-1}}{\binom{n-1}{p-1}} \sum \varepsilon(a', a'')\, \varepsilon(b', b'')(|\partial|_{b'}^{a'} f)(|\partial|_{b''}^{a''} g).$$

Zu summieren ist über alle disjunkten Zerlegungen

$$a' \cup a'' \cup \{i\} = b' \cup b'' \cup \{k\} = \{1, \ldots, n\}$$
$$|a'| = |b'| = p-1.$$

Die totale Ableitung einer $(N-1)$-Form ist durch die Formel

$$d\sigma(A\Omega) := \left(\sum \partial_{ik} A_{ik}\right) \omega_0 \cdot (-1)^{N-1} e_{ik}$$

definiert. Man kann diese auch in der Form

$$(-1)^{N-1}\,\sigma(\partial\cdot A)\,\omega_0$$

schreiben. Durch direkte Rechnung zeigt man

6.14 Hilfssatz. *Es gilt*

$$d\{f,g\}=(-1)^{N-1}\,n\{[f,g]-(-1)^n[g,f]\}.$$

6.15 Satz. *Die Paarung $\{f,g\}$ definiert eine bilineare Abbildung*

$$\mathcal{O}(\mathbb{H}_n)\times\mathcal{O}(\mathbb{H}_n)\to\Omega^{[N-1]}(\mathbb{H}_n)$$

mit der Eigenschaft

$$\{f\underset{\frac{n-1}{2}}{|}M,\,g\underset{\frac{n-1}{2}}{|}M\}=\{f,g\}|M$$

für beliebige symplektische Substitutionen M. Es gilt

$$\{f,g\}=(-1)^{n+1}\{g,f\}.$$

Folgerung. *Für ungerade n erhält man eine symmetrische bilineare Abbildung*

$$\left[\Gamma_n,\frac{n-1}{2}\right]\times\left[\Gamma_n,\frac{n-1}{2}\right]\to\Omega^{[N-1]}(\mathbb{H}_n)^{\Gamma_n}.$$

Beweis. Es genügt, den Spezialfall

$$M=\begin{pmatrix}0 & -E\\ E & 0\end{pmatrix}$$

zu behandeln.

Die Matrix Ω genügt der Transformationsformel (4.6)

$$\Omega|M=|CZ+D|^{-(n+1)}(CZ+D)\,\Omega(CZ+D)'.$$

Die Operatormatrix $\partial^{[h]}$ geht bei der Transformation $Z\to -Z^{-1}$ in

$$\tilde{\partial}^{[h]}=|Z|^{\frac{h-1}{2}}Z^{[h]}(Z^{[h]}\,\partial^{[h]})'\,|Z|^{-\frac{h-1}{2}}$$

über, wie man unmittelbar aus Satz 6.10 folgert. Wir beweisen nun die Behauptung für

$$f|M\quad\left(M=\begin{pmatrix}0 & -E\\ E & 0\end{pmatrix}\right).$$

Bei den folgenden Umformungen sind die Hilfssätze 6.4 und 6.9 zu benutzen.

$$\{f|M,g|M\}|M$$
$$=\sum_{p+q=n-1}(-1)^p\,\tilde{\partial}^{[p]}|Z|^{\frac{n-1}{2}}f(Z)\sqcap\tilde{\partial}^{[q]}|Z|^{\frac{n-1}{2}}g(Z)\sqcap\Omega|M$$

$$=|Z|^{-2}\sum_{\substack{p+q=n-1\\ i+j=p\\ k+l=q}}\Big\{C_j\binom{\frac{n-p}{2}}{}C_k\binom{\frac{n-q}{2}}{}\binom{p}{i}\binom{q}{k}(-1)^p$$

$$\cdot Z^{[p]}[Z^{[p]}(Z^{-[i]}\sqcap\partial^{[j]}f)]'\sqcap Z^{[q]}[Z^{[q]}(Z^{-[k]}\sqcap\partial^{[l]}g)]'\sqcap Z\Omega Z\Big\}.$$

Diesen Ausdruck kann man vereinfachen, wenn man die Formeln

$$A^{[h]}(B\sqcap C)=A^{[p]}B\sqcap A^{[q]}C$$

$$(B\sqcap C)A^{[h]}=BA^{[p]}\sqcap CA^{[q]}$$

benutzt, welche für lineare Abbildungen

$$A\colon V\to V,\ B\colon \Lambda^p V\to\Lambda^p V,\ C\colon \Lambda^q V\to\Lambda^q V\qquad (h=p+q)$$

gelten (6.3).

Es folgt

$$\{f|M,g|M\}|M=\sum_{i+j+k+l=n-1}(-1)^{i+j}C_i\binom{\frac{n-p}{2}}{}\binom{p}{i}C_k\binom{\frac{n-q}{2}}{}\binom{q}{k}$$

$$\cdot Z^{-[i]}\sqcap\partial^{[j]}f\sqcap Z^{-[k]}\sqcap\partial^{[l]}g\sqcap\Omega.$$

$$(p=i+j;\,q=k+l).$$

Wir summieren bei festem j und l über i und k. Damit erhalten wir

$$\{f|M,g|M\}|M=\sum_{j+l=n-1}(-1)^j\partial^{[j]}f\sqcap\partial^{[l]}g\sqcap\Omega,$$

was zu beweisen war □

Es kommt jetzt darauf an, Modulformen f,g vom Gewicht $\frac{n-1}{2}$ zur vollen Modulgruppe Γ_n zu finden, so daß die Differentialform $\{f,g\}$ nicht verschwindet. Wir verwenden zur Konstruktion Thetareihen:

$$f(Z)=g(Z)=\sum_{a,b\ \text{gerade}}\vartheta_{a,b}(Z)^{n-1};\ a,b\in\{0,1\}^n.$$

Dies ist bekanntlich eine Modulform, wenn $n-1$ durch 8 teilbar ist, was nun vorausgesetzt werden soll. Wir untersuchen speziell die Komponente $A_{nn}(Z)$ und entwickeln diese in eine Fourierreihe

$$A_{nn}(Z)=\sum_{T=T'\geq 0}a_{nn}(T)\,e^{\pi i\sigma(TZ)}.$$

Wir nehmen nun für T eine spezielle Diagonalmatrix vom Rang $n-1$, nämlich

$$T_0=\begin{pmatrix}2&&&\\&\ddots&&\\&&2&\\&&&0\end{pmatrix}$$

und zeigen

$$a_{nn}(T_0)>0 \qquad \text{für } n=8m+1,\ m\geqq 2.$$

Dazu benötigt man gewisse Informationen über die Fourierentwicklung von f,

$$f(Z)=\sum a(T)\,e^{\pi i\sigma(TZ)}.$$

Den Operator $|\partial|_{b'}^{a'}$ kann man gliedweise anwenden.

$$|\partial|_{b'}^{a'}f=\sum a(T)\,|\pi i T|_{b'}^{a'}\,e^{\pi i\sigma(TZ)}.$$

Dabei ist $|T|_{b'}^{a'}$ die analog zu $|\partial|_{b'}^{a'}$ gebildete Unterdeterminante von T. Man erhält nun

$$a_{nn}(T)=(\pi i)^{n-1}\sum_{\substack{T_1+T_2=T\\ 1\le p\le n}}\frac{(-1)^{p-1}}{\binom{n-1}{p-1}}\varepsilon(a',a'')\,\varepsilon(b',b'')$$
$$\cdot(|T_1|)_{b'}^{a'}(|T_2|)_{b''}^{a''}\,a(T_1)\,a(T_2).$$

Die innere Summe bezieht sich auf alle disjunkten Zerlegungen

$$\{1,\dots,n-1\}=a'\cup a''=b'\cup b'',$$

wobei a' und b' jeweils genau p Elemente enthalten. Für den Koeffizienten $a(T)$ erhält man die Formel

$$a(T)=\sum_{a,b}\sum_{g}(-1)^{b'\sum_{\nu=1}^{n-1}g_\nu}.$$

Dabei durchläuft g alle ganzen n-reihigen Spalten mit der Eigenschaft

$$\sum_{\nu=1}^{n-1}(g_\nu+\tfrac{1}{2}a)(g_\nu+\tfrac{1}{2}a)'=T.$$

Es sei noch einmal daran erinnert, daß a,b alle geraden Thetacharakteristiken durchläuft.

$$a=\begin{pmatrix}a_1\\ \vdots\\ a_n\end{pmatrix},\quad b=\begin{pmatrix}b_1\\ \vdots\\ b_n\end{pmatrix};\qquad a_\nu,b_\nu\in\{0,1\},\ a'b\equiv 0 \bmod 2.$$

Wir nehmen nun an, daß die Diagonalelemente von T nicht größer als 2 sind.

Die Gleichung

$$\sum_{\nu=1}^{n-1}(g_\nu+\tfrac{1}{2}a)(g_\nu+\tfrac{1}{2}a)'=T$$

hat im Fall $n-1>8$ offenbar nur dann eine Lösung, wenn $a=0$ gilt. Die Formel für $a(T)$ vereinfacht sich dann zu

$$a(T)=\sum(-1)^{b'\sum_{\nu=1}^{n-1} g_\nu}.$$

Zu summieren ist

a) Über alle Vektoren $b\in(\mathbb{Z}/2\mathbb{Z})^n$,

b) Über alle Systeme von ganzen Vektoren $g_1,\dots,g_{n-1}\in\mathbb{Z}^n$ mit der Eigenschaft

$$\sum_{\nu=1}^{n-1} g_\nu g'_\nu = T.$$

Ist g ein ganzer Vektor mit mindestens einer ungeraden Komponenten, so gilt

$$\sum_{b\in(\mathbb{Z}/2\mathbb{Z})^n}(-1)^{b'g}=0.$$

Wir brauchen daher nur unter der Nebenbedingung

$$\sum g_\nu \equiv 0 \bmod 2$$

zu summieren.

Zur Berechnung des Koeffizienten $a_{nn}(T)$ haben wir Zerlegungen

$$T=T_1+T_2$$

zu betrachten, wobei T_1 und T_2 gerade und semipositive Matrizen sind. Sie müssen dann notwendigerweise Diagonalmatrizen sein. Wenn eine Unterdeterminante $|T_1|_b^a$ von Null verschieden ist, so gilt $a=b$. Die Formel vereinfacht sich für T_0 anstelle von T wesentlich.

$$a_{nn}(T_0)=(\pi i)^{n-1}\sum_{p=0}^{n-1}\frac{(-1)^p 2^{n-1}}{\binom{n-1}{p}}\sum_{\substack{T_1+T_2=T_0\\ \operatorname{Rang}(T_1)=p}} a(T_1)\cdot a(T_2).$$

Es sei nun T irgendeine Diagonalmatrix, wobei p Diagonalelemente gleich 2 und die restlichen 0 sind. Offensichtlich gilt

$$a(T)=2^n a(p).$$

Dabei ist $a(p)$ die Anzahl aller p-Tupel ganzer Vektoren $g_1,\dots,g_p$ aus $\mathbb{Z}^n$ mit folgenden Eigenschaften:

1) $g'_\nu\cdot g_\nu=2.$

2) $g'_\mu\cdot g_\nu=0 \quad$ für $\mu\neq\nu.$

3) $\sum_{\nu=1}^{p} g_\nu\equiv 0 \bmod 2.$

Dieses System besitzt eine Lösung, wenn p gerade ist, nämlich

$$\begin{aligned}
g_1 &: (1,1,0, \quad \ldots, 0),\\
g_2 &: (1,-1,0, \quad \ldots, 0),\\
g_3 &: (0,0,1,1,0, \quad \ldots, 0),\\
g_4 &: (0,0,1,-1,0, \ldots, 0),\\
&\ldots\ldots\ldots
\end{aligned}$$

Man überlegt sich leicht, daß obiges System für ungerades p keine Lösung besitzt. Es folgt $a_{nn}(T_0) > 0$. Wir erhalten also

6.16 Satz. *Im Fall $n \equiv 1 \bmod 8$, $n > 9$ gilt*

$$g_{N-1}(K(\Gamma_n)) > 0 \quad \textit{für } N = \frac{n(n+1)}{2}.$$

Insbesondere ist der Körper der Modulfunktionen in diesen Fällen nicht rational.

Die in diesem Paragraphen durchgeführten Konstruktionen basieren entscheidend auf dem Transformationsformalismus der Operatorenmatrix $\partial/\partial Z$. Spezialfälle dieses Kalküls stammen von L. Gårding, H. Maaß und A. Selberg. Beispielsweise wurde die Formel 6.10 im Falle $h = n$ von A. Selberg bewiesen. Die Formel 6.9 wurde unabhängig von H. Maaß und L. Gårding bewiesen.

Kapitel IV. Heckeoperatoren

§1. Die Heckealgebra

Zum Aufbau der Theorie der Heckeoperatoren verwenden wir die abstrakte Heckealgebra, wie sie von *G. Shimura* eingeführt wurde. Nach Shimura kann man jedem Gruppenpaar $R \subset S$ unter einer gewissen Zusatzbedingung eine abstrakte Algebra $\mathcal{H}(R,S)$ zuordnen. Die Elemente dieser Algebra sind formale Linearkombinationen von Doppelnebenklassen RsR, $s \in S$. Im Spezialfall

$R =$ Siegelsche Modulgruppe n-ten Grades,
$S =$ Gruppe der projektiv rationalen symplektischen Matrizen n-ten Grades,

besitzt die Algebra $\mathcal{H}(R,S)$ eine natürliche Darstellung auf dem Vektorraum $[\Gamma_n, r]$ der Modulformen eines festen Gewichts r.

Es ist im folgenden zweckmäßig, nicht nur symplektische Matrizen, sondern allgemeiner symplektische Ähnlichkeitsmatrizen zu betrachten. Diese sind durch die Bedingung

$$M' I M = l I$$

gekennzeichnet. Wir setzen stets voraus, daß M reell und l positiv ist. Die Matrix M operiert auf der Siegelschen Halbebene wie üblich durch

$$M\langle Z\rangle = (AZ+B)(CZ+D)^{-1}, \qquad M = \begin{pmatrix} A & B \\ C & D \end{pmatrix}.$$

Man erhält aber keine neuen Substitutionen, denn es gilt

$$M\langle Z\rangle = \left(\frac{1}{\sqrt{l}} M\right)\langle Z\rangle \quad \text{und} \quad \frac{1}{\sqrt{l}} M \in Sp(n, \mathbb{R}).$$

Wir verwenden auch wieder die Peterssonsche Bezeichnung

$$(f|M)(Z) = f(M\langle Z\rangle)\det(CZ+D)^{-r}.$$

Die Rechenregel $f|MN = (f|M)|N$ bleibt erhalten.

Es sei nun $\mathfrak{M}$ eine Menge von symplektischen Ähnlichkeitsmatrizen, welche unter Linksmultiplikation mit Modulmatrizen invariant bleibt. Dann ist $\mathfrak{M}$ disjunkte Vereinigung von Nebenklassen $\Gamma_n \cdot M$,

$M \in \mathfrak{M}$. Im folgenden sind nur noch solche Mengen interessant, welche nur *endlich* viele solcher Nebenklassen enthalten, also

$$\mathfrak{M} = \bigcup_{\nu=1}^{h} \Gamma_n M_\nu .$$

1.1 Bemerkung. *Sei $\mathfrak{M}$ eine Menge von symplektischen Ähnlichkeitsmatrizen, welche sich als Vereinigung endlich vieler Linksnebenklassen schreiben läßt.*

$$\mathfrak{M} = \bigcup_{\nu=1}^{h} \Gamma_n M_\nu \qquad (\textit{disjunkte Vereinigung}).$$

Ist $f \in [\Gamma_n, r]$ eine Modulform, so hängt

$$f \,|\, T_{\mathfrak{M}} := \sum_{\nu=1}^{h} f \,|\, M_\nu$$

nicht von der Wahl des Repräsentantensystems ab. Wenn $\mathfrak{M}$ auch unter Rechtsmultiplikation mit Modulmatrizen invariant bleibt.

$$\mathfrak{M} M \subset \mathfrak{M} \qquad \textit{für } M \in \Gamma_n,$$

so transformiert sich auch $f \,|\, T_{\mathfrak{M}}$ wie eine Modulform, d.h.

$$f \,|\, T_{\mathfrak{M}} \,|\, M = f \,|\, T_{\mathfrak{M}} \qquad \textit{für } M \in \Gamma_n .$$

Zumindest im Falle $n > 1$ erhält man dann einen Operator

$$T_{\mathfrak{M}}\colon\ [\Gamma_n, r] \to [\Gamma_n, r].$$

Nur der zweite Teil der Behauptung bedarf einer Begründung. Aus der Invarianz bei Rechtsmultiplikation folgt

$$\mathfrak{M} = \bigcup_{\nu=1}^{h} \Gamma_n M_\nu M \qquad \text{für } M \in \Gamma_n .$$

Die Zuordnung

$$\Gamma_n M_\nu \to \Gamma_n M_\nu M$$

bewirkt also eine Permutation der Linksnebenklassen □

Die kleinsten Mengen $\mathfrak{M}$, welche sowohl unter Links- als auch Rechtsmultiplikation mit Modulmatrizen invariant bleiben, sind die *Doppelnebenklassen*

$$\Gamma_n M \Gamma_n = \{M_1 M M_2;\ M_1, M_2 \in \Gamma_n\}.$$

Wir zeigen nun, daß diese in endlich viele Linksnebenklassen zerfallen, sofern M eine rationale Matrix ist. Natürlich kann man hierzu annehmen, daß M eine ganze Matrix ist. Wir behandeln zunächst den Fall der linearen Gruppe:

1.2 Hilfssatz. *Jede Linksnebenklasse*

$$Gl(n,\mathbb{Z})\,A, \qquad A=A^{(n)} \text{ ganz}, \qquad \det A \neq 0$$

besitzt einen eindeutig bestimmten Repräsentanten A der Form

$$A=\begin{pmatrix} a_{11} & \dots & a_{1n} \\ & \ddots & \vdots \\ 0 & & a_{nn} \end{pmatrix}$$

mit den Eigenschaften

a) $a_{ii}>0$ *für* $i=1,\dots,n$,

b) $0\leq a_{ij}<a_{jj}$ *für* $1\leq i<j\leq n$.

1.2$_1$ Folgerung. *Die Menge*

$$S(l)=S_n(l)=\{A=A^{(n)} \text{ ganz}, \ \det A=\pm l\}, \quad l>0,$$

zerfällt in endlich viele Linksnebenklassen modulo $Gl(n,\mathbb{Z})$.

Beweis. Daß in jeder Linksnebenklasse eine obere Dreiecksmatrix enthalten ist, wurde in II 6.1 bewiesen. Man kann natürlich erreichen, daß die Diagonalelemente der Dreiecksmatrix positiv sind. Zwei Dreiecksmatrizen mit positiven Diagonalelementen

$$\begin{pmatrix} d_{11} & \dots & d_{1n} \\ & \ddots & \vdots \\ 0 & & d_{nn} \end{pmatrix} \quad \text{und} \quad \begin{pmatrix} d^*_{11} & \dots & d^*_{1n} \\ & \ddots & \vdots \\ 0 & & d^*_{nn} \end{pmatrix}$$

definieren genau dann dieselbe Linksnebenklasse, wenn sie durch Linksmultiplikation mit einer ganzen Matrix vom Typ

$$V=\begin{pmatrix} 1 & & * \\ & \ddots & \\ & 0 & 1 \end{pmatrix}$$

auseinander hervorgehen. Durch Linksmultiplikation mit einem geeigneten V erzwingt man die Bedingung b) in 1.2. Auch die Folgerung ist unmittelbar klar, da das Produkt der Diagonalelemente $a_{11}\dots a_{nn}=l$ fest liegt. Es gibt daher nur endlich viele Möglichkeiten für die Diagonalelemente und wegen b) für die Repräsentanten A □

Wir formulieren nun ein entsprechendes Resultat für die symplektische Gruppe:

1.3 Hilfssatz. *Die Menge*

$$O_n(l)=\{M=M^{(2n)} \text{ ganz}; \ M'IM=lI\}, \qquad l\in\mathbb{N}$$

zerfällt in endlich viele Linksnebenklassen modulo $\Gamma_n=Sp(n,\mathbb{Z})$. *Jede Linksnebenklasse besitzt einen Repräsentanten der Form*

$$M=\begin{pmatrix} A & B \\ 0 & D \end{pmatrix}, \qquad A'D=lE, \qquad A=\begin{pmatrix} a_{11} & \dots & a_{1n} \\ & \ddots & \vdots \\ 0 & & a_{nn} \end{pmatrix}.$$

Ergänzung. *Man erhält ein vollständiges Repräsentantensystem, wenn A ein Vertretersystem der unimodularen Linksnebenklassen*

$$Gl(n,\mathbb{Z})A; \qquad A \text{ ganz}, \ lA^{-1} \text{ ganz},$$

durchläuft und wenn B bei festem A (und D) ein „Vertretersystem modulo D" durchläuft. Hiermit ist ein Vertretersystem aller ganzen Matrizen

$$B=B^{(n)}, \qquad AB'=BA'$$

bezüglich der Äquivalenzrelation

$$B\sim B^* \Leftrightarrow (B-B^*)D^{-1} \text{ ganz}$$

gemeint.

Beweis. Daß überhaupt ein Repräsentantensystem der angegebenen Art existiert, folgt aus II 6.2. Die restlichen Aussagen beweist man analog zu 1.2 □

1.3_1 Folgerung. *Sei M eine rationale symplektische Ähnlichkeitsmatrix. Die Doppelnebenklasse $\Gamma_n M \Gamma_n$ zerfällt in endlich viele Linksnebenklassen*

$$\Gamma_n M \Gamma_n = \bigcup_{\nu=1}^{h} \Gamma_n M_\nu .$$

Das Repräsentantensystem M_ν kann man in der Form

$$M_\nu=\begin{pmatrix} A_\nu & B_\nu \\ 0 & D_\nu \end{pmatrix}, \ A_\nu=\begin{pmatrix} * & & * \\ & \ddots & \\ 0 & & * \end{pmatrix},$$

wählen. Der hierzu gehörige Operator $T_M := T_{\Gamma_n M \Gamma_n}$ führt Modulformen in Modulformen über.

$$T_M\colon [\Gamma_n, r] \to [\Gamma_n, r].$$

Man nennt diese Operatoren und ihre Linearkombinationen (verallgemeinerte) Heckeoperatoren.

Zum Studium der zwischen den Heckeoperatoren bestehenden Relationen ist es nützlich, aus den Doppelnebenklassen $\Gamma_n M \Gamma_n$ eine abstrakte Algebra - die Heckealgebra - aufzubauen.

„Die abstrakte Heckealgebra". Sei S eine Gruppe und $R \subset S$ eine Untergruppe.

Annahme. *Ist $s \in S$, so enthält die Doppelnebenklasse RsR nur endlich viele Linksnebenklassen*

$$RsR = \bigcup_{\gamma=1}^{h} Rs_\gamma.$$

Im folgenden sei $\mathscr{L}(R,S)$ der $\mathbb{C}$-Vektorraum aller formalen endlichen Summen

$$\sum c_j \mathfrak{M}_j, \qquad c_j \in \mathbb{C},$$

wobei $\mathfrak{M}_j$ Linksnebenklassen von S modulo R bezeichne. Die Linksnebenklassen selbst bilden also eine Basis dieses Vektorraumes.

In entsprechender Weise bezeichnen wir mit $\mathscr{H}(R,S)$ den $\mathbb{C}$-Vektorraum, welcher aus allen formalen endlichen Summen von Doppelnebenklassen besteht. Nach Voraussetzung ist jede Doppelnebenklasse $\mathfrak{M}$ disjunkte Vereinigung von endlich vielen Linksnebenklassen

$$\mathfrak{M} = \mathfrak{M}_1 \cup \ldots \cup \mathfrak{M}_h, \qquad \mathfrak{M}_j = R\,s_j.$$

Wir ordnen der Doppelnebenklasse das Element

$$j(\mathfrak{M}) := \sum_{j=1}^{h} \mathfrak{M}_j$$

aus $\mathscr{L}(R,S)$ zu und dehnen j zu einer (eindeutig bestimmten) $\mathbb{C}$-linearen Abbildung

$$j\colon\ \mathscr{H}(R,S) \to \mathscr{L}(R,S)$$

aus. Unmittelbar klar ist

1.4 Bemerkung. *Die Abbildung*

$$j\colon\ \mathscr{H}(R,S) \to \mathscr{L}(R,S)$$

ist injektiv.

Wir beschreiben das Bild von j: Die Gruppe S operiert auf dem Vektorraum $\mathscr{L}(R,S)$. Jedes Element $s \in S$ definiert durch Multiplikation von rechts einen $\mathbb{C}$-linearen Automorphismus

$$\mathscr{L}(R,S) \to \mathscr{L}(R,S),$$
$$T \to Ts,$$

dessen Wirkung auf einer Linksnebenklasse $\mathfrak{M} = R\,s_0$ durch

$$\mathfrak{M}\,s = Rs_0\,s \qquad \text{(Rechtsmultiplikation)}$$

gegeben ist. Wir bezeichnen mit

$$\mathscr{L}(R,S)^R := \{T \in \mathscr{L}(R,S),\ \ Tr = T \text{ für } r \in R\}$$

den Untervektorraum aller R-Invarianten.

1.5 Bemerkung. *Die Abbildung j definiert einen Vektorraumisomorphismus*

$$j\colon \mathscr{H}(R,S) \xrightarrow{\sim} \mathscr{L}(R,S)^R.$$

Beweis von 1.5. Ein Element

$$T = \sum_{s\colon R\backslash S} c_s\, R s \in \mathscr{L}(R,S)$$

ist genau dann R-invariant, wenn

$$c_s = c_t \qquad \text{für } RsR = RtR$$

gilt. In diesem Falle und nur in diesem Falle kann man T als „Linearkombination von Doppelnebenklassen“ schreiben:

$$T = \sum_{s\colon R\backslash S/R} c_s j(RsR) \quad \square$$

Wenn Verwechslungen nicht zu befürchten sind, identifizieren wir $\mathscr{H}(R,S)$ mit $\mathscr{L}(R,S)^R$.

Wir definieren nun das Produkt einer Doppelnebenklasse

$$RaR = \bigcup_{j=1}^{h} R a_j$$

mit einer Linksnebenklasse Rb durch

$$(RaR)(Rb) := \sum_{j=1}^{h} R a_j b.$$

Dieses Element aus $\mathscr{L}(R,S)$ hängt offensichtlich nicht von der Wahl der Repräsentanten a_j, b ab. Ist $r \in R$, so gilt

$$\sum R a_j (r b) = \sum R a_j b,$$

da die Zuordnung $R a_j \to R a_j r$ die in RaR enthaltenen Linksnebenklassen permutiert.

Wir dehnen diese Verknüpfung bilinear aus:

$$\mathscr{H}(R,S) \times \mathscr{L}(R,S) \to \mathscr{L}(R,S).$$

1.6 Hilfssatz. *Das Produkt zweier Elemente aus $\mathscr{H}(R,S)$ ist wieder in $\mathscr{H}(R,S)$ enthalten.*

Die Verknüpfung

$$\mathscr{H}(R,S) \times \mathscr{L}(R,S) \to \mathscr{L}(R,S)$$

ist assoziativ, d.h.

$$(T_1 T_2) L = T_1 (T_2 L) \qquad \text{für } T_1, T_2 \in \mathscr{H}(R,S),\ L \in \mathscr{L}(R,S).$$

1.7 Folgerung. *$\mathscr{H}(R,S)$ ist eine assoziative Algebra mit Einselement ($R 1 R = R$), die sogenannte Heckealgebra des Paares (R,S).*

Beweis. Das Produkt zweier Doppelnebenklassen

$$RaR = \bigcup R a_\mu$$
$$RbR = \bigcup R b_\nu$$

wird durch die Formel

$$(RaR)(RbR) = \sum R a_\mu b_\nu$$

gegeben. Multiplikation von rechts mit einem Element $r \in R$ bewirkt lediglich eine Permutation der Nebenklassen $R b_\nu$. Das Produkt $(RaR)(RbR)$ ist also R-invariant. Die behauptete Assoziativität ist trivial □

Auf Grund von Hilfssatz 1.6 muß es möglich sein, das Produkt zweier Doppelnebenklassen als Linearkombination von Doppelnebenklassen darzustellen. Der Beweis von Bemerkung 1.5 ergibt leicht:

1.8 Hilfssatz. *Das Produkt zweier Doppelnebenklassen*

$$RaR = \sum R a_\mu$$
$$RbR = \sum R b_\nu$$

ist durch folgende Formel gegeben:

$$(RaR)(RbR) = \sum c_\xi R \xi R.$$

Hierbei durchlaufe ξ eine Vertretersystem der Doppelnebenklassen, welche in $RaRbR$ enthalten sind. Es gilt:

$$c_\xi = \textit{Anzahl aller Paare } (\mu, \nu) \textit{ mit der Eigenschaft } R\xi = R a_\mu b_\nu.$$

Diese Anzahl hängt nicht von der Wahl der Repräsentanten a_μ, b_ν, ξ ab und ist von 0 *verschieden, wenn $R\xi R \subset RaRbR$.*

Zusatz. *Man kann die Anzahl c_ξ auch folgendermaßen beschreiben: Sei Grad(ξ) die Anzahl aller in $R\xi R$ enthaltenen Linksnebenklassen. Dann gilt* Grad$(\xi)\, c_\xi$ = *Anzahl der Paare (μ, ν) mit $R\xi R = R a_\mu b_\nu R$.*

Ein *Antiautomorphismus des Paares* (R, S) ist eine Abbildung

$$S \to S, \qquad s \to s',$$

mit den Eigenschaften

a) $(s')' = s$,

b) $(st)' = t' s'$,

c) $s \in R \Rightarrow s' \in R$.

Sei $\mathfrak{M} = RsR$ eine Doppelnebenklasse. Dann ist

$$\mathfrak{M}' := \{x \in S, x' \in \mathfrak{M}\}$$

ebenfalls eine Doppelnebenklasse, nämlich $Rs'R$. Wir setzen die Abbildung $\mathfrak{M} \to \mathfrak{M}'$ linear auf $\mathscr{H}(R,S)$ fort:

$$\mathscr{H}(R,S) \to \mathscr{H}(R,S); \qquad T \to T'.$$

Es ist nicht gesagt, daß diese Abbildung antihomomorph ist ($(T_1 T_2)' = T_2' T_1'$). Aber es gilt

1.9 Bemerkung. *Das Heckepaar (R,S) habe folgende Eigenschaft: Jede Doppelnebenklasse RaR, $a \in S$ besitze ein simultanes Vertretersystem der Rechts- und Linksnebenklassen.*

$$RaR = \bigcup_{j=1}^{h} R a_j = \bigcup_{j=1}^{h} a_j R \qquad (\textit{disjunkte Zerlegung}).$$

Dann definiert jeder Antiautomorphismus $a \to a'$ des Heckepaares (R,S) einen Antiautomorphismus

$$\mathscr{H}(R,S) \to \mathscr{H}(R,S), \qquad (T_1 T_2)' = T_2' T_1'.$$

Zusatz. *Die in dieser Bemerkung angegebene Bedingung ist schon dann erfüllt, wenn die Anzahl der Rechts- und Linksnebenklassen in RaR übereinstimmt.*

Beweis. Seien

$$T_1 = RaR = \bigcup R a_\mu = \bigcup a_\mu R,$$
$$T_2 = RbR = \bigcup R b_\nu = \bigcup b_\nu R.$$

Dann gilt

1) $T_1 T_2 = \sum c_\xi R \xi R$

Grad$(\xi)\, c_\xi =$ Anzahl aller (μ, ν), $R\xi R = R a_\mu b_\nu R$,

2) $T_1' = R a' R = \bigcup R a_\mu'$,

$T_2' = R b' R = \bigcup R b_\nu'$,

also

$T_2' T_1' = \sum d_\xi R \xi R$

Grad$(\xi)\, d_\xi =$ Anzahl aller (μ, ν), $R\xi R = R b_\nu' a_\mu' R$.

Die Behauptung folgt nun aus

$$(R a_\mu b_\nu R)' = R b_\nu' a_\mu' R$$

in Verbindung mit Grad$(\xi) =$ Grad(ξ').

Wir beweisen noch den Zusatz: Sei

$$RaR = \bigcup_{j=1}^{h} R a_j = \bigcup_{j=1}^{h} b_j R.$$

Wir konstruieren zu jedem j ein ξ_j mit

$$R a_j = R \xi_j, \qquad b_j R = \xi_j R.$$

Nach Voraussetzung gilt

$$a_j \in R a R = R b_j R,$$

also

$$a_j = r b_j s; \quad r, s \in R.$$

Wir können nun

$$\xi_j = r^{-1} a_j = b_j s$$

setzen □

Wenn der Antiautomorphismus die Eigenschaft

$$R a R = R a' R \qquad \text{für } a \in S$$

hat, so stimmt die Anzahl der Rechts- und Linksnebenklassen überein,

$$R a R = \bigcup R a_j \;\Rightarrow\; R a' R = \bigcup a_j' R.$$

Außerdem ist in diesem Falle der Antiautomorphismus

$$\mathscr{H}(R,S) \to \mathscr{H}(R,S), \qquad T \to T'$$

die Identität. Es gilt also

$$T_1 T_2 = (T_1 T_2)' = T_2' T_1' = T_2 T_1$$

und wir erhalten

1.10 Satz. *Das Paar (R,S) besitze einen Antiautomorphismus mit der Eigenschaft*

$$R a R = R a' R.$$

Dann ist die Heckealgebra kommutativ.

1. Beispiel.

$$R = Gl(n, \mathbb{Z}), \qquad S = Gl(n, \mathbb{Q}).$$

Sei $A = A^{(n)}$ eine ganze Matrix mit von 0 verschiedener Determinante. Bekanntlich existieren unimodulare Matrizen U, V, so daß

$$UAV = \begin{pmatrix} l_1 & & 0 \\ & \ddots & \\ 0 & & l_n \end{pmatrix}, \quad l_j > 0, \; l_j \mid l_{j+1} \; \text{ für } j = 1, \dots, n-1,$$

gilt.

Die sogenannten *Elementarteiler* l_j der Matrix A sind eindeutig bestimmt, und zwar ist $l_1 \dots l_j$ der größte gemeinsame Teiler aller j-

reihigen Unterdeterminanten von A. Die Elementarteiler von A und A' stimmen überein.

$$Gl(n,\mathbb{Z})\,A\,Gl(n,\mathbb{Z}) = Gl(n,\mathbb{Z})\,A'\,Gl(n,\mathbb{Z}).$$

Es folgt

1.11 Hilfssatz. *Der Heckering*

$$\mathscr{H}(Gl(n,\mathbb{Z}), Gl(n,\mathbb{Q}))$$

ist kommutativ.

2. Beispiel.

$$R = \Gamma_n = Sp(n,\mathbb{Z}),$$

S sei die *Gruppe der rationalen symplektischen Ähnlichkeitstransformationen.*

Daß jede Doppelnebenklasse nur endlich viele Linksnebenklassen enthält, haben wir bereits gezeigt (1.3_1).

Der **„Elementarteilersatz für die symplektische Gruppe"** besagt

1.12 Hilfssatz. *Sei M eine ganze symplektische Ähnlichkeitsmatrix, $M'IM = lI$. In der Doppelnebenklasse $\Gamma_n M \Gamma_n$ ist ein eindeutig bestimmter Repräsentant der Form*

$$M_0 = \left(\begin{array}{ccc|ccc} a_1 & & 0 & & & \\ & \ddots & & & 0 & \\ 0 & & a_n & & & \\ \hline & & & d_1 & & 0 \\ & 0 & & & \ddots & \\ & & & 0 & & d_n \end{array}\right),$$

$$a_j > 0,\ a_j d_j = l \quad \text{für } 1 \le j \le n,$$
$$a_n | d_n,\ a_j | a_{j+1} \quad \text{für } 1 \le j < n$$

enthalten. Die Elemente $a_1, \ldots, a_n, d_n, \ldots, d_1$ sind die Elementarteiler der Matrix M.

1.12_1 Folgerung. *Es gilt*

$$\Gamma_n M \Gamma_n = \Gamma_n M' \Gamma_n.$$

Insbesondere stimmt die Anzahl der in einer Doppelnebenklasse enthaltenen Rechts- und Linksnebenklassen überein.

Beweis von 1.12. Für eine reelle von 0 verschiedene Matrix M setzen wir

$$\mu(M) = \min\{|m_{ij}|,\ m_{ij} \neq 0\},$$

In der Doppelnebenklasse

$$\Gamma_n M \Gamma_n, \qquad M=\begin{pmatrix} A & B \\ C & D \end{pmatrix} \in O_n(l),$$

denken wir uns den Repräsentanten M so ausgewählt, daß $\mu(M)$ minimal ist. Da wir M durch IM oder MI oder IMI ersetzen dürfen, können wir erreichen, daß ein Element mit minimalem Betrag im Block A enthalten ist,

$$\mu(M)=\mu(A).$$

Da wir M durch

$$\begin{pmatrix} U & 0 \\ 0 & U'^{-1} \end{pmatrix} M \begin{pmatrix} V & 0 \\ 0 & V'^{-1} \end{pmatrix} = \begin{pmatrix} UAV & * \\ * & * \end{pmatrix} \qquad U, V \in Gl(n, \mathbb{Z})$$

ersetzen dürfen, können wir sogar

$$\mu(M)=a_{11}$$

erreichen. Durch Linksmultiplikation $A \to UA$, $U \in Gl(n, \mathbb{Z})$, U geeignet, erreicht man, daß alle Komponenten der ersten Spalte von UA außer der ersten Komponente verschwinden. Durch Multiplikation von rechts mit unimodularen Matrizen bewirken wir dasselbe für die erste Zeile von A, wir können also

$$A=\begin{pmatrix} a_{11} & 0 \ldots 0 \\ 0 & \\ \vdots & * \\ 0 & \end{pmatrix}$$

erreichen. Wir benutzen nun die Formel

$$M\begin{pmatrix} E & S \\ 0 & E \end{pmatrix} = \begin{pmatrix} * & \tilde{B} \\ * & * \end{pmatrix}, \qquad \tilde{B}=B+AS.$$

Es gilt

$$\tilde{b}_{1j}=b_{1j}+a_{11}s_{1j}.$$

Nach geeigneter Wahl von S gilt

$$|\tilde{b}_{1j}|<|a_{11}|, \qquad \text{also } \tilde{b}_{1j}=0.$$

Wir können also erreichen, daß die erste Zeile von B verschwindet und entsprechend – durch Linksmultiplikation mit $\begin{pmatrix} E & 0 \\ S & E \end{pmatrix}$ –, daß auch die erste Spalte von C verschwindet.

Der Repräsentant M hat nun die Form

$$M=\begin{pmatrix} A & B \\ C & D \end{pmatrix}; \quad A=\begin{pmatrix} a_{11} & 0 \;\dots\; 0 \\ 0 & \\ \vdots & A_1 \\ 0 & \end{pmatrix},$$

$$B=\begin{pmatrix} 0\dots0 \\ b \quad B_1 \end{pmatrix}, \quad C=\begin{pmatrix} 0 & * \\ 0 & C_1 \end{pmatrix}.$$

Aus den symplektischen Relationen $AB'=BA'$ und $A'C=C'A$ ergibt sich

$$b=0 \quad \text{und} \quad *=0.$$

Aus der Relation $AD'-BC'=lE$ und $A'D-C'B=lE$ folgt

$$D=\begin{pmatrix} d_{11} & 0 \\ 0 & D_1 \end{pmatrix}$$

und

$$M_1=\begin{pmatrix} A_1 & B_1 \\ C_1 & D_1 \end{pmatrix} \in O_{n-1}(l).$$

Diese Form der Matrix M wird nicht geändert, wenn wir M von links oder rechts mit Matrizen der Art

$$\begin{pmatrix} 1 & 0 & 0 & 0 \\ 0 & A & 0 & B \\ 0 & 0 & 1 & 0 \\ 0 & C & 0 & D \end{pmatrix}$$

multiplizieren. Da wir durch Induktion nach n schließen wollen, können wir annehmen, daß M_1 eine Diagonalmatrix der angegebenen Art ist. Insbesondere ist $B=C=0$ und $AD'=lE$. Mit A ist daher auch M Diagonalmatrix.

Wir haben damit einen Repräsentanten der Form

$$M_0=\begin{pmatrix} A_0 & 0 \\ 0 & D_0 \end{pmatrix}; \quad A_0=\begin{pmatrix} a_1 & & 0 \\ & \ddots & \\ 0 & & a_n \end{pmatrix}.$$

$$D_0=\begin{pmatrix} d_1 & & 0 \\ & \ddots & \\ 0 & & d_n \end{pmatrix}$$

mit folgenden Eigenschaften konstruiert

a) $a_\nu>0,\ a_\nu d_\nu=l$ für $1\le\nu\le n$,

b) $a_n \mid d_n,\ a_\nu \mid a_{\nu+1}$ für $2\le\nu<n$,

c) $a_1=\min\{\mu(M),\ M\in\Gamma_n M_0 \Gamma_n\}$.

Zum Beweis von 1.12 bleibt noch $a_1|a_2$ zu zeigen. (Dann hat M_0 die in 1.12 angegebene Form. Die Elemente $a_1, \ldots, a_n$, $d_n, \ldots, d_1$ sind *die* Elementarteiler von M, also schon durch die Doppelnebenklasse $Gl(2n, \mathbb{Z})\, M\, Gl(2n, \mathbb{Z})$ eindeutig bestimmt.)

Beweis von $a_1|a_2$. Nach der Voraussetzung c) teilt a_1 alle Elemente von UA_0V für beliebige $U, V \in Gl(n, \mathbb{Z})$. Insbesondere teilt a_1 den kleinsten Elementarteiler von A_0, und dies ist der größte gemeinsame Teiler der Komponenten von A □

Aus 1.10 und 1.12 folgt

1.13 Satz. *Sei Δ_n die Gruppe der rationalen symplektischen Ähnlichkeitsmatrizen n-ten Grades. Die Heckealgebra*

$$\mathscr{H}(\Gamma_n, \Delta_n)$$

ist kommutativ.

Wir bezeichnen mit $\mathrm{End}[\Gamma_n, r]$ den Vektorraum aller $\mathbb{C}$-linearen Operatoren von $[\Gamma_n, r]$ in sich. Wir haben jeder Doppelnebenklasse $\Gamma_n M \Gamma_n$, $M \in \Delta_n$ einen Operator $T_M \in \mathrm{End}[\Gamma_n, r]$ zugeordnet. Wir dehnen diese Zuordnung $\mathbb{C}$-linear aus:

1.14 Bemerkung. *Die Abbildung*

$$\mathscr{H}(\Gamma_n, \Delta_n) \to \mathrm{End}[\Gamma_n, r]$$

ist ein Ringhomomorphismus.

1.14$_1$ Folgerung. *Heckeoperatoren sind vertauschbar*

$$T_M \circ T_N = T_N \circ T_M.$$

Der Beweis von 1.14 ergibt sich unmittelbar aus der Definition der Multiplikation in der Heckealgebra:

$$\Gamma_n M \Gamma_n = \bigcup \Gamma_n M_\mu, \qquad \Gamma_n N \Gamma_n = \bigcup \Gamma_n N_\nu,$$
$$(\Gamma_n M \Gamma_n)(\Gamma_n N \Gamma_n) = \sum \Gamma_n M_\mu N_\nu \quad \square$$

Im nächsten Abschnitt werden wir die genaue Struktur der Heckealgebren $\mathscr{H}(Gl(n, \mathbb{Z}), Gl(n, \mathbb{Q}))$; $\mathscr{H}(\Gamma_n, \Delta_n)$ bestimmen.

Die Verallgemeinerung der Heckeschen Operatoren auf den Fall der Siegelschen Modulgruppe wurde von Sugawara vorgenommen und von Maaß weiterentwickelt. Die abstrakte Heckealgebra wurde von Shimura eingeführt [71]. Die sehr nützliche Einbettung der Shimuraschen Algebra $\mathscr{H}(R, S)$ in den Modul $\mathscr{L}(R, S)$ stammt von Andrianov [2].

§ 2. Die Struktur der Heckealgebra im Falle der allgemeinen linearen Gruppe

Die Heckealgebra des Paares $Gl(n,\mathbb{Z})$, $Gl(n,\mathbb{Q})$ wird von speziellen Doppelnebenklassen

$$Gl(n,\mathbb{Z})\begin{pmatrix} 1 & & & & & \\ & \ddots & & & & \\ & & 1 & & & \\ & & & p & & \\ & & & & \ddots & \\ & & & & & p \end{pmatrix}^{\pm 1} Gl(n,\mathbb{Z}), \qquad p \text{ prim},$$

erzeugt. Die Zerlegung dieser Doppelnebenklassen in Linksnebenklassen wird genau angegeben. Information über die Zerlegung einer *beliebigen* Doppelnebenklasse in Linksnebenklassen liefert die Konstruktion der „P-Polynome". In § 3 wird diese Theorie auf den Fall der symplektischen Gruppe übertragen.

Wir bestimmen in diesem Abschnitt die Struktur der Algebra

$$\mathscr{H}(\mathfrak{U},\mathfrak{G});$$
$$\mathfrak{U}=\mathfrak{U}_n=Gl(n,\mathbb{Z}), \qquad \mathfrak{G}=\mathfrak{G}_n=Gl(n,\mathbb{Q}).$$

2.1 Hilfssatz. *Seien*

$$A, B\in Gl(n,\mathbb{Q}).$$

Es gelte entweder

a) $B=bE$

oder

b) A,B *ganz;* $(\det A, \det B)=1$.

Dann gilt in $\mathscr{H}(\mathfrak{U},\mathfrak{G})$:

$$(\mathfrak{U}A\mathfrak{U})(\mathfrak{U}B\mathfrak{U})=\mathfrak{U}AB\mathfrak{U}.$$

Beweis. a) ist trivial ($\mathfrak{U}B\mathfrak{U}=\mathfrak{U}B$).

b) Seien

$$\mathfrak{U}A\mathfrak{U}=\bigcup \mathfrak{U}A_\mu,$$
$$\mathfrak{U}B\mathfrak{U}=\bigcup \mathfrak{U}B_\nu,$$

disjunkte Zerlegungen. Wir müssen zeigen, daß

$$\mathfrak{U}AB\mathfrak{U}=\bigcup \mathfrak{U}A_\mu B_\nu$$

gilt und daß diese Zerlegung disjunkt ist. Wir zeigen zunächst die Disjunktheit. Aus

$$A_\mu B_\nu = U A_{\tilde\mu} B_{\tilde\nu}, \qquad U\in\mathfrak{U},$$

folgt

$$B_\nu B_{\tilde\nu}^{-1} = A_\mu^{-1} U A_{\tilde\mu}.$$

Die Nenner der linken Seite sind Teiler von $|\det B_{\tilde{\nu}}|=|\det B|$, die der rechten Seite von $|\det A_{\mu}|=|\det A|$. Es folgt $\mu=\tilde{\mu}$ und $\nu=\tilde{\nu}$.

Wir zeigen nun die behauptete Gleichheit:

$$\mathfrak{U}AB\mathfrak{U}=\mathfrak{U}A\mathfrak{U}B\mathfrak{U}.$$

Wir müssen zeigen, daß

$$AB \quad \text{und} \quad AUB \qquad \text{für } U\in\mathfrak{U}$$

in derselben Doppelnebenklasse liegen: Seien

$$\begin{aligned} &e_1,\dots,e_n \text{ die Elementarteiler von } A,\\ &f_1,\dots,f_n \text{ die Elementarteiler von } B,\\ &g_1,\dots,g_n \text{ die Elementarteiler von } AUB. \end{aligned}$$

Der größte gemeinsame Teiler aller ν-reihigen Unterdeterminanten von A teilt alle ν-reihigen Unterdeterminanten von AG, $G=G^{(n)}$ ganz, wie man leicht sieht, wenn man A in Elementarteilerform transformiert. Es gilt also

$$e_1\dots e_\nu|g_1\dots g_\nu \text{ und analog} \qquad f_1\dots f_\nu|g_1\dots g_\nu.$$

Aus der Teilerfremdheit der Determinanten von A und B folgt

$$e_1f_1\dots e_\nu f_\nu|g_1\dots g_\nu.$$

Determinantenvergleich liefert

$$e_1f_1\dots e_nf_n=g_1\dots g_n,$$

also

$$e_\nu f_\nu=g_\nu \qquad \text{für } \nu=1,\dots,n,$$

was zu beweisen war □

Wir definieren nun die *p-Komponente* der Heckealgebra für eine Primzahl p:

Der Ring $\mathbb{Z}\left[\frac{1}{p}\right]$ besteht aus allen rationalen Zahlen der Form

$$a\cdot p^{-\nu}, \quad a\in\mathbb{Z},\ \nu\in\mathbb{Z}.$$

Die invertierbaren Elemente dieses Ringes sind von der Form

$$\pm p^k, \quad k\in\mathbb{Z}.$$

Bezeichnung.

$$\mathscr{L}_n=\mathscr{L}(\mathfrak{U}_n,\mathfrak{G}_n), \qquad \mathscr{H}_n=\mathscr{H}(\mathfrak{U}_n,\mathfrak{G}_n)$$

Sei p eine Primzahl;

$$\mathfrak{G}_{n,p}=Gl\left(n,\mathbb{Z}\left[\frac{1}{p}\right]\right),$$

$$\mathscr{L}_{n,p} = \mathscr{L}(\mathfrak{U}_n, \mathfrak{G}_{n,p}),$$
$$\mathscr{H}_{n,p} = \mathscr{H}(\mathfrak{U}_n, \mathfrak{G}_{n,p}).$$

Es gilt

$$\mathscr{L}_{n,p} \subset \mathscr{L}_n, \qquad \mathscr{H}_{n,p} \subset \mathscr{H}_n.$$

Man nennt $\mathscr{H}_{n,p}$ die *p-Komponente* von $\mathscr{H}_n$.

2.2 Satz. *Die Heckealgebra $\mathscr{H}_n$ ist das Tensorprodukt ihrer p-Komponenten.*

$$\mathscr{H}_n = \bigotimes_p \mathscr{H}_{n,p}.$$

Wir kommen hierbei mit folgender Definition des Tensorproduktes aus:
Sei für jede Primzahl p eine Basis

$$h_{jp}, \; j=1,2,\ldots$$

von $\mathscr{H}_{n,p}$ gegeben. Die endlichen Produkte

$$h_{j_1 p_1} \ldots h_{j_k p_k}; \qquad p_1 < \ldots < p_k$$

bilden dann eine Basis von $\mathscr{H}_n$. (Diese Bedingung hängt nicht von der Wahl der Basen ab.)

Beweis von 2.2. Eine Basis der Heckalgebra $\mathscr{H}_n$ (entsprechend $\mathscr{H}_{n,p}$) bilden die Doppelnebenklassen. Jede Doppelnebenklasse besitzt auf Grund des *Elementarteilersatzes* einen eindeutig bestimmten Repräsentanten der Form

$$\begin{pmatrix} a_1 & & \\ & \ddots & \\ & & a_n \end{pmatrix}; \qquad a_j > 0 \text{ für } 1 \leq j \leq n;$$

$$\frac{a_{j+1}}{a_j} \text{ ganz für } 1 \leq j < n.$$

Jede solche Matrix läßt sich eindeutig als Produkt von ebensolchen Matrizen schreiben, welche nur Potenzen einer festen Primzahl enthalten. Die Behauptung folgt nun aus 2.1, b) □

Wir bestimmen im folgenden die Struktur der Algebra $\mathscr{H}_{n,p}$ durch Induktion nach n. Der Induktionsschritt basiert auf

2.3 Hilfssatz. *Sei*

$$A = A^{(n-1)} \text{ ganz}, \qquad \det A \neq 0,$$
$$\tilde{A} = \begin{pmatrix} 1 & 0 \\ 0 & A \end{pmatrix}.$$

Die Zuordnung

$$\mathfrak{U}_{n-1} B \to \mathfrak{U}_n \begin{pmatrix} B & 0 \\ 0 & 1 \end{pmatrix}$$

definiert eine bijektive Abbildung zwischen folgenden beiden Mengen;

1) *der Menge aller in* $\mathfrak{U}_{n-1} A \mathfrak{U}_{n-1}$ *enthaltenen Linksnebenklassen.*

2) *der Menge aller in* $\mathfrak{U}_n \tilde{A} \mathfrak{U}_n$ *enthaltenen Linksnebenklassen, welche einen Repräsentanten der Form*

$$\mathfrak{U}_n \begin{pmatrix} b_1 & & * \\ & \ddots & \\ 0 & & b_n \end{pmatrix}, \qquad b_n = 1,$$

besitzen.

Beweis. Zwei Matrizen

$$B_\nu = B_\nu^{(n-1)}, \qquad \nu = 1, 2,$$

definieren genau dann dieselbe Linksnebenklasse, wenn $\begin{pmatrix} B_\nu & 0 \\ 0 & 1 \end{pmatrix}$, $\nu = 1, 2$ dieselbe Linksnebenklasse definieren. Die in 2.3 1) definierte Zuordnung ist daher wohldefiniert und injektiv. Wir müssen zeigen, daß sie surjektiv ist, daß also jede Linksnebenklasse der Form

$$\mathfrak{U}_n \begin{pmatrix} b_1 & & * \\ & \ddots & \\ 0 & & b_n \end{pmatrix}, \qquad b_n = 1,$$

in ihrem Bild vorkommt. Wir können annehmen, daß die Komponenten des Repräsentanten in der i-ten Spalte in einem vorgegebenen Restsystem modulo b_i enthalten sind, insbesondere also

$$\begin{pmatrix} b_1 & & * \\ & \ddots & \\ 0 & & b_n \end{pmatrix} = \begin{pmatrix} B & 0 \\ 0 & 1 \end{pmatrix}; \qquad B = B^{(n-1)}.$$

Seien $e_2, \ldots, e_n$ die Elementarteiler der Matrix B. Dann sind $1, e_2, \ldots, e_n$ die Elementarteiler der Matrix $\begin{pmatrix} B & 0 \\ 0 & 1 \end{pmatrix}$. Aus

$$\begin{pmatrix} B & 0 \\ 0 & 1 \end{pmatrix} \in \mathfrak{U}_n \begin{pmatrix} 1 & 0 \\ 0 & A \end{pmatrix} \mathfrak{U}_n$$

folgt daher $B \in \mathfrak{U}_{n-1} A \mathfrak{U}_{n-1}$ und die behauptete Surjektivität ist bewiesen □

Um Hilfssatz 2.3 anwenden zu können, ist es zweckmäßig, in $\mathscr{L}_{n,p}$ den linearen Unterraum zu betrachten, welcher von allen *ganzen* Linksnebenklassen

$$\mathfrak{U}_n A, \qquad A \text{ ganz, } \det A \neq 0$$

erzeugt wird. Wir bezeichnen diesen Unterraum mit

$$\check{\mathscr{L}}_{n,p} = \{\sum c_j \mathfrak{U}_n A_j, \ A_j \text{ ganz}\}.$$

Entsprechend sei

$$\check{\mathscr{H}}_{n,p}=\{\sum c_j\mathfrak{U}_n A_j\mathfrak{U}_n,\ A_j \text{ ganz}\}.$$

Offensichtlich ist $\check{\mathscr{H}}_{n,p}$ eine Unteralgebra von $\mathscr{H}_{n,p}$. Aus Hilfssatz 2.1 a) folgt

$$\mathfrak{U}_n(p^{-1}E)\mathfrak{U}_n=(\mathfrak{U}_n(pE)\mathfrak{U}_n)^{-1}$$

und

$$\mathscr{H}_{n,p}=\mathscr{H}_{n,p}[\mathfrak{U}_n(p^{-1}E)\mathfrak{U}_n].$$

Wir definieren nun eine lineare Abbildung

$$\varphi\colon\ \check{\mathscr{L}}_{n,p}\to\check{\mathscr{L}}_{n-1,p}$$

durch

$$\varphi\left(\mathfrak{U}_n\begin{pmatrix}a_{11}\ldots a_{1n}\\ \ddots\ \vdots\\ 0\quad a_{nn}\end{pmatrix}\right)=\begin{cases}0, & \text{falls } a_{nn}\neq\pm1,\\ \mathfrak{U}_{n-1}\begin{pmatrix}a_{11}\ldots a_{1,n-1}\\ \ddots\ \vdots\\ 0\quad a_{n-1,n-1}\end{pmatrix} & \text{falls } a_{nn}=\pm1.\end{cases}$$

Bezeichnung. *Seien* $0\leq k_1\leq\ldots\leq k_n$ *ganze Zahlen:*

$$\tau(p^{k_1},\ldots,p^{k_n})=\mathfrak{U}_n\begin{pmatrix}p^{k_1} & & 0\\ & \ddots & \\ 0 & & p^{k_n}\end{pmatrix}\mathfrak{U}_n.$$

Diese Doppelnebenklassen bilden eine Basis von $\check{\mathscr{H}}_{n,p}$.

Aus Hilfssatz 2.3 folgt

2.4 Hilfssatz. *Es gilt*

$$\varphi(\tau(p^{k_1},\ldots,p^{k_n}))=\begin{cases}0 & \text{für } k_1>0,\\ \tau(p^{k_2},\ldots,p^{k_n}) & \text{für } k_1=0.\end{cases}$$

Aus Hilfssatz 2.3 und 2.4 erhalten wir nun:

2.5 Hilfssatz. *Durch* φ *wird ein surjektiver* **Algebrenhomomorphismus**

$$\varphi\colon\ \check{\mathscr{H}}_{n,p}\to\check{\mathscr{H}}_{n-1,p}$$

definiert! Der Kern dieses Homomorphismus ist das von

$$\tau(p,\ldots,p)=\mathfrak{U}_n(pE)\mathfrak{U}_n=p\,\mathfrak{U}_n$$

erzeugte Hauptideal.

Wir können nun die Struktur der Algebra $\check{\mathscr{H}}_{n,p}$ bestimmen.

2.6 Satz. *Sei*

$$\tau_{i,k}=\tau(\overbrace{1,\ldots,1}^{i\text{-mal}},\overbrace{p,\ldots,p}^{k\text{-mal}})=\mathfrak{U}_n\begin{pmatrix}E^{(i)} & 0\\ 0 & pE^{(k)}\end{pmatrix}\mathfrak{U}_n \qquad (n=i+k).$$

Es gilt

$$\check{\mathscr{H}}_{n,p}=\mathbb{C}[\tau_{n-1,1},\ldots,\tau_{0,n}].$$

(Wir werden später noch sehen (2.9), daß die Erzeugenden algebraisch unabhängig sind, daß also $\check{\mathscr{H}}_{n,p}$ isomorph zum *Polynomring* in n Unbestimmten ist)

Beweis. Wir schließen durch Induktion nach n. Der Induktionsbeginn ($n=1$) ist trivial. Sei daher $n>1$. Der Satz sei für $n-1$ anstelle von n schon bewiesen. Wir schließen nun indirekt:

Sei

$$T=\tau(p^{k_1},\ldots,p^{k_n}); \qquad 0\le k_1\le\ldots\le k_n,\ k_1+\ldots+k_n \text{ minimal},$$

eine Doppelnebenklasse „minimaler Determinante", welche *nicht* in $\mathbb{C}[\tau_{n-1,1},\ldots,\tau_{0,n}]$ enthalten ist.

Es ist notwendigerweise $k_1=0$, da man sonst durch p teilen könnte.

Nach Induktionsvoraussetzung existiert ein Polynom

$$P(X_1,\ldots,X_{n-1})=\sum c_{\nu_1,\ldots,\nu_{n-1}}X_1^{\nu_1}\ldots X_{n-1}^{\nu_{n-1}}$$

mit der Eigenschaft

$$\varphi(T)=P(\tau_{n-2,1},\ldots,\tau_{0,n-1}).$$

Man braucht hierbei nur über $(n-1)$-Tupel $(\nu_1,\ldots,\nu_{n-1})$ mit der Eigenschaft

$$\nu_1+2\nu_2+\ldots+(n-1)\nu_{n-1}=k_2+\ldots+k_n$$

zu summieren. Wir bilden nun mit eben demselben Polynom P

$$T^*=P(\tau_{n-1,1},\ldots,\tau_{1,n-1}).$$

Offensichtlich ist T^* Linearkombination von Doppelnebenklassen

$$\mathfrak{U}_n B\mathfrak{U}_n, \qquad \det B=p^{k_1+\ldots+k_n}.$$

Aus den Hilfssätzen 2.4 und 2.5 folgt

1) $\varphi(T-T^*)=0$.
2) $T-T^*$ ist Linearkombination von Doppelnebenklassen $\mathfrak{U}_n A\mathfrak{U}_n$;

$$A\equiv 0 \bmod p, \qquad \det A=p^{k_1+\ldots+k_n}.$$

Die Matrix $p^{-1}A$ ist ganz. Ihre Determinante ist dem Betrage nach kleiner als

$$|\det A| = p^{k_1+\dots+k_n}.$$

Die durch $p^{-1}A$ definierte Doppelnebenklasse ist daher in $\mathbb{C}[\tau_{n-1,1},\dots,\tau_{0,n}]$ enthalten. Aus 2.1a) folgt, daß auch $\mathfrak{U}_n A \mathfrak{U}_n$ in diesem Ring, mithin T selbst, enthalten ist. Damit ist Satz 2.6 bewiesen □

In unseren Anwendungen reicht der Struktursatz 2.6 nicht aus. Wir benötigen *detaillierte Information über die Zerlegung von Doppel- in Linksnebenklassen.* Wir bestimmen daher explizit die Zerlegung der Doppelnebenklasse $\tau(1,\dots,1,p,\dots,p)$ in Linksnebenklassen und müssen hierzu zunächst entscheiden, wann eine ganze Matrix der Form

$$A = \begin{pmatrix} p^{k_1} & & * \\ & \ddots & \\ 0 & & p^{k_n} \end{pmatrix}$$

die Elementarteiler $\overbrace{1,\dots,1}^{n-i},\overbrace{p,\dots,p}^{i}$ besitzt.

2.7 Hilfssatz. *Man erhält ein Vertretersystem der in*

$$\tau(1,\dots,1,p,\dots,p) = \mathfrak{U}_n \begin{pmatrix} E^{(n-i)} & 0 \\ 0 & pE^{(i)} \end{pmatrix} \mathfrak{U}_n$$

enthaltenen Linksnebenklassen, wenn

$$A = \begin{pmatrix} p^{k_1} & & a_{\mu\nu} \\ & \ddots & \\ 0 & & p^{k_n} \end{pmatrix}$$

alle ganzen Matrizen des folgenden Typs durchläuft:

a) $k_1 + \dots + k_n = i$,
b) $k_\nu \in \{0,1\}$ *für* $\nu = 1,\dots,n$,
c) $0 \le a_{\mu\nu} < p^{k_\nu}$ *für* $1 \le \mu < \nu \le n$,
d) $a_{\mu\nu} = 0$ *falls* $k_\mu = k_\nu = 1$.

Die Anzahl dieser Matrizen bei festem $k_1,\dots,k_n$ *ist*

$$\prod_{1\le\mu<\nu\le n} p^{k_\nu(1-k_\mu)} = p^{\frac{-i(i+1)}{2}} \prod_\nu p^{\nu k_\nu}.$$

Beweis. 1) Wir zeigen zunächst, daß Matrizen mit den Eigenschaften a)–d) die angegebenen Elementarteiler haben. Eine zu 1.2 duale Bemerkung besagt, daß sich die Rechtsnebenklasse von A (insbesondere die Elementarteiler von A) nicht verändert, wenn man $a_{\mu\nu}$ modulo p^{k_μ}

verändert. Aus den Bedingungen c) und d) folgt aber

$$a_{\mu\nu} \equiv 0 \bmod p^{k_\mu} \qquad \text{oder} \ \bmod p^{k_\nu}.$$

Die Matrix A hat dieselben Elementarteiler wie die aus ihren Diagonalelementen gebildete Diagonalmatrix. Die Elementarteiler dieser Diagonalmatrix haben wegen a) und b) die angegebene Form.

2) Umkehrung. Die Matrix

$$A = \begin{pmatrix} p^{k_1} & & a_{\mu\nu} \\ & \ddots & \\ 0 & & p^{k_n} \end{pmatrix}, \qquad 0 \leq a_{\mu\nu} < p^{k_\mu} \ \text{für} \ 1 \leq \mu < \nu \leq n$$

möge in der Doppelnebenklasse $\tau(1, \ldots, 1, p, \ldots, p)$ enthalten sein. Wir müssen zeigen, daß die Bedingungen a)–d) erfüllt sind. Zunächst eine

Vorbemerkung. Unter dem *p-Rang* einer ganzen Matrix $G = G^{(m,n)}$ versteht man den Rang dieser Matrix über dem Körper $\mathbb{Z}/p\mathbb{Z}$, also die Zahl der modulo p linear unabhängigen Zeilen (Spalten) von A. Der p-Rang ändert sich nicht, wenn man G von links oder rechts mit unimodularen Matrizen multipliziert. Wenn die Matrix A die angegebenen Elementarteiler hat, so ist ihr p-Rang $n-i$. Je $n-i+1$ Zeilen von A sind modulo p linear abhängig.

Wir beweisen nun a)–d).

a) folgt durch Determinantenvergleich.

b) Wäre ein k_ν größer als 1, so müßten wegen a) in der Diagonale mindestens $n-i+1$ Einsen stehen. Die entsprechenden Zeilen wären modulo p linear unabhängig.

c) gilt nach Voraussetzung.

d) Wir schließen indirekt, nehmen also die Existenz von (μ, ν) mit

$$a_{\mu\nu} \neq 0, \qquad k_\mu = k_\nu = 1 \quad (1 \leq \mu < \nu \leq n)$$

an. Dann existieren in A $n-i+1$ Zeilen, welche modulo p linear unabhängig sind, nämlich die $(n-i)$ Zeilen mit 1 in der Diagonale zusammen mit der μ-ten Zeile □

Mit Hilfe von Hilfssatz 2.7 werden wir eine neue Version des Struktursatzes ableiten, welche Information über die Zerlegung von beliebigen Doppelnebenklassen in Linksnebenklassen enthält.

Zunächst konstruieren wir eine lineare Abbildung

$$P\colon \mathscr{L}_{n,p} \to \mathbb{C}[X_1, X_1^{-1}, \ldots, X_n, X_n^{-1}], \quad (X_1, \ldots, X_n \text{ seien Unbestimmte}).$$

Sei

$$Gl(n, \mathbb{Z})\, A, \qquad A \in Gl\left(n, \mathbb{Z}\left[\frac{1}{p}\right]\right),$$

eine Linksnebenklasse. Wir wählen einen Repräsentanten der Form

$$A = \begin{pmatrix} p^{k_1} & & * \\ & \ddots & \\ 0 & & p^{k_n} \end{pmatrix}.$$

Die ganzen Zahlen $k_1, \ldots, k_n$ sind eindeutig bestimmt, die Funktion

$$P(\mathfrak{U}A) = \prod_{\nu=1}^{n} \left(\frac{X_\nu}{p^\nu}\right)^{k_\nu}$$

ist also wohldefiniert. Wir dehnen diese Zuordnung linear auf ganz $\mathscr{L}_{n,p}$ aus:

$$P\colon \mathscr{L}_{n,p} \to \mathbb{C}[X_1^{\pm 1}, \ldots, X_n^{\pm 1}].$$

Die P-Bilder der Erzeugenden $\tau(1, \ldots, 1, p, \ldots, p)$ können dank Hilfssatz 2.7 berechnet werden.

Bezeichnung.

$$E_\nu = \sum_{1 \le i_1 < \ldots < i_\nu \le n} X_{i_1} \ldots X_{i_\nu}$$

(i-tes elementarsymmetrisches Polynom),

also

$$E_0 = 1$$
$$E_1 = X_1 + \ldots + X_n$$
$$\ldots\ldots\ldots\ldots\ldots$$
$$E_n = X_1 \ldots X_n.$$

2.8 Hilfssatz. *Für $0 \le i \le n$ gilt*

$$P\left(\mathfrak{U}_n \begin{pmatrix} E^{(n-i)} & 0 \\ 0 & pE^{(i)} \end{pmatrix} \mathfrak{U}_n\right) = p^{\frac{-i(i+1)}{2}} E_i.$$

Das Bild von $\mathscr{H}_{n,p}$ unter der Abbildung P ist auf Grund des Struktursatzes 2.6 in $\mathbb{C}[E_1, \ldots, E_n]$ enthalten. Bekanntlich besteht $\mathbb{C}[E_1, \ldots, E_n]$ aus allen symmetrischen Polynomen.

2.9 Satz. *Die Abbildung P definiert einen Isomorphismus*

$$P\colon \mathscr{H}_{n,p} \to \mathbb{C}[X_1, \ldots, X_n]^{\mathfrak{S}_n}.$$

Jedes Element aus dem Ring $\mathbb{C}[X_1^{\pm 1}, \ldots, X_n^{\pm 1}]$ ist Quotient eines Polynoms und einer geeigneten Potenz von $E_n = X_1 \ldots X_n$. Hieraus folgt

$$\mathbb{C}[X_1^{\pm 1}, \ldots, X_n^{\pm 1}]^{\mathfrak{S}_n} = \mathbb{C}[E_1, \ldots, E_n, E_n^{-1}].$$

Aus 2.9 folgt nun

2.10 Satz. *Die Abbildung P definiert einen Isomorphismus*

$$P: \mathcal{H}_{n,p} \to \mathbb{C}[X_1^{\pm 1}, \dots, X_n^{\pm 1}]^{\mathfrak{S}_n} = \mathbb{C}[E_1, \dots, E_n, E_n^{-1}].$$

Der Struktursatz 2.6 und sein Analogon für die symplektische Gruppe stammen von G. Shimura [71]. Die Konstruktion der P-Polynome stammt aus einem anderen Zugang zur Theorie der Heckeoperatoren. Man kann die Heckeoperatoren mit „sphärischen Funktionen“ auf der p-adischen Lie-Gruppe $Gl(n, \mathbb{Q}_p)$ identifizieren. Diese Theorie wurde von I. Satake entwickelt.

Literatur: I. Satake, Theory of spherical functions on reductive algebraic groups over p-adic fields, Publ. Math., IHES, Nr. 18 (1963).

In dem vorliegenden Buch wird auf diese p-adische Theorie nicht eingegangen.

§ 3. Die Struktur der Heckealgebra im Fall der symplektischen Gruppe

Wir bauen auf den Struktursätzen des § 2 für die lineare Gruppe auf und beweisen einen analogen Struktursatz für die Heckealgebra der symplektischen Gruppe.

Wir verwenden die Bezeichnungen

$\Gamma_n = Sp(n, \mathbb{Z})$,

Δ_n = Gruppe der rationalen symplektischen Ähnlichkeitsmatrizen n-ten Grades,

$$\Delta_{n,p} = \Delta_n \cap \left(Gl\left(2n, \mathbb{Z}\left[\frac{1}{p}\right]\right)\right).$$

Wie im Falle der linearen Gruppe kann man die Heckealgebra $\mathcal{H}(\Gamma_n, \Delta_n)$ in p-Komponenten zerlegen. Dank des „*symplektischen Elementarteilersatzes*“ lassen sich die Beweise vom linearen auf den symplektischen Fall übertragen. Wir begnügen uns daher, die zu 2.1 und 2.2 analogen Sätze ohne Beweis zu formulieren.

3.1 Hilfssatz. *Seien M, N symplektische Ähnlichkeitsmatrizen. Es gelte entweder*

a) $N = bE$

oder

b) M, N ganz; $(\det M, \det N) = 1$.

Dann gilt in $\mathcal{H}(\Gamma_n, \Delta_n)$:

$$(\Gamma_n M \Gamma_n) \cdot (\Gamma_n N \Gamma_n) = \Gamma_n M N \Gamma_n.$$

3.2 Satz. *Die Heckealgebra* $\mathcal{H}(\Gamma_n, \Delta_n)$ *ist das Tensorprodukt ihrer p-Komponenten:*

$$\mathcal{H}(\Gamma_n, \Delta_n) = \bigotimes_{p \text{ prim}} \mathcal{H}(\Gamma_n, \Delta_{n,p}).$$

Wir wollen die Struktur der Heckealgebra (ähnlich wie im Falle der linearen Gruppe) durch Induktion nach n bestimmen.

Bezeichnung. Sei l eine natürliche Zahl.

$$O_n(l)=\{M=M^{(2n)} \text{ ganz}, \; M'IM=lI\}.$$

3.3 Hilfssatz. *Sei*

$$M_0=\begin{pmatrix} A_0 & B_0 \\ C_0 & D_0 \end{pmatrix} \in O_{n-1}(l),$$

also

$$\tilde{M}_0=\left(\begin{array}{cc|cc} 1 & 0 & 0 & 0 \\ 0 & A_0 & 0 & B_0 \\ \hline 0 & 0 & l & 0 \\ 0 & C_0 & 0 & D_0 \end{array}\right) \in O_n(l).$$

Die Matrizen

$$\begin{pmatrix} A_1 & B_1 \\ 0 & D_1 \end{pmatrix}, \quad \det A_1>0,$$

mögen ein Repräsentantensystem der in $\Gamma_{n-1} M_0 \Gamma_{n-1}$ enthaltenen Linksnebenklassen durchlaufen. Für jedes A_1 möge $b=(b_1,\dots,b_n)'$ ein maximales System von Vektoren durchlaufen, so daß die Vektoren

$$\begin{pmatrix} A_1 & 0 \\ 0 & 1 \end{pmatrix} b$$

modulo l paarweise voneinander verschieden sind. (Die Anzahl dieser Vektoren ist

$$l^n \cdot (\det A_1)^{-1}.)$$

Dann durchlaufen die Matrizen

$$\left(\begin{array}{cc|cc} A_1 & 0 & B_1 & 0 \\ 0 & 1 & 0 & 0 \\ \hline \multicolumn{2}{c|}{\multirow{2}{*}{0}} & D_1 & 0 \\ & & 0 & l \end{array}\right) \left(\begin{array}{c|c} E & S \\ \hline 0 & E \end{array}\right), \qquad S=\begin{pmatrix} 0 & b_1 \\ & \vdots \\ b_1 \dots & b_n \end{pmatrix},$$

ein Vertretersystem all derjenigen Linksnebenklassen von $\Gamma_n \tilde{M}_0 \Gamma_n$, welche einen Repräsentanten der Form

$$\left(\begin{array}{c|c} \begin{matrix} a_1 & & * \\ & \ddots & \\ 0 & & a_n \end{matrix} & * \\ \hline 0 & * \end{array}\right), \qquad a_n=1,$$

besitzen.

Beweis (vgl. 2.3). 1) Zunächst bemerken wir, daß die Matrizen

$$\left(\begin{array}{cc|cc} A_1 & 0 & B_1 & 0 \\ 0 & 1 & 0 & 0 \\ \hline \multicolumn{2}{c|}{\multirow{2}{*}{0}} & D_1 & 0 \\ & & 0 & l \end{array}\right)\begin{pmatrix} E & S \\ 0 & E \end{pmatrix}$$

in der Doppelnebenklasse $\Gamma_n \tilde{M}_0 \Gamma_n$ enthalten sind.

2) Diese Matrizen definieren paarweise verschiedene Linksnebenklassen, wenn $\begin{pmatrix} A_1 & B_1 \\ 0 & D_1 \end{pmatrix}$ und b Repräsentantensysteme der angegebenen Art durchlaufen.

3) Sei eine Linksnebenklasse aus $\Gamma_n \tilde{M}_0 \Gamma_n$ der Form

$$\Gamma_n \begin{pmatrix} A & B \\ 0 & D \end{pmatrix}; \quad A = \begin{pmatrix} a_1 & & * \\ & \ddots & \\ 0 & & a_n \end{pmatrix}, \quad a_n = 1,$$

gegeben. Da wir den Repräsentanten $\begin{pmatrix} A & B \\ 0 & D \end{pmatrix}$ von links mit einer Matrix vom Typ

$$\begin{pmatrix} U & 0 \\ 0 & U'^{-1} \end{pmatrix}, \quad U \in Gl(n, \mathbb{Z})$$

multiplizieren dürfen, können wir annehmen, daß die Elemente in der i-ten Spalte von A über a_i modulo $|a_i|$ reduziert sind. Da $a_n = 1$ ist, können wir ohne Beschränkung der Allgemeinheit

$$A = \begin{pmatrix} A_1 & 0 \\ 0 & 1 \end{pmatrix}$$

annehmen. Sei

$$B = \begin{pmatrix} B_1 & * \\ b_1' & b_n \end{pmatrix}; \quad b_1' = (b_1, \ldots, b_{n-1}).$$

Dann gilt

$$\begin{pmatrix} A & B \\ 0 & D \end{pmatrix} = \left(\begin{array}{cc|cc} A_1 & 0 & B_1 & 0 \\ 0 & 1 & 0 & 0 \\ \hline \multicolumn{2}{c|}{\multirow{2}{*}{0}} & D_1 & 0 \\ & & 0 & l \end{array}\right)\begin{pmatrix} E & S \\ 0 & E \end{pmatrix}, \quad S = \begin{pmatrix} 0 & b_1 \\ & \vdots \\ b_1 \ldots & b_n \end{pmatrix}.$$

Damit ist Hilfssatz 3.3 evident.

Wie im Falle der linearen Gruppe betrachten wir nun den „ganzen Bestandteil“ der Heckalgebra.

Bezeichnung. $\check{\mathscr{L}}(\Gamma_n, \Delta_n)$ besteht aus den Linearkombinationen von Linksnebenklassen

$$\Gamma_n M \text{ mit } ganzem\ M \in \Delta_n.$$

$\check{\mathscr{H}}(\Gamma_n, \Delta_n)$ bestehe entsprechend aus allen Linearkombinationen von Doppelnebenklassen $\Gamma_n M \Gamma_n$, M *ganz.*

Offenbar ist

$$\check{\mathscr{H}}(\Gamma_n, \Delta_n) \subset \mathscr{H}(\Gamma_n, \Delta_n)$$

ein Unterring. Wir setzen

$$\check{\mathscr{L}}(\Gamma_n, \Delta_{n,p}) = \mathscr{L}(\Gamma_n, \Delta_{n,p}) \cap \check{\mathscr{L}}(\Gamma_n, \Delta_n)$$
$$\check{\mathscr{H}}(\Gamma_n, \Delta_{n,p}) = \mathscr{H}(\Gamma_n, \Delta_{n,p}) \cap \check{\mathscr{H}}(\Gamma_n, \Delta_n).$$

Aus 3.1 a) folgt

$$\mathscr{H}(\Gamma_n, \Delta_{n,p}) = \check{\mathscr{H}}(\Gamma_n, \Delta_{n,p})[T^{-1}], \qquad T = \Gamma_n(pE^{(2n)})\Gamma_n.$$

Sei nun

$$\Gamma_n M; \quad M \in O_n(l)$$

eine Linksnebenklasse. Wir wählen den Repräsentanten M in der Form

$$A = \begin{pmatrix} A & B \\ 0 & D \end{pmatrix}; \quad A = \begin{pmatrix} A_1 & * \\ 0 & a_n \end{pmatrix}, \quad B = \begin{pmatrix} B_1 & * \\ * & * \end{pmatrix}, \quad D = \begin{pmatrix} D_1 & 0 \\ * & d_1 \end{pmatrix}.$$

Wir können erreichen, daß a_ν reduziert modulo a_n ist, insbesondere

$$a_\nu = 0 \quad \text{falls } |a_n| = 1, \ 1 \le \nu \le n-1.$$

Im Falle $|a_n| = 1$ ist nach dieser Normierung

$$M_1 = \begin{pmatrix} A_1 & B_1 \\ 0 & D_1 \end{pmatrix}$$

selbst eine symplektische Ähnlichkeitsmatrix, wir können daher

$$\varphi(\Gamma_n M) = \begin{cases} \dfrac{1}{|\det D|} \Gamma_{n-1} M_1, & \text{falls } |a_n| = 1 \\ 0, & \text{falls } |a_n| \neq 1 \end{cases}$$

definieren.

Wir dehnen diese Abbildung linear aus:

$$\varphi\colon \check{\mathscr{L}}(\Gamma_n, \Delta_n) \to \check{\mathscr{L}}(\Gamma_{n-1}, \Delta_{n-1}).$$

Unmittelbar aus der Definition der Multiplikation von Doppel- und Linksnebenklassen ergibt sich

3.4 Bemerkung. *Es gilt*

$$\varphi(T\cdot L)=\varphi(T)\cdot\varphi(L)$$
$$\textit{für}\quad T\in\check{\mathscr{H}}(\Gamma_n,\Delta_n);\; L\in\check{\mathscr{L}}(\Gamma_n,\Delta_n).$$

Hieraus und aus Hilfssatz 3.3 folgt

3.5 Hilfssatz. *Die Abbildung φ definiert einen Homomorphismus der Heckealgebren*

$$\varphi\colon\ \check{\mathscr{H}}(\Gamma_n,\Delta_n)\to\check{\mathscr{H}}(\Gamma_{n-1},\Delta_{n-1}).$$

Es gilt

a) $\varphi(\Gamma_n M\Gamma_n)=0$, *falls* $M\equiv 0 \bmod a$ *für eine natürliche Zahl* $a>1$.

b) $$\varphi\left(\Gamma_n\begin{pmatrix}1&0&0&0\\0&A&0&0\\0&0&l&0\\0&0&0&D\end{pmatrix}\Gamma_n\right)=\Gamma_{n-1}\begin{pmatrix}A&0\\0&D\end{pmatrix}\Gamma_{n-1}\quad(A'D=lE).$$

Die in a) angegebene Eigenschaft von M bedeutet übrigens, daß der kleinste Elementarteiler von M von 1 verschieden ist. Aus dem symplektischen Elementarteilersatz folgt, daß der Homomorphismus φ durch a) und b) vollständig beschrieben ist. Wir schränken diesen Homomorphismus auf die p-Komponente ein.

3.6 Hilfssatz. *Die Abbildung φ definiert einen Homomorphismus*

$$\varphi\colon\ \check{\mathscr{H}}(\Gamma_n,\Delta_{n,p})\to\check{\mathscr{H}}(\Gamma_{n-1},\Delta_{n-1,p})$$

mit den Eigenschaften

a) *Der Kern von φ ist das von*

$$\Gamma_n(pE)\Gamma_n$$

erzeugte Hauptideal.

b) $$\varphi\left(\Gamma_n\begin{pmatrix}1&0&0&0\\0&A&0&B\\0&0&p^{k_0}&0\\0&C&0&D\end{pmatrix}\Gamma_n\right)=\Gamma_{n-1}\begin{pmatrix}A&B\\C&D\end{pmatrix}\Gamma_{n-1}.$$

Der Beweis 3.6 ergibt sich aus dem symplektischen Elementarteilersatz und aus 3.5 □

Bezeichnung. Sei $\mathfrak{M}\subset O_n(l)$ eine Menge von Matrizen, welche unter Links- und Rechtsmultiplikation mit Modulmatrizen invariant bleibt. $\mathfrak{M}$ ist also eine endliche Vereinigung von Doppelnebenklassen.

1) $T(\mathfrak{M})$ sei die Summe der in $\mathfrak{M}$ enthaltenen Doppelnebenklassen.

2) $T(l)=T(O_n(l))$.

Aus dem symplektischen Elementarteilersatz folgt unmittelbar:

3.7 Bemerkung. *Sei p eine Primzahl.* 1) *Die Menge $O_n(p)$ besteht aus einer einzigen Doppelnebenklasse:*

$$T(p)=O_n(p)=\Gamma_n \begin{pmatrix} E^{(n)} & 0 \\ 0 & pE^{(n)} \end{pmatrix} \Gamma_n.$$

2) *Die Menge $O_n(p^2)$ besteht aus $n+1$ Doppelnebenklassen:*

$$T(p^2)=\sum_{i+k=n} T_{ik}(p^2).$$

$$T_{ik}(p^2)=\Gamma_n \left(\begin{array}{cc|cc} E^{(i)} & 0 & & \\ 0 & pE^{(k)} & \multicolumn{2}{c}{0} \\ \hline & & p^2E^{(i)} & 0 \\ \multicolumn{2}{c|}{0} & 0 & pE^{(k)} \end{array}\right) \Gamma_n.$$

3.8 Satz. *Die $\mathbb{C}$-Algebra $\mathscr{H}(\Gamma_n, \Delta_{n,p})$ wird von den $n+1$ Elementen*

$$T(p);\quad T_{ik}(p^2),\ 0\le i<n\ (i+k=n)$$

erzeugt.

Beweis durch Induktion nach n. 1) **Induktionsbeginn** $n=1$: Man überlegt sich leicht

$$\mathscr{H}(\Gamma_1, \Delta_{1,p})=\mathscr{H}\left(Gl(2,\mathbb{Z}), Gl\left(2, \mathbb{Z}\left[\frac{1}{p}\right]\right)\right).$$

Der Induktionsbeginn ergibt sich damit aus 2.6.

2) **Induktionsschritt:** Dieser verläuft analog zum Fall der linearen Gruppe (2.6) und kann daher übergangen werden □

Sei wieder $\mathfrak{M}\subset O_n(l)$ eine endliche Vereinigung von Doppelnebenklassen. Wir wollen über die Zerlegung von $\mathfrak{M}$ in Linksnebenklassen genauere Information gewinnen und führen dazu folgende Bezeichnungen ein:

1) $\mathscr{A}(\mathfrak{M})$ sei die Menge aller Matrizen $A=A^{(n)}$, welche sich zu einer Matrix aus $\mathfrak{M}$ ergänzen lassen:

$$\begin{pmatrix} A & B \\ 0 & D \end{pmatrix}\in\mathfrak{M} \quad (D=lA'^{-1}).$$

2) $\mathscr{B}(A,\mathfrak{M})$ sei die Menge aller möglichen Ergänzungen B.

Offensichtlich ist $\mathscr{A}(\mathfrak{M})$ bezüglich Links- und Rechts-Multiplikation mit unimodularen Matrizen invariant. Zwei Matrizen

$$\begin{pmatrix} A & B \\ 0 & D \end{pmatrix} \quad \text{und} \quad \begin{pmatrix} A & \tilde{B} \\ 0 & D \end{pmatrix}$$

definieren genau dann dieselbe Γ_n-Linksnebenklasse, wenn

$$B-\tilde{B}=SD; \qquad S=S' \text{ ganz}$$

gilt. Wir wollen in diesem Falle B und $\tilde{B}$ kongruent modulo D nennen:

$$B\equiv\tilde{B} \bmod D.$$

3.9 Hilfssatz (vgl. 1.3). *Sei $\mathfrak{M}\subset O_n(l)$ eine Menge von symplektischen Ähnlichkeitsmatrizen, welche unter Links- und Rechtsmultiplikation mit Γ_n invariant bleibt. Man erhält ein Vertretersystem der in $\mathfrak{M}$ enthaltenen Linksnebenklassen*

$$\Gamma_n\begin{pmatrix}A & B\\ 0 & D\end{pmatrix},$$

wenn

1) *A ein Vertretersystem der in $\mathscr{A}(\mathfrak{M})$ enthaltenen $Gl(n,\mathbb{Z})$-Linksnebenklassen durchläuft.*

2) *B bei festem A ein Vertretersystem modulo D inkongruenter Matrizen aus $\mathscr{B}(A,\mathfrak{M})$ durchläuft.*

Zusatz. *Wenn B ein Vertretersystem modulo D inkongruenter Matrizen aus $\mathscr{B}(A,\mathfrak{M})$ durchläuft, so durchläuft UBV'^{-1} ein Vertretersystem modulo $U'^{-1}DV'^{-1}$ inkongruenter Matrizen aus $\mathscr{B}(UAV,\mathfrak{M})$. Hierbei seien U, V unimodulare Matrizen. Insbesondere hängt die Maximalzahl modulo D inkongruenter Matrizen aus $\mathscr{B}(A,\mathfrak{M})$*

$$b(A,\mathfrak{M})=\#\mathscr{B}(A,\mathfrak{M})/(\equiv \bmod D)$$

nur von den Elementarteilern von A (und von $\mathfrak{M}$) ab.

Der Beweis von Hilfssatz 3.9 ist nach unseren Vorbemerkungen klar, der Zusatz ergibt sich aus der Formel

$$\begin{pmatrix}U & 0\\ 0 & U'^{-1}\end{pmatrix}\begin{pmatrix}A & B\\ 0 & D\end{pmatrix}\begin{pmatrix}V & 0\\ 0 & V'^{-1}\end{pmatrix}=\begin{pmatrix}UAV, & UBV'^{-1}\\ 0, & U'^{-1}DV'^{-1}\end{pmatrix} \qquad \square$$

Von besonderem Interesse ist der Fall $\mathfrak{M}=O_n(l)$. Dann ist

$$\mathscr{A}(\mathfrak{M})=\{A=A^{(n)}, A \text{ und } lA^{-1} \text{ ganz}\}$$

$$\mathscr{B}(A,\mathfrak{M})=\{B=B^{(n)} \text{ ganz}; AB' \text{ symmetrisch}\}.$$

Besonders einfach ist der Fall $l=p$, p prim:

3.10 Hilfssatz. *Sei p eine Primzahl. Die Menge $\mathscr{A}(O_n(p))$ ist die Vereinigung der Doppelnebenklassen*

$$\tau_{n-i,i}=\mathfrak{U}_n\begin{pmatrix}E^{(n-i)} & 0\\ 0 & pE^{(i)}\end{pmatrix}\mathfrak{U}_n; \qquad 0\leq i\leq n.$$

Die Matrizen $B_0 = B_0^{(n-i)}$ mögen ein Vertretersystem modulo p verschiedener symmetrischer ganzer Matrizen durchlaufen. Dann durchlaufen

$$B = \begin{pmatrix} B_0 & 0 \\ 0 & 0 \end{pmatrix}, \quad (B_0 = B_0^{(n-i)} = B_0' \bmod p)$$

ein Vertretersystem modulo $\begin{pmatrix} pE^{(n-i)} & 0 \\ 0 & E^{(i)} \end{pmatrix}$ *inkongruenter Matrizen von*

$$\mathscr{B}\left(\begin{pmatrix} E^{(n-i)} & 0 \\ 0 & pE^{(i)} \end{pmatrix}, O_n(p)\right).$$

Insbesondere gilt

$$b(A, O_n(p)) = p^{\frac{(n-i)(n-i+1)}{2}} \qquad \textit{für } A \in \tau_{n-i,i}.$$

Beweis. Eine Matrix A ist in $\mathscr{A}(O_n(p))$ enthalten, falls A und pA^{-1} ganz sind. Jeder Elementarteiler von A ist dann Teiler von p, d.h. A ist in einer Doppelnebenklasse $\tau_{n-i,i}$ enthalten. Sei jetzt

$$B \in \mathscr{B}(A, \mathfrak{M}), \qquad A = \begin{pmatrix} E^{(n-i)} & 0 \\ 0 & pE^{(i)} \end{pmatrix}.$$

Wir zerlegen B

$$B = \begin{pmatrix} B_0 & B_1 \\ B_3 & B_2 \end{pmatrix}, \qquad B_0 = B_0^{(n-i)}, \ldots.$$

Aus der Relation $AB' = BA'$ ergibt sich

$$B_3 = pB_1'.$$

Sei

$$S = \begin{pmatrix} S_0 & S_1 \\ S_1' & S_2 \end{pmatrix} = S' \text{ ganz}, \qquad S_0 = S_0^{(n-i)}.$$

Es gilt

$$B + SD = \begin{pmatrix} B_0 + pS_0, & B_1 + S_1 \\ p(B_1 + S_1)', & B_2 + S_2 \end{pmatrix}.$$

Damit ist auch die Aussage über das Vertretersystem modulo D evident □

Wir konstruieren nun - ähnlich wie im Falle der linearen Gruppe - eine $\mathbb{C}$-lineare Abbildung

$$\mathscr{H}(\Gamma_n, \Delta_{n,p}) \to \mathbb{C}[X_0^{\pm 1}, \ldots, X_n^{\pm 1}].$$

Sei

$$\Gamma_n M, \quad M \in \Delta_{n,p}, \qquad M' I M = p^{k_0} I$$

eine Linksnebenklasse. Wir können den Repräsentanten M in der Form

$$M=\begin{pmatrix} A & * \\ 0 & D \end{pmatrix}; \qquad A=\begin{pmatrix} p^{k_1} & & * \\ & \ddots & \\ 0 & & p^{k_n} \end{pmatrix}$$

ansetzen.

Die Zahlen k_ν sind eindeutig bestimmt. Wir ordnen der Linksnebenklasse das Monom

$$Q(\Gamma_n M)=X_0^{-k_0}\prod_{\nu=1}^{n}\left(\frac{X_\nu}{p^\nu}\right)^{k_\nu}|\det A|^{n+1}$$

zu. Mit der Bezeichnung aus §2 ist dies

$$Q(\Gamma_n M)=X_0^{-k_0}P(\mathfrak{U}_n A)|\det A|^{n+1}.$$

Wir dehnen diese Abbildung linear auf $\mathscr{L}(\Gamma_n, \Delta_n)$ aus. Aus der Definition der Multiplikation von Doppel- mit Linksnebenklassen folgt:

3.11 Bemerkung. *Es gilt*

$$Q(TL)=Q(T)\,Q(L) \qquad \text{für } T\in\mathscr{H}(\Gamma_n, \Delta_{n,p}),\ L\in\mathscr{L}(\Gamma_n, \Delta_{n,p}).$$

Folgerung. *Die Einschränkung von Q auf die Heckealgebra ist ein Ringhomomorphismus*

$$Q:\ \mathscr{H}(\Gamma_n, \Delta_{n,p})\to\mathbb{C}[X_0^{\pm1},\dots,X_n^{\pm1}].$$

Wir wollen die Q-Polynome für einige Doppelnebenklassen berechnen. Aus Hilfssatz 3.9 (samt Zusatz) folgt unmittelbar

3.12 Hilfssatz. *Sei*

$$\mathfrak{M}\subset O_n(p^{k_0}); \qquad k_0\in\mathbb{N},$$

eine Menge von symplektischen Ähnlichkeitsmatrizen, welche unter Links- und Rechtsmultiplikation mit Γ_n invariant bleibt. Dann gilt

$$Q(T(\mathfrak{M}))=X_0^{-k_0}\sum_{A:\,\Gamma_n\backslash\mathscr{A}(\mathfrak{M})/\Gamma_n}|\det A|^{n+1}\,b(A,\mathfrak{M})\,P(\mathfrak{U}A\mathfrak{U}),$$

wobei A ein Vertretersystem der in $\mathscr{A}(\mathfrak{M})$ enthaltenen Doppelnebenklassen durchläuft, beispielsweise alle in $\mathscr{A}(\mathfrak{M})$ enthaltenen Elementarteilermatrizen.

Hierbei ist $P(\mathfrak{U}A\mathfrak{U})$ das zur unimodularen Klasse $\mathfrak{U}A\mathfrak{U}$ assoziierte Polynom (s. §2).

Aus der angegebenen Formel für $Q(T(\mathfrak{M}))$ kann man gewisse Invarianzeigenschaften ableiten.

3.13 Hilfssatz. *Die Funktion $R(X_0, \ldots, X_n)$ sei im Bild der Abbildung*

$$Q: \mathscr{H}(\Gamma_n, \Delta_{n,p}) \to \mathbb{C}[X_0^{\pm 1}, \ldots, X_n^{\pm 1}]$$

enthalten. Dann gilt:

a) *$R(X_0, X_1, \ldots, X_n)$ ist bei festem X_0 in den Variablen $X_1, \ldots, X_n$ symmetrisch.*

b) $R\left(\dfrac{X_0}{X_1 \ldots X_n}, X_1^{-1}, \ldots, X_n^{-1}\right) = R(X_0, \ldots, X_n).$

Beweis. Der Beweis von a) ergibt sich aus Hilfssatz 3.12 und der in §2 bewiesenen Symmetrie der Funktion $P(\mathfrak{U}A\mathfrak{U})$.

Die Eigenschaft b) ist äquivalent zu

b′) R ist Linearkombination von Ausdrücken der Art

$$X_0^{-k_0} X_1^{k_1} \ldots X_n^{k_n} + X_0^{-k_0} X_1^{k_0-k_1} \ldots X_n^{k_0-k_1}.$$

Beweis von b). Sei

$$\mathfrak{M} \subset O_n(p^{k_0}), \quad k_0 \geq 0$$

eine Doppelnebenklasse und

$$\begin{pmatrix} A & B \\ 0 & D \end{pmatrix} \in \mathfrak{M}.$$

Die Matrix

$$\begin{pmatrix} D' & -B' \\ 0 & A' \end{pmatrix} = -\left[\begin{pmatrix} 0 & E \\ -E & 0 \end{pmatrix} \begin{pmatrix} A & B \\ 0 & D \end{pmatrix} \begin{pmatrix} 0 & E \\ -E & 0 \end{pmatrix}\right]'$$

ist dann ebenfalls in $\mathfrak{M}$ enthalten.

Wir setzen

$$R_1 = X_0^{-k_0} b(A, \mathfrak{M}) P(\mathfrak{U}A\mathfrak{U}) |\det A|^{n+1},$$
$$R_2 = X_0^{-k_0} b(D', \mathfrak{M}) P(\mathfrak{U}D'\mathfrak{U}) |\det D|^{n+1},$$

sowie

$$R_1(\nu) = X_0^{-k_0} b(A, \mathfrak{M}) P(\mathfrak{U}A_\nu) |\det A|^{n+1} \quad (\mathfrak{U}A\mathfrak{U} = \bigcup \mathfrak{U}A_\nu),$$
$$R_2(\nu) = X_0^{-k_0} b(D', \mathfrak{M}) P(\mathfrak{U}\tilde{D}_\nu) |\det D|^{n+1} \quad (\mathfrak{U}D\mathfrak{U} = \bigcup \mathfrak{U}\tilde{D}_\nu),$$

also

$$R_1 = \sum R_1(\nu), \quad R_2 = \sum R_2(\nu).$$

Bezeichnung. Für irgendeine Funktion $R(X_1, \ldots, X_n)$ setzen wir

$$R^w(X_0, \ldots, X_n) = R\left(\frac{X_0}{X_1 \ldots X_n}, X_1^{-1}, \ldots, X_n^{-1}\right)$$
$$\tilde{R}(X_0, X_1, \ldots, X_n) = R(X_0, X_n, \ldots, X_1).$$

Es ist unser Ziel,

$$R_1^w = R_2$$

zu zeigen. Wir wissen $\tilde{R}_2 = R_2$, da P-Funktionen symmetrisch sind. Hilfssatz 3.13b) ist daher eine Folge der

Behauptung. Für jedes v gilt

$$R_1(v)^w = \tilde{R}_2(v).$$

Beweis. Für ein festes v sei

$$A_v = \begin{pmatrix} p^{k_1} & & * \\ & \ddots & \\ 0 & & p^{k_n} \end{pmatrix}.$$

Im Hinblick auf Hilfssatz 3.12 genügt es zu zeigen, daß diese beiden Funktionen durch die Involution

$$(X_0, \dots, X_n) \to \left(\frac{X_0}{X_1 \dots X_n}, X_1^{-1}, \dots, X_n^{-1} \right)$$

ineinander überführt werden. Um dies zu zeigen, zerlegen wir $\mathfrak{U} A \mathfrak{U}$ in Linksnebenklassen

$$\mathfrak{U} A \mathfrak{U} = \bigcup \mathfrak{U} A_v, \qquad A_v = \begin{pmatrix} * & & * \\ & \ddots & \\ 0 & & * \end{pmatrix}.$$

Man erhält eine entsprechende Zerlegung

$$\mathfrak{U} A'^{-1} \mathfrak{U} = \bigcup \mathfrak{U} A_v'^{-1}$$

oder

$$\mathfrak{U} D \mathfrak{U} = \bigcup \mathfrak{U} D_v, \qquad D_v = p^{k_0} A_v'^{-1}.$$

Diese Zerlegung kann man zur Berechnung der Funktion $P(\mathfrak{U} D \mathfrak{U})$ $(= P(\mathfrak{U} D' \mathfrak{U}))$ nicht ohne weiteres benutzen, da die Matrizen D_v *untere* Dreiecksmatrizen sind. Wir definieren daher

$$\tilde{D}_v = \begin{pmatrix} 0 & & 1 \\ & \cdot^{\cdot^{\cdot}} & \\ 1 & & 0 \end{pmatrix} D_v \begin{pmatrix} 0 & & 1 \\ & \cdot^{\cdot^{\cdot}} & \\ 1 & & 0 \end{pmatrix}$$

und erhalten

$$\mathfrak{U} D = \bigcup \mathfrak{U} \tilde{D}_v; \quad \tilde{D}_v = \begin{pmatrix} p^{k_0 - k_n} & & * \\ & \ddots & \\ 0 & & p^{k_0 - k_1} \end{pmatrix}.$$

Wir erhalten

$$R_1(v) = b(A, \mathfrak{M}) X_0^{-k_0} \prod_{v=1}^{n} \left(\frac{X_v}{p^v} \right)^{k_v} |\det A|^{n+1},$$

$$R_2(v) = b(D', \mathfrak{M}) X_0^{-k_0} \prod_{v=1}^{n} \left(\frac{X_v}{p^v} \right)^{k_0 - k_{n-v+1}} |\det D|^{n+1}.$$

Hieraus folgt, daß sich $R_1(v)^w$ und $\tilde{R}_2(v)$ nur um einen konstanten Faktor unterscheiden, nämlich

$$\frac{b(A,\mathfrak{M})\prod p^{-\nu k_\nu}|\det A|^{n+1}}{b(D',\mathfrak{M})\prod p^{-\nu(k_0-k_{n-\nu+1})}|\det D|^{n+1}}.$$

Wir müssen zeigen, daß dieser Faktor 1 ist. Benutzt man

$$|\det A|=\prod p^{k_\nu}; \qquad |\det D|=p^{nk_0}|(\det A)^{-1}|,$$

so bedeutet dies

$$\frac{b(A,\mathfrak{M})}{b(D',\mathfrak{M})}=\left|\frac{\det D}{\det A}\right|^{\frac{n+1}{2}}.$$

Die in dieser Gleichung auftretenden Größen hängen nur von den Elementarteilern der Matrizen A, D ab. Wir können daher annehmen, daß A und D Diagonalmatrizen sind:

$$A=\begin{pmatrix} p^{k_1} & & 0 \\ & \ddots & \\ 0 & & p^{k_n}\end{pmatrix}; \qquad D=\begin{pmatrix} p^{k_0-k_1} & & 0 \\ & \ddots & \\ 0 & & p^{k_0-k_n}\end{pmatrix}.$$

Die Abbildung

$$\mathscr{B}(A,\mathfrak{M})\to\mathscr{B}(D',\mathfrak{M}); \qquad B\to -B'$$

ist bijektiv. Sei $B_0\in\mathscr{B}(A,\mathfrak{M})$ ein festes Element. Wir setzen

$$\mathscr{B}_0(A,\mathfrak{M})=\{B=B_0+SD+AT;\ S,\ T \text{ ganz symmetrisch}\}.$$

Es gilt

$$\mathscr{B}_0(A,\mathfrak{M})\subset\mathscr{B}(A,\mathfrak{M})$$

und entsprechend

$$\mathscr{B}_0(D',\mathfrak{M})=\{-B',B\in\mathscr{B}_0(A,\mathfrak{M})\}\subset\mathscr{B}(D',\mathfrak{M}).$$

Wir setzen

$$b_0(A,\mathfrak{M})=\#\mathscr{B}_0(A,\mathfrak{M})/(\equiv \bmod D),$$
$$b_0(D',\mathfrak{M})=\#\mathscr{B}_0(D',\mathfrak{M})/(\equiv \bmod A'),$$

und behaupten sogar

$$\frac{b_0(A,\mathfrak{M})}{b_0(D',\mathfrak{M})}=\left|\frac{\det D}{\det A}\right|^{\frac{n+1}{2}}.$$

Nun ist $b_0(A,\mathfrak{M})$ die Maximalzahl aller mod D verschiedenen Matrizen AT, $T=T'$ ganz, und diese ist gleich der Maximalzahl mod p^{k_0} verschiedener Matrizen

$$ATA'=(p^{k_i+k_j}t_{ij}) \quad (T=T' \text{ ganz}).$$

Hieraus folgt

$$b_0(A,\mathfrak{M}) = \prod_{\substack{1\le i\le j\le n \\ k_0-(k_i+k_j)\ge 0}} p^{k_0-(k_i+k_j)}.$$

Aus Symmetriegründen folgt

$$b_0(D',\mathfrak{M}) = \prod_{\substack{1\le i\le j\le n \\ k_0-((k_0-k_i)+(k_0-k_j))\ge 0}} p^{k_0-((k_0-k_i)+(k_0-k_j))}.$$

Wir erhalten

$$\begin{aligned}\frac{b_0(A,\mathfrak{M})}{b_0(D',\mathfrak{M})} &= \prod_{1\le i\le j\le n} p^{k_0-k_i-k_j}\\ &= p^{\frac{n(n+1)}{2}k_0} \prod_{1\le i\le n} p^{-(n-i+1)k_i} \prod_{1\le j\le n} p^{-jk_j}\\ &= p^{\frac{n(n+1)}{2}k_0} \prod_j p^{-(n+1)k_j}\\ &= p^{\frac{n(n+1)}{2}k_0} |\det A|^{-(n+1)} = \left|\frac{\det D}{\det A}\right|^{\frac{n+1}{2}},\end{aligned}$$

was zu beweisen war □

Wir berechnen das Bild zweier spezieller Doppelnebenklassen.

3.14 Hilfssatz. *Es gilt*

a) $p^{-\frac{n(n+1)}{2}} Q(\Gamma_n(pE)\Gamma_n) = X_0^{-2} X_1 \dots X_n$

b) $p^{-\frac{n(n+1)}{2}} Q(T(p)) = X_0^{-1}(E_0 + \dots + E_n)$.

Hierbei bezeichne E_ν das ν-te elementarsymmetrische Polynom (s. §2) und

$$T(p) = \Gamma_n \begin{pmatrix} E^{(n)} & 0 \\ 0 & pE^{(n)} \end{pmatrix} \Gamma_n.$$

Beweis. a) ist trivial, da die betreffende Doppelnebenklasse aus einer einzigen Linksnebenklasse besteht;

b) folgt aus den Hilfssätzen 3.10, 3.12 und aus 2.8.

Wie verträgt sich der Homomorphismus φ mit der Konstruktion der Q-Funktion. Das Bild des Ringes $\mathscr{H}(\Gamma_n, \Delta_{n,p})$ bei der Abbildung Q ist im Ring $\mathbb{C}[X_0, X_0^{-1}][X_1, \dots, X_n]$ enthalten.

Wir betrachten den Homomorphismus

$$\begin{aligned}\psi\colon\ & \mathbb{C}[X_0^{\pm 1}, X_1, \dots, X_n] \to \mathbb{C}[X_0^{\pm 1}, X_1, \dots, X_{n-1}]\\ & \psi(X_0) = p^n X_0,\\ & \psi(X_n) = 0,\\ & \psi(X_\nu) = X_\nu \quad \text{für } 0<\nu<n.\end{aligned}$$

Aus der Definition von Q, φ, ψ folgt unmittelbar:

3.15 Bemerkung. *Das Diagramm*

$$\begin{array}{ccc} \check{\mathscr{L}}(\Gamma_n, \Delta_{n,p}) & \xrightarrow{\;Q\;} & \mathbb{C}[X_0^{\pm 1}, X_1, \dots, X_n], \\ \Big\downarrow{\scriptstyle \varphi} & & \Big\downarrow{\scriptstyle \psi} \\ \check{\mathscr{L}}(\Gamma_{n-1}, \Delta_{n-1,p}) & \xrightarrow{\;Q\;} & \mathbb{C}[X_0^{\pm 1}, X_1, \dots, X_{n-1}], \end{array}$$

ist kommutativ.

3.16 Hilfssatz. *Der Homomorphismus*

$$Q\colon\ \mathscr{H}(\Gamma_n, \Delta_{n,p}) \to \mathbb{C}[X_0^{\pm 1}, \dots, X_n^{\pm 1}]$$

ist injektiv.

Beweis von 3.16. Zu jedem von 0 verschiedenen Element $T \in \mathscr{H}(\Gamma_n, \Delta_{n,p})$ existiert eine ganze Zahl l, so daß $p^l T$ in $\check{\mathscr{H}}(\Gamma_n, \Delta_{n,p})$ enthalten, aber nicht durch p teilbar ist. Es gilt

$$Q(T) = (p^{\frac{n(n+1)}{2}} X_0^{-2} X_1 \dots X_n)^{-l} \cdot Q(p^l T).$$

Da $p^l T$ nicht im Kern von φ enthalten ist (3.6), können wir nun durch Induktion nach n schließen □

Wir untersuchen die Polynome $Q(T_{ik}(p^2))$ (s. 3.7). (Den Fall $i=0$ haben wir bereits erledigt, denn es ist

$$T_{0,n}(p^2) = \Gamma_n(pE)\Gamma_n.)$$

Bezeichnung.

$$R_i^{(n)} = \sum X_1^{\varepsilon_1} \dots X_n^{\varepsilon_n} \quad (0 \le i \le n),$$

wobei über alle n-Tupel $(\varepsilon_1, \dots, \varepsilon_n)$ mit folgenden Eigenschaften zu summieren ist:

a) $\varepsilon_\nu \in \{0, 1, -1\}$, $1 \le \nu \le n$,

b) $|\varepsilon_1| + \dots + |\varepsilon_n| = i$.

3.17 Hilfssatz. *Es gilt*

$$Q(T_{ik}(p^2)) = X_0^{-2} X_1 \dots X_n [c_0 R_0^{(n)} + \dots + c_i R_i^{(n)}]$$

mit gewissen positiven Zahlen $c_\nu = c_\nu(i,k)$.

Beweis durch vollständige Induktion: a) $i=0$: siehe Hilfssatz 3.14a).

b) Wir nehmen an, der Hilfssatz sei für $(i-1,k)$ bewiesen und beweisen ihn für (i,k). Nach Induktionsvoraussetzung gilt

$$Q(T_{i-1,k}(p^2)) = X_0^{-2} X_1 \dots X_{n-1} \sum_{\nu=0}^{i-1} c'_\nu R_\nu^{(n-1)}.$$

Wir setzen

$$c_1 = p^{2n} c_0, \ldots, c_i = p^{2n} c'_{i-1}$$

und bilden mit einer noch festzulegenden Konstanten c_0 die Funktion

$$q(X_0, \ldots, X_n) = X_0^{-2} X_1 \ldots X_n \sum_{\nu=0}^{i} c_\nu R_\nu^{(n)}.$$

Offensichtlich gilt

$$\psi(X_0^{-2} X_1 \ldots X_n R_\nu^{(n)}) = \begin{cases} 0 & \text{für } \nu = 0, \\ p^{-2n} X_0^{-2} X_1 \ldots X_{n-1} R_{\nu-1}^{(n-1)} & \text{für } \nu > 0 \end{cases}$$

und

$$\varphi(T_{ik}(p^2)) = \begin{cases} 0 & \text{für } i = 0, \\ T_{i-1,k}(p^2) & \text{für } i > 0. \end{cases}$$

Es gilt daher

$$\psi(q(X_0, \ldots, X_n) - Q(T_{i,k}(p^2))) = 0.$$

Wir wollen - nach geeigneter Wahl von c_0 - sogar

$$q(X_0, \ldots, X_n) - Q(T_{i,k}(p^2)) = 0$$

beweisen. Beide in dieser Differenz auftretenden Funktionen sind Linearkombinationen von Monomen der Art

$$X_0^{-2} X_1^{k_1} \ldots X_n^{k_n}; \qquad 0 \leq k_\nu \leq 2 \quad \text{für } 1 \leq \nu \leq n.$$

Beide Funktionen sind invariant bezüglich Permutationen der Variablen $X_1, \ldots, X_n$ und bezüglich der Substitution

$$X_0^{-2} X_1^{k_1} \ldots X_n^{k_n} \to X_0^{-2} X_1^{2-k_1} \ldots X_n^{2-k_n}$$

(s. Hilfssatz 3.13). Die Differenz $q - Q(T_{ik}(p^2))$ muß also, wenn sie überhaupt von 0 verschieden ist, notgedrungen ein Monom

$$C X_0^{-2} X_1^{k_1} \ldots X_n^{k_n}, \quad C \neq 0,$$

mit den Eigenschaften

a) $k_1 \geq \ldots \geq k_n$

b) $k_1 + \ldots + k_n \leq n$ (andernfalls ist $(2-k_1) + \ldots + (2-k_n) \leq n$)

c) $k_n \neq 0$

enthalten.

Es gibt aber nur ein einziges Monom mit dieser Eigenschaft, nämlich das durch $k_1 = \ldots = k_n = 1$ definierte. Durch geeignetes Verfügen über die Konstante c_0 können wir aber erreichen, daß dieses Monom in der Differenz nicht auftritt.

Zum Beweis von Hilfssatz 3.17 müssen wir nur noch zeigen, daß die Konstante c_0 positiv ist. Mit anderen Worten: Es ist zu zeigen, daß eine Matrix der Form

$$\begin{pmatrix} A & B \\ 0 & D \end{pmatrix}; \qquad A = \begin{pmatrix} p & & * \\ & \ddots & \\ 0 & & p \end{pmatrix}$$

in der Doppelnebenklasse $T_{ik}(p^2)$ enthalten ist. Man kann beispielsweise

$$A = D = pE^{(n)}; \qquad B = \begin{pmatrix} E^{(i)} & 0 \\ 0 & 0 \end{pmatrix}$$

wählen □

In Hilfssatz 3.13 haben wir gewisse Invarianzeigenschaften der Q-Polynome bewiesen. Aus der expliziten Berechnung der Erzeugenden und ihrer Q-Polynome gewinnen wir allgemeinere Invarianzaussagen. Sei

$$w_j\colon \mathbb{C}[X_0^{\pm 1}, \ldots, X_n^{\pm 1}] \to \mathbb{C}[X_0^{\pm 1}, \ldots, X_n^{\pm 1}], \quad 1 \leq j \leq n,$$

der durch

$$w_j(X_0) = \frac{X_0}{X_j}$$
$$w_j(X_j) = X_j^{-1}$$
$$w_j(X_\nu) = X_\nu \qquad \text{für } \nu \neq 0, j$$

definierte Automorphismus. Die Q-Polynome der Erzeugenden der Heckealgebra sind offensichtlich unter allen w_j (und nicht nur unter $w_1 \ldots w_n$, wie in 3.13 bewiesen) invariant.

Mit W_n bezeichnen wir die Gruppe, welche von $w_1, \ldots, w_n$ und von den Permutationen der Variablen $X_1, \ldots, X_n$ erzeugt wird. Diese Gruppe ist endlich. Der Unterring aller W_n-invarianten Funktionen werde mit

$$\mathbb{C}[X_0^{\pm 1}, \ldots, X_n^{\pm 1}]^{W_n}$$

bezeichnet. Das Bild der Heckealgebra ist also in diesem Unterring enthalten.

3.18 Hilfssatz. *Es gilt*

$$\mathbb{C}[X_0^{\pm 1}, X_1^{\pm 1}, \ldots, X_n^{\pm 1}]^{W_n} = \mathbb{C}[Y_0, Y_0^{-1}, Y_1, \ldots, Y_n]$$

mit

$$Y_0 = Y_0^{(n)} = X_0^{-2} X_1 \ldots X_n,$$
$$Y_1 = Y_1^{(n)} = X_0^{-1}(E_0 + \ldots + E_n),$$
$$Y_{i+1} = Y_{i+1}^{(n)} = R_i^{(n)} = \sum_{\substack{\varepsilon_\nu \in \{0,1,-1\} \\ |\varepsilon_1| + \ldots + |\varepsilon_n| = i}} X_1^{\varepsilon_1} \ldots X_n^{\varepsilon_n}; \qquad 1 \leq i < n$$

Die Funktionen $Y_0, Y_1, \ldots, Y_n$ sind algebraisch unabhängig.

Beweis. Sei

$$A_n = \mathbb{C}[X_0^{\pm 1}, X_1, \ldots, X_n] \cap \mathbb{C}[X_0^{\pm 1}, \ldots, X_n^{\pm 1}]^{W_n},$$
$$B_n = \mathbb{C}[Y_0, Y_1, Y_0 Y_2, \ldots, Y_0 Y_n].$$

Wir zeigen etwas mehr als in Hilfssatz 3.18 behauptet, nämlich

$$A_n = B_n.$$

Wir wollen durch Induktion nach n schließen und betrachten hierzu den Homomorphismus

$$\psi_0 \colon A_n \to A_{n-1}, \quad X_n \to 0.$$

Behauptung. Der Homomorphismus $\psi_0 \colon A_n \to A_{n-1}$ hat folgende Eigenschaften:

1) Der Kern von ψ_0 ist das von Y_0 erzeugte Hauptideal.

2) Durch ψ_0 wird ein surjektiver Homomorphismus

$$\psi_0 \colon B_n \to B_{n-1}$$

induziert.

Beweis der Behauptung. 1) Wenn ein in $X_1, \ldots, X_n$ symmetrisches Polynom durch X_n teilbar ist, so ist es durch $X_1 \ldots X_n$ teilbar. Wenn also eine Funktion aus A_n durch ψ_0 annulliert wird, so ist sie durch Y_0 teilbar.

2) Man kann die Wirkung von ψ_0 auf den Erzeugenden berechnen

$$\psi_0(Y_0^{(n)}) = 0,$$
$$\psi_0(Y_1^{(n)}) = Y_1^{(n-1)},$$
$$\psi_0(Y_0^{(n)} Y_2^{(n)}) = Y_0^{(n-1)},$$
$$\psi_0(Y_0^{(n)} Y_{\nu+1}^{(n)}) = Y_0^{(n-1)} Y_\nu^{(n-1)}; \qquad 2 \leq \nu < n.$$

Damit ist die Behauptung evident. Die Gleichheit der Ringe A_n und B_n folgt nun leicht durch Induktion nach n □

Wir erhalten abschließend:

3.19 Satz. *Die Abbildung Q definiert einen Isomorphismus*

$$\mathcal{H}(\Gamma_n, \Delta_{n,p}) \xrightarrow{Q} \mathbb{C}[X_0^{\pm 1}, \ldots, X_n^{\pm 1}]^{W_n}$$

Folgerung. *Die $n+1$ Erzeugenden*

$$T(p), \ T_{ik}(p^2); \qquad 0 \leq i < n$$

von $\check{\mathcal{H}}(\Gamma_n, \Delta_{n,p})$ sind algebraisch unabhängig.

Die Schlußbemerkung aus §2 (Theorie der Heckealgebra im Falle der linearen Gruppe) ist auch im symplektischen Fall gültig: Der Struktursatz 3.8 stammt von Shimura, die Theorie der Q-Polynome aus der p-adischen Theorie von I. Satake. Der Spezialfall der symplektischen Gruppe wurde ausführlich von Andrianov und Žarkovskaja studiert. In der Arbeit [75] wurden die erzeugenden W_n-Invarianten (3.18) bestimmt. Es sollte noch darauf hingewiesen werden, daß die Information im symplektischen Fall nicht so vollständig ist wie im linearen Fall. Es wäre wünschenswert, die in 3.17 auftretenden „positiven Konstanten" explizit zu bestimmen.

§4. Das Vertauschungsgesetz zwischen Heckeoperatoren und Siegelschem Φ-Operator

Es wird ein (von $r \in \mathbb{Z}$ abhängiger) surjektiver Ringhomomorphismus

$$\mathcal{H}_{n,p} \to \mathcal{H}_{n,p-1}$$
$$T \to T^*$$

mit der Eigenschaft

$$f|T|\Phi = f|\Phi|T^* \quad \text{für } f \in [\Gamma_n, r]$$

konstruiert. Zum Beweis benötigt man die Struktur der Heckealgebra (§3). Im Spezialfall $T = T(p)$ gilt

$$f|T(p)|\Phi = (1 + p^{n-r}) f|\Phi|T(p).$$

Da man in den Anwendungen des Vertauschungsgesetzes (§6) mit diesem Spezialfall auskommt, ist es erwähnenswert, daß dieser Spezialfall direkt aus dem Elementarteilersatz (ohne die aufwendige Theorie der Q-Polynome) gefolgert werden kann.

Der Siegelsche Φ-Operator war durch die Formel

$$(f|\Phi)(Z) = \lim_{t \to \infty} f\begin{pmatrix} Z & 0 \\ 0 & it \end{pmatrix}$$

definiert worden. Hierbei ist $f\colon \mathbb{H}_n \to \mathbb{C}$ irgendeine Funktion, für welche dieser Grenzwert existiert, beispielsweise eine Siegelsche Modulform oder allgemeiner eine Siegelsche Modulform bezüglich einer Kongruenzuntergruppe $\Gamma_n[l]$. Es ist für unsere Zwecke vorteilhaft, den modifizierten Φ-Operator

$$(f|\Phi_0)(Z) = \lim_{t \to \infty} f\begin{pmatrix} it & 0 \\ 0 & Z \end{pmatrix}$$

zu verwenden. Auch dieser Operator ist auf Modulformen bezüglich einer beliebigen Kongruenzuntergruppe $\Gamma_n[l]$ anwendbar. Ist $f \in [\Gamma_n, r]$ eine Modulform zur vollen Modulgruppe, so gilt generell

$$f\begin{pmatrix} Z_1 & 0 \\ 0 & Z_2 \end{pmatrix} = f\begin{pmatrix} Z_2 & 0 \\ 0 & Z_1 \end{pmatrix},$$

also insbesondere

$$f|\Phi = f|\Phi_0 \quad \text{für } f \in [\Gamma_n, r].$$

Jeder Linksnebenklasse

$$L = \Gamma_n M, \quad M \in \Delta_n,$$

haben wir einen Operator

$$[\Gamma_n, r] \to \{f \colon \mathbb{H}_n \to \mathbb{C}\}, \quad f|L = f\underset{r}{|}M$$

zugeordnet. Im allgemeinen ist $f|L$ keine Modulform zur vollen Siegelschen Modulgruppe, wohl aber zu einer geeigneten Kongruenzuntergruppe. Der Φ_0-Operator ist also auf $f|L$ anwendbar. Es erhebt sich die Frage nach einem Vertauschungsgesetz der Art

$$(f|L)|\Phi_0 = (f|\Phi_0)|L^*, \quad L^* = ?$$

Wir wählen den Repräsentanten M in der Form

$$M = \begin{pmatrix} A & B \\ 0 & D \end{pmatrix}$$

$$A = \begin{pmatrix} a_1 & * \\ 0 & A_2 \end{pmatrix}, \quad D = \begin{pmatrix} d_1 & 0 \\ * & D_2 \end{pmatrix}, \quad B = \begin{pmatrix} * & * \\ * & B_2 \end{pmatrix}$$

Die Matrix

$$M_2 = \begin{pmatrix} A_2 & B_2 \\ 0 & D_2 \end{pmatrix}$$

ist in Δ_{n-1} enthalten.

Die Linksnebenklasse

$$L_2 = \Gamma_{n-1} M_2$$

ist durch $L = \Gamma_n M$ eindeutig festgelegt. Es gilt

$$(f|L)(Z) = (\det D)^{-r} f\left(\frac{1}{l} Z[A'] + S\right), \quad S = l^{-1} BA',$$

sowie

$$\begin{pmatrix} it & 0 \\ 0 & Z \end{pmatrix} \begin{bmatrix} a_1 & 0 \\ * & A_2' \end{bmatrix} = \begin{pmatrix} i a_1^2 t + Z[*] & *' Z A_2' \\ * & Z[A_2'] \end{pmatrix}.$$

Hieraus ergibt sich

$$\begin{aligned}(f|L|\Phi_0)(Z) &= (\det D)^{-r} (f|\Phi_0)\left(\frac{1}{l} Z[A_2'] + S_2\right) \\ &= (\det D)^{-r} (\det D_2)^r f|\Phi_0|L_2, \quad S_2 = l^{-1} B_2 A_2'.\end{aligned}$$

Mit der Bezeichnung

$$L^* = \left(\frac{a_1}{l}\right)^r L_2$$

gilt also

$$\boxed{f|L|\Phi_0 = f|\Phi_0|L^*.}$$

Sei nun speziell l eine Primzahlpotenz

$$l = p^{k_0}, \qquad a_1 = p^{k_1}.$$

Wir dehnen die Zuordnung

$$\Gamma_n M \to \Gamma_{n-1} M^* = p^{r(k_1 - k_0)} \Gamma_{n-1} M_2$$

zu einer linearen Abbildung

$$\mathscr{L}(\Gamma_n, \Delta_{n,p}) \to \mathscr{L}(\Gamma_{n-1}, \Delta_{n-1,p}), \qquad L \to L^*,$$

aus. Diese Abbildung hängt von r ab.

4.1 Hilfssatz. *Sei r eine ganze Zahl. Es existiert eine lineare Abbildung*

$$\begin{gathered} \mathscr{L}(\Gamma_n, \Delta_{n,p}) \to \mathscr{L}(\Gamma_{n-1}, \Delta_{n-1,p}) \\ L \to L^* \end{gathered}$$

mit folgenden Eigenschaften

1) *Für $f \in [\Gamma_n, r]$, $L \in \mathscr{L}(\Gamma_n, \Delta_{n,p})$ gilt*

$$f|L|\Phi_0 = f|\Phi_0|L^*.$$

2) *Das Bild von $\mathscr{H}(\Gamma_n, \Delta_{n,p})$ ist in $\mathscr{H}(\Gamma_{n-1}, \Delta_{n-1,p})$ enthalten.*

3) *Sei*

$$\psi_r\colon \mathbb{C}[X_0^{\pm 1}, \ldots, X_n^{\pm 1}] \to \mathbb{C}[X_0^{\pm 1}, \ldots, X_{n-1}^{\pm 1}]$$

der durch

$$\begin{aligned} X_0 &\to p^r X_0, \\ X_1 &\to p^{r-n}, \\ X_{\nu+1} &\to X_\nu \quad \text{für } 0 < \nu < n, \end{aligned}$$

definierte Homomorphismus. Das Diagramm

$$\begin{array}{cccc} L & \mathscr{L}(\Gamma_n, \Delta_{n,p}) & \xrightarrow{\ Q\ } & \mathbb{C}[X_0^{\pm 1}, \ldots, X_n^{\pm 1}] \\ \downarrow & \downarrow & & \downarrow \psi_r \\ L^* & \mathscr{L}(\Gamma_{n-1}, \Delta_{n-1,p}) & \xrightarrow{\ Q\ } & \mathbb{C}[X_0^{\pm 1}, \ldots, X_{n-1}^{\pm 1}] \end{array}$$

ist kommutativ.

Beweis. Wir zeigen, daß die konstruierte Abbildung

$$L \to L^* = \left(\frac{a_1}{l}\right)^r L_2$$

die Eigenschaften 1)–3) hat. 1) gilt nach Konstruktion. 2) Sei

$$T=\sum c_\nu L^{(\nu)}$$

eine Linearkombination von Linksnebenklassen, welche in $\mathcal{H}(\Gamma_n, \Delta_{n,p})$ enthalten ist. Dies bedeutet, daß T invariant bleibt bei Multiplikation von rechts mit Modulmatrizen (s. 1.5)

$$T\cdot N=T \quad \text{für } N\in\Gamma_n.$$

Dies benutzte man speziell für Matrizen $N\in\Gamma_n$ der Gestalt

$$N=\tilde{M}=\left(\begin{array}{cc|cc} 1 & 0 & 0 & 0\\ 0 & \tilde{A}_2 & 0 & \tilde{B}_2\\ \hline 0 & 0 & 1 & 0\\ 0 & \tilde{C}_2 & 0 & \tilde{D}_2\end{array}\right),$$

$$\tilde{M}_2=\begin{pmatrix}\tilde{A}_2 & \tilde{B}_2\\ \tilde{C}_2 & \tilde{D}_2\end{pmatrix}.$$

Aus $T\tilde{M}=T$ folgt

$$(T\tilde{M})_2=T_2\tilde{M}_2=T_2$$

und somit

$$T_2\in\mathcal{H}(\Gamma_{n-1}, \Delta_{n-1,p}).$$

Man zeigt nun leicht

$$T^*\in\mathcal{H}(\Gamma_{n-1}, \Delta_{n-1,p}).$$

3) Sei

$$L=\Gamma_n M; \qquad M=\begin{pmatrix}A & *\\ 0 & p^{k_0}A'^{-1}\end{pmatrix},$$

$$A=\begin{pmatrix}p^{k_1} & & *\\ & \ddots & \\ 0 & & p^{k_n}\end{pmatrix}.$$

Es gilt

$$Q(L)=X_0^{-k_0}\prod_{\nu=1}^{n}\left(\frac{X_\nu}{p^\nu}\right)^{k_\nu} p^{(n+1)(k_1+\ldots+k_n)}$$

und

$$Q(L^*)=p^{r(k_1-k_0)}X_0^{-k_0}\prod_{\nu=1}^{n-1}\left(\frac{X_\nu}{p^\nu}\right)^{k_{\nu+1}} p^{n(k_2+\ldots+k_n)}.$$

Die unter 3) angegebenen Substitutionen führen offensichtlich $Q(L)$ in $Q(L^*)$ über □

Wir schränken den in 4.1 definierten Homomorphismus ψ_r auf den Unterring der W_n-invarianten Funktionen ein. Das Bild ist im Unterring der W_{n-1}-Invarianten enthalten

$$\psi_r\colon \mathbb{C}[X_0^{\pm 1},\dots,X_n^{\pm 1}]^{W_n} \to \mathbb{C}[X_0^{\pm 1},\dots,X_{n-1}^{\pm 1}]^{W_{n-1}}.$$

Da die W_n-Invarianten in den Variablen $X_1,\dots,X_n$ symmetrisch sind, kann man ψ_r durch

$$\begin{aligned} &X_0 \to p^r X_0,\\ &X_\nu \to X_\nu \qquad \text{für } 1 \le \nu < n,\\ &X_n \to p^{r-n}, \end{aligned}$$

definieren.

4.2 Hilfssatz. *Die Bilder der Erzeugenden Y_ν, $0 \le \nu \le n$ (s. 3.18) unter der Abbildung ψ_r (s. 4.1) werden durch*

$$\begin{aligned} &Y_0^{(n)} \to p^{-r-n}\, Y_0^{(n-1)},\\ &Y_1^{(n)} \to (p^{-r}+p^{-n})\, Y_1^{(n-1)},\\ &Y_2^{(n)} \to Y_2^{(n-1)} + p^{n-r} + p^{r-n},\\ &Y_\nu^{(n)} \to Y_\nu^{(n-1)} + (p^{n-r}+p^{r-n})\, Y_{\nu-1}^{(n-1)}, \qquad 2<\nu<n,\\ &Y_n^{(n)} \to (p^{r-n}+p^{n-r})\, Y_{n-1}^{(n-1)}, \end{aligned}$$

gegeben. Insbesondere ist der Homomorphismus

$$\psi_r\colon \mathbb{C}[X_0^{\pm 1},\dots,X_n^{\pm 1}]^{W_n} \to \mathbb{C}[X_0^{\pm 1},\dots,X_{n-1}^{\pm 1}]^{W_{n-1}}$$

surjektiv.

Aus 4.1 und 4.2 folgt

4.3 Theorem. *Es existiert ein surjektiver Ringhomomorphismus*

$$\begin{gathered} \mathcal{H}(\Gamma_n, \Delta_{n,p}) \to \mathcal{H}(\Gamma_{n-1}, \Delta_{n-1,p})\\ T \to T^* \end{gathered}$$

mit der Eigenschaft

$$f|T|\Phi = f|\Phi|T^*; \qquad f \in [\Gamma_n, r].$$

Dieser Homomorphismus ist explizit auf dem Niveau der Q-Polynome in 4.2 beschrieben.

Wir bestimmen speziell das Vertauschungsgesetz für $T(p)$.

4.4 Satz. *Sei p eine Primzahl. Es gilt*

$$f|T(p)|\Phi = (1+p^{n-r}) f|\Phi|T(p) \qquad \text{für } f \in [\Gamma_n, r].$$

Beweis. Das Q-Polynom von $T(p)$ haben wir berechnet

$$\begin{aligned} Q(T(p)) &= p^{\frac{n(n+1)}{2}} X_0^{-1}(E_0 + \ldots + E_n) \\ &= p^{\frac{n(n+1)}{2}} Y_1. \end{aligned}$$

Die Behauptung folgt aus Hilfssatz 4.2.

Anmerkung. Wenn man nur an dem Vertauschungsgesetz für $T(p)$ interessiert ist, so kann man auch einfacher – ohne die genaue Struktur der Heckealgebra zu benutzen – folgendermaßen schließen:

Aus dem (einfachen) Hilfssatz 4.1, 1), 2) folgt

$$f|T(p)|\Phi = f|\Phi|T^*.$$

Dabei ist T^* eine Linearkombination von in $O_{n-1}(p)$ enthaltenen Doppelnebenklassen. Nun besteht aber $O_{n-1}(p)$ aus einer einzigen Doppelnebenklasse! Es gilt daher

$$T^* = \text{const.}\, T(p).$$

Die Konstante kann man durch Abzählung der in $O_n(p)$, $O_{n-1}(p)$ enthaltenen Linksnebenklassen ermitteln.

4.5 Satz. *Sei $g \in [\Gamma_n, r]$ eine Eigenform aller Heckeoperatoren*

$$f|T = \lambda(T) f \quad \text{für } T \in \mathscr{H}(\Gamma_n, \Delta_n).$$

Dann ist auch $f|\Phi$ Eigenform aller Heckeoperatoren.

Dieser Satz ist eine unmittelbare Folge von Theorem 4.3 und damit von der Bestimmung der Struktur der abstrakten Heckealgebra $\mathscr{H}(\Gamma_n, \Delta_n)$.

4.6 Bemerkung. *Sei $\mathfrak{M} \subset O_n(l)$ eine endliche Vereinigung von Doppelnebenklassen und sei $f \in [\Gamma_n, r]$ eine Eigenform des entsprechenden Heckeoperators*

$$f|T(\mathfrak{M}) = \lambda f.$$

Wenn der 0-te Fourierkoeffizient von f von 0 verschieden ist ($a(O^{(n)}) \neq 0$), so gilt

$$\lambda = \sum_{\begin{pmatrix} A & B \\ 0 & D \end{pmatrix} : \Gamma_n \backslash \mathfrak{M}} (\det D)^{-r},$$

im Falle $\mathfrak{M} = O_n(p)$ speziell

$$\lambda = \prod_{\nu=1}^{n} (p^{\nu - r} + 1).$$

Beweis.

Sei

$$\mathfrak{M} = \bigcup \Gamma_n M_\nu, \quad M_\nu = \begin{pmatrix} A_\nu & B_\nu \\ 0 & D_\nu \end{pmatrix}.$$

Der 0-te Fourierkoeffizient von $f|T$ ist

$$\begin{aligned}\lim_{t\to\infty}(f|T)(i\,t\,E)&=\sum(\det D_\nu)^{-r}\lim_{t\to\infty} f(M_\nu Z\langle i\,t\,E\rangle)\\&=a(0)\sum(\det D_\nu)^{-r}.\end{aligned}$$

Der 0-te Fourierkoeffizient von λf ist $a(0)\cdot\lambda$.

Im Spezialfall $\mathfrak{M}=O_n(p)$ schließt man am einfachsten mittels des Vertauschungsgesetzes (4.4) durch Induktion nach n □

Beispiel für eine Eigenform. In I 5.4 wurde die Eisensteinreihe

$$E_r(Z)=\sum_{M:\Gamma_{n,o}\backslash\Gamma_n}\det(CZ+D)^{-r},\quad \Gamma_{n,o}=\left\{\begin{pmatrix}* & *\\ 0 & *\end{pmatrix}\in\Gamma_n\right\},$$

eingeführt. Diese konvergiert im Falle $r>n+1$ und stellt eine Modulform vom Gewicht r dar.

4.7 Bemerkung. *Die Eisensteinreihe ist eine Eigenform unter allen Heckeoperatoren.*

Die Eigenwerte der Eisensteinreihe sind in 4.6 angegeben, denn der 0-te Fourierkoeffizient ist von 0 verschieden:

$$\lim_{t\to\infty}E_r(i\,t\,E)=1.$$

Beweis. Sei $\mathfrak{M}$ eine endliche Vereinigung von Doppelnebenklassen rationaler symplektischer Ähnlichkeitsmatrizen. Schreibt man die Eisensteinreihe in der Form

$$E_r=\sum_{M:\Gamma_{n,o}\backslash\Gamma_n}1|M,$$

so folgt

$$\begin{aligned}E_r|T(\mathfrak{M})&=\sum_{N:\Gamma_n\backslash\mathfrak{M}}\;\sum_{M:\Gamma_{n,o}\backslash\Gamma_n}1|MN\\&=\sum_{M:\Gamma_{n,o}\backslash\mathfrak{M}}1|M.\end{aligned}$$

Wir zerlegen nun $\mathfrak{M}$ in Rechtsnebenklassen nach Γ_n

$$\mathfrak{M}=\bigcup_{\nu=1}^{h}M_\nu\Gamma_n,\quad M_\nu=\begin{pmatrix}A_\nu & B_\nu\\ 0 & D_\nu\end{pmatrix}.$$

Es existiert eine Untergruppe

$$\Gamma'_{n,o}\subset\Gamma_{n,o}$$

von endlichem Index mit der Eigenschaft

$$M_\nu^{-1}\,\Gamma'_{n,o}M_\nu\subset\Gamma_{n,o}\qquad\text{für } \nu=1,\dots,h.$$

Diese Untergruppe operiert auf den einzelnen Rechtsnebenklassen

$$\Gamma'_{n,o} M_\nu \Gamma_n \subset M_\nu \Gamma_n.$$

Es folgt

$$\begin{aligned} E_r | T(\mathfrak{M}) &= [\Gamma_{n,o} : \Gamma'_{n,o}]^{-1} \sum_{M : \Gamma'_{n,o} \backslash \mathfrak{M}} 1 | M \\ &= [\Gamma_{n,o} : \Gamma'_{n,o}]^{-1} \sum_{\nu=1}^{h} \sum_{M : \Gamma'_{n,o} \backslash M_\nu \Gamma_n} 1 | M. \end{aligned}$$

Offensichtlich gilt

$$\sum_{M : \Gamma'_{n,o} \backslash M_\nu \Gamma_n} 1 | M = \sum_{N : M_\nu^{-1} \Gamma'_{n,o} M_\nu \backslash \Gamma_n} 1 | M_\nu N.$$

Aus

$$1 | M_\nu N = (\det D_\nu)^{-r} \, 1 | N$$

folgt schließlich

$$E_r | T(\mathfrak{M}) = [\Gamma_n : \Gamma'_{n,o}]^{-1} \sum_\nu (\det D_\nu)^{-r} \cdot \sum_{M : M_\nu^{-1} \Gamma'_{n,o} M_\nu \backslash \Gamma_n} 1 | M.$$

4.8 Hilfssatz. *Sei $\mathfrak{M} \subset O_n(l)$ eine endliche Vereinigung von Doppelnebenklassen. Wir bezeichnen mit $d(\mathfrak{M})$ die Anzahl der in $\mathfrak{M}$ enthaltenen Linksnebenklassen. Die Spitzenform $f \in [\Gamma_n, r]_0$ sei eine Eigenform des Operators $T(\mathfrak{M})$, welche nicht identisch verschwindet*

$$f | T(\mathfrak{M}) = \lambda \cdot f, \quad f \neq 0.$$

Dann gilt

$$|\lambda| \leq l^{-\frac{nr}{2}} d(\mathfrak{M}),$$

im Falle $\mathfrak{M} = O_n(p)$ also speziell

$$|\lambda| \leq p^{-\frac{nr}{2}} \prod_{\nu=1}^{n} (p^\nu + 1).$$

Beweis. Da f eine Spitzenform ist, besitzt die Funktion

$$|f(Z)| (\det Y)^{\frac{r}{2}}$$

ein Maximum in $\mathbb{H}_n$. Es existiert also ein Punkt $Z_0 \in \mathbb{H}_n$ mit der Eigenschaft

$$|f(Z)| \leq \left(\frac{\det Y_0}{\det Y} \right)^{\frac{r}{2}} |f(Z_0)|.$$

Ist

$$M = \begin{pmatrix} A & B \\ 0 & D \end{pmatrix} \in \mathfrak{M},$$

so gilt insbesondere

$$|f(M\langle Z_0\rangle)| \le \det\left(\frac{1}{l}D'D\right)^{\frac{r}{2}} |f(Z_0)|.$$

Es folgt

$$|\lambda f(Z_0)| \le \sum_{M=\begin{pmatrix}A & B\\ 0 & D\end{pmatrix}: \Gamma_n\backslash\mathfrak{M}} |(\det D)^{-r} f(M\langle Z_0\rangle)|$$

$$\le l^{-\frac{rn}{2}} d(\mathfrak{M})\,|f(Z_0)|.$$

Nach Voraussetzung ist f und daher $f(Z_0)$ von 0 verschieden. Wir können obige Ungleichung daher durch $|f(Z_0)|$ dividieren □

4.9 Hilfssatz. *Die Eisensteinreihe* E_r ($r\equiv 0 \bmod 2$, $r>n+1$) *ist die einzige Modulform* $f\in[\Gamma_n, r]$ *mit den Eigenschaften*

a) $\lim\limits_{t\to\infty} f(itE)=1$,

b) $f\,|\,T(p)=\lambda(p)f$, $\lambda(p)\in\mathbb{C}$, *für unendlich viele Primzahlen p.*

Insbesondere ist jede Modulform mit diesen Eigenschaften Eigenform aller Heckeoperatoren.

Beweis. Induktion nach n. Der Induktionsbeginn ($n=0$) ist trivial. Die Aussage sei für $n-1$ anstelle von n schon bewiesen. Seien f und g zwei Modulformen mit den Eigenschaften a) und b). Die Modulformen $f|\Phi$ und $g|\Phi$ haben ebenfalls die Eigenschaften a) und b) und müssen nach Induktionsannahme übereinstimmen. Daher ist $f-g$ eine Spitzenform. Die Eigenwerte von f, g und $f-g$ haben die in 4.6 angegebene Form. Die Eigenwerte einer nicht identisch verschwindenden Spitzenform haben nach 4.8 kleinere Größenordnung. Es gilt daher $f-g=0$ □

Wir führen nun auf dem Vektorraum der Spitzenformen ein Hermitesches Skalarprodukt ein. Dazu benutzen wir das in I 5.4$_6$ eingeführte symplektische Volumelement

$$d\omega = \frac{dX\,dY}{(\det Y)^{n+1}}.$$

Dieses ist unter symplektischen Transformationen invariant. Wir wissen, daß die Siegelsche Modulgruppe (daher auch jede kommensurable Gruppe) eine Fundamentalmenge, mit endlichem symplektischem Volumen besitzt. Wir benutzen dies, um auf $\mathbb{H}_n/\Gamma$ ein Integral für beliebige stetige beschränkte Funktionen einzuführen.

Sei $\Gamma\subset Sp(n,\mathbb{R})$ eine mit Γ_n kommensurable Gruppe. Wir bezeichnen mit $\mathcal{B}(\Gamma)$ die Menge aller *stetigen, beschränkten, Γ-invarianten* Funktionen auf $\mathbb{H}_n$.

4.10 Hilfssatz. *Man kann jeder mit Γ_n kommensurablen Gruppe $\Gamma \subset Sp(n, \mathbb{R})$ eine Abbildung*

$$I_\Gamma\colon \mathscr{B}(\Gamma) \to \mathbb{C}$$

mit folgenden Eigenschaften zuordnen:

a) *I_Γ ist $\mathbb{C}$-linear.*
b) *$I_\Gamma(\bar{f}) = \overline{I_\Gamma(f)}$.*
c) *$I_\Gamma(f) > 0$, falls $f(Z) \geq 0$ für $Z \in \mathbb{H}_n$ und $f \not\equiv 0$.*
d) *Ist $\Gamma_0 \subset \Gamma$ eine Untergruppe von endlichem Index, so gilt*

$$I_{\Gamma_0}(f) = [\Gamma : \Gamma_0]\, I_\Gamma(f) \ \text{für}\ f \in \mathscr{B}(\Gamma).$$

e) *Ist $M \in Sp(n, \mathbb{R})$ projektiv rational, so gilt*

$$I_\Gamma(f) = I_{M\Gamma M^{-1}}(f^M); \qquad f^M(Z) = f(M^{-1}\langle Z\rangle).$$

Beweis. Wir nehmen zunächst an, daß die Gruppe Γ außer E keine Elemente endlicher Ordnung enthält. Jede Γ-invariante Funktion: $f\colon \mathbb{H}_n \to \mathbb{C}$ induziert in kanonischer Weise eine Funktion $f_0\colon \mathbb{H}_n/\Gamma \to \mathbb{C}$. Wir sagen, der Träger von f_0 sei klein, wenn eine offene Menge $U \subset \mathbb{H}_n$ mit folgenden Eigenschaften existiert:

a) Der Abschluß von $\bar{U}$ ist kompakt;
b) $M(U) \cap U = \emptyset$ für $M \in \Gamma$, $M \neq E$;
c) der Träger von f_0 ist im Bild von U enthalten. Wir definieren dann

$$I_\Gamma(f) = \int_U f(Z)\, d\omega.$$

Diese Definition hängt nicht von der Wahl von U ab. Für die Integration beliebiger Funktionen $f \in \mathscr{B}(\Gamma)$ benutzen wir die Existenz von beliebig feinen Zerlegungen der Eins:

Sei

$$\varphi_\nu\colon \mathbb{H}_n/\Gamma \to \{x \in \mathbb{R},\, x \geq 0\}; \qquad \nu = 1, 2, \ldots$$

eine Folge von stetigen Funktionen mit kleinem Träger und mit der Eigenschaft

$$\sum_{\nu=1}^{\infty} \varphi_\nu = 1.$$

Sei Φ_ν die φ_ν entsprechende Γ-invariante Funktion auf $\mathbb{H}_n$. Wir definieren für beliebiges $f \in \mathscr{B}(\Gamma)$

$$I_\Gamma(f) = \sum_{\nu=1}^{\infty} I_\Gamma(f\Phi_\nu).$$

Wie üblich zeigt man, daß diese Definition nicht von der Wahl der Zerlegung der Eins abhängt. Die absolute Konvergenz der Reihe ist eine leichte Folgerung aus der Existenz einer offenen Fundamentalmenge mit endlichem symplektischem Volumen I 5.9.

Wir lassen nun zu, daß Γ auch außer E Elemente endlicher Ordnung enthält. Wie wir wissen, existiert eine Untergruppe $\Gamma_0 \subset \Gamma$ von endlichem Index, welche fixpunktfrei operiert. Wir definieren

$$I_\Gamma(f) = \frac{1}{[\Gamma:\Gamma_0]} I_{\Gamma_0}(f).$$

Diese Definition hängt nicht von der Wahl von Γ_0 ab.

Es ist nun einfach, die Eigenschaften a)–e) zu verifizieren.

Seien $f, g \in [\Gamma, r]$ zwei Modulformen. Die Funktion

$$h(Z) = f(Z)\overline{g(Z)}(\det Y)^r$$

ist dann Γ-invariant. Ist $f \cdot g$ eine Spitzenform, so ist $h(Z)$ beschränkt und man kann in diesem Falle

$$\langle f, g\rangle = \langle f, g\rangle_\Gamma = I_\Gamma(h) \qquad (f \cdot g \text{ Spitzenform})$$

definieren. *Diese Paarung ist*

1) *$\mathbb{C}$-linear in f;*
2) *Hermitesch, d.h.*
$$\langle f, g\rangle = \overline{\langle g, f\rangle};$$
3) *positiv definit, d.h.*
$$\langle f, f\rangle > 0 \quad \textit{für } f \neq 0.$$

4.11 Bemerkung. *Seien $f, g \in [\Gamma_n, r]$ zwei Modulformen, f oder g Spitzenform. Sei $\mathfrak{M}$ eine Doppelnebenklasse rationaler symplektischer Ähnlichkeitsmatrizen. Dann gilt*

$$\langle f | T(\mathfrak{M}), g\rangle = \langle f, g | T(\mathfrak{M})\rangle.$$

Beweis. Wir wählen ein simultanes Vertretersystem der in $\mathfrak{M}$ enthaltenen Links- und Rechtsnebenklassen (1.9, 1.10)

$$\mathfrak{M} = \Gamma_n M \Gamma_n = \bigcup_{\nu=1}^{h} \Gamma_n M_\nu = \bigcup_{\nu=1}^{h} M_\nu \Gamma_n.$$

Wir setzen

$$\tilde{M} = l M^{-1}, \qquad \tilde{M}_\nu = l M_\nu^{-1}.$$

Offensichtlich gilt

$$\Gamma_n \tilde{M} \Gamma_n = \bigcup \tilde{M}_\nu \Gamma_n = \bigcup \Gamma_n \tilde{M}_\nu.$$

Aus dem symplektischen Elementarteilersatz folgt, daß M und $\tilde{M}$ dieselbe Doppelnebenklasse definieren, also

$$\Gamma_n M \Gamma_n = \bigcup \Gamma_n M_\nu = \bigcup \Gamma_n \tilde{M}_\nu.$$

Wir setzen nun

$$\Gamma_\nu = \Gamma_n \cap M_\nu \, \Gamma_n M_\nu^{-1}$$
$$\tilde{\Gamma}_\nu = \Gamma_n \cap \tilde{M}_\nu \, \Gamma_n \tilde{M}_\nu^{-1} = M_\nu^{-1} \, \Gamma_\nu M_\nu .$$

Sei außerdem $\Gamma_0 \subset \Gamma_n$ eine Untergruppe von endlichem Index, welche in allen $\Gamma_\nu, \tilde{\Gamma}_\nu$; $\nu = 1, \ldots, h$ enthalten ist. Es gilt

$$[\Gamma_\nu : \Gamma_0] = [\tilde{\Gamma}_\nu : \Gamma_0] \qquad \text{für } \nu = 1, \ldots, h,$$

wie man leicht aus 4.10 folgert.

Die Funktionen $f \mid M_\nu$ und g sind beide Modulformen bezüglich $\tilde{\Gamma}_\nu$. Ihr Produkt ist eine Spitzenform. Aus 4.10e) folgt

$$\langle f \mid M_\nu, g \rangle_{\tilde{\Gamma}_\nu} = \langle f, g \mid \tilde{M}_\nu \rangle_{\Gamma_\nu}.$$

Mittels 4.10d) beweist man

$$\langle f \mid M_\nu, g \rangle_{\Gamma_0} = \langle f, g \mid \tilde{M}_\nu \rangle_{\Gamma_0}.$$

Summiert man über ν, so folgt

$$\langle f \mid T, g \rangle_{\Gamma_0} = \langle f, g \mid T \rangle_{\Gamma_0}.$$

Nochmalige Anwendung von 4.10d) liefert die Behauptung □

Wir bezeichnen mit $E_r^{(n)}$ die Orthogonalschar des Raumes der Spitzenformen im Raum aller Modulformen

$$E_r^{(n)} = \{ f \in [\Gamma_n, r], \quad \langle f, g \rangle = 0 \quad \text{für } g \in [\Gamma_n, r]_0 \}.$$

Offensichtlich ist

$$E_r^{(n)} \subset [\Gamma_n, r]$$

ein linearer Unterraum.

Spitzenformen werden durch Heckeoperatoren in sich überführt. Aus 4.11 folgt, daß auch der Raum $E_r^{(n)}$ unter Heckeoperatoren invariant ist.

4.12 Hilfssatz. *Die Unterräume* $[\Gamma_n, r]_0$ *und* $E_r^{(n)}$ *sind unter Heckeoperatoren invariant. Es gilt*

1) $[\Gamma_n, r] = [\Gamma_n, r]_0 \oplus E_r^{(n)}$.

2) *Die Einschränkung des Φ-Operators auf* $E_r^{(n)}$ *ist injektiv*

$$E_r^{(n)} \overset{\Phi}{\hookrightarrow} [\Gamma_{n-1}, r].$$

Beweis. 1) Wir benutzen den „Satz von Riesz", welcher für endlich dimensionale Vektorräume trivial ist:

Zu jedem linearen Funktional

$$I: \, [\Gamma_n, r]_0 \to \mathbb{C}$$

existiert ein Element $h \in [\Gamma_n, r]_0$ mit der Eigenschaft

$$I(g) = \langle g, h \rangle.$$

Wir wenden dies auf das Funktional

$$l_f(g) = \langle g, f \rangle$$

an, wobei $f \in [\Gamma_n, r]$ eine Modulform (nicht notwendig Spitzenform) sei.

Es folgt die Existenz einer Spitzenform

$$f_0 \in [\Gamma_n, r]_0, \quad \langle g, f_0 \rangle = \langle g, f \rangle \quad \text{für } g \in [\Gamma_n, r]_0.$$

Offensichtlich ist

$$f_1 = f - f_0 \in E_r^{(n)}.$$

2) Der Kern von Φ besteht aus Spitzenformen. Sei

$$f \in [\Gamma_n, r]_0 \cap E_r^{(n)}.$$

Dann gilt

$$\langle f, f \rangle = 0, \quad \text{also } f = 0 \quad \square$$

4.13 Theorem. *Sei $V \subset [\Gamma_n, r]$ ein linearer Teilraum, welcher unter einer gewissen Menge $\mathcal{H} \subset \mathcal{H}(\Gamma_n, \Delta_n)$ von Heckeoperatoren invariant ist. Dann besitzt V eine Basis von Eigenformen*

$$f \mid T = \lambda(T) f \quad \textit{für } T \in \mathcal{H}.$$

Insbesondere besitzt $[\Gamma_n, r]$ eine Basis von Eigenformen für alle Heckeoperatoren.

Beweis. Aus der linearen Algebra ist bekannt:

1) Sei V ein endlich dimensionaler Vektorraum über dem Körper der komplexen Zahlen und sei $\mathfrak{T}$ eine Menge von paarweise vertauschbaren linearen Abbildungen $T: V \to V$. Es existiere eine Basis von simultanen Eigenvektoren

$$T e_\nu = \lambda(T) \cdot e_\nu; \quad \nu = 1, \ldots, n.$$

Dann besitzt auch jeder $\mathfrak{T}$-invariante Unterraum $W \subset V$ eine Basis von simultanen Eigenvektoren.

2) Sei V ein endlich dimensionaler Vektorraum mit einem Hermiteschen Skalarprodukt $\langle\, , \rangle$ und sei $\mathfrak{T}$ eine Menge von paarweise vertauschbaren Hermiteschen linearen Abbildungen $T: V \to V$, d.h. $\langle T(v), w \rangle = \langle v, T(w) \rangle$. Dann besitzt V eine Basis von simultanen Eigenvektoren.

Wir beweisen nun Theorem 4.13 durch Induktion nach n. Der Induktionsbeginn ($n=0$) ist trivial. Der Satz sei für $n-1$ anstelle von n schon bewiesen. Wegen der Vorbemerkung 1) müssen wir nur zeigen, daß ganz $[\Gamma_n, r]$ eine Basis von simultanen Eigenformen besitzt. Es genügt hierzu zu zeigen, daß sowohl $[\Gamma_n, r]_0$ als auch $E_r^{(n)}$ Basen von Eigenformen besitzen. Auf dem Vektorraum der Spitzenformen haben wir ein Skalarprodukt definiert. Die Heckeoperatoren sind bezüglich dieses Skalarprodukts selbstadjungiert. Nach der Vorbemerkung 2) muß eine Basis von Eigenformen existieren. Aus dem Vertauschungsgesetz zwischen Φ-Operator und Heckeoperatoren folgt, daß $\Phi(E_r^{(n)})$ unter Heckeoperatoren invariant ist. Nach Induktionsvoraussetzung besitzt dieser Raum eine Basis von Eigenformen. Nochmalige Anwendung des Vertauschungsgesetzes zeigt, daß $E_r^{(n)}$ selbst eine Basis von Eigenformen besitzt. Aus 4.13 folgt unmittelbar:

4.14 Satz. *Wenn in $[\Gamma_n, r]$ eine Modulform mit von 0 verschiedenem Fourierkoeffizienten $a(O^{(n)})$ existiert, so existiert sogar eine Eigenform aller Heckeoperatoren mit dieser Eigenschaft.*

Eine solche Eigenform ist wegen Hilfssatz 4.9 im Falle $r > n+1$ bis auf einen konstanten Faktor eindeutig bestimmt. Sie muß in $E_r^{(n)}$ enthalten sein.

Das Vertauschungsgesetz 4.3 (mit den wichtigen Anwendungen 4.5, 4.13) wurde von Žarkovskaja [75] bewiesen; Spezialfälle waren bereits durch H. Maaß bekannt. Er übertrug auch die Peterssonsche Metrisierungstheorie auf den Fall der Siegelschen Modulformen und bewies die Diagonalisierbarkeit der Heckeoperatoren auf dem Raum der Spitzenformen.

§5. Die Wirkung von Heckeoperatoren auf Thetareihen

Die Wirkung der Heckeoperatoren auf Thetareihen läßt sich durch eine explizite Formel beschreiben (5.7). Besonders einfach wird die Formel im Falle $T(p)$, p prim (5.10) Der Beweis beruht auf einem Darstellungssatz für **singuläre Modulformen.** (Eine Modulform vom Gewicht r ist genau dann singulär, wenn $r \leq \frac{n-1}{2}$ gilt A IV.) *Jede singuläre Modulform läßt sich in kanonischer Weise als Linearkombination von Thetareihen beschreiben.* Hieraus ergeben sich die expliziten Formeln im singulären Fall. Den allgemeinen Fall führt man mit Hilfe des Siegelschen Φ-Operators auf den singulären Fall zurück. Dabei wird das in §4 bewiesene **Vertauschungsgesetz** benutzt.

5.1 Bemerkung. *Sei*

$$f(Z) = \sum_{T = T' \geq 0 \text{ gerade}} a(T)\, e^{\pi i \sigma(TZ)}$$

eine Siegelsche Modulform n-ten Grades vom Gewicht r, $r \equiv 0 \bmod 4$, welche sich als Linearkombination von Thetareihen zu positiven, gera-

den, unimodularen Matrizen schreiben läßt

$$f(Z)=\sum_{\nu=1}^{h} c_\nu \vartheta_{S_\nu}(Z).$$

Die Formen $S_1,\dots,S_h$ *seien paarweise inäquivalent. Es gelte*

$$n\geq 2r.$$

Dann sind die Koeffizienten c_ν *eindeutig bestimmt und zwar gilt*

$$c_\nu=\frac{a\begin{pmatrix}S_\nu & 0\\ 0 & 0\end{pmatrix}}{A(S_\nu,S_\nu)} \quad \text{für } \nu=1,\dots,h.$$

Beweis. Man spezialisiere die Relation

$$a(T)=\sum_{\nu=1}^{h} c_\nu A(S_\nu,T)$$

auf $T=\begin{pmatrix}S_\nu & 0\\ 0 & 0\end{pmatrix}$ und benutze

$$A\left(S_\nu,\begin{pmatrix}S_\mu & 0\\ 0 & 0\end{pmatrix}\right)=A(S_\nu,S_\mu) \quad \square$$

5.2 Definition. Eine Modulform n-ten Grades

$$f(Z)=\sum_{T=T'\geq 0 \text{ gerade}} a(T)\,e^{\pi i\sigma(TZ)}$$

heißt singulär, falls

$$a(T)\neq 0 \Rightarrow \det T=0.$$

Die singulären Modulformen bilden ein Gegenstück zu den Spitzenformen, welche ja durch die Bedingung

$$a(T)\neq 0 \Rightarrow \det T\neq 0$$

charakterisiert sind. Im Falle $n=1$ ist eine singuläre Modulform konstant, ihr Gewicht also 0. Im Falle $n>1$ existieren jedoch nichttriviale singuläre Modulformen.

Beispielsweise definiert die Thetareihe

$$\vartheta_S(Z)=\sum_{G=G^{(m,n)}} e^{\pi i\sigma(S[G]Z)},$$

$$(S=S^{(m)} \text{ positiv, gerade, unimodular})$$

im Falle $m<n$ eine singuläre Modulform, denn ein Fourierkoeffizient

$$A(S,T)=\#\{G=G^{(m,n)} \text{ ganz};\ G'SG=T\}$$

kann nur dann von 0 verschieden sein, wenn der Rang von T nicht größer als m ist.

5.3 Satz. *Sei $f \in [\Gamma_n, r]$ eine von 0 verschiedene singuläre Modulform. Dann gilt*

a) $2r < n$, $4/r$.

b) *f ist Linearkombination von Thetareihen $\vartheta_S(Z)$ zu positiven, geraden, unimodularen Matrizen $S = S^{(2r)}$.*

Beweis. Sei

$$f(Z) = \sum a(T)\, e^{\pi i \sigma(TZ)}$$

eine singuläre Modulform, welche nicht identisch verschwindet. Wir wählen einen von 0 verschiedenen Fourierkoeffizienten $a(T)$, so daß der Rang ρ von T maximal ist. Bekanntlich existiert eine unimodulare Matrix $U \in Gl(n, \mathbb{Z})$ mit

$$U' T U = \begin{pmatrix} 0 & 0 \\ 0 & S \end{pmatrix}, \qquad S = S^{(\rho)} > 0.$$

Wir wählen nun T und U so, daß die Determinante $\det S$ minimal ist. Schlüssel zum Beweis von 5.3 ist die

Behauptung. Es gilt

a) $\rho = 2r$,

b) $\det S = 1$.

Beweis der Behauptung. Wir entwickeln die Funktion

$$f\begin{pmatrix} W & 0 \\ 0 & Z \end{pmatrix}; \quad Z = Z^{(\rho)}, \ W = W^{(n-\rho)}$$

in eine Fourierreihe

$$f\begin{pmatrix} W & 0 \\ 0 & Z \end{pmatrix} = \sum A_T(W)\, e^{\pi i \sigma(TZ)}.$$

Die Funktionen $A_T(W)$ sind selbst Modulformen $(n-\rho)$-ten Grades vom Gewicht r. Durch Umordnen der Fourierreihe von f erhält man

$$A_T(W) = \sum a\begin{pmatrix} T_1 & T'_{12} \\ T_{12} & T \end{pmatrix} e^{\pi i \sigma(T_1 W)}.$$

Zu summieren ist über alle T_1, T_{12}, so daß die Matrix

$$\tilde{T} = \begin{pmatrix} T_1 & T'_{12} \\ T_{12} & T \end{pmatrix}$$

gerade und semipositiv ist.

Wir bestimmen die Funktion $A_T(W)$ im Spezialfall $T=S$. Wenn der Koeffizient $a(\tilde{T})$ von 0 verschieden ist, so gilt nach Wahl von ρ

$$\tilde{T}=U'\begin{pmatrix}0 & 0\\ 0 & T^*\end{pmatrix}U, \qquad U\in Gl(n,\mathbb{Z}), \qquad T^*=T^{*(\rho)}\geq 0.$$

Eine einfache Rechnung ergibt

$$S=G'\,T^*\,G, \qquad U=\begin{pmatrix}* & *\\ * & G\end{pmatrix}, \qquad G=G^{(\rho)}.$$

Hieraus folgt $\det T^*\neq 0$. Nach Wahl von S erhalten wir

$$\det T^*\geq \det S.$$

Die Matrizen S und T^* sind demnach unimodular äquivalent und wir erhalten

$$A_S(W)=a\begin{pmatrix}0 & 0\\ 0 & S\end{pmatrix}\sum_{\begin{pmatrix}T & T'_{12}\\ T_{12} & S\end{pmatrix}\sim\begin{pmatrix}0 & 0\\ 0 & S\end{pmatrix}} e^{\pi i\sigma(TW)}.$$

Die in der Summation auftretenden Matrizen sind alle von der Form

$$\begin{pmatrix}G'SG & G'S\\ SG & S\end{pmatrix}; \qquad G \text{ ganz.}$$

Wir erhalten also

$$\frac{A_S(W)}{a\begin{pmatrix}0 & 0\\ 0 & S\end{pmatrix}}=\vartheta_S(W).$$

Insbesondere ist

$$\vartheta_S(W)\in[\Gamma_{n-\rho},r].$$

Hieraus folgt aber (beachte I 0.11)

$$\det S=1 \qquad \text{und } \rho=2r,$$

wie behauptet □

Satz 5.3 ist eine einfache Folgerung aus der Behauptung: Wir bezeichnen mit $S_1,\dots,S_h$ ein Vertretersystem der unimodularen Klassen aller positiven geraden Formen $S=S^{(2r)}$ der Determinante Eins und bilden

$$f_0(Z)=f(Z)-\sum_{\nu=1}^{h}c_\nu\,\vartheta_{S_\nu}(Z)=\sum a_0(T)\,e^{\pi i\sigma(TZ)},$$

$$c_\nu=\frac{a\begin{pmatrix}0 & 0\\ 0 & S_\nu\end{pmatrix}}{A(S_\nu,S_\nu)}.$$

Dann gilt jedenfalls

$$a_0\begin{pmatrix}0 & 0\\ 0 & S\end{pmatrix}=0, \qquad \text{falls } \det S=1,\ S=S^{(2r)}.$$

Aus der Behauptung folgt

$$f_0=0 \quad \square$$

Wir bezeichnen mit $[\Gamma_n, r]_\vartheta$ den Untervektorraum aller Modulformen aus $[\Gamma_n, r]$, welche sich als Linearkombination von Thetareihen $\vartheta_S(Z)$; $S=S^{(2r)}>0$, gerade, unimodular, schreiben lassen. Aus Satz 5.3 leiten wir eine funktionentheoretische Kennzeichnung dieses Unterraums ab.

5.4 Definition. Eine Modulform $f\in[\Gamma_n, r]$ heißt **stabil,** wenn eine singuläre Modulform

$$F\in[\Gamma_{\tilde{n}}, r]$$

mit den Eigenschaften

a) $\tilde{n}>n$,

b) $f=F|\Phi^{\tilde{n}-n}$,

existiert.

Aus Satz 5.3 folgt leicht

5.5 Theorem. *Der Vektorraum* $[\Gamma_n, r]_\vartheta$ *besteht genau aus den stabilen Modulformen* $f\in[\Gamma_n, r]$.

Beweis. Aus der Formel

$$\vartheta(S, Z^{(n)})|\Phi=\vartheta(S, Z^{(n-1)})$$

folgt, daß Thetareihen stabil sind. Die Umkehrung ergibt sich aus Satz 5.3 $\square$

Aus dieser Charakterisierung der Linearkombination von Thetareihen und aus dem Vertauschungsgesetz zwischen Heckeoperatoren und Φ-Operator, insbesondere der Surjektivität des Homomorphismus $T\to T^*$ (4.3) folgt

5.6 Satz. *Der von den Thetareihen aufgespannte Unterraum* $[\Gamma_n, r]_\vartheta$ *wird durch Heckeoperatoren in sich überführt.*

Da die Darstellung singulärer Modulformen durch Thetareihen konstruktiv war, ist es möglich, effektive Formeln für die Wirkung von Heckeoperatoren auf Thetareihen zu erhalten.

5.7 Theorem. *Sei* $n\geq 2r$. *Mit* $S_1, \ldots, S_h$ *werde ein Vertretersystem der Klassen positiver gerader* $2r$*-reihiger Matrizen der Determinante* 1 *be-*

zeichnet. Sei $T \in \mathscr{H}(\Gamma_n, \Delta_n)(\subset \mathscr{L}(\Gamma_n, \Delta_n))$

$$T = \sum_{j=1}^{l} c_j \Gamma_n M_j; \qquad M_j = \begin{pmatrix} A_j & B_j \\ 0 & D_j \end{pmatrix}$$

ein Element der Heckealgebra. Dann gilt

$$\vartheta_{S_\mu} | T = \sum_{\nu=1}^{h} c_{\mu\nu}(T)\, \vartheta_{S_\nu}; \qquad 1 \le \mu \le h$$

mit

$$c_{\mu\nu}(T) = \sum_{j=1}^{l} c_j (\det D_j)^{-r} \frac{A\left(S_\mu, D_j \begin{pmatrix} 0 & 0 \\ 0 & S_\nu \end{pmatrix} A_j^{-1}\right)}{A(S_\nu, S_\nu)} e^{\pi i \sigma\left(\begin{pmatrix} 0 & 0 \\ 0 & S_\nu \end{pmatrix} A_j^{-1} B_j\right)}.$$

Beweis. Es gilt

$$(f | T)(Z) = \sum_{j=1}^{l} c_j (\det D_j)^{-r} f((A_j Z + B_j) D_j^{-1}).$$

Dieser Operator führt eine Fourierreihe

$$f(Z) = \sum_{H = H' \text{ gerade}} a(H)\, e^{\pi i \sigma(HZ)}$$

wieder in eine Fourierreihe über und zwar gilt

$$(f | T)(Z) = \sum_{H = H',\, H \text{ gerade}} a_T(H)\, e^{\pi i \sigma(HZ)}$$

$$a_T(H) = \sum_{\substack{1 \le j \le l \\ H A_j^{-1} B_j \text{ gerade}}} c_j (\det D_j)^{-r} a(D_j H A_j^{-1})\, e^{\pi i \sigma(H A_j^{-1} B_j)}.$$

Die behauptete Formel folgt nun aus 5.6 und aus 5.1 □

Eine erhebliche Vereinfachung der Formel erhält man für

$$T(p) := \Gamma_n \begin{pmatrix} E & 0 \\ 0 & pE \end{pmatrix} \Gamma_n = O_n(p),$$

wobei p eine positive Primzahl sei.

Wir bezeichnen mit $\mathscr{D}(j)$, $0 \le j \le n$ ein Vertretersystem der in der Doppelnebenklasse

$$Gl(n, \mathbb{Z}) \begin{pmatrix} E^{(n-j)} & 0 \\ 0 & pE^{(j)} \end{pmatrix} Gl(n, \mathbb{Z})$$

enthaltenen Linksnebenklassen $Gl(n, \mathbb{Z})\, D$.

Wir setzen

$$\mathscr{D} = \bigcup_{j=0}^{n} \mathscr{D}(j).$$

Für jedes feste $D \in \mathcal{D}$ durchlaufe B ein Vertretersystem ganzer Matrizen mit der Eigenschaft $(BD^{-1})' = BD^{-1}$ bezüglich der Äquivalenzrelation

$$B_1 \sim B_2 \Leftrightarrow (B_1 - B_2) D^{-1} \text{ ganz.}$$

Dann durchlaufen die Matrizen

$$\begin{pmatrix} A & B \\ 0 & D \end{pmatrix}; \quad A'D = pE$$

ein Vertretersystem der Linksnebenklassen von

$$\Gamma_n \begin{pmatrix} E & 0 \\ 0 & pE \end{pmatrix} \Gamma_n.$$

Wir können also

$$\Gamma_n \begin{pmatrix} E & 0 \\ 0 & pE \end{pmatrix} \Gamma_n = \sum_{D \in \mathcal{D}} \sum_{\substack{B \bmod D \\ B \text{ ganz}, BD^{-1} \text{ symmetrisch}}} \Gamma_n \begin{pmatrix} pD'^{-1} & B \\ 0 & D \end{pmatrix}$$

schreiben.

Wir setzen für beliebige ganze symmetrische $S = S^{(n)}$ und $D = D^{(n)}$

$$\sigma(D, S) = \sum_{\substack{B \bmod D \\ B \text{ ganz}, BD^{-1} \text{ symmetrisch}}} e^{\pi i \sigma(SBD^{-1})}.$$

Die in Theorem 5.7 auftretenden Koeffizienten haben nun die Form $(n = 2r)$

$$c_{\mu\nu}(T(p)) = \sum_{D \in \mathcal{D}} (\det D)^{-\frac{n}{2}} \frac{A\left(S_\mu, \frac{1}{p} S_\nu[D']\right)}{A(S_\nu, S_\nu)} \sigma\left(D, \frac{1}{p} S_\nu[D']\right).$$

Die Summe $\sigma(D, S)$ kann man leicht berechnen. Dazu führen wir D durch geeignete unimodulare Matrizen $U, V \in Gl(n, \mathbb{Z})$ in Elementarteilerform über

$$UDV = D_E = \begin{pmatrix} d_1 & & 0 \\ & \ddots & \\ 0 & & d_n \end{pmatrix}, \quad d_j | d_{j+1} \quad \text{für } 1 \leq j < n.$$

Offensichtlich gilt

$$\sigma(D, S) = \sigma(D_E, S[U']).$$

Wir können daher zur Berechnung von $\sigma(D, S)$ annehmen, daß D eine Elementarteilermatrix ist.

5.8 Hilfssatz. *Sei $S = S^{(n)}$ eine symmetrische gerade Matrix und $D = D_E$ eine Elementarteilermatrix. Wenn die Summe $\sigma(D, S)$ von 0 verschieden ist, so gilt*

$$2d_\mu | s_{\mu\mu} \quad \text{und} \quad d_\nu | s_{\mu\nu} \quad \text{für } 1 \leq \mu \leq \nu \leq n$$

und in diesem Fall ist

$$\sigma(D,S)=d_n d_{n-1}^2 \dots d_1^n.$$

Beweis. Die Matrix BD^{-1} ist genau dann symmetrisch, wenn

$$b_{\mu\nu}=\frac{d_\nu}{d_\mu} b_{\nu\mu}$$

gilt. Ist also $b_{\nu\mu}$; $1 \le \mu \le \nu \le n$ ein willkürliches System von ganzen Zahlen, so kann man dieses eindeutig zu einer ganzen Matrix B ergänzen, so daß BD^{-1} symmetrisch ist. Ein Vertretersystem mod D erhält man durch die Forderung

$$0 \le b_{\mu\nu} < d_\nu \qquad \text{für } \mu \ge \nu.$$

Dieses Vertretersystem enthält genau $d_n d_{n-1}^2 \dots d_1^n$ Elemente. Hilfssatz 5.8 ist nunmehr evident □

Behauptung. Wenn die in der Formel aus Theorem 5.7 auftretende Zahl $A\left(S_\mu, \frac{1}{p} S_\nu[D']\right)$, $D \in \mathscr{D}(j)$, von 0 verschieden ist, so gilt $j \ge \frac{n}{2}$ und

$$(\det D)^{-\frac{n}{2}} \sigma\left(D, \frac{1}{p} S_\nu[D']\right) = p^{\frac{j(j+1-n)}{2}}.$$

Beweis. Wir können $D=D_E$ annehmen. Wenn die Matrix

$$\frac{1}{p} S_\nu[D'] = \begin{pmatrix} * & * \\ * & S_0 \end{pmatrix}, \qquad S_0 = S_0^{(j)}$$

ganz ist, so gilt

a) $p^n \mid (\det D)^2$, also $n \le 2j$,
b) $S_0 \equiv 0 \bmod p$.

Die in Hilfssatz 5.8 formulierte Bedingung für das Nichtverschwinden der Summe $\sigma(D,S)$ ist also erfüllt □

Wir erhalten nun die Koeffizientenformel

$$c_{\mu\nu}(T(p)) = \sum_{j=\frac{n}{2}}^{n} p^{\frac{j(j+1-n)}{2}} \sum_{D \in \mathscr{D}(j)} \frac{A\left(S_\mu, \frac{1}{p} S_\nu[D']\right)}{A(S_\nu, S_\nu)}.$$

Hierbei durchlaufe $\mathscr{D}(j)$ ein Vertretersystem aller Linksnebenklassen $Gl(n,\mathbb{Z}) \cdot D$, so daß die zu D gehörige Elementarteilermatrix die Form

$$D_E = \begin{pmatrix} E^{(n-j)} & 0 \\ 0 & pE^{(j)} \end{pmatrix}$$

hat.

5.9 Hilfssatz. *Für* $\frac{1}{2}n \leq j \leq n$ *gilt*

$$A(S_\mu, pS_\nu) = \alpha(p,j,n)^{-1} \sum_{D \in \mathcal{D}(j)} A\left(S_\mu, \frac{1}{p} S_\nu[D']\right).$$

Dabei sei

$$\alpha(p,j,n) = \frac{(p^{n-j+1}-1)(p^{n-j+2}-1)\dots(p^{\frac{n}{2}}-1)}{(p-1)(p^2-1)\dots(p^{j-\frac{n}{2}}-1)}.$$

Beweis. Wir setzen

$$D_j = \begin{pmatrix} E^{(n-j)} & 0 \\ 0 & pE^{(j)} \end{pmatrix}.$$

Ist eine Darstellung

$$G' S_\mu G = p S_\nu, \qquad G \text{ ganz}$$

gegeben, so ist die Elementarteilermatrix G_E von G notwendig von der Form

$$G_E = D_{\frac{1}{2}n},$$

wie man sich leicht überlegt. Da die Matrizen $D_{\frac{1}{2}n}$ und $p D_{\frac{1}{2}n}^{-1}$ unimodular äquivalent sind, existieren unimodulare Matrizen $U, V \in Gl(n, \mathbb{Z})$ mit der Eigenschaft

$$U \cdot G \cdot V = p \cdot D_{\frac{1}{2}n}^{-1}.$$

Nach Voraussetzung ist $j \geq \frac{1}{2}n$. Daher gilt

$$p \cdot D_{\frac{1}{2}n}^{-1} = \tilde{D}_j p \cdot D_j^{-1}$$

mit einer ganzen Matrix $\tilde{D}_j$. Infolgedessen besitzt die Matrix G eine Zerlegung

$$G = G_1 p D'^{-1}; \qquad D \in \mathcal{D}(j), \quad G_1 \text{ ganz}$$

und es folgt

$$S_\mu[G_1] = \frac{1}{p} S_\nu[D'].$$

Hilfssatz 5.9 folgt nun aus folgender

Behauptung. Die in 5.9 definierte Zahl $\alpha(p,j,n)$ ist gleich der Anzahl aller Matrizen $D \in \mathcal{D}(j)$, für die $G_1 = \frac{1}{p} GD'$ ganz ist.

Beweis. Es ist klar, daß die Anzahl nicht von der Wahl des Vertretersystems abhängt. Nach Voraussetzung existieren unimodulare Matrizen U, V mit der Eigenschaft

$$G = U D_{\frac{1}{2}n} V.$$

Da mit D auch die Matrizen DV' ein Vertretersystem der gewünschten Art durchlaufen, kann man zur Berechnung obiger Anzahl $G=D_{\frac{1}{2}n}$ annehmen. In 2.7 haben wir ein Vertretersystem $\mathscr{D}(j)$ - bestehend aus oberen Dreiecksmatrizen - explizit konstruiert. Wir benutzen nun dieses Vertretersystem und zerlegen $D\in\mathscr{D}(j)$ in der Form

$$D=\begin{pmatrix} D_1^{(n/2)} & D_{12} \\ 0 & D_2^{(n/2)} \end{pmatrix}.$$

Die Bedingung

$$GD'\equiv 0 \bmod p, \qquad G=D_{\frac{1}{2}n}$$

(bei dem speziellen Vertretersystem aus 2.7) ist äquivalent zu

$$D_1\equiv D_{12}\equiv 0 \bmod p.$$

Für das explizit konstruierte Vertretersystem bedeutet dies

$$D_1=pE, \qquad D_{12}=0.$$

Die Matrizen D_2 durchlaufen ein Vertretersystem der in der Doppelnebenklasse

$$\mathfrak{U}_{n/2}\begin{pmatrix} E^{(n-j)} & 0 \\ 0 & pE^{(j-\frac{n}{2})} \end{pmatrix}\mathfrak{U}_{n/2}$$

enthaltenen Linksnebenklassen. Deren Anzahl kann man nun leicht bestimmen (am einfachsten durch Induktion mittels 2.7) □

5.10 Theorem. *Seien m, n natürliche Zahlen, $8|m$, p eine Primzahl. Mit $S_1,\dots,S_h$ werde ein Vertretersystem der Klassen positiver gerader m-reihiger Matrizen der Determinante 1 bezeichnet. Es gilt*

$$\vartheta_{S_\nu}(Z^{(n)})\,|\,T(p)=\beta(p,m,n)\cdot\sum_{\mu=1}^{h}\frac{A(S_\nu,pS_\mu)}{A(S_\mu,S_\mu)}\vartheta_{S_\mu}.$$

Dabei ist

$$\beta(p,2r,n)=p^{\frac{1}{2}n(n+1)-nr}\begin{cases}\prod\limits_{j=1}^{r-n}(1+p^{j-1})^{-1} & \textit{für } n\le r,\\ \prod\limits_{j=1}^{n-r}(1+p^{-j}) & \textit{für } n\ge r.\end{cases}$$

Beweis. Im Falle $m=n=2r$ muß man die elementare Identität

$$p^r\prod_{j=1}^{r}(1+p^{-j})=\sum_{j=r}^{2r}p^{\frac{j(j+1-2r)}{2}}\alpha(p,j,2r)$$

benutzen. Der allgemeine Fall ergibt sich hieraus mittels des Vertauschungsgesetzes zwischen $T(p)$ und Φ (4.4), wenn man

$$\vartheta_S(Z^{(n)})|\Phi = \vartheta_S(Z^{(n-1)})$$

benutzt.

Die Invarianz des von Thetareihen aufgespannten Raumes $[\Gamma_n, r]_\vartheta$ unter Heckeoperatoren wurde in [26] (auch für gewisse Kongruenzuntergruppen anstelle von Γ_n) bewiesen. Explizite Formeln für die Wirkung von Heckeoperatoren auf Thetareihen erhielt Andrianov in den Arbeiten [2], [3] mit verschiedenen Methoden. Die überraschend einfache Formel 5.10 wurde erstmals von Andrianov bewiesen und in [3] auf allgemeine Typen von Thetareihen verallgemeinert. Schließlich sei noch erwähnt, daß die Theorie der singulären Modulformen auch auf vektorwertige Modulformen verallgemeinert werden kann. Man erfaßt mit dieser Theorie neben den gewöhnlichen Thetareihen auch die mit harmonischen Koeffizienten. Ähnlich wie in diesem §5 lassen sich einfache explizite Formeln für die Wirkung von Heckeoperatoren auf Thetareihen mit harmonischen Koeffizienten angeben.

§6. Der Siegelsche Hauptsatz

Als Anwendung der expliziten Formeln für die Wirkung von $T(p)$ auf Thetareihen kann eine Eigenform aller Heckeoperatoren mit $a(0)=1$ als Linearkombination von Thetareihen konstruiert werden. Diese muß im Falle $r>n+1$ mit der Eisensteinreihe übereinstimmen (wegen 4.9).

In der arithmetischen Theorie quadratischer Formen beweist man [55]

6.1 Satz. *Seien $S_\nu = S_\nu^{(m)}$; $\nu=1,2$, zwei symmetrische gerade Matrizen der Determinante* 1. *Zu jeder natürlichen Zahl q existiert eine unimodulare Matrix $U=U(q)\in Gl(m,\mathbb{Z})$ mit der Eigenschaft*

$$S_1[U] \equiv S_2 \bmod q.$$

Im folgenden ist m eine durch 8 teilbare natürliche Zahl. Wir bezeichnen mit $S_1, \ldots, S_h$ ein Vertretersystem der unimodularen Klassen positiver, gerader Matrizen $S=S^{(m)}$ der Determinante Eins.

6.2 Hilfssatz. *Der Ausdruck*

$$\lambda_\mu(p) = \sum_{\nu=1}^{h} \frac{A(S_\nu, pS_\mu)}{A(S_\nu, S_\nu)}; \qquad \mu=1,\ldots,h$$

hängt nicht von μ ab.

Beweis. Sei $G = G^{(m)}$ eine ganze invertierbare Matrix, so daß

$$pS_\mu[G^{-1}]$$

unimodular und gerade ist. Dann existiert eine unimodulare Matrix U und ein Index ν mit der Eigenschaft

$$S_\nu[U] = pS_\mu[G^{-1}]$$

oder

$$S_\nu[UG] = pS_\mu.$$

Hieraus ergibt sich:

Die Zahl $\lambda_\mu(p)$ stimmt mit der Anzahl aller Linksnebenklassen $Gl(n,\mathbb{Z})\,G$ überein, so daß $pS_\mu[G^{-1}]$ unimodular und gerade ist □

Dank Satz 6.1 können wir die Repräsentanten $S_1, \ldots, S_h$ so wählen, daß

$$S_1 \equiv S_2 \equiv \ldots \equiv S_h \bmod l$$

gilt, wobei l eine beliebig vorgegebene natürliche Zahl ist. Wählt man

$$l = 2p^m,$$

so erhält man die Unabhängigkeit der Summe $\lambda_\mu(p)$ von μ.

6.3 Satz. *Der „gewichtete Mittelwert"*

$$\sum_{\nu=1}^{h} m_\nu \vartheta_{S_\nu}(Z), \qquad Z \in \mathbb{H}_n,$$

$$m_\nu = \frac{A(S_\nu, S_\nu)^{-1}}{A(S_1, S_1)^{-1} + \ldots + A(S_h, S_h)^{-1}}$$

ist für jeden Grad n eine Eigenform aller Heckeoperatoren.

Beweis. Aus der expliziten Formel 5.10 und aus 6.2 ergibt sich, daß der Mittelwert eine Eigenform von $T(p)$ (p prim) mit dem Eigenwert $\lambda_\mu(p)\,\beta(p,m,n)$ ist. Der konstante Fourierkoeffizient ist 1. Daher ist obige Linearkombination sogar Eigenform aller Heckeoperatoren und es gilt (4.7, 4.9)

6.4 Theorem. *Im Falle $m = 2r > 2(n+1)$ gilt*

$$E_r(Z) = \sum_{\nu=1}^{h} m_\nu \vartheta_{S_\nu}(Z), \qquad Z \in \mathbb{H}_n.$$

Die Formel aus Theorem 6.4 ist ein von Witt herausgearbeiteter Spezialfall der analytischen Version des Siegelschen Hauptsatzes [74]. Im nächsten Paragraphen berechnen wir die Fourierkoeffizienten der Eisensteinreihen und gelangen so zur arithmetischen Version des Hauptsatzes.

§7. Die Fourierkoeffizienten der Eisensteinreihen

Wir berechnen die Fourierkoeffizienten der Eisensteinreihen $E_r(Z)$ und erhalten aus der analytischen Version des Siegelschen Hauptsatzes 6.4 die ursprüngliche arithmetische Version.

Um zu einer arithmetischen Version des Siegelschen Hauptsatzes in der analytischen Form 6.4 zu gelangen, müssen die Fourierkoeffizienten der Eisensteinreihen

$$\begin{aligned} E_r(Z^{(n)}) &= \sum_{M:\Gamma_{n,0}\backslash\Gamma_n} \det(CZ+D)^{-r} \\ &= \sum_{\substack{T=T'=T^{(n)}\geq 0 \\ T \text{ gerade}}} a_r(T)\, e^{\pi i\sigma(TZ)} \end{aligned}$$

berechnet werden. Hierbei sei

$$r>n+1, \qquad r \text{ gerade}$$

und $\Gamma_{n,0}$ die durch „$C=0$" definierte Untergruppe von Γ_n.

Zwei ganze Zahlen c, d sind genau dann teilerfremd, wenn sie sich zu einer unimodularen Matrix

$$\begin{pmatrix} a & b \\ c & d \end{pmatrix} \qquad ad-bc=1$$

ergänzen lassen. Entsprechend sollen zwei ganze Matrizen $C=C^{(n)}$, $D=D^{(n)}$ teilerfremd heißen, wenn sie sich zu einer $2n$-reihigen unimodularen Matrix ergänzen lassen. Das Paar (C,D) heißt symmetrisch, falls

$$CD'=DC'.$$

Die „zweite Zeile" (C,D) einer Modulmatrix

$$M=\begin{pmatrix} A & B \\ C & D \end{pmatrix}\in Sp(n,\mathbb{Z})$$

ist ein teilerfremdes symmetrisches Paar. Umgekehrt gilt

7.1 Hilfssatz. *Jedes teilerfremde symmetrische Paar $C=C^{(n)}$, $D=D^{(n)}$ ist die „zweite Zeile" einer Modulmatrix:*

$$M=\begin{pmatrix} * & * \\ C & D \end{pmatrix}\in\Gamma_n$$

Beweis. Man kann (C,D) zu einer unimodularen Matrix

$$U=\begin{pmatrix} * & * \\ C & D \end{pmatrix}$$

ergänzen. Aus der Gleichung $U \cdot U^{-1} = E$ folgt die Existenz zweier ganzer Matrizen X, Y mit der Eigenschaft

$$CX + DY = E.$$

Wir setzen

$$A = Y' + X'YC, \qquad B = -X' + X'YD.$$

Eine einfache Rechnung ergibt die symplektischen Relationen

$$AB' = BA', \qquad AD' - BC' = E \quad \square$$

Im folgenden benötigen wir den Elementarteilersatz für rationale nicht notwendig invertierbare Matrizen $R = R^{(n)}$.

Es existieren unimodulare Matrizen U, V mit der Eigenschaft

$$URV = \begin{pmatrix} e_1 & & 0 \\ & \ddots & \\ 0 & & e_n \end{pmatrix}$$

$$e_\nu \geq 0 \qquad \text{für } 1 \leq \nu \leq n,$$

$$e_{\nu+1} \in \mathbb{Z}\, e_\nu \qquad \text{für } 1 \leq \nu < n.$$

Die Elementarteiler $e_1, \ldots, e_n$ sind durch R eindeutig bestimmt. Wir schreiben sie in der Form

$$e_\nu = \frac{a_\nu}{b_\nu}; \qquad (a_\nu, b_\nu) = 1, \qquad b_\nu > 0.$$

(im Falle $e_\nu = 0$ gilt $b_\nu = 1$)

Das Produkt der gekürzten Nenner werde mit

$$\nu(R) = b_1 \ldots b_n$$

bezeichnet.

Das Matrizenpaar

$$C_0 = \begin{pmatrix} b_1 & & 0 \\ & \ddots & \\ 0 & & b_n \end{pmatrix}, \qquad D_0 = \begin{pmatrix} a_1 & & 0 \\ & \ddots & \\ 0 & & a_n \end{pmatrix}$$

ist offenbar teilerfremd. Aus der Formel

$$\begin{pmatrix} * & * \\ C_0 & D_0 \end{pmatrix} \begin{pmatrix} U & 0 \\ 0 & V^{-1} \end{pmatrix} = \begin{pmatrix} * & * \\ C_0 U & D_0 V^{-1} \end{pmatrix}$$

folgt, daß das Paar

$$(C, D) = (C_0 U, D_0 V^{-1})$$

teilerfremd ist. Damit haben wir für jede rationale Matrix R eine Darstellung

$$R = C^{-1} D, \qquad \det C \neq 0, \qquad (C, D) \text{ teilerfremd}$$

konstruiert. Bei der so konstruierten Darstellung gilt

$$\nu(R)=|\det C|.$$

7.2 Bemerkung. *Die Matrizen*

$$M=\begin{pmatrix} * & * \\ C & D \end{pmatrix}\in\Gamma_n, \qquad \det C \neq 0$$

mögen ein Vertretersystem aller Linksnebenklassen $\Gamma_{n,0}\backslash\Gamma_n$ *mit der Nebenbedingung* $\det C\neq 0$ *durchlaufen. Dann durchlaufen die Matrizen*

$$R=C^{-1}D$$

alle symmetrischen rationalen Matrizen und zwar jede genau einmal und es gilt

$$\nu(R)=|\det C|.$$

Beweis. Wir haben die Existenz einer Darstellung

$$R=C^{-1}D, \qquad (C,D) \text{ teilerfremd}, \qquad \nu(R)=|\det C|$$

bewiesen. Das Paar (C,D) ist automatisch symmetrisch - und damit zweite Zeile einer Modulmatrix - wenn R symmetrisch ist.

Offenbar hängen R und $|\det C|$ nicht von der Wahl des Repräsentanten in der Linksnebenklasse ab. Bemerkung 7.2 ist daher vollständig bewiesen, wenn wir zeigen, daß man jede Matrix R höchstens einmal erhält. Seien hierzu

$$M=\begin{pmatrix} A & B \\ C & D \end{pmatrix}, \qquad \tilde{M}=\begin{pmatrix} \tilde{A} & \tilde{B} \\ \tilde{C} & \tilde{D} \end{pmatrix}\in\Gamma_n, \qquad C^{-1}D=\tilde{C}^{-1}\tilde{D}.$$

Wir müssen zeigen, daß M und $\tilde{M}$ dieselbe Linksnebenklasse modulo $\Gamma_{n,0}$ definieren. Tatsächlich ist

$$M\tilde{M}^{-1}=\begin{pmatrix} A & B \\ C & D \end{pmatrix}\begin{pmatrix} \tilde{D}' & -\tilde{B}' \\ -\tilde{C}' & \tilde{A}' \end{pmatrix}=\begin{pmatrix} * & * \\ C\tilde{D}'-D\tilde{C}' & * \end{pmatrix}.$$

Aus den Relationen

$$C^{-1}D=\tilde{C}^{-1}\tilde{D}=(\tilde{C}^{-1}\tilde{D})'$$

folgt

$$C\tilde{D}'-D\tilde{C}'=0 \quad \square$$

Sei $S=S'=S^{(n)}$ eine ganze Matrix. Aus der Formel

$$\begin{pmatrix} * & * \\ C & D \end{pmatrix}\begin{pmatrix} E & S \\ 0 & E \end{pmatrix}=\begin{pmatrix} * & * \\ C & CS+D \end{pmatrix}$$

ergibt sich

$$\nu(R)=\nu(R+S), \qquad S=S' \text{ ganz}.$$

Die Größe $\nu(R)$ hängt also nur von $R \bmod 1$ ab.

Aus der Umformung

$$\det(CZ+D)=(\det C)(\det(Z+R)), \quad R=C^{-1}D$$

ergibt sich

7.3 Hilfssatz. *Die durch „*$\det C \neq 0$*" definierte Teilreihe der Eisensteinreihe*

$$F_r(Z)=\sum_{\substack{\begin{pmatrix} * & * \\ C & D \end{pmatrix}:\Gamma_{n,0}\backslash\Gamma_n \\ \det C \neq 0}} \det(CZ+D)^{-r}$$

besitzt die Darstellung

$$F_r(Z)=\sum_{R=R' \bmod 1} \nu(R)^{-r} \sum_{S=S' \text{ ganz}} \det(Z+R+S)^{-r}.$$

Im Falle $n=1$ unterscheiden sich F_r und E_r nur um den konstanten Term 1, welcher $(C,D)=(0,1)$ entspricht. Insbesondere stimmen mit Ausnahme des 0-ten alle Fourierkoeffizienten von F_r und E_r überein. Ein analoger Sachverhalt gilt im Falle $n>1$.

7.4 Bemerkung. *Die Teilreihe $F_r(Z)$ ist ebenfalls periodisch und besitzt eine Fourierentwicklung der Art*

$$F_r(Z)=\sum_{T=T' \text{ gerade}} b_r(T)\, e^{\pi i \sigma(TZ)}.$$

Es gilt

$$a_r(T)=b_r(T), \quad \textit{falls } \det T \neq 0.$$

Bei der expliziten Berechnung der Fourierkoeffizienten von F_r wird sich

$$b_r(T)\neq 0 \;\Rightarrow\; \det T>0$$

herausstellen. (Dies kann man auch direkt aus dem Koecherprinzip und aus $F_r|\Phi=0$ folgern.)

Beweis. Die Periodizität

$$F_r(Z+S)=F_r(Z), \qquad S=S' \text{ ganz},$$

ist evident. Wir benutzen nun den Differentialoperator

$$|\partial|=\det\left(e_{\mu\nu}\frac{\partial}{\partial z_{\mu\nu}}\right) \quad 1\leq\mu,\ \nu\leq n$$

$$e_{\mu\nu}=\begin{cases} 1 & \text{für } \mu=\nu, \\ \frac{1}{2} & \text{für } \mu\neq\nu. \end{cases}$$

Er hat die Wirkung

$$|\partial|\, e^{\pi i\sigma(TZ)}=(\det T)\, e^{\pi i\sigma(TZ)}.$$

Die behauptete Gleichheit der Fourierkoeffizienten ist daher äquivalent mit

$$|\partial|(E_r - F_r) = 0.$$

Dies wiederum folgt aus

$$|\partial|(\det(CZ+D)^{-r}) = 0 \qquad \text{für } \det C = 0 \quad \square$$

Die Fourierkoeffizienten

$$a_r(T), \qquad \det T = 0$$

können aus denen von $E_r(Z^{(n-1)})$ ermittelt werden, denn es gilt

$$E_r(Z^{(n)}) | \Phi = E_r(Z^{(n-1)}),$$

was beispielsweise aus 4.9 folgt (sich aber auch direkt mit den in I § 5 benutzten Methoden beweisen läßt). Es gilt also

$$a_r \begin{pmatrix} T_1^{(n-1)} & 0 \\ 0 & 0 \end{pmatrix} = a_r(T_1).$$

Aus diesem Grunde ist es ausreichend, die Fourierkoeffizienten zu $\det T > 0$, also die von F_r anstelle von E_r zu bestimmen.

Als nächstes soll die Fourierentwicklung der Reihe

$$\sum_{S = S' \text{ ganz}} \det(Z+S)^{-r}$$

bestimmt werden. Die Fourierentwicklung hat die Gestalt

$$\sum_{\substack{T = T' > 0 \\ T \text{ gerade}}} c_r(T) \, e^{\pi i \sigma(TZ)},$$

(wie sich weiter unten direkt zeigen wird).

Der naheliegende Weg, die Koeffizienten $c_r(T)$ über das Fourierintegral zu berechnen, führt im Falle $n > 1$ nicht ohne weiteres zum Ziel. Man erhält zwar

$$c_r(T) = \int_{X \bmod 1} \sum_{S = S' \text{ ganz}} \det(Z+S)^{-r} \, e^{-\pi i \sigma(TZ)} \, dX;$$

nach Vertauschen von Summation mit Integration

$$c_r(T) = \int_{\mathscr{X}_n} (\det Z)^{-r} \, e^{-\pi i \sigma(TZ)} \, dX$$

$$(\mathscr{X}_n = \text{Raum der symmetrischen reellen Matrizen})$$

und nach einer naheliegenden Variablensubstitution

$$c_r(T) = (\det T)^{r - \frac{n+1}{2}} \int_{\mathscr{X}_n} (\det Z)^{-r} \, e^{-\pi i \sigma(Z)} \, dX,$$

aber das hierbei auftretende Integral kann im Falle $n>1$ in Ermangelung einer geeigneten Verallgemeinerung des Residuensatzes nicht direkt berechnet werden. Wir erhalten also lediglich

$$\sum_{S=S' \text{ ganz}} \det(Z+S)^{-r} = C_{rn} \sum_{\substack{T=T'>0 \\ T \text{ gerade}}} (\det T)^{r-\frac{n+1}{2}} e^{\pi i \sigma(TZ)}.$$

Das Problem besteht in der Bestimmung der Konstanten C_{rn}.

Wir werden nun auf die rechte Seite das *Poissonsche Summationsverfahren* anwenden und auf diesem Wege die Konstante C_{rn} ermitteln. Die Vorbetrachtungen werden dabei gar nicht mehr gebraucht.

Das Poissonsche Summationsverfahren ist auf gewisse Funktionen $\varphi(X)$, welche auf dem Raum der symmetrischen reellen Matrizen definiert sind, anwendbar. Unter geeigneten Voraussetzungen gilt die Summenformel

$$\sum_{T=T' \text{ gerade}} \varphi(T) = \sum_{S=S' \text{ ganz}} \int_{\mathfrak{X}_n} \varphi(X)\, e^{-\pi i \sigma(SX)}\, dX.$$

Diese Formel ergibt sich einfach, indem man die Funktion

$$\Phi(X) = \sum_{T=T' \text{ gerade}} \varphi(T+X)$$

in eine Fourierreihe entwickelt und anschließend die Spezialisierung $X \to 0$ vornimmt*).

Die Gültigkeit der Summenformel ist sicher gewährleistet, wenn φ zweimal stetig differenzierbar ist und wenn die Reihen, welche man aus Φ durch höchstens zweifaches gliedweises partielles Ableiten gewinnt, absolut und gleichmäßig konvergieren. Dann ist die Funktion zweimal stetig differenzierbar und kann in eine absolut und lokal gleichmäßig konvergente Fourierreihe entwickelt werden.

Diese Voraussetzungen sind für die Funktionen

$$\varphi(X) = \begin{cases} (\det X)^{r-\frac{n+1}{2}} e^{\pi i \sigma(XZ)}, & \text{falls } X>0 \\ 0 & \text{sonst} \end{cases}$$

erfüllt. Aus unserer Voraussetzung

$$r > n+1, \qquad r \text{ gerade},$$

folgt

$$r - \frac{n+1}{2} > 2$$

und hieraus, daß die Funktion φ zweimal stetig differenzierbar ist.

---

*) Dasselbe Verfahren wurde beim Beweis der Thetatransformationsformeln verwendet.

Die benötigten Konvergenzvoraussetzungen ergeben sich daraus, daß Reihen der Art

$$\sum_{T=T'>0} P(T)(\det T)^{\alpha} e^{-\pi\sigma(TY)}, \qquad Y>0$$

für beliebige Polynome P und reelle α absolut und gleichmäßig konvergieren. Aus der Poissonschen Summenformel folgt nun

$$\sum_{\substack{T=T' \text{ gerade} \\ T>0}} (\det T)^{r-\frac{n+1}{2}} e^{\pi i\sigma(TZ)} = \sum_{S=S' \text{ ganz}} \int_{Y>0} (\det Y)^{r-\frac{n+1}{2}} e^{\pi i\sigma\{Y(Z-S)\}}\, dY.$$

Das hierin auftretende Integral ist ein verallgemeinertes Γ-Integral und kann auf das gewöhnliche Γ-Integral zurückgeführt werden.

$$\int_0^\infty e^{-ty} y^{s-1}\, dy = \Gamma(s)\, t^{-s}, \qquad t>0, \quad \operatorname{Re} s>0.$$

7.5 Hilfssatz. *Sei* $Z \in \mathbb{H}_n$ *und sei* $\operatorname{Re}(s) > \frac{n-1}{2}$. *Dann gilt*

$$\int_{P>0} e^{i\sigma(PZ)} (\det P)^{s-\frac{n+1}{2}}\, dP = \pi^{\frac{n(n-1)}{4}} \prod_{\nu=0}^{n-1} \Gamma\left(s-\frac{\nu}{2}\right) \left(\det \frac{Z}{i}\right)^{-s}.$$

Beweis. Beide Seiten der Gleichung sind analytische Funktionen in Z. Man braucht die Gleichung daher nur für

$$Z = iY, \quad Y>0$$

zu beweisen. Es genügt sogar $Y=E$ anzunehmen, wie die Variablensubstitution

$$P \to Y^{-1/2} P Y^{-1/2}$$

mit der Funktionaldeterminante $(\det Y)^{-\frac{n+1}{2}}$ zeigt. Die Behauptung lautet also

$$\int_{Y>0} e^{-\sigma(Y)} (\det Y)^{s-\frac{n+1}{2}}\, dY = \pi^{\frac{n(n-1)}{4}} \prod_{\nu=0}^{n-1} \Gamma\left(s-\frac{\nu}{2}\right).$$

Diese Formel beweist man durch Induktion nach n: Der Induktionsbeginn ($n=1$) ist das gewöhnliche Γ-Integral. Im Falle $n>1$ führen wir die Variablentransformation

$$Y=\begin{pmatrix} Y_1 & \mathfrak{y} \\ \mathfrak{y} & y_n \end{pmatrix}=\begin{pmatrix} R_1 & 0 \\ 0 & r \end{pmatrix}\begin{bmatrix} E & b \\ 0 & 1 \end{bmatrix}$$

durch, also

$$y_n=r+R_1[b], \qquad \mathfrak{y}=R_1 b, \qquad Y_1=R_1.$$

Die Funktionaldeterminante der Transformation

$$(R_1, r, b)\to(Y_1, y_n, \mathfrak{y})$$

berechnet sich zu $\det Y_1$.

Wir erhalten

$$\int_{Y>0} e^{-\sigma(Y)}(\det Y)^{s-\frac{n+1}{2}}\,dY$$
$$=\int_{R_1>0}\int_{r>0}\int_b e^{-\sigma(R_1)-r-R_1[b]}(\det R_1)^{s-\frac{n-1}{2}} r^{s-\frac{n+1}{2}}\,db\,dr\,dR_1.$$

Das Integral über r ist ein gewöhnliches Γ-Integral und ergibt den Faktor

$$\Gamma\left(s-\frac{n-1}{2}\right).$$

Das Integral über b berechnet man mittels der Variablentransformation

$$b\to R_1^{1/2}b$$

zu

$$\int_b e^{-R_1[b]}\,db=(\det R_1)^{-\frac{1}{2}}(\sqrt{\pi})^{n-1}.$$

Das verbleibende Integral über R_1 ist nun nach Induktionsvoraussetzung bekannt und die behauptete Formel leicht zu verifizieren □

Trägt man das verallgemeinerte Γ-Integral in obige Poissonsche Summenformel ein, so folgt

7.6 Hilfssatz. *Es gilt*

$$\sum_{S=S'\text{ ganz}}\det(Z+S)^{-r}=C_{rn}\sum_{T=T'>0\text{ gerade}}(\det T)^{r-\frac{n+1}{2}}e^{\pi i\sigma(TZ)}$$

mit

$$C_{rn}=(-1)^{\frac{rn}{2}}\pi^{-nr}\prod_{\nu=0}^{n-1}\frac{\pi^{r-\frac{\nu}{2}}}{\Gamma\left(r-\frac{\nu}{2}\right)}.$$

7.7 Satz. *Sei $T=T'=T^{(n)}>0$ gerade. Der Fourierkoeffizient $a_r(T)$ der Eisensteinreihe vom Gewicht r wird durch*

$$a_r(T)=C_{rn}(\det T)^{r-\frac{n+1}{2}}S_r(T)$$

mit

$$S_r(T)=\sum_{\substack{R=R' \text{ rational}\\ R \bmod 1}} v(R)^{-r}\, e^{\pi i\sigma(TR)}$$

gegeben. Dabei ist C_{rn} die in 7.6 auftretende Konstante.

Berechnung der singulären Reihe $S_r(T)$. Die Größe $v(R)$ (das Produkt der Nenner der Elementarteiler von R) läßt sich durch eine Gaußsche Summe ausdrücken.

7.8 Hilfssatz. *Sei $R=R^{(n)}=R'$ rational, q eine natürliche Zahl, so daß qR ganz ist. Setzt man*

$$S_0=\begin{pmatrix}0 & E\\ E & 0\end{pmatrix}, \qquad E=E^{(r)},$$

so gilt

$$\sum_{G \bmod q} e^{\pi i\sigma(S_0[G]R)}=q^{2nr}(v(R))^{-r}.$$

Dabei durchlaufe $G=G^{(2r,n)}$ ein Vertretersystem aller ganzen Matrizen modulo q.

Beweis. Im Falle $r=n=1$ hat man die Summe

$$\sum_{g,h \bmod q} e^{2\pi i g h r}$$

zu berechnen. Wir schreiben

$$r=\frac{a}{b}; \quad (a,b)=1, \quad b>0, \qquad \text{also } b=v(r).$$

Wir summieren zunächst bei festem h über $g \bmod q$. Diese Summe ist q oder 0, je nachdem hr ganz ist oder nicht. Für den Wert dieser Summe erhält man

$$q\frac{q}{b}=q^2\cdot v(r)^{-1},$$

wie behauptet. Den allgemeinen Fall kann man hierauf zurückführen:

Es gilt

$$\sigma(S_0[G]\,R)=2\,\sigma(G_1'\,G_2\,R)=2\,\sigma(G_2\,R G_1') \qquad G=\begin{pmatrix}G_1\\ G_2\end{pmatrix}.$$

Multipliziert man G_1 und G_2 mit unimodularen Matrizen, so wird ein Vertretersystem modulo q in ein ebensolches überführt. Wir können daher von vornherein annehmen, daß R in Elementarteilerform ist,

$$R = \begin{pmatrix} r_1 & & \\ & \ddots & \\ & & r_n \end{pmatrix}.$$

Wir schreiben G anstelle von G_1 und H anstelle von G_2 und erhalten

$$\sigma(HRG') = \sum_{i,j} h_{ij} r_j g_{ij}.$$

Die Gaußsche Summe zerfällt nun offenbar in ein Produkt von rn Gaußschen Summen zum bereits behandelten Fall $(1 = n = r)$ □

Im folgenden durchlaufe q eine Folge von geraden Zahlen, so daß jede natürliche Zahl alle Glieder bis auf höchstens endlich viele Ausnahmen teilt, beispielsweise die Folge $2!, 3!, 4!, \ldots$. Dann gilt

$$S_r(T) = \lim_{q \to \infty} S_r(T, q),$$

$$S_r(T, q) = \sum_{\substack{qR \text{ gerade} \\ R = R' \bmod 1}} v(R)^{-r} e^{\pi i \sigma(TR)}.$$

Die Summe $S_r(T, q)$ ist endlich. Trägt man für $v(R)$ die Gaußsche Summe (7.8) ein und vertauscht die beiden Summationen, so erhält man

$$S_r(T, q) = q^{-2nr} \sum_{G \bmod q} \sum_{\substack{qR \text{ gerade} \\ R = R' \bmod 1}} e^{\pi i \sigma\{R(S_0[G] + T)\}}.$$

Nur im Falle

$$S_0[G] + T \equiv 0 \bmod q$$

ist die innere Summe von 0 verschieden und dann ist sie gleich der Anzahl aller auftretenden R. Diese ist gleich

$$\left(\frac{q}{2}\right)^n q^{\frac{n(n-1)}{2}} = 2^{-n} q^{\frac{n(n+1)}{2}}.$$

Bezeichnung. *Seien* $S = S^{(m)}$, $T = T^{(n)}$ *symmetrische ganze Matrizen und* q *eine natürliche Zahl.* $A_q(S, T)$ *ist die Anzahl aller* mod q *verschiedenen ganzen Lösungen von*

$$S[G] \equiv T \bmod q.$$

Wir erhalten nun

7.9 Satz. *Sei* $T = T^{(n)}$ *eine gerade positive Matrix und* $S = S^{(2r)}$ *eine beliebige gerade symmetrische Matrix der Determinante* 1. *Es gilt*

$$a_r(T) = (-1)^{\frac{rn}{2}} 2^{-n} \pi^{-nr} \prod_{\nu=0}^{n-1} \frac{\pi^{r-\frac{\nu}{2}}}{\Gamma\left(r - \frac{\nu}{2}\right)} (\det T)^{r - \frac{n+1}{2}}$$

$$\cdot \lim_{q \to \infty} \left(q^{n\left(\frac{n+1}{2} - 2r\right)} A_q(S, T)\right).$$

Aus der analytischen Version 6.4 des Siegelschen Hauptsatzes erhalten wir nun die ursprüngliche Version:

7.10 Theorem. *Sei m eine durch* 8 *teilbare natürliche Zahl,* $m > 2(n+1)$. *Die Matrizen* $S_1, \ldots, S_h$ *durchlaufen ein Vertretersystem der unimodularen Klassen positiver m-reihiger gerader Matrizen der Determinante* 1. *Sei S irgendeine m-reihige symmetrische gerade Matrix der Determinante* 1. *Dann gilt für gerade* $T = T' = T^{(n)} > 0$

$$\sum_{\nu=1}^{h} m_\nu A(S_\nu, T) = K_{nm} \lim_{q \to \infty} q^{n\left(\frac{n+1}{2} - m\right)} A_q(S, T)$$

$$K_{nm} = 2^{-n} \pi^{-\frac{nm}{2}} \prod_{\nu=0}^{n-1} \frac{\pi^{\frac{m-\nu}{2}}}{\Gamma\left(\frac{m-\nu}{2}\right)} (\det T)^{\frac{m-n-1}{2}}.$$

In der berühmten Arbeit von C.L. Siegel [72], Bd. II, Nr. 32 wurde Theorem 7.10 unter allgemeineren Voraussetzungen (insbesondere ohne die Voraussetzungen $m > 2(n+1)$ und $\det S_\nu = 1$) bewiesen. Als Folge bewies Siegel die analytische Version des Hauptsatzes, welche für Siegel den Ausgangspunkt seiner analytischen Theorie der Modulformen darstellte. Daß man umgekehrt aus den expliziten Formeln für die Wirkung der Heckeoperatoren auf Thetareihen einen einfachen Beweis für die analytische Version des Siegelschen Hauptsatzes erhält, entdeckte Andrianov [2].

Anhänge

Anhang I. Hermitesche Formen

Eine Matrix $H = H^{(n)}$ heißt *Hermitesch*, falls $H = \bar{H}'$ gilt. Die zugehörige Hermitesche Form ist

$$H\{\mathfrak{z}\} := \bar{\mathfrak{z}}' H \mathfrak{z}.$$

Man kann jede Hermitesche Form auch als quadratische Form in $2n$ reellen Veränderlichen auffassen:

$$H\{\mathfrak{z}\} = \begin{pmatrix} \operatorname{Re} H & -\operatorname{Im} H \\ \operatorname{Im} H & \operatorname{Re} H \end{pmatrix} \begin{bmatrix} \mathfrak{x} \\ \mathfrak{y} \end{bmatrix}.$$

Eine Hermitesche Matrix heißt *semipositiv*, falls

$$H\{\mathfrak{z}\} \geq 0 \qquad \text{für alle } \mathfrak{z} \in \mathbb{C}^n$$

gilt, falls also die assoziierte quadratische Form semipositiv ist.

Unter einer positiven Hermiteschen Matrix versteht man natürlich eine semipositive mit der Eigenschaft

$$H\{\mathfrak{z}\} = 0 \;\Rightarrow\; \mathfrak{z} = 0.$$

Ist $A = A^{(n)}$ eine n-reihige invertierbare komplexe Matrix, so ist mit H auch die Hermitesche Matrix

$$H\{A\} = \bar{A}' H A$$

positiv.

Jede reelle symmetrische Matrix S ist natürlich auch eine Hermitesche Matrix. Sie ist genau dann (semi-)positiv als Hermitesche Form, wenn sie (semi-)positiv als quadratische Form ist, denn es gilt

$$S\{\mathfrak{z}\} = S[\mathfrak{x}] + S[\mathfrak{y}].$$

A 1.1 Hilfssatz. *Sei $\mathfrak{M}$ eine Menge n-reihiger Hermitescher Matrizen, welche paarweise miteinander vertauschbar sind. Dann existiert eine unitäre Matrix U; $\bar{U}' U = E$, so daß $\bar{U}' H U$ für alle $H \in \mathfrak{M}$ Diagonalmatrix ist. Sind alle $H \in \mathfrak{M}$ reell, so kann man U reell (orthogonal) wählen.*

Anhang II. Transformationsverhalten von Thetareihen unter Modulsubstitutionen

Im folgenden soll gezeigt werden, daß Thetareihen

$$\vartheta(S^{(m)}, Z^{(n)}) = \sum_{G\,\text{ganz}} e^{\pi i \sigma(S[G]Z)}$$

für beliebige rationale, positiv definite Matrizen $S = S^{(m)}$, m gerade, Modulformen vom Gewicht $r = \frac{1}{2}m$ bezüglich geeigneter Untergruppen von endlichem Index der Siegelschen Modulgruppe darstellen.

Die Schwierigkeit besteht darin, daß bei der Thetatransformationsformel neben $Z \to -Z^{-1}$ auch die Transformation $S \to S^{-1}$ auszuüben ist. Die Matrizen S und S^{-1} sind i.allg. nicht äquivalent. Der folgende elegante Trick von M. Eichler umgeht diese Schwierigkeit.

Die Thetareihe $\vartheta(S^{(m)}, Z^{(n)})$ kann durch einen geeigneten Spezialisierungsprozeß aus der Thetareihe

$$\vartheta((1), Z^{(mn)}) = \vartheta(Z^{(mn)}; 0, 0) \qquad \text{(s. Kap. I, § 0)}$$

gewonnen werden.

Um diesen Spezialisierungsprozeß zu beschreiben, benötigt man das *Kroneckerprodukt* (= Tensorprodukt bei Wahl geeigneter Basen) zweier Matrizen:

A 2.1 Definition. Das Kroneckerprodukt zweier Matrizen

$$A = A^{(m,n)}, \qquad B = B^{(r,s)} = (b_{ij}),$$

ist die durch

$$A \otimes B = \begin{pmatrix} Ab_{11}, \dots, Ab_{1s} \\ \vdots \qquad\quad \vdots \\ Ab_{r1}, \dots, Ab_{rs} \end{pmatrix}$$

definierte Matrix von mr Zeilen und ns Spalten.

A 2.2 Hilfssatz. *Seien $S = S^{(m)}$, $Y = Y^{(n)}$ symmetrische Matrizen und $G = G^{(m,n)}$ eine Matrix mit den Spalten $g_1, \dots, g_n$. Faßt man die Vektoren $g_1, \dots, g_n$ zu einem einzigen Spaltenvektor g zusammen,*

$$g' = (g'_1, \dots, g'_n),$$

so gilt

$$(S \otimes Y)[g] = \sigma(S[G]\,Y).$$

Beweis. Es gilt

$$\begin{aligned} S \otimes Y[g] &= \sum g'_i S\, y_{ij} g_j = \sum g'_i S\, g_j\, y_{ij} \\ &= \sigma(S[G]\,Y). \end{aligned}$$

Aus I 0.1_1 ergibt sich:

A 2.2_1 Folgerung. *Sind S und Y reell und positiv definit, so ist auch $S\otimes Y$ positiv definit.*

Wir setzen

$$\vartheta(Z^{(N)}) = \sum_{g\in\mathbb{Z}^N} e^{\pi i Z[g]}$$

($=\vartheta(Z^{(N)};0,0)$ in den Bezeichnungen von Kap. I, § 0).

A 2.2_2 Folgerung. *Es gilt*

$$\vartheta(S^{(m)}, Z^{(n)}) = \vartheta(S\otimes Z).$$

Das Transformationsverhalten von $\vartheta(Z)=\vartheta(Z;0,0)$ entnehmen wir I 3.2.

A 2.3 Bemerkung. *Die Menge aller Modulmatrizen*

$$M=\begin{pmatrix} A & B\\ C & D\end{pmatrix},$$

für welche die Diagonalelemente von AB' und CD' gerade sind, bildet eine Untergruppe

$$\Gamma_{\vartheta,n}\subset\Gamma_n,$$

die sogenannte **„Thetagruppe"**.

Aus I 3.2 folgt

A 2.4 Satz. *Für alle $M\in\Gamma_{\vartheta,n}$ gilt*

$$\vartheta(M\langle Z\rangle)^2=\varepsilon(M)\det(CZ+D)\,\vartheta(Z)^2$$

mit gewissen vierten Einheitswurzeln $\varepsilon(M)$.

Aus diesem Satz und aus Hilfssatz A 2.2 soll nun das Transformationsverhalten von $\vartheta(S,Z)$ ermittelt werden.

A 2.5 Hilfssatz. *Sei $S=S^{(m)}$ eine positiv definite reelle Matrix. Die Zuordnung*

$$\begin{pmatrix} A & B\\ C & D\end{pmatrix}\to\begin{pmatrix} E\otimes A & S\otimes B\\ S^{-1}\otimes C & E\otimes D\end{pmatrix}$$

definiert einen injektiven Homomorphismus

$$\begin{array}{ccc} Sp(n,\mathbb{R}) & \to & Sp(nm,\mathbb{R}),\\ M & \mapsto & M^S.\end{array}$$

Dieser ist mit der Einbettung

$$\mathbb{H}_n\to\mathbb{H}_{nm},\qquad Z\to S\otimes Z,$$

verträglich, d.h.

$$S \otimes (M\langle Z\rangle) = M^S \langle S \otimes Z\rangle.$$

Setzt man

$$\tilde{Z} = S \otimes Z, \qquad M^S = \begin{pmatrix} \tilde{A} & \tilde{B} \\ \tilde{C} & \tilde{D} \end{pmatrix},$$

so gilt

$$\det(\tilde{C}\tilde{Z} + \tilde{D}) = \det(CZ + D)^m.$$

Der Beweis ergibt sich aus den Formeln

$$(A \otimes B)(C \otimes D) = AC \otimes BD$$

und aus

$$\det(E^{(m)} \otimes A^{(n)}) = (\det A)^m.$$

Wir erhalten aus A 2.4 und A 2.5 die Transformationsformel

$$\vartheta(S, M\langle Z\rangle) = \varepsilon(M)\sqrt{\det(CZ+D)^m}\,\vartheta(S, Z), \qquad \varepsilon(M)^8 = 1,$$

sofern M^S in der Thetagruppe enthalten ist. Dies ist sicher dann der Fall, wenn M in einer geeigneten Kongruenzuntergruppe enthalten ist. Wir bestimmen diese Kongruenzuntergruppe genauer, wenn S eine *gerade* Matrix ist.

A 2.6 Definition. Die Stufe q einer geraden symmetrischen invertierbaren Matrix S ist die kleinste natürliche Zahl, so daß qS^{-1} gerade ist.

Beispiel. Die Stufe von $2E$ ist 4.

A 2.7 Bemerkung. *Die Menge aller Modulmatrizen*

$$M = \begin{pmatrix} A & B \\ C & D \end{pmatrix} \in \Gamma_n, \qquad C \equiv 0 \bmod q,$$

bildet eine Gruppe $\Gamma_0^{(n)}[q]$.

Diese umfaßt die Hauptkongruenzgruppe der Stufe q und hat folglich endlichen Index in Γ_n.

Man sieht leicht: Ist $S^{(m)}$ eine positive gerade Matrix der Stufe q, so gilt

$$M \in \Gamma_0^{(n)}[q] \;\Rightarrow\; M^S \in \Gamma_{\vartheta, nm}$$

und daher

$$\vartheta(S, M\langle Z\rangle) = v(M)\det(CZ+D)^{\frac{m}{2}}\,\vartheta(S, Z) \qquad \text{für } M \in \Gamma_0^{(n)}[q].$$

Wenn m gerade ist, gilt

$$v(MN) = v(M)\,v(N).$$

Durch v wird also ein Homomorphismus von $\Gamma_0^{(n)}[q]$ in die Gruppe der achten Einheitswurzeln definiert. Der Kern dieses Homomorphismus hat in $\Gamma_0[q]$ und damit auch in Γ_n endlichen Index. Hieraus folgt:

Für gerades m stellen die Thetareihen $\vartheta(S,Z)$ Modulformen vom Gewicht $\frac{m}{2}$ zu geeigneten Untergruppen von endlichem Index der Siegelschen Modulgruppe dar.

Bestimmung des Multiplikators $v(M)$ für gerades m

A 2.8 Satz. *Sei $S=S^{(m)}$, m gerade, eine gerade positive Matrix der Stufe q. Für alle $M\in\Gamma_0^{(n)}[q]$,* $\det D>0$, *gilt*

$$\vartheta(S,M\langle Z\rangle)=v(M)\det(CZ+D)^{\frac{m}{2}}\vartheta(S,Z)$$

mit

$$v(M)=(\det D)^{\frac{m}{2}-mn}\sum_{\substack{G=G^{(m,n)}\text{ ganz}\\ G\bmod(\det D)}} e^{\pi i\sigma(BD^{-1}S[G])}.$$

Beweis. Der Wert des Multiplikators $v(M)$ ergibt sich, wenn man die Transformationsformel aus A 2.8 mit $\left(\det\frac{Z}{i}\right)^{m/2}$ multipliziert und anschließend den Grenzübergang $Z\to 0$ in einem geeigneten Sektor vollzieht. Um konkret zu bleiben, möge Z die Folge

$$\frac{1}{m}iE;\qquad m=1,2,\ldots$$

durchlaufen. Aus der trivialen Beziehung

$$\lim_{Z\to 0}\vartheta(S,-Z^{-1})=1$$

folgt mittels der Thetatransformationsformel

$$\lim_{Z\to 0}\left[\det\left(\frac{Z}{i}\right)^{\frac{m}{2}}\vartheta(\mathrm{S},\mathrm{Z})\right]=(\det S)^{-\frac{n}{2}}\lim_{Z\to 0}\vartheta(S^{-1},-Z^{-1})=(\det S)^{-\frac{n}{2}}.$$

Wir erhalten

$$v(M)=(\det S)^{\frac{n}{2}}(\det D)^{-\frac{m}{2}}\lim_{Z\to 0}\left[\det\left(\frac{Z}{i}\right)^{\frac{m}{2}}\vartheta(S,M\langle Z\rangle)\right].$$

Der hier auftretende Grenzwert wird ebenfalls mittels der Thetatransformationsformel berechnet:

Aus den symplektischen Relationen ergibt sich

$$\begin{pmatrix}A & B\\ C & D\end{pmatrix}=\begin{pmatrix}E & R\\ 0 & E\end{pmatrix}\begin{pmatrix}D'^{-1} & 0\\ C & D\end{pmatrix}\qquad\text{mit } R=BD^{-1}$$

oder

$$M\langle Z\rangle = W+R, \qquad W = D'^{-1} Z(CZ+D)^{-1}.$$

Die Matrix R ist rational und symmetrisch. Ein gemeinsamer Nenner der Komponenten von R ist $d=\det D$.

Eine einfache Umformung ergibt

$$\vartheta(S, W+R) = \sum_{G_0 \bmod d} e^{\pi i \sigma(S[G_0]R)} \cdot \sum_{G \equiv G_0 \bmod d} e^{\pi i \sigma(S[G]W)}.$$

In den Bezeichnungen von Kap. I, § 0 gilt

$$\sum_{G \equiv G_0 \bmod d} e^{\pi i \sigma(S[G]W)} = \vartheta_{\frac{2G_0}{d},0}(d^2 S, W).$$

Die in A 2.8 behauptete Formel für den Multiplikator $v(M)$ erweist sich äquivalent mit

$$\lim_{Z\to 0} \det \left(\frac{Z}{i}\right)^{\frac{m}{2}} \vartheta_{\frac{2G_0}{d},0}(d^2 S, W)$$
$$=(\det S)^{-\frac{n}{2}}(\det D)^{m-mn} \qquad (W=D'^{-1} Z(CZ+D)^{-1}).$$

Für den Beweis dieser Formel benötigt man die allgemeine Transformationsformel (I 0.13):

$$\vartheta_{\frac{2G_0}{d},0}(d^2 S, W) = \det(d^2 S)^{-\frac{n}{2}} \det \left(\frac{(CZ+D)Z^{-1}D'}{-i}\right)^{\frac{m}{2}}$$
$$\cdot \vartheta_{0,\frac{2G_0}{d}}(d^{-2} S^{-1}, -Z^{-1}[D'] - CD').$$

Durch gliedweisen Grenzübergang zeigt man

$$\lim_{Z\to 0} \vartheta_{0,\frac{2G_0}{d}}(d^{-2} S^{-1}, -Z^{-1}[D'] - CD') = 1.$$

Zum Beweis von A 2.8 hat man nur noch

$$\lim_{Z\to 0} \det \left(\frac{Z}{i}\right)^{\frac{m}{2}} \det \left(\frac{(CZ+D)Z^{-1}D'}{-i}\right)^{\frac{m}{2}} = (\det D)^m$$

zu beachten.

Die Berechnung der Summe findet sich in [4]. Als Ergebnis erhält man (ohne Beweis):

Der in A 2.8 auftretende Multiplikator ist stets reell, sein Wert ist

$$\boxed{v(M) = (\operatorname{sgn} \det D)^{\frac{m}{2}} \left(\frac{(-1)^{\frac{m}{2}} \det S}{|\det D|}\right),}$$

wobei $\left(\frac{a}{b}\right)$ das verallgemeinerte Legendresymbol bezeichne.

Aus diesen Formeln ergibt sich:

A 2.9 Satz. *Sei $S=S^{(m)}$, $m\equiv 0 \bmod 2$, eine positive gerade Matrix der Stufe q. Die Thetareihe $\vartheta(S,Z^{(n)})$ ist eine Modulform bezüglich der Hauptkongruenzgruppe $\Gamma_n[q]$.*

Benutzt man anstelle von $\vartheta(Z)$ die Thetakonstante $\vartheta(Z;a,b)$ (a,b rational), so beweist man allgemein mit derselben Methode [4]

A 2.10 Satz. *Sei $S=S^{(m)}$ eine positiv definite gerade Matrix gerader Reihenzahl. Seien außerdem $A=A^{(m,n)}$, $B=B^{(m,n)}$ rationale Matrizen. Die Reihe*

$$\vartheta_{A,B}(S,Z)=\sum_{G \text{ ganz}} e^{\pi i \sigma\{S[G+\frac{1}{2}A]Z+B'G\}}$$

ist eine Modulform vom Gewicht $\frac{m}{2}$ bezüglich einer geeigneten Kongruenzuntergruppe $\Gamma_n[l]$ der Siegelschen Modulgruppe.

Ein offenes Problem. Gegeben seien natürliche Zahlen r und n. Ist jede Modulform f vom Gewicht r bezüglich irgendeiner Kongruenzuntergruppe von Γ_n als Linearkombination von Thetareihen $\vartheta_{A,B}(S^{(2r)},Z)$ darstellbar? Aus den Ergebnissen von *Deligne und Serre* über elliptische Modulformen vom Gewicht 1 ergibt sich, daß die Antwort im Falle $r=n=1$ negativ ausfällt. Schon im Falle $r=2$, $n=1$ ist das Problem ungelöst! (Spezialfälle, s. [19]).

Die Literatur über Thetareihen und deren Transformationseigenschaften unter Modulsubstitutionen ist kaum zu überschauen.

Die Transformationsformeln für $\vartheta_{A,B}(S,Z)$ bei gerader Variablenzahl von S findet man in einer Arbeit von Andrianov und Maloletkin [4].

Besonders eingehend wurden die Thetakonstanten $\vartheta(Z;a,b)$ untersucht. Hier möchte ich vor allem auf die Arbeiten [39], [40] von Igusa, sowie auf sein Lehrbuch [44] hinweisen. In Siegels Arbeit „*Moduln Abelscher Funktionen*" ([72], Bd. 3, Nr. 77) wird der Transformationsformalismus ebenfalls in sehr allgemeiner Form entwickelt. Wenn man sich mit diesem Formalismus befaßt, wird man irgendwann in die klassischen Bücher von Krazer und Wirtinger [46, 47] dirigiert.

Eine rein algebraische Theorie der Thetafunktionen wurde von D. Mumford entwickelt. Schließlich muß noch auf die Behandlung der Thetafunktionen im Rahmen der Darstellungstheorie lokal kompakter Gruppen (Weildarstellungen) hingewiesen werden.

Anhang III. Darstellungen von Modulformen als rationale Funktionen von Eisensteinreihen, bzw. Thetareihen

Es wird gezeigt werden, daß ein Punkt des Fundamentalbereichs $\mathscr{F}_n$ „im allgemeinen" durch die Werte der Eisensteinreihen bestimmt ist.

A 3.1 Hilfssatz. *Seien*

$$\sum_{\nu=1}^{\infty} a_\nu \quad \textit{und} \quad \sum_{\nu=1}^{\infty} b_\nu$$

zwei absolut konvergente Reihen mit der Eigenschaft

$$\sum_{\nu=1}^{\infty} a_\nu^r = \sum_{\nu=1}^{\infty} b_\nu^r \quad \textit{für } r=1,2,3,\ldots.$$

Die beiden Reihen gehen dann durch Streichen von Nullen und Umordnen auseinander hervor.

Beweis. Das unendliche Produkt

$$\prod_{\nu=1}^{\infty} (1-z\,a_\nu)$$

konvergiert für beliebige komplexe Zahlen z absolut. Die Nullstellen dieses Produktes sind die Kehrwerte der von 0 verschiedenen Reihenglieder a_ν.

Die logarithmische Ableitung des Produktes ist

$$\sum_{\nu=1}^{\infty} \frac{a_\nu}{1-z\,a_\nu} = \sum_{\nu=1}^{\infty} \left(\sum_{\mu=1}^{\infty} z^{\mu-1} a_\nu^\mu \right).$$

In einer kleinen Umgebung von $z=0$ darf man die Summationen vertauschen und erhält eine Potenzreihe in z mit den Koeffizienten

$$a_1^r + a_2^r + a_3^r + \ldots.$$

Diese Werte bestimmen also das unendliche Produkt und damit dessen Nullstellen.

Ein Spezialfall des Hilfssatzes besagt, daß aus

$$\sum_{\nu=1}^{\infty} a_\nu^r = 0 \quad \text{für } r=1,2,\ldots$$

automatisch

$$a_\nu = 0 \quad \text{für alle } \nu$$

folgt. Dies kann man auf die Eisensteinreihen anwenden und erhält

A 3.2 Hilfssatz. *Die Eisensteinreihen*

$$E_{rr_0}(Z), \quad r=1,2,\ldots \ (r_0 \in \mathbb{N},\, r_0 > n+1),$$

haben in der Siegelschen Halbebene keine gemeinsame Nullstelle.

Da der Siegelsche Φ-Operator Eisensteinreihen in Eisensteinreihen überführt (s. IV, §7), haben diese in der ganzen Satakekompaktifizierung keine gemeinsame Nullstelle.

Ein bereits benutzter Hilfssatz von Hilbert [38] ergibt

A 3.2$_1$ Folgerung. *Der Ring $A(\Gamma_n)$ ist ganz algebraisch über dem Unterring*

$$\mathbb{C}[E_{r_0}, E_{2r_0}, E_{3r_0}, \ldots].$$

Punktetrennungseigenschaft. Eine Teilmenge X' eines lokal kompakten topologischen Raumes X mit abzählbarer Basis der Topologie heiße *dick*, wenn das Komplement von X' in der Vereinigung von abzählbar vielen abgeschlossenen, dünnen Teilmengen von X enthalten ist. Dicke Teilmengen sind dicht ([37], Ch. II, Lemma 3.1) - insbesondere nicht leer. Im Gegensatz zu beliebigen dichten Teilmengen gilt:

Der Durchschnitt von abzählbar vielen dicken Teilmengen ist dick.

Sei $K = K(X)$ der Körper der rationalen Funktionen auf einer irreduziblen algebraischen Mannigfaltigkeit X. Eine Menge $\mathfrak{M} \subset K$ heißt *variablentrennend*, falls eine (nicht notwendig offene) dicke Teilmenge $X' \subset X$ mit folgender Eigenschaft existiert:

Zu je zwei verschiedenen Punkten $a, b \in X'$ existiert eine in a und b holomorphe Funktion $\varphi \in \mathfrak{M}$, welche die beiden Punkte trennt $(\varphi(a) \neq \varphi(b))$.

Diese Eigenschaft hängt natürlich nicht von der Wahl des Modells X ab.

A 3.3 Hilfssatz. *Sei $\mathfrak{M}$ eine Teilmenge eines algebraischen Funktionenkörpers K und K_0 der von $\mathfrak{M}$ erzeugte Unterkörper.*
Annahme:

a) *$\mathfrak{M}$ ist variablentrennend.*

b) *K ist über K_0 algebraisch.*

Dann gilt

$$K = K_0.$$

Beweis. Der Inklusionsabbildung $K_0 \subset K$ entspricht eine rationale Abbildung $\varphi: X \dashrightarrow X_0$ irgendwelcher Modelle, $K = K(X)$, $K_0 = K(X_0)$. Bei geeigneter Wahl dieser Modelle ist φ überall holomorph. Die Blätterzahl sei d (s. A 6.23). Es gibt eine (kleine) nicht leere offene Menge $V \subset X_0$, so daß $\varphi^{-1}(V)$ in d disjunkte offene Teilmengen zerfällt, welche durch φ biholomorph auf V abgebildet werden.

$$\varphi^{-1}(V) = U_1 \cup \ldots \cup U_d,$$

$$\varphi_i: U_i \xrightarrow{\sim} V \quad (\varphi_i(x) = \varphi(x)).$$

Die Durchschnitte

$$U_i' = X' \cap U_i$$

sind dick in U_i. Der Durchschnitt

$$(\varphi_j^{-1}\,\varphi_i)(U_i') \cap U_j'$$

ist nicht leer. Nach Voraussetzung ist die Einschränkung von φ auf X' injektiv. Es folgt nun $d=1$ und daher $K=K_0$. (Allgemein ist d der Grad der Körpererweiterung).

Wir wenden Hilfssatz A 3.3 auf den Körper der Modulfunktionen an. Eine einfache Umformulierung ergibt in diesem Fall:

A 3.4 Hilfssatz. *Sei $\mathfrak{M} \subset K(\Gamma_n)$ eine Menge von Modulfunktionen n-ten Grades, welche $\frac{n(n+1)}{2}$ algebraisch unabhängige Funktionen enthält. Es existiere eine dicke Teilmenge $\mathbb{H}_n' \subset \mathbb{H}_n$ mit folgenden Eigenschaften:*

1) *Die Funktionen aus $\mathfrak{M}$ sind in allen Punkten aus $\mathbb{H}_n'$ holomorph.*

2) *Je zwei Punkte $Z_1, Z_2 \in \mathbb{H}_n'$ mit der Eigenschaft*

$$\varphi(Z_1) = \varphi(Z_2) \qquad \textit{für alle } \varphi \in \mathfrak{M}$$

sind modulo Γ_n äquivalent.

Dann ist jede Modulfunktion aus $K(\Gamma_n)$ rational durch Funktionen aus $\mathfrak{M}$ darstellbar.

Sei $r_0 > n+1$ eine natürliche Zahl. Die Menge $\mathfrak{M}$ bestehe aus den Modulfunktionen

$$\varphi_r(Z) = \frac{E_{rr_0}(Z)}{E_{r_0}(Z)^r}; \qquad r=1,2,\ldots.$$

Wir wissen bereits, daß in dieser Folge $\frac{n(n+1)}{2}$ algebraisch unabhängige Funktionen enthalten sind (A 3.2$_1$). Unser Ziel ist es, die Punktetrennungseigenschaft 2) aus Hilfssatz A 3.4 für eine geeignete dicke Menge $\mathbb{H}_n' \subset \mathbb{H}_n$ zu beweisen. Dies bedarf einiger Vorbereitungen (A 3.5–A 3.7).

A 3.5 Hilfssatz. *Sei $\mathscr{X}_n$ der Vektorraum der reellen symmetrischen n-reihigen Matrizen. Jede lineare Abbildung*

$$L\colon \mathscr{X}_n \to \mathscr{X}_n,$$

welche den Raum $\mathscr{P}_n$ der positiven Matrizen auf sich abbildet, ist von der Form

$$L(X) = A'XA, \qquad A \in Gl(n, \mathbb{R}).$$

Beweis. Sei

$$p_{ik}\colon \mathscr{X}_n \to \mathbb{R}, \qquad p_{ik}(X) = x_{ik},$$

die Projektion auf die (i,k)-te Komponente der Matrix X und sei

$$L_{ik} = p_{ik} \circ L, \qquad 1 \leq i, \; k \leq n.$$

Das lineare Funktional L_{ik} läßt sich in der Form $L_{ik}(X) = \sigma(A_{ik} X)$ mit einer eindeutig bestimmten reellen symmetrischen Matrix $A_{ik} = A_{ki}^{(n)}$ schreiben. Wir müssen n reelle Spaltenvektoren mit der Eigenschaft

$$A_{ik} = \tfrac{1}{2}(\mathfrak{a}_i \mathfrak{a}_k' + \mathfrak{a}_k \mathfrak{a}_i')$$

konstruieren. Dann gilt nämlich

$$L_{ik}(X) = \mathfrak{a}_i' X \mathfrak{a}_k$$

und

$$L(X) = A' X A \qquad \text{mit } A = (\mathfrak{a}_1, \ldots, \mathfrak{a}_n).$$

Die Konstruktion von $\mathfrak{a}_1, \ldots, \mathfrak{a}_n$ beruht auf folgender

Behauptung. *Die Menge der semipositiven Matrizen $X = X' \geq 0$ vom Rang 1 wird durch L in sich abgebildet.*

Beweis der Behauptung. Die Abbildung L bildet nach Voraussetzung den „Kegel“ $\mathscr{P}_n$ auf sich ab. Daher werden auch die *Extremalkanten* dieses Kegels auf sich abgebildet.

Eine Halbgerade

$$G = \{t X_0, t \geq 0\}, \quad X_0 \in \partial \mathscr{P}_n \setminus \{0\} \quad (\partial\text{: Rand})$$

heißt Extremalkante, falls folgendes gilt: Seien

$$X_1, X_2 \in \partial \mathscr{P}_n, \qquad X_1 + X_2 \in G.$$

Dann gilt

$$X_1 \in G \quad \text{und} \quad X_2 \in G.$$

Man überlegt sich leicht: Die Halbgerade G ist genau dann eine Extremalkante, falls die Matrix X_0 den Rang 1 hat.

Der Beweis von Hilfssatz A 3.5 verläuft nun wie folgt:

Sei $\mathfrak{x} \in \mathbb{R}^n$ ein variabler Spaltenvektor. Das „dyadische Produkt“

$$X = \mathfrak{x} \cdot \mathfrak{x}' = (x_i x_j)$$

hat den Rang 1. Die Matrix

$$L(X) = (\sigma(A_{ik} X)) = (A_{ik}[\mathfrak{x}])_{1 \leq i, k \leq n}$$

hat ebenfalls den Rang 1. Insbesondere verschwindet jede zweireihige Unterdeterminante:

$$A_{ii}[\mathfrak{x}] \, A_{kk}[\mathfrak{x}] = A_{ik}[\mathfrak{x}]^2, \qquad 1 \leq i < k \leq n.$$

Dies ist eine Identität in Polynomen des Ringes $\mathbb{R}[x_1, \ldots, x_n]$.

1. Fall. Das Polynom $A_{ik}[\mathfrak{x}]$ ist irreduzibel.

Dann gilt

$$A_{ii}=c_1 A_{ik}, \qquad A_{kk}=c_2 A_{ik}$$

mit geeigneten Konstanten c_1, c_2. Hieraus folgt

$$L_{ii}(X)=c_1 L_{ik}(X), \qquad L_{kk}(X)=c_2 L_{ik}(X).$$

Nun ist aber L ein Vektorraumisomorphismus, da $\mathscr{P}_n$ *auf* sich abgebildet wird! Derartige Relationen sind daher unmöglich. Der 1. Fall kann gar nicht eintreten.

2. Fall. Das Polynom $A_{ik}[\mathfrak{x}]$ ist reduzibel. Dann müssen auch die beiden Polynome $A_{ii}[\mathfrak{x}]$ und $A_{kk}[\mathfrak{x}]$ reduzibel sein, also Produkte von Linearformen. Beide stellen semipositive quadratische Formen dar. Es folgt

$$A_{ii}[\mathfrak{x}]=(\mathfrak{a}_i'\mathfrak{x})^2,$$
$$A_{kk}[\mathfrak{x}]=(\mathfrak{a}_k'\mathfrak{x})^2,$$
$$A_{ik}[\mathfrak{x}]=\pm(\mathfrak{a}_i'\mathfrak{x})(\mathfrak{a}_k'\mathfrak{x})$$

oder

$$A_{ii}=\mathfrak{a}_i\mathfrak{a}_i' \qquad \text{für } i=1,\dots,n,$$
$$A_{ik}=\pm\tfrac{1}{2}(\mathfrak{a}_i\mathfrak{a}_k'+\mathfrak{a}_k\mathfrak{a}_i') \qquad \text{für } 1\le i<k\le n.$$

Wir können annehmen, daß für $i=1$ und beliebiges k das obere Vorzeichen gilt, da wir $\mathfrak{a}_k$ durch $-\mathfrak{a}_k$ ersetzen dürfen. Aus den Relationen

$$A_{1k}[\mathfrak{x}]\,A_{1l}[\mathfrak{x}]=A_{11}[\mathfrak{x}]\,A_{kl}[\mathfrak{x}]$$

folgt, daß für alle (i,k) das obere Vorzeichen gelten muß.

Damit ist Hilfssatz A 3.5 bewiesen □

Wir kommen nun zu einer Verallgemeinerung von A 3.5.

Eine Abbildung

$$L\colon\ \mathscr{Z}\to\mathscr{Z}$$

eines Vektorraumes in sich heißt *affin*, wenn es eine lineare Abbildung L_0 und einen konstanten Vektor $a\in\mathscr{Z}$ mit der Eigenschaft

$$L(z)=L_0(z)+a \qquad \text{für } z\in\mathscr{Z}$$

gibt.

A 3.6 Hilfssatz. *Sei $\mathscr{Z}_n$ der Vektorraum der komplexen symmetrischen n-reihigen Matrizen. Jede affine Abbildung*

$$L\colon\ \mathscr{Z}_n\to\mathscr{Z}_n,$$

welche die Siegelsche Halbebene $\mathbb{H}_n$ *auf sich abbildet, ist von der Form*

$$L(Z) = Z[A] + S,$$
$$A \in Gl(n, \mathbb{R}), \qquad S = S' \text{ reell.}$$

Beweis. Nach Voraussetzung gilt

$$L(Z) = L_0(Z) + S$$

mit einer linearen Abbildung L_0.

Behauptung. L ist über $\mathbb{R}$ definiert, d.h.

$$S = S' \quad \text{reell und } L_0(\bar{Z}) = \overline{L_0(Z)}.$$

Beweis. Im Falle $n=1$ ist diese Behauptung trivial. Den allgemeinen Fall führt man auf diesen speziellen Fall zurück, indem man anstelle von L die Abbildung

$$l(z) = L(S_0 z)[\mathfrak{a}]$$

für beliebige

$$S_0 = S_0' > 0 \quad \text{und} \quad \mathfrak{a} \in \mathbb{R}^n \setminus \{0\}$$

betrachtet.

Hilfssatz A 3.6 folgt nunmehr aus Hilfssatz A 3.5.

A 3.7 Hilfssatz. *Jede polynomiale Abbildung* $P\colon \mathscr{Z}_n \to \mathscr{Z}_n$, *welche die Siegelsche Halbebene* $\mathbb{H}_n$ *in sich abbildet, ist affin.*

Beweis. Im Falle $n=1$ ist dieser Hilfssatz trivial. Den allgemeinen Fall reduziert man hierauf, indem man anstelle P die Funktion

$$p(z) = P(Sz)[\mathfrak{a}]$$

für beliebiges $S = S' > 0$, $\mathfrak{a} \in \mathbb{R}^n \setminus \{0\}$, betrachtet □

Wir konstruieren nun eine gewisse dicke Menge $\mathbb{H}_n'' \subset \mathbb{H}_n$. Diese entsteht durch Herausnahme abzählbar vieler dünner abgeschlossener Teilmengen. Es werden herausgenommen:

a) Die Lösungen der Gleichung

$$|\det(CZ + D)| = 1;$$
$$M = \begin{pmatrix} A & B \\ C & D \end{pmatrix} \in \Gamma_n, \qquad C \neq 0.$$

b) Die Lösungen von Gleichungen

$$|\det(CZ + D)| = |\det(\tilde{C} P(Z) + \tilde{D})|.$$

Hierbei seien (C, D) und $(\tilde{C}, \tilde{D})$ zweite Zeilen von Modulmatrizen und $P\colon \mathscr{Z}_n \to \mathscr{Z}_n$ polynomiale Abbildungen, deren Koeffizienten algebraische Zahlen sind (und welche daher einer abzählbaren Menge angehören). Dabei sind nur solche $C, D, \tilde{C}, \tilde{D}, P$ zugelassen, welche obige Gleichung nicht identisch erfüllen. (Nur dann ist die Lösungsmenge dünn.)

c) Die Nullstellen von $E_{r_0}(Z)$.

Die Menge

$$\mathbb{H}_n' = \bigcap_{M \in \Gamma_n} M(\mathbb{H}_n'')$$

ist ebenfalls dick und Γ_n-invariant.

Wir wollen beweisen, daß auf dieser Menge die Funktionen

$$\varphi_r = E_{r_0}^{-r} E_{rr_0}, \qquad r \in \mathbb{N},$$

modulo Γ_n die Punkte trennen. Seien also $Z_0, W_0 \in \mathbb{H}_n'$ zwei feste Punkte und

$$\varphi_r(Z_0) = \varphi_r(W_0) \qquad \text{für } r \in \mathbb{N}.$$

Es ist zu zeigen, daß die beiden Punkte modulo Γ_n äquivalent sind.

Dabei kann

$$Z_0 \in \mathscr{F}_n, \qquad W_0 \in \mathscr{F}_n$$

angenommen werden. Aus Hilfssatz A 3.1 folgert man:

Es gibt eine bijektive Abbildung $M \to \tilde{M}$ von $\Gamma_{n,0} \backslash \Gamma_n$ auf sich, so daß

$$\det(CZ_0 + D)^{r_0} = \gamma \det(\tilde{C} W_0 + \tilde{D})^{r_0}$$
$$(\gamma = E_{r_0}(Z_0) \cdot E_{r_0}(W_0)^{-1})$$

gilt.

Nach Voraussetzung ($Z_0, W_0 \in \mathbb{H}_n' \cap \mathscr{F}_n$) gilt:

$$|\det(CZ_0 + D)| > 1 \qquad \text{für } C \neq 0$$
$$|\det(\tilde{C} W_0 + \tilde{D})| > 1 \qquad \text{für } \tilde{C} \neq 0.$$

In den Fällen $C = 0$, $\tilde{C} = 0$ sind die beiden Determinanten gleich 1. Hieraus folgt $\gamma = 1$ oder

$$\det(CZ_0 + D) = \varepsilon \det(\tilde{C} W_0 + \tilde{D})$$

mit einer gewissen r_0-ten Einheitswurzel ε, welche von C und D abhängt.

Nutzt man diese Relation speziell für

$$C = \begin{pmatrix} 1 & 0 \dots 0 \\ 0 & \\ \vdots & \vdots \\ 0 & \dots 0 \end{pmatrix} U, \qquad U \in Gl(n, \mathbb{Z})$$

aus, so folgt:

Es existiert eine polynomiale Abbildung

$$P\colon \mathscr{Z}_n \to \mathscr{Z}_n$$

mit algebraischen Koeffizienten, so daß

$$W_0 = P(Z_0).$$

Nach Konstruktion der dicken Menge $\mathbb{H}_n'$ muß dann

$$\det(CZ+D) = \varepsilon \det(\tilde{C}P(Z)+\tilde{D})$$

identisch in Z gelten. Aus demselben Grund gilt

$$\det(CQ(Z)+D) = \varepsilon \det(\tilde{C}Z+\tilde{D})$$

mit einer polynomialen Abbildung Q.

Um diese Relation ausnutzen zu können, benötigen wir

A 3.8 Hilfssatz. *Seien Z, W zwei Punkte aus $\mathscr{Z}_n$. Es gelte*

$$\det(CZ+D) = \det(CW+D)$$

für alle teilerfremden symmetrischen Paare (C, D). Dann gilt

$$Z = W.$$

Der einfache Beweis wird dem Leser überlassen. Aus dem Hilfssatz folgt

$$P(Q(Z)) = Z \quad \text{und} \quad Q(P(Z)) = Z.$$

Daher definieren P und Q biholomorphe Selbstabbildungen des Vektorraumes $\mathscr{Z}_n$.

Als nächstes zeigen wir

$$P(\mathbb{H}_n) \subset \mathbb{H}_n \quad (\text{analog } Q(\mathbb{H}_n) \subset \mathbb{H}_n).$$

Wir schließen indirekt, nehmen also an, daß dies falsch ist. Dann muß in $P(\mathbb{H}_n)$ ein Randpunkt von $\mathbb{H}_n$ enthalten sein. Da $P(\mathbb{H}_n)$ offen ist, muß sogar ein Randpunkt

$$W = P(Z) \in \partial\mathbb{H}_n, \quad Z \in \mathbb{H}_n,$$

in $P(\mathbb{H}_n)$ enthalten sein, dessen Real- und Imaginärteil rationale Komponenten hat. Es gilt

$$\det(\operatorname{Im} W) = 0.$$

Aus IV 7.2 folgt nun die Existenz eines teilerfremden Paares $\tilde{C}$, $\tilde{D}$ mit der Eigenschaft

$$\det(\tilde{C}W+\tilde{D}) = 0, \quad \text{Widerspruch } (\det(CZ+D) \neq 0)!$$

A3.9 Satz. *Sei $r_0 > n+1$ eine gerade Zahl. Jede Modulfunktion n-ten Grades ist als rationale Funktion in den speziellen Funktionen*

$$\varphi_r(Z) = \frac{E_{rr_0}(Z)}{E_{r_0}(Z)^r}$$

darstellbar.

Aus Satz A3.9 folgt leicht:

Sei $r_0 > 0$ eine gerade Zahl, z.B. $r_0 = 2$. Der Quotientenkörper von

$$A^{(r_0)}(\Gamma_n) = \bigoplus_{r \equiv 0 \bmod r_0} [\Gamma_n, r]$$

wird von den Eisensteinreihen

$$r \equiv 0 \bmod r_0, \qquad r > n+1,$$

erzeugt.

Sei R ein Integritätsbereich. Unter der Normalisierung $\bar{R}$ von R versteht man die Menge aller Elemente des Quotientenkörpers von R, welche über R ganz algebraisch sind. Der Ring $A^{(r_0)}(\Gamma_n)$ ist normal, d.h. gleich seiner Normalisierung. Faßt man die Sätze A 3.2 und A3.9 zusammen, so ergibt sich

A 3.10 Satz. *Der Ring $A^{(r_0)}(\Gamma_n)$ ist die Normalisierung der von den Eisensteinreihen*

$$E_r, \qquad r \equiv 0 \bmod r_0, \qquad r > n+1,$$

erzeugten $\mathbb{C}$-Algebra.

Im Falle $r \equiv 0 \bmod 4$ lassen sich die Eisensteinreihen auf Grund des Siegelschen Hauptsatzes linear durch Thetareihen kombinieren. Hieraus und aus A 3.10 folgt ein Analogon von *Igusas* „*Fundamentallemma*" ([44], V9)

A 3.11 Theorem. *Der Ring $A^{(4)}(\Gamma_n)$ ist die Normalisierung des Unterringes, welcher von allen Thetareihen*

$$\vartheta_S(Z), \qquad S = S' > 0 \text{ gerade und unimodular,}$$

erzeugt wird,

$$A^{(4)}(\Gamma_n) = \overline{\mathbb{C}[\vartheta_S]}.$$

Aus den Struktursätzen (Kap. III, §1) läßt sich folgern, daß in den Fällen $n \leq 2$ sogar

$$A^{(4)}(\Gamma_n) = \mathbb{C}[\vartheta_S]$$

gilt.

Anhang IV. Singuläre Gewichte

Sei r eine ganze Zahl. Eine analytische Funktion $f\colon \mathbb{H}_n \to \mathbb{C}$ heißt Modulform vom Gewicht $\frac{r}{2}$ (bezüglich einer Kongruenzgruppe), wenn die Funktion

$$\varphi(Z) = \frac{f(Z)}{\vartheta(Z)^r}, \qquad \vartheta(Z) = \sum_{g \text{ ganz}} e^{\pi i Z[g]}$$

unter einer geeigneten Kongruenzgruppe invariant ist. Auf eine genaue Spezifizierung dieser Gruppe kommt es in diesem Abschnitt nicht an.

Beispiele von Modulformen sind Thetareihen

$$\vartheta_{A,B}(S,Z); \qquad S = S^{(r)} > 0 \qquad (A, B, S \text{ rational}).$$

Jede Modulform ist in eine Fourierreihe entwickelbar.

$$f(Z) = \sum_{\substack{T = T' \geq 0 \\ T \text{ gerade}}} a(T)\, e^{\frac{\pi i}{l}\sigma(TZ)}, \quad l \text{ geeignet}.$$

Wir nennen f **singulär,** wenn

$$a(T) \neq 0 \;\Rightarrow\; \det T = 0 \quad (\text{vgl. IV 5.2}).$$

Eine Modulform ist genau dann singulär, falls

$$|\partial| f(Z) = 0, \qquad |\partial| = \det\left(e_{\mu\nu} \frac{\partial}{\partial z_{\mu\nu}}\right),$$

denn es gilt

$$|\partial| f(Z) = \sum a(T) \det\left(\frac{\pi i}{l} T\right) e^{\frac{\pi i}{l}\sigma(TZ)}.$$

Im Falle der vollen Siegelschen Modulgruppe wurde gezeigt (IV 5.3), daß von 0 verschiedene singuläre Modulformen nur im Falle $r \leq \frac{n-1}{2}$ existieren können. Wir geben hierfür einen anderen Beweis, welcher für beliebige Gruppen funktioniert:

Aus der Transformationsformel für den Operator $|\partial|$ unter der Substitution $Z \to -Z^{-1}$ (III 6.10) folgt

$$|\partial| (\det Z)^{-\frac{n-1}{2}} f(-Z^{-1}) = 0$$

für singuläre f. Da die reelle symplektische Gruppe von der Substitution $Z \to -Z^{-1}$ und von Translationen erzeugt wird, folgt allgemein

$$|\partial| \det(CZ + D)^{-\frac{n-1}{2}} f(M\langle Z \rangle) = 0 \qquad \text{für } M \in Sp(n, \mathbb{R})$$

und daher

$$|\partial| \det(CZ+D)^{r-\frac{n-1}{2}} f(Z)=0$$

für alle M aus einer geeigneten Kongruenzgruppe. Diese Identität ist rational in C und D. Sie gilt daher für alle $M \in \Gamma_n$, insbesondere für $M=I$:

$$|\partial|(\det Z)^{r-\frac{n-1}{2}} f(Z)=0.$$

Wir wenden die Produktformel für $|\partial|$ an (III 6.4);

$$\sum_{p=0}^{n} \binom{n}{p} \partial^{[p]}(\det Z)^{r-\frac{n-1}{2}} \sqcap \partial^{[q]} f=0.$$

Ersetzt man Z durch $Z+H$, so folgt wegen der Periodizität von f

$$\sum_{p=0}^{n} \binom{n}{p} \partial^{[p]} \det(Z+H)^{r-\frac{n-1}{2}} \sqcap \partial^{[q]} f=0$$

zunächst für alle H aus dem Periodengitter von f, danach auch für variables H, da dieser Ausdruck polynomial in H ist. Jetzt zeigt man leicht, daß in obiger Summe sogar jeder einzelne Summand verschwinden muß.

Für $p=n$ erhält man speziell

$$|\partial|(\det Z)^{r-\frac{n-1}{2}}=0,$$

wenn f nicht identisch verschwindet.

Hieraus folgt aber (III 6.9)

$$0 \leq r \leq \frac{n-1}{2},$$

was zu beweisen war.

Ziel dieses Anhangs ist es, auch die Umkehrung von diesem Satz zu beweisen.

A 4.1 Satz. *Sei* $2r$ *eine ganze Zahl. Eine von* 0 *verschiedene Modulform vom Gewicht* r *ist genau dann singulär, falls*

$$0 \leq 2r < n.$$

Wir geben zwei verschiedene Beweise für die noch offene Richtung:

1. Beweis. Dieser beruht auf der Paarung $\{f, g\}$ (III 6.13). Seien f, g zwei Modulformen vom Gewicht $\frac{n-1}{2}$. Dann ist $\{f, g\}$ eine holomorphe alternierende Differentialform, invariant bezüglich einer geeigneten Kongruenzgruppe $\Gamma \subset \Gamma_n$.

A 4.1$_1$ Hilfssatz. *Jede alternierende holomorphe Differentialform ω vom Grade $\frac{n(n+1)}{2}-1$ auf der Siegelschen Halbebene $\mathbb{H}_n$, welche unter einer Kongruenzgruppe invariant ist, ist geschlossen ($d\omega=0$).*

Beweis. Bekanntlich ist jede holomorphe Differentialform auf einer kompakten analytischen Mannigfaltigkeit geschlossen. Hilfssatz A 4.1$_1$ folgt aus III 5.13, wenn man benutzt, daß der Körper der Modulfunktionen ein kompaktes singularitätenfreies Modell besitzt. Man kann A 4.1$_1$ auch elementar, ohne Desingularisierungstheorie, beweisen [24].

Aus $d\{f,g\}=0$ folgt (III 6.14)

$$f|\partial|g+(-1)^{n+1}g|\partial|f=0.$$

Da eine nicht identisch verschwindende singuläre Modulform vom Gewicht $\frac{n-1}{2}$ existiert, beispielweise

$$g(Z)=\vartheta(Z)^{n-1}=\vartheta(E^{(n-1)},Z^{(n)}),$$

folgt

$$|\partial|f=0.$$

Jede Modulform vom Gewicht $\frac{n-1}{2}$ ist also singulär.

Den Fall „$r<\frac{n-1}{2}$“ führt man hierauf zurück. Sei

$$f(Z)=\sum a(T)\,e^{\frac{\pi i}{l}\sigma(TZ)}$$

eine singuläre Modulform vom Gewicht r, $0\leq r<\frac{n-1}{2}$. Wir zeigen $a(T_0)=0$ für eine im folgenden feste positive gerade Matrix T_0.

Dazu multiplizieren wir f mit einer Modulform

$$g(Z)=\sum b(T)\,e^{\frac{\pi i}{l}\sigma(TZ)}$$

vom Gewicht $\frac{n-1}{2}-r$ und erhalten eine Modulform vom Gewicht $\frac{n-1}{2}$.

$$f(Z)g(Z)=\sum c(T)\,e^{\frac{\pi i}{l}\sigma(TZ)},$$

$$c(T)=\sum_{T_1+T_2=T}a(T_1)\,b(T_2).$$

Da diese Modulform singulär ist, gilt

$$c(T)\neq 0 \;\Rightarrow\; \det T=0.$$

Wir setzen nun speziell

$$g(Z)=\vartheta(m\cdot E^{(n-1-2r)},Z).$$

Wählt man m genügend groß in Abhängigkeit von T_0, so gilt

a) $b(T_2)\neq 0$ und $T_2\neq 0 \Rightarrow \sigma(T_2)>\sigma(T_0)$,

b) $b(0)=1$.

Aus a) und b) folgt

$$c(T_0)=a(T_0)=0 \quad (\text{da } \det T_0\neq 0) \quad \square$$

2. Beweis. Dieser beruht auf der **Fourier-Jacobi-Entwicklung einer Modulform.**

Sei f: $\mathbb{H}_n\to\mathbb{C}$ eine Modulform vom Gewicht r, $2r\in\mathbb{N}$ und sei

$$\rho\in\mathbb{N}, \qquad 0<\rho<n.$$

Es existiert eine natürliche Zahl l mit der Eigenschaft

$$f(Z+S)=f(Z) \qquad \text{für } S\equiv 0 \bmod l;$$

$$f(Z[U])=f(Z) \qquad \text{für } U=\begin{pmatrix} E^{(n-\rho)} & G \\ 0 & E^{(\rho)}\end{pmatrix}, \qquad G=G^{(n-\rho,\rho)}\equiv 0 \bmod l.$$

Wir zerlegen die Variable $Z=Z^{(n)}$ in Blöcke,

$$Z=\begin{pmatrix} Z_0 & Z_1 \\ Z_1' & Z_2\end{pmatrix};$$

$$Z_0=Z_0^{(n-\rho)}, \qquad Z_1=Z_1^{(n-\rho,\rho)}, \qquad Z_2=Z_2^{(\rho)}.$$

Durch Umordnen der Fourierreihe

$$f(Z)=\sum_{\substack{T=T'\geq 0\\ T \text{ gerade}}} a(T)\, e^{\frac{\pi i}{l}\sigma(TZ)}$$

erhalten wir eine Entwicklung der Art

$$f(Z)=\sum_{\substack{T_2=T_2^{(\rho)}\geq 0\\ T_2 \text{ gerade}}} \varphi_{T_2}(Z_0,Z_1)\, e^{\frac{\pi i}{l}\sigma(T_2Z_2)}$$

mit

$$\varphi_{T_2}(Z_0,Z_1)=\sum_{T=\begin{pmatrix} T_0 & T_1 \\ T_1' & T_2\end{pmatrix}} a(T)\, e^{\frac{\pi i}{l}\sigma(Z_0T_0+2T_1'Z_1)}.$$

Diese Reihe konvergiert (absolut und lokal gleichmäßig) für alle Paare (Z_0,Z_1), welche sich zu einem $Z\in\mathbb{H}_n$ ergänzen lassen, also für alle

$$Z_0\in\mathbb{H}_{n-\rho}; \qquad Z_1=Z_1^{(n-\rho,\rho)}.$$

Die Koeffizienten φ_{T_2} sind also holomorphe Funktionen auf

$$\mathbb{H}_{n-\rho} \times M_{(n-\rho,\rho)}(\mathbb{C}).$$

Wir leiten für diese Funktionen - zunächst zwei - fundamentale Transformationsformeln ab, wobei wir der Einfachheit halber $\varphi = \varphi_{T_2}$ schreiben.

1) Aus der Periodizität von f folgt

$$\varphi(Z_0, Z_1 + G_1) = \varphi(Z_0, Z_1), \qquad G_1 = G_1^{(n-\rho,\rho)} \equiv 0 \bmod l.$$

2) Benutzt man die Invarianz von f bei

$$\begin{pmatrix} Z_0 & Z_1 \\ Z_1' & Z_2 \end{pmatrix} \to \begin{pmatrix} Z_0 & Z_1 \\ Z_1' & Z_2 \end{pmatrix} \begin{bmatrix} E & G \\ 0 & E \end{bmatrix} = \begin{pmatrix} Z_0 & Z_0 G + Z_1 \\ * & Z_0[G] + Z_1' G + G' Z_1 + Z_2 \end{pmatrix},$$

so erhält man

$$\varphi(Z_0, Z_1 + Z_0 G) = e^{-\frac{\pi i}{l}\sigma\{T_2(2G'Z_1 + Z_0[G])\}}\, \varphi(Z_0, Z_1) \quad \text{für } G \equiv 0 \bmod l.$$

Funktionen mit den in 1) und 2) auftretenden Transformationseigenschaften sind die in der Theorie der Abelschen Funktionen auftretenden „*Jacobischen Formen*". Sie lassen sich durch Thetareihen ausdrücken:

Wegen 1) besitzt φ eine Fourierentwicklung der Art

$$\varphi(Z_0, Z_1) = \sum_{H \text{ ganz}} b_H(Z_0)\, e^{\frac{2\pi i}{l}\sigma(H'Z_1)}.$$

Aus der Integraldarstellung der Fourierkoeffizienten b_H ergibt sich, daß sie von Z_0 analytisch abhängen. Aus 2) folgt

$$b_{H+GT_2} = b_H\, e^{\frac{\pi i}{l}\sigma\{T_2 Z_0[G] + 2H'Z_0 G\}} \qquad (G \equiv 0 \bmod l).$$

Die Koeffizienten b_{H+GT_2} sind also durch b_H eindeutig bestimmt. Wir lassen nun H ein Vertretersystem $\bmod\, lT_2$ durchlaufen, d.h. ein Vertretersystem der Bahnen

$$\{H + lGT_2, G \text{ ganz}\}.$$

Wir behandeln nur den Fall weiter, daß T_2 invertierbar ($T_2 > 0$) ist. Dann gibt es nur endlich viele solcher Bahnen. Wir erhalten ($T_2 > 0$ vorausgesetzt)

$$\varphi(Z_0, Z_1) = \sum_{H \bmod lT_2} b_H(Z_0) \sum_{G \text{ ganz}} e^{\frac{\pi i}{l}\sigma\{T_2 Z_0[lG] + 2H'Z_0 lG + 2(H + lGT_2)'Z_1\}}.$$

Die inneren Reihen lassen sich durch die in Kap. I, §0 definierten Thetareihen $\vartheta_{A,B}(S, Z)$ ausdrücken:

$$\varphi(Z_0, Z_1) = \sum_{H \bmod lT_2} c_H(Z_0)\, e^{\frac{2\pi i}{l}\sigma(H'Z_1)}\, \vartheta_{2(lT_2)^{-1}H',\, 2T_2 Z_1'}(lT_2, Z_0)$$

mit

$$c_H(Z_0) = b_H(Z_0)\, e^{-\frac{\pi i}{l}\sigma(T_2 Z_0[H T_2^{-1}])}.$$

Diese Koeffizienten hängen ebenfalls analytisch von Z_0 ab.

Die „Pointe" der *Fourier-Jacobi-Entwicklung* besteht darin, daß die Koeffizienten $c_H(Z_0)$ Modulformen vom Gewicht $r-\frac{\rho}{2}$ sind (zu Kongruenzgruppen, welche von T_2 abhängen). Wir wollen dieses Resultat zunächst formulieren und dann einen Beweis skizzieren.

A4.1$_2$ Hilfssatz. *Sei f eine Modulform vom Gewicht $r(2r\in\mathbb{Z})$ und sei ρ eine natürliche Zahl, $0<\rho<n$. Die Modulform f besitzt eine Entwicklung der Art*

$$f(Z) = \sum_{\substack{T_2 = T_2^{(\rho)} > 0 \\ T_2 \text{ gerade}}} \varphi_{T_2}(Z_0, Z_1)\, e^{\frac{\pi i}{l}\sigma(T_2 Z_2)}$$

$$\textit{mit } Z = \begin{pmatrix} Z_0 & Z_1 \\ Z_1' & Z_2 \end{pmatrix}; \qquad Z_2 = Z_2^{(\rho)}.$$

Wenn T_2 invertierbar ist, gilt

$$\varphi_{T_2}(Z_0, Z_1) = \sum_{H \bmod l T_2} c_H(Z_0)\, e^{\frac{2\pi i}{l}\sigma(H' Z_1)}\, \vartheta_{2(lT_2)^{-1}H',\, 2T_2 Z_1'}(lT_2, Z_0).$$

Die hierbei auftretenden Koeffizienten $c_H(Z_0)$ sind Modulformen vom Gewicht $r-\frac{\rho}{2}$ (bezüglich geeigneter Kongruenzgruppen, welche von f und von T_2 abhängen!)

Beweis (Skizze). Der Beweis ergibt sich durch Vergleich des Transformationsverhaltens von f mit den Transformationsformeln für die auftretenden Thetareihen.

1) Transformationsformel für $\varphi(Z_0, Z_1) = \varphi_{T_2}(Z_0, Z_1)$

Wir nutzen das Transformationsverhalten von f unter Modulsubstitutionen n-ten Grades der Form

$$M = \left(\begin{array}{cc|cc} A_0 & 0 & B_0 & 0 \\ 0 & E & 0 & 0 \\ \hline C_0 & 0 & D_0 & 0 \\ 0 & 0 & 0 & E \end{array}\right) \qquad M_0 = \begin{pmatrix} A_0 & B_0 \\ C_0 & D_0 \end{pmatrix}$$

aus. Eine einfache Rechnung zeigt

$$M\langle Z\rangle = \begin{pmatrix} M_0\langle Z_0\rangle & (C_0 Z_0 + D_0)'^{-1} Z_1 \\ * & Z_2 - Z_1'(C_0 Z_0 + D_0)^{-1} C_0 Z_1 \end{pmatrix},$$

sowie

$$\det(CZ+D) = \det(C_0 Z_0 + D_0).$$

Wenn M_0 in einer Kongruenzgruppe enthalten ist, so gilt

$$f(M\langle Z\rangle) = \det(CZ+D)^r f(Z).$$

(Bei halbzahligem r ist die Wurzel aus der Determinante in Einklang mit dem Transformationsverhalten von $\vartheta(Z)^r$ zu wählen).

Für die Koeffizienten $\varphi(Z_0, Z_1) = \varphi_{T_2}(Z_0, Z_1)$ bedeutet dies

$$\varphi(M_0\langle Z_0\rangle, (C_0 Z_0 + D_0)'^{-1} Z_1) \\ = e^{\frac{\pi i}{l}\sigma(T_2 Z_1'(C_0 Z_0 + D_0)^{-1} C_0 Z_1)} \det(C_0 Z_0 + D_0)^r \varphi(Z_0, Z_1).$$

2) Für festes H und T_2 sei

$$\psi(Z_0, Z_1) = \vartheta_{2(lT_2)^{-1}H', 2T_2 Z_1'}(l T_2, Z_0)\, e^{\frac{2\pi i}{l}\sigma(H' Z_1)}.$$

Hilfssatz A 4.1$_2$ ist vollständig bewiesen mit folgender

Behauptung. Für alle M_0 aus einer geeigneten Kongruenzgruppe gilt

$$\psi(M_0\langle Z_0\rangle, (C_0 Z_0 + D_0)'^{-1} Z_1) \\ = e^{\frac{\pi i}{l}\sigma(T_2 Z_1'(C_0 Z_0 + D_0)^{-1} C_0 Z_1)} \det(C_0 Z_0 + D_0)^{\frac{\rho}{2}} \psi(Z_0, Z_1).$$

Insbesondere ist $\psi(Z_0, 0)$ eine Modulform vom Gewicht $\frac{\rho}{2}$. Zumindest für gerade ρ haben wir diesen Spezialfall der Behauptung in Anhang II bewiesen. Die allgemeine Formel erhält man mit derselben Methode. Wir begnügen uns daher, den Spezialfall $l=1$ und

$$M_0 = \begin{pmatrix} 0 & E \\ -E & 0 \end{pmatrix}; \qquad \det T_2 = 1 \quad (\text{also } \rho \equiv 0 \bmod 8)$$

durchzurechnen.

$$\psi(Z_0, Z_1) = \vartheta_{0, 2T_2 Z_1'}(T_2, Z_0).$$

Wir schreiben $S = T_2$, um besseren Anschluß an Kap. I, §0 zu bekommen.

Die behauptete Formel lautet

$$\psi(-Z_0^{-1}, -Z_0^{-1} Z_1) = e^{\pi i \sigma(S Z_0^{-1}[Z_1])} (\det Z_0)^{\frac{\rho}{2}} \psi(Z_0, Z_1).$$

Aus der Thetatransformationsformel I.0.13 ergibt sich

$$\begin{aligned}\psi(-Z_0^{-1}, -Z_0^{-1}Z_1) &= \vartheta_{0,-2SZ_1'Z_0^{-1}}(S, -Z_0^{-1})\\ &= (\det Z_0)^{\frac{\rho}{2}}\,\vartheta_{2SZ_1'Z_0^{-1},0}(S^{-1}, Z_0)\\ &= (\det Z_0)^{\frac{\rho}{2}} \sum_{G\,\text{ganz}} e^{\pi i\sigma\{S^{-1}[G+SZ_1'Z_0^{-1}]Z_0\}}\\ &= (\det Z_0)^{\frac{\rho}{2}}\, e^{\pi i\sigma\{S^{-1}[SZ_1'Z_0^{-1}]Z_0\}}\\ &\quad\cdot\sum e^{\pi i\sigma\{S^{-1}[G]Z_0+2G'S^{-1}SZ_1'Z_0^{-1}Z_0\}}.\end{aligned}$$

Da S als unimodular vorausgesetzt wurde, durchläuft mit G auch SG alle ganzen Matrizen. Beachtet man noch

$$\sigma\{S^{-1}[SZ_1'Z_0^{-1}]Z_0\} = \sigma(SZ_0^{-1}[Z_1]),$$

so ist die behauptete Formel evident □

Wir zeigen nun, wie der Hauptsatz über singuläre Modulformen (A 4.1) aus der Fourier-Jacobi-Entwicklung zu gewinnen ist. Wir führen die Entwicklung mit $\rho = n-1$ durch. Die Koeffizienten $c_H(Z_0)$ sind dann Modulformen vom Gewicht $r - \frac{n-1}{2}$. Besonders einfach ist der Fall $r < \frac{n-1}{2}$. Da jede Modulform negativen Gewichtes identisch verschwindet, sind die Koeffizienten identisch 0. Es gilt daher

$$f(Z) = \sum_{\det T_2=0} \varphi_{T_2}(Z_0, Z_1)\, e^{\frac{\pi i}{l}\sigma(T_2 Z_2)}$$

und daher

$$a(T) \neq 0 \;\Rightarrow\; \det T_2 = 0.$$

Da T semidefinit ist, gilt

$$\det T_2 = 0 \;\Rightarrow\; \det T = 0 \quad □$$

Etwas komplizierter ist der Grenzfall $r = \frac{n-1}{2}$. Jetzt kann man nur schließen, daß die Koeffizienten $c_H(Z_0)$ konstant sind. Aus Hilfssatz A 4.1_2 ergibt sich dann: Sei $a(T) \neq 0$.

Wenn $\det T_2$ von 0 verschieden ist, so besitzt T die Form

$$T = \begin{pmatrix} T_2^{-1}[R] & R' \\ R & T_2 \end{pmatrix}.$$

Auch in diesem Fall ist die Determinante von T gleich 0.

Daß das Gewicht einer singulären Modulform der Bedingung „$<n/2$" genügt, wurde erstmals von H. Resnikoff bewiesen. Der zweite in diesem Abschnitt dargelegte Beweis der Umkehrung stammt ebenfalls von Resnikoff [63]. Die Fourier-Jacobi-Entwicklung wurde von M. Eichler [20] benutzt. Dort wurde A 4.1$_2$ im Spezialfall $\rho=1$ abgeleitet.

Anhang V. Erzeugendensysteme für die lineare und symplektische Gruppe über einem Euklidschen Ring R

In jedem Euklidschen Ring R existiert eine Funktion

$$R \to \mathbb{Z}, \qquad a \to |a|$$

mit folgenden Eigenschaften:

a) $|a| \geq 0$ für alle $a \in R$,

b) $|a|=0$ nur für $a=0$.

c) Zu je zwei Elementen $a, b \in R$, $b \neq 0$ existieren Elemente $x, y \in R$ mit der Eigenschaft

$$a=bx+y, \qquad |y|<|b|.$$

Beispielsweise ist $\mathbb{Z}$ mit dem üblichen Absolutbetrag ein Euklidscher Ring. Aber auch Körper sind Euklidsch mittels

$$|a| = \begin{cases} 1 & \text{für } a \neq 0, \\ 0 & \text{für } a=0. \end{cases}$$

Wir konstruieren zunächst ein Erzeugendensystem für die spezielle lineare Gruppe.

Die n-reihige Matrix $N_{ij}=N_{ij}^{(n)}$ $(1 \leq i, j \leq n)$ besteht aus einer 1 in der i-ten Zeile und j-ten Spalte und aus Nullen sonst:

$$\begin{array}{c} \phantom{N_{ij}=} \quad j\text{-te Spalte} \\ N_{ij} = \left(\begin{array}{c} 0 \\ \vdots \\ 0 \\ 0 \dots 0 \;\; 1 \;\; 0 \dots 0 \\ 0 \\ \vdots \\ 0 \end{array} \right) \quad i\text{-te Zeile} \end{array}$$

Die Matrizen

$$E+rN_{ij}, \qquad 1 \leq i<j \leq n, \quad r \in R,$$

haben die Determinante 1.

Jeder Permutation σ der Ziffern $1,\dots,n$ ordnet man eine Permutationsmatrix E_σ zu, deren Wirkung auf Vektoren durch

$$E_\sigma \begin{pmatrix} x_1 \\ \vdots \\ x_n \end{pmatrix} = \begin{pmatrix} x_{\sigma^{-1}(1)} \\ \vdots \\ x_{\sigma^{-1}(n)} \end{pmatrix}$$

gegeben ist. Es gilt

$$E_\sigma \circ E_\tau = E_{\sigma\tau} \quad \text{und} \quad \det E_\sigma = \operatorname{sgn} \sigma.$$

Die Matrix

$$\tilde{E}_\sigma = \begin{pmatrix} \operatorname{sgn}\sigma & & & \\ & 1 & & 0 \\ & & \ddots & \\ & 0 & & 1 \end{pmatrix} \cdot E_\sigma$$

liegt in $Sl(n,R)$.

A 5.1 Satz. *Die spezielle lineare Gruppe $Sl(n,R)$ über einem Euklidschen Ring wird von den Matrizen*

1) $E + rN_{ij}$, $1 \le i < j \le n$, $r \in R$,
2) $\tilde{E}_\sigma$, *σ Permutation von* $\{1,\dots,n\}$,
3) $\begin{pmatrix} \varepsilon & & & \\ & \varepsilon^{-1} & & 0 \\ & & \ddots & \\ 0 & & & 1 \end{pmatrix}, \quad \varepsilon \in R^*$

erzeugt.

Es genügt natürlich, wenn σ ein *Erzeugendensystem* der Permutationsgruppe durchläuft, denn es gilt

$$E_\sigma \circ E_\tau = E_{\sigma\tau}.$$

Beweis. Sei G_n die von den in A 5.1 angegebenen Matrizen erzeugte Untergruppe von $Sl(n,R)$.

1. Schritt. Zu einem beliebigen Spaltenvektor $g \in R^n$ konstruieren wir eine Matrix

$$U \in G_n, \quad Ug = \begin{pmatrix} a_1 \\ 0 \\ \vdots \\ 0 \end{pmatrix}.$$

Wir können annehmen, daß g von 0 verschieden ist.

Da die modifizierten Permutationsmatrizen $\tilde{E}_\sigma$ in G_n enthalten sind, kann man $U \in G_n$ zunächst so finden, daß die erste Komponente

a_1 von $a=Ug$ von 0 verschieden ist. Unter diesen Matrizen denken wir uns U so ausgewählt, daß $|a_1|$ minimal ist.

Für jedes $j\in\{2,\dots,n)$ muß dann

$$a_j=0 \quad \text{oder} \quad |a_j|\geq|a_1|$$

gelten. Matrizen der Form

$$V=\begin{pmatrix} 1 & & & \\ x_2 & & 0 & \\ \vdots & 0 & \ddots & \\ x_n & & & 1 \end{pmatrix}$$

sind in G_n enthalten. Es gilt

$$VUg=\begin{pmatrix} a_1 \\ a_2+x_2a_1 \\ \vdots \\ a_n+x_na_1 \end{pmatrix}.$$

Nach geeigneter Wahl von V gilt

$$|a_j+x_ja_1|<|a_1| \quad \text{für } j=2,\dots,n \quad \square$$

2. Schritt. Zu jeder Matrix $U\in Sl(n,R)$ existiert eine Matrix $V\in G_n$ mit der Eigenschaft

$$VU=\begin{pmatrix} 1 & * \cdots * \\ 0 & \\ \vdots & U_1 \\ 0 & \end{pmatrix}.$$

Auf Grund des ersten Schrittes findet man zunächst ein V mit der Eigenschaft

$$VU=\begin{pmatrix} \varepsilon & * \cdots * \\ 0 & \\ \vdots & * \\ 0 & \end{pmatrix}.$$

Das Element ε ist eine Einheit (wegen $\det U=\det V=1$).

Man ersetze nun

$$V \text{ durch } \begin{pmatrix} \varepsilon^{-1} & & & & \\ & \varepsilon & & 0 & \\ & & 1 & & \\ & 0 & & \ddots & \\ & & & & 1 \end{pmatrix} V.$$

Im Falle $n=2$ ist Satz A 5.1 bereits bewiesen!

3. Schritt. Wir zeigen durch Induktion nach n, daß Matrizen der Form

$$\begin{pmatrix} 1 & * \\ 0 & V \end{pmatrix} \in Sl(n,R)$$

in G_n enthalten sind. Nach Induktionsvoraussetzung ist V in G_{n-1} enthalten. Hieraus folgt zunächst, daß die Matrix

$$\begin{pmatrix} 1 & 0 \\ 0 & V \end{pmatrix}$$

in G_n enthalten ist. (Dies braucht man nur für die Erzeugenden zu verifizieren).

Die Matrix

$$\begin{pmatrix} 1 & 0 \\ 0 & V \end{pmatrix}^{-1} \begin{pmatrix} 1 & * \\ 0 & V \end{pmatrix}$$

ist offensichtlich in G_n enthalten □

Damit ist Satz A 5.1 bewiesen. Als Nebenprodukt haben wir einen bekannten *Satz von Gauß* mit bewiesen:

A 5.2 Hilfssatz. *Zu jedem Spaltenvektor $g \in R^n$ mit Komponenten aus einem Euklidschen Ring R existiert eine Matrix*

$$U \in Sl(n,R), \qquad Ug = \begin{pmatrix} a_1 \\ 0 \\ \vdots \\ 0 \end{pmatrix}.$$

Zusatz. *Wenn die Komponenten von g teilerfremd sind, ist a_1 eine Einheit. Man findet im Falle $n \geq 2$ dann $U \in Sl(n,R)$ so, daß*

$$Ug = \begin{pmatrix} 1 \\ 0 \\ \vdots \\ 0 \end{pmatrix}.$$

Die Gruppe $Gl(n,R)$ wird von $Sl(n,R)$ und von Diagonalmatrizen erzeugt.

Aus Satz A 5.1 folgt

A 5.3 Satz. *Ist R ein Euklidscher Ring, so wird die allgemeine lineare Gruppe $Gl(n,R)$ von den Matrizen*

1) $E + rN_{ij}$, $1 \leq i < j \leq n$, $r \in R$,

2) E_σ,

3) $\begin{pmatrix} \varepsilon & & 0 \\ & 1 & \\ & & \ddots \\ & & & 1 \end{pmatrix}$, $\quad \varepsilon \in R^*$,

erzeugt.

A 5.3$_1$ Folgerung. *Die Gruppe $Gl(n,R)$ wird von der Teilmenge der symmetrischen Matrizen erzeugt.*

Zum Beweis der Folgerung braucht man nur die Erzeugenden als Produkte symmetrischer Matrizen darzustellen.

1) Im Falle $n=2$ folgt die Darstellbarkeit aus der Formel

$$\begin{pmatrix} 1 & r \\ 0 & 1 \end{pmatrix} = \begin{pmatrix} r & 1 \\ 1 & 0 \end{pmatrix} \begin{pmatrix} 0 & 1 \\ 1 & 0 \end{pmatrix}.$$

Den allgemeinen Fall führt man leicht auf diesen zurück.

2) Die Matrix E_σ ist symmetrisch, wenn σ eine Involution ist ($\sigma = \sigma^{-1}$). Die symmetrische Gruppe wird bekanntlich von speziellen Involutionen (Transpositionen) erzeugt □

Wir konstruieren mit denselben Methoden ein Erzeugendensystem für die symplektische Gruppe.

A 5.4 Satz. *Die symplektische Gruppe $Sp(n,R)$ über einem Euklidschen Ring R wird von den speziellen Matrizen*

$$\begin{pmatrix} E & S \\ 0 & E \end{pmatrix}, \quad S=S'; \quad \begin{pmatrix} 0 & E \\ -E & 0 \end{pmatrix},$$

erzeugt.

Beweis. Wir bezeichnen mit H_n die von den speziellen Matrizen erzeugte Untergruppe von $Sp(n,R)$.

1. Schritt. Es gilt

$$\begin{pmatrix} U' & 0 \\ 0 & U^{-1} \end{pmatrix} \in H_n \quad \text{für } U \in Gl(n,R).$$

Wenn U symmetrisch ist, folgt dies aus der Formel

$$\begin{pmatrix} U & 0 \\ 0 & U^{-1} \end{pmatrix} = \begin{pmatrix} E & U \\ 0 & E \end{pmatrix} \begin{pmatrix} 0 & E \\ -E & 0 \end{pmatrix} \begin{pmatrix} E & U^{-1} \\ 0 & E \end{pmatrix} \begin{pmatrix} 0 & E \\ -E & 0 \end{pmatrix} \cdot \begin{pmatrix} E & U \\ 0 & E \end{pmatrix} \begin{pmatrix} 0 & E \\ -E & 0 \end{pmatrix}.$$

Allgemein muß man benutzen, daß die Gruppe $Gl(n,R)$ von symmetrischen Matrizen erzeugt wird (A 5.3$_1$).

2. Schritt. Wir konstruieren zu einem beliebigen Vektor $g \in R^{2n}$ eine Matrix $M \in H_n$ mit der Eigenschaft

$$M g = \begin{pmatrix} a_1 \\ 0 \\ \vdots \\ 0 \end{pmatrix}.$$

Der Beweis erfolgt analog zum Fall der linearen Gruppe. Wir können uns daher kurz fassen.

Die Formeln

$$\begin{pmatrix} U' & 0 \\ 0 & U^{-1} \end{pmatrix} \begin{pmatrix} a \\ b \end{pmatrix} = \begin{pmatrix} U' a \\ U^{-1} b \end{pmatrix},$$

$$\begin{pmatrix} 0 & E \\ -E & 0 \end{pmatrix} \begin{pmatrix} a \\ b \end{pmatrix} = \begin{pmatrix} b \\ -a \end{pmatrix}$$

zeigen, daß man $M \in H_n$ zunächst so finden kann, daß die 1-te Komponente von Mg von 0 verschieden ist, was wir annehmen können und wollen. Unter diesen Matrizen wählen wir M so aus, daß $|a_1|$ (von 0 verschieden und) minimal ist.

Ersetzt man g durch Mg mit geeigneten

$$M = \begin{pmatrix} E & 0 \\ S & E \end{pmatrix} \begin{pmatrix} U' & 0 \\ 0 & U^{-1} \end{pmatrix},$$

$$\begin{pmatrix} E & 0 \\ S & E \end{pmatrix} = \begin{pmatrix} 0 & -E \\ +E & 0 \end{pmatrix} \begin{pmatrix} E & -S \\ 0 & E \end{pmatrix} \begin{pmatrix} 0 & E \\ -E & 0 \end{pmatrix} \in H_n,$$

so folgt die Behauptung wie im Falle der linearen Gruppe mittels des Euklidschen Algorithmus.

3. Schritt. Sei $M_0 \in Sp(n, R)$. Wir wählen $M \in H_n$ mit der Eigenschaft (2. Schritt)

$$M M_0 = \begin{pmatrix} A & B \\ C & D \end{pmatrix},$$

$$A = \begin{pmatrix} 1 & * \\ 0 & A_1^{(n-1)} \end{pmatrix}, \qquad B = \begin{pmatrix} * & * \\ * & B_1^{(n-1)} \end{pmatrix},$$

$$C = \begin{pmatrix} 0 & * \\ 0 & C_1^{(n-1)} \end{pmatrix}, \qquad D = \begin{pmatrix} * & * \\ * & D_1^{(n-1)} \end{pmatrix}.$$

Im Falle $n=1$ folgt $M M_0 = \begin{pmatrix} 1 & * \\ 0 & 1 \end{pmatrix}$, und der Satz ist bewiesen.

Wir können daher $n>1$ annehmen.

Eine einfache Rechnung zeigt, daß die Matrix

$$M_1 = \begin{pmatrix} A_1 & B_1 \\ C_1 & D_1 \end{pmatrix}$$

symplektisch ist. Da wir durch Induktion nach n schließen wollen, können wir $M_1 \in H_{n-1}$ annehmen. Die Matrix

$$\tilde{M}_1 = \begin{pmatrix} 1 & 0 & 0 & 0 \\ 0 & A_1 & 0 & B_1 \\ 0 & 0 & 1 & 0 \\ 0 & C_1 & 0 & D_1 \end{pmatrix}$$

ist offensichtlich symplektisch. Aber es gilt sogar: $\tilde{M}_1 \in H_n$.

Dies ist für Erzeugende vom Typ $\begin{pmatrix} E & S \\ 0 & E \end{pmatrix}$ trivial und folgt im Falle

$$M_1 = \begin{pmatrix} 0 & E^{(n-1)} \\ -E^{(n-1)} & 0 \end{pmatrix}$$

aus der Formel

$$\tilde{M}_1 = \left(\begin{array}{c|c} E^{(n)} & \begin{matrix} 0 & 0 \\ 0 & E^{(n-1)} \end{matrix} \\ \hline 0 & E^{(n)} \end{array}\right) \left(\begin{array}{c|c} E^{(n)} & 0 \\ \hline \begin{matrix} 0 & 0 \\ 0 & -E^{(n-1)} \end{matrix} & E^{(n)} \end{array}\right) \cdot \left(\begin{array}{c|c} E^{(n)} & \begin{matrix} 0 & 0 \\ 0 & E^{(n-1)} \end{matrix} \\ \hline 0 & E^{(n)} \end{array}\right).$$

Wir erhalten nun

$$\tilde{M}_1^{-1} M M_0 = \begin{pmatrix} \tilde{A} & \tilde{B} \\ \tilde{C} & \tilde{D} \end{pmatrix}, \quad \tilde{A} = \begin{pmatrix} 1 & * \\ 0 & E \end{pmatrix}, \quad \tilde{C} = \begin{pmatrix} 0 & * \\ 0 & 0 \end{pmatrix}.$$

Aus den Relationen $\tilde{A}'\tilde{C} = \tilde{C}'\tilde{A}$, $\tilde{A}\tilde{D}' = E$ folgt:

$$\tilde{M}_1^{-1} M M_0 = \begin{pmatrix} \tilde{A} & 0 \\ 0 & \tilde{A}'^{-1} \end{pmatrix} \begin{pmatrix} E & \tilde{A}^{-1}\tilde{B} \\ 0 & E \end{pmatrix} \in H_n$$

und schließlich $M_0 \in H_n$.

Anhang VI. Grundlegende Eigenschaften komplexer Räume

Alle betrachteten Räume sind Hausdorffsch, lokal kompakt und abzählbar im Unendlichen.

Irreduzibilität

A 6.1 Definition. Ein komplexer Raum $(X, \mathcal{O}_X)$ heißt *irreduzibel*, falls er sich nicht als Vereinigung zweier *echter* abgeschlossener analytischer Teilmengen von X darstellen läßt.

A 6.2 Definition. Eine **irreduzible Komponente** eines komplexen Raumes ist ein maximaler irreduzibler abgeschlossener analytischer Teilraum von X.

A 6.3 Satz. *Jeder komplexe Raum $(X, \mathcal{O}_X)$ ist Vereinigung seiner irreduziblen Komponenten. Es gibt nur endlich viele irreduzible Komponenten, deren Durchschnitt mit einem vorgegebenen Kompaktum $K \subset X$ nicht leer ist. Insbesondere besitzt X nur abzählbar viele irreduzible Komponenten.*

A 6.4 Satz. *Ist X ein irreduzibler komplexer Raum und $Y \subset X$ ein echter abgeschlossener analytischer Teilraum, so ist Y dünn in X. Das Komplement $X \setminus Y$ ist ebenfalls irreduzibel, insbesondere zusammenhängend.*

A 6.5 Satz. *Ein zusammenhängender komplexer Raum ist irreduzibel, wenn seine lokalen Ringe $\mathcal{O}_{X,a}$ nullteilerfrei sind.*

Dimension

Für jeden Punkt $a \in X$ ist die Dimension von X in a definiert, in Zeichen $\dim_a X$.

Es gelten folgende Eigenschaften.

A 6.6 Bemerkung. $\dim_a X = 0 \Leftrightarrow$ *a isolierter Punkt in X.*

A 6.7 Bemerkung. *Ist $U \subset X$ ein offener Teilraum, so gilt*

$$\dim_a U = \dim_a X \quad \text{für } a \in U.$$

A 6.8 Bemerkung. $\dim_a \mathbb{C}^n = n$.

Unter der Dimension eines komplexen Raumes $(X; \mathcal{O}_X)$ versteht man

$$\dim X = \sup_{a \in X} \dim_a X \quad (\in \mathbb{N}_0 \cup \{\infty\}).$$

A 6.9 Definition. Ein komplexer Raum X heißt reindimensional, falls

$$\dim X = \dim_a X \quad \text{für alle } a \in X.$$

A 6.10 Satz. *Irreduzible komplexe Räume sind reindimensional.*

A 6.11 Satz. *Ist $A \subset X$ ein dünner abgeschlossener analytischer Teilraum des komplexen Raumes X, so gilt*

$$\dim X = \dim(X \setminus A).$$

Reguläre und singuläre Punkte

Ein Punkt $a \in X$ eines komplexen Raumes heißt *singulär*, wenn es keine offene Umgebung U von a gibt, so daß $(U, \mathcal{O}_X|U)$ mit einem offenem Teil $V \subset \mathbb{C}^n$ (versehen mit der Garbe $V|\mathcal{O}_{\mathbb{C}^n}$) biholomorph äquivalent ist.

A 6.12 Satz. *Die Menge S der singulären Punkte eines komplexen Raumes X ist ein dünner abgeschlossener analytischer Teilraum.*

Wegen A 6.11 gilt

$$\dim X = \dim X_{\text{reg}}, \qquad X_{\text{reg}} = X \setminus S.$$

Der *reguläre Ort* X_{reg} ist eine analytische Mannigfaltigkeit.

Seien $(X, \mathcal{O}_X)$, $(Y, \mathcal{O}_Y)$ komplexe Räume. Einen Morphismus geringter Räume $f\colon (X, \mathcal{O}_X) \to (Y, \mathcal{O}_Y)$ nennt man dann auch eine *analytische Abbildung.*

Fast trivial ist: Das Urbild $f^{-1}(B)$ einer analytischen Menge $B \subset Y$ ist analytisch in X.

Insbesondere sind die *Fasern*

$$f^{-1}(y), \qquad y \in Y$$

abgeschlossene analytische Mengen.

A 6.13 Satz. *Sei $f\colon X \to Y$ eine analytische Abbildung komplexer Räume. Es gilt*

$$\dim_x X \leq \dim_y Y + \dim f^{-1}(y) \qquad \textit{für alle } x \in X,\ y = f(x).$$

Ist f surjektiv, so gilt

$$\dim Y \leq \dim X.$$

A 6.14 Zusatz („Halbstetigkeit der Faserdimension"). *Sei d eine ganze Zahl. Die Menge der Punkte $x \in X$ mit*

$$\dim_x f^{-1}(f(x)) \geq d$$

ist eine abgeschlossene analytische Teilmenge von X.

Eigentliche Abbildungen

Eine stetige Abbildung $f\colon X \to Y$ topologischer Räume heißt eigentlich, wenn das Urbild jeder kompakten Menge kompakt ist.

Eigentliche Abbildungen sind abgeschlossen, d.h. das Bild $f(A)$ einer abgeschlossenen Menge $A \subset X$ ist abgeschlossen.

Sei $B \subset Y$ eine kompakte Teilmenge. Zu jeder offenen Umgebung $U \subset X$ von $f^{-1}(B)$ existiert eine offene Umgebung $V \subset Y$ von B mit der Eigenschaft $f^{-1}(V) \subset U$. Mit anderen Worten: *Die Urbilder der offenen Umgebungen von B bilden ein Fundamentalsystem von offenen Umgebungen von* $f^{-1}(B)$.

Eine stetige Abbildung $f\colon X \to Y$ heißt **endlich**, wenn sie eigentlich ist und wenn die Fasern $f^{-1}(y)$, $y \in Y$ endliche Mengen sind.

Ein Morphismus geringter Räume heißt eigentlich (endlich), wenn die Abbildung der zugrundeliegenden topologischen Räume eigentlich (endlich) ist.

A 6.15 Satz (Remmert). *Sei $f\colon X \to Y$ eine eigentliche analytische Abbildung komplexer Räume. Das Bild $f(A)$ eines abgeschlossenen analytischen Teilraumes $A \subset X$ ist (abgeschlossen und) analytisch in Y.*

Wir benötigen den Remmertschen Abbildungssatz im Kap. II, § 3 nur für *endliche* Abbildungen.

A 6.16 Satz. *Sei $f\colon (X, \mathcal{O}_X) \to (Y, \mathcal{O}_Y)$ eine analytische Abbildung komplexer Räume, a ein Punkt von X und*

$$\mathcal{O}_{Y, f(a)} \to \mathcal{O}_{X, a}$$

der induzierte lokale Homomorphismus.

1) *Die Faser $f^{-1}(f(a))$ sei diskret. Dann ist $\mathcal{O}_{X,a}$ ein endlicher $\mathcal{O}_{Y, f(a)}$-Modul.*

2) *Sei $\mathcal{O}_{X,a}$ ein endlicher $\mathcal{O}_{Y, f(a)}$-Modul. Dann existieren offene Umgebungen X_0 von a und Y_0 von b, so daß f eine endliche (insbesondere eigentliche) Abbildung*

$$f_0\colon X_0 \to Y_0$$

induziert.

Normalisierung

A 6.17 Satz. *Ein komplexer Raum $(X, \mathcal{O}_X)$ ist genau dann normal, wenn er folgende beiden Eigenschaften besitzt:*

1) *Jeder Punkt von X besitzt ein Fundamentalsystem von offenen irreduziblen Umgebungen.*

2) *Sei $U \subset X$ ein offener Teil und $A \subset U$ eine dünne abgeschlossene analytische Teilmenge von U. Jede stetige Funktion $f\colon U \to \mathbb{C}$, deren Einschränkung auf $U \setminus A$ analytisch ist, ist analytisch in ganz U.*

$$f|(U \setminus A) \in \mathcal{O}_X(U \setminus A) \;\Rightarrow\; f \in \mathcal{O}_X(U).$$

Sei $(X, \mathcal{O}_X)$ ein komplexer Raum, $(\tilde{X}, \mathcal{O}_{\tilde{X}})$ ein normaler komplexer Raum und

$$q: (\tilde{X}, \mathcal{O}_{\tilde{X}}) \to (X, \mathcal{O}_X)$$

ein surjektiver *endlicher* Morphismus. Man nennt $(\tilde{X}, q)$ eine Normalisierung von X, wenn es eine dünne abgeschlossene analytische Teilmenge $A \subset X$ gibt, so daß folgende beiden Bedingungen erfüllt sind.

a) $\tilde{A} = q^{-1}(A)$ ist dünn in $\tilde{X}$.

b) Die Einschränkung von $\tilde{f}$ induziert eine biholomorphe Abbildung

$$q_0: \tilde{X} \setminus \tilde{A} \to X \setminus A.$$

A 6.18 Satz. *Jeder komplexe Raum* $(X, \mathcal{O}_X)$ *besitzt eine Normalisierung* $q: (\tilde{X}, \mathcal{O}_{\tilde{X}}) \to (X, \mathcal{O}_X)$. *Diese besitzt folgende universelle Eigenschaft: Sei* $(Y, \mathcal{O}_Y)$ *ein normaler geringter Raum und sei*

$$f: (Y, \mathcal{O}_Y) \to (X, \mathcal{O}_X)$$

ein Morphismus geringter Räume (s. III, §4).

Annahme. *Ist A eine dünne abgeschlossene Teilmenge in einem offenem Teil* $U \subset X$, *so ist* $f^{-1}(A)$ *dünn in* $f^{-1}(U)$.

Behauptung. *Dann existiert genau ein Morphismus*

$$\tilde{f}: Y \to \tilde{X}, \qquad q \circ \tilde{f} = f.$$

Insbesondere ist eine Normalisierung bis auf kanonische Isomorphie eindeutig bestimmt! Wir können von *der* Normalisierung sprechen.

Anmerkung. Die universelle Abbildungseigenschaft der Normalisierung eines komplexen Raumes wird üblicherweise nur innerhalb der Kategorie der komplexen Räume formuliert. Die scheinbar allgemeinere Version A 6.18 ergibt sich aus der Konstruktion der Normalisierung [12].

Der Vollständigkeit halber geben wir an, wie die Abbildung $\tilde{f}$ konstruiert wird. Sei $b \in Y$ ein Punkt, $a = f(b)$. Der Kern $\mathfrak{p}$ des lokalen Homomorphismus

$$\mathcal{O}_{X,a} \to \mathcal{O}_{Y,b}$$

ist ein Primideal, da $\mathcal{O}_{Y,b}$ normal, insbesondere nullteilerfrei ist. Aus der an den Morphismus f gemachten Voraussetzung folgt, daß $\mathfrak{p}$ ein *minimales* Primideal ist. Bekanntlich entsprechen die Punkte aus der Faser $q^{-1}(a)$ umkehrbar eindeutig den minimalen Primidealen von $\mathcal{O}_{X,a}$ (s. [12]). Wir ordnen b den diesem Primideal entsprechenden Punkt zu,

$$„\tilde{f}(b) = \mathfrak{p}“.$$

Es ist leicht zu zeigen, daß die so definierte Abbildung $\tilde{f}$ stetig ist. Der lokale Ring von $(\tilde{X}, \mathcal{O}_{\tilde{X}})$ in dem entsprechenden Punkt ist die Normalisierung von $\mathcal{O}_{X,a}/\mathfrak{p}$. Da $\mathcal{O}_{Y,b}$ ein normaler Ring ist, erhalten wir einen Homomorphismus dieser Normalisierung in $\mathcal{O}_{Y,b}$. Aus dieser Tatsache ergibt sich leicht, daß $\tilde{f}$ ein Morphismus geringter Räume ist.

A 6.19 Folgerung. *Sei $f\colon X \to Y$ eine surjektive, endliche, analytische Abbildung komplexer Räume, Y sei normal. Wenn dünne abgeschlossene analytische Teilmengen*

$$B \subset Y, \qquad A = f^{-1}(B) \subset X$$

existieren, so daß f einen Isomorphismus

$$X \setminus A \xrightarrow{\sim} Y \setminus B$$

induziert, so ist schon f ein Isomorphismus, insbesondere also X normal.

A 6.20 Folgerung. *Die Menge der nicht normalen Punkte eines komplexen Raumes ist eine abgeschlossene analytische Teilmenge.*

Der Fortsetzungssatz von Remmert-Stein

A 6.21 Satz. *Sei X ein komplexer Raum, $S \subset X$ ein abgeschlossener analytischer Teilraum von X und $A \subset X \setminus S$ ein abgeschlossener analytischer Teil des Komplements $X \setminus S$.*

Annahme. $\dim_a A > \dim S$ *für alle* $a \in A$.

Dann ist der Abschluß $\bar{A}$ von A in X eine analytische Teilmenge von X. Es gilt $\dim \bar{A} = \dim A$.

Blätterzahl eines endlichen Morphismus

A 6.22 Definition. Ein endlicher und surjektiver Morphismus $f\colon X \to Y$ komplexer Räume hat die Blätterzahl d, wenn es einen dünnen und abgeschlossenen analytischen Teil $B \subset Y$ gibt, so daß
   a) das Urbild $A = f^{-1}(B)$ dünn in X ist,
   b) jeder Punkt $y \in Y \setminus B$ genau d Urbildpunkt besitzt.

Beispiel. Die Normalisierung ist eine einblättrige Abbildung.

A 6.23 Bemerkung. *Jeder endliche und surjektive Morphismus $f\colon X \to Y$ irreduzibler komplexer Räume besitzt eine Blätterzahl.*

Hebbarkeitssätze

A 6.24 Satz. *Sei X ein normaler komplexer Raum und $A \subset X$ ein abgeschlossener analytischer Teilraum mit der Eigenschaft*

$$\dim_a A \leq \dim_a X - 2 \qquad \text{für alle } a \in A.$$

Dann ist jede holomorphe Funktion von $X \setminus A$ auf ganz X holomorph fortsetzbar.

Zusatz. *Der singuläre Ort erfüllt diese Voraussetzung.*

Sei f eine Funktion, welche auf einem offenen und dichten Teil U eines komplexen Raumes X definiert und holomorph sei. Man nennt f *meromorph* auf X, wenn es zu jedem Punkt $a \in X$ eine offene Umgebung $U(a)$ und in $U(a)$ holomorphe Funktionen $\varphi, \psi \in \mathcal{O}(U(a))$ mit den Eigenschaften

a) $\psi(x) \neq 0$ für $x \in U(a) \cap U$,

b) $f(x) = \dfrac{\varphi(x)}{\psi(x)}$ für $x \in U(a) \cap U$

gibt. Der (genaue) Definitionsbereich einer meromorphen Funktion ist die größte offene Teilmenge $D(f) \subset X$, auf die sich f holomorph fortsetzen läßt. Es läßt sich zeigen, daß das Komplement von $D(f)$ eine (dünne) abgeschlossene analytische Teilmenge von X ist.

A 6.25 Satz. *Unter den Voraussetzungen von A 6.24 ist jede meromorphe Funktion auf $X \setminus S$ sogar meromorph auf ganz X.*

Algebraizität

Der **Satz von Chow** besagt:

A 6.26 Theorem. *Jeder abgeschlossene analytische Teilraum X des projektiven Raumes $P^m\mathbb{C}$ ist genaue Nullstellenmenge von endlich vielen homogenen Polynomen. Jede meromorphe Funktion f auf X ist rational, d.h. auf einem offenen dichten Teil $X_0 \subset X$ als Quotient von homogenen Polynomen P, Q gleichen Grades darstellbar*

$$f(x) = \frac{P(x)}{Q(x)}, \qquad Q(x) \neq 0 \quad \text{für } x \in X_0.$$

Weitere Vergleichssätze

Die Gesamtheit der meromorphen Funktionen auf einem komplexen Raum X bildet einen Ring $K(X)$. (Zwei meromorphe Funktionen f, g sind als gleich anzusehen, wenn ihre *maximalen* Definitionsbereiche übereinstimmen, $D(f) = D(g)$ und wenn in diesen $f(x) = g(x)$ gilt.) Es ist nicht schwer zu zeigen, daß $K(X)$ für irreduzibles X ein Körper ist. Ist X eine (als komplexer Raum irreduzible) projektive Varietät, so ist $K(X)$ ein endlich erzeugter Körper und daher zu einer endlich algebraischen Erweiterung des rationalen Funktionenkörpers $\mathbb{C}(X_1, \ldots, X_n)$ isomorph. Man nennt n den Transzendenzgrad von $K(X)$. Es gilt

$$n = \dim X.$$

Der Satz von der analytischen Normalität besagt:

A 6.27 Satz. *Sei $X \subset P^m \mathbb{C}$ eine projektive algebraische Varietät und $a \in X$ ein Punkt, so daß der Ring aller rationalen (=meromorphen) Funktionen f auf X mit $D(f) \ni a$ normal ist. Dann ist der analytische Ring $\mathcal{O}_{X,a}$ ebenfalls normal.*

Folgerung. *Sei J das Ideal, welches von allen homogenen Polynomen $P \in \mathbb{C}[X_0, \ldots, X_n]$; $P(x) = 0$ für $x \in X$, erzeugt wird. Der Ring $\mathbb{C}[X_0, \ldots, X_n]/J$ sei normal. Dann ist X als komplexer Raum normal.*

Literatur

Andreotti, A., und Grauert, H.

1. Algebraische Körper von automorphen Funktionen. Nachr. Akad. Wiss. Göttingen, math.-phys. Klasse 39–48 (1961).

Andrianov, A.N.

2. Multiplikative Arithmetik Siegelscher Modulformen. Uspeki Math. Nauk. 34, 67–135 (1979).
3. Action of Hecke Operator $T(\mathfrak{p})$ on Theta Series. Math. Ann. 247, 245–254 (1980).

Andrianov, A.N., und Maloletkin, G.N.

4. Behaviour of theta series of degree n under modular substitutions. Math. of the USSR Izvestija 9, 227–241 (1975).

Baily, W.L.

5. Satake's compactification of V_n^*. Am. J. Math. 80, 348–364 (1958).
6. Introductory lectures on automorphic forms. Publ. of the Math. Soc. Japan 12, Iwanami Shoten, Publishers and Princeton University Press 1973.

Baily, W.L., and Borel, A.

7. Compactification of arithmetic quotients of bounded symmetric domains. Ann. of Math. Vol. 84, No 3, 442–528 (1966).

Barnes, E.S., and Cohn, M.J.

8. On the inner product of positive quadratic forms. J. London Math. Soc. (2) 12 (1975).

Bass, H., Milnor, J., and Serre, J.-P.

9. Solution of the congruence subgroup problem for $SL_n (n \geq 3)$ and $Sp_{2n} (n \geq 2)$. Institut des hautes études scientifiques. Publ. Mathématiques 33, 59–137 (1967).

Cartan, H.

10. Fonctions automorphes, Séminaire No. 10, Paris 1957/58.
11. Quotients of complex analytic spaces. Contributions to function theory. Bombay 1960.
12. Familles d'espaces Complexes et Fondements de la Géométrie Analytique. Séminaire 13 année, Ecole Normal Supérieure math. 11 rue Pierre Curie, Paris 5e 1962.

Cassels, J.W.S.

13. An Introduction to the Geometry of Numbers. Die Grundlehren der mathem. Wissenschaft in Einzeldarstellung. Bd. 99, Springer-Verlag, Berlin-Heidelberg-New York (1971).

Christian, U.

14. Zur Theorie der Hilbert-Siegelschen Modulfunktionen. Math. Ann. 152, 275–341 (1963).
15. Über die Modulgruppe zweiten Grades II. Math. Zeitschr. 85, 29–39 (1964).
16. Über die Anzahl der Spitzen Siegelscher Modulgruppen. Abh. Math. Sem. Univ. Hamburg 32, 55–60 (1968).

Dinghas, A.
17. Vorlesungen über Funktionentheorie: Die Grundlehren der mathem. Wissenschaft in Einzeldarstellung. Bd. 110, Springer-Verlag, Berlin-Göttingen-Heidelberg (1961).
Eichler, M.
18. Quadratische Formen und orthogonale Gruppen. Springer-Verlag, Berlin-Göttingen-Heidelberg (1952).
19. The Basis problem for modular forms and the traces of the Heckeoperators. Internat. Summer School on Modular functions. Antwerp. 1972, 76-151.
20. Über die Anzahl der linear unabhängigen Siegelschen Modulformen von gegebenem Gewicht. Math. Ann. 213, 281-291 (1975).
21. On the representation of modular forms by théta series. C. R. Math. Rep. Acad. Sci. Canada 1, 71-74 (1979).
Freitag, E.
22. Zur Theorie der Modulformen zweiten Grades. Nachr. Akad. Wiss. Göttingen 1965, 151-157.
23. Über die Struktur der Funktionenkörper zu hyperabelschen Gruppen I. J. reine angew. Math. 257, 97-117 (1971).
24. Holomorphe Differentialformen zu Kongruenzgruppen der Siegelschen Modulgruppe. Invent. math. 30, 181-196 (1975).
25. Singularitäten von Modulmannigfaltigkeiten und Körper automorpher Funktionen. Proc. Internat. Congr. Math. 1, 443-448, Vancouver 1974.
26. Die Invarianz gewisser von Thetareihen erzeugter Vektorräume unter Heckeoperatoren. Math. Zeitschr. 156, 141-155 (1977).
27. Siegelsche Modulfunktionen. Jahresber. Deutscher Math. Verein, 79, 79-86 (1977).
28. Stabile Modulformen. Math. Ann. 230, 162-170 (1977).
29. Die Kodairadimension von Körpern automorpher Funktionen. J. reine angew. Math. 296, 162-170 (1977).
30. Der Körper der Siegelschen Modulfunktionen. Abh. Math. Sem. Univ. Hamburg 47, 25-41 (1975).
Gottschling, E.
31. Über die Fixpunkte der Siegelschen Modulgruppe. Math. Ann. 143, 111-149 (1961).
32. Über die Fixpunktuntergruppen der Siegelschen Modulgruppe. Math. Ann. 143, 399-430 (1961).
Greub, W.H.
33. Multilineare Algebra. Grundlehren der math. Wiss. Bd. 136, Springer-Verlag, Berlin-Heidelberg-New York (1967).
Gunning, R., und Rossi, H.
34. Analytic Functions of Several Complex Variables. Prentice-Hall Series in Modern Analysis (1965).
Hammond, W.F.
35. On the graded ring of Siegel modular forms of genus two. Amer. J. Math. 87, 502-506 (1965).
Hecke, F.
36. Mathematische Werke. Vandenhoeck und Ruprecht, Göttingen 1959.
Helgason, S.
37. Differential geometry and symmetric spaces. Academic press. New York and London 1962.
Hilbert, D.
38. Über die vollen Invariantensysteme. Math. Ann. 42, 313-373 (1893).
Igusa, J.-I.
39. On the graded ring of theta-constants. Amer. J. Math. 86, 219-246 (1964).
40. On the graded ring of theta-constants II. Amer. J. Math. 88, 221-236 (1966).

41. On Siegel modular forms of genus two. Amer. J. Math. 84, 175–200 (1962).
42. On Siegel modular forms of genus two II. Amer. J. Math. 86, 392–412 (1964).
43. Modular forms and projective invariants. Amer. J. Math. 89, 817–855 (1967).
44. Theta functions. Die Grundlehren d. math. Wiss. in Einzeldarst. Bd. 194, Springer-Verlag, Berlin-Heidelberg-New York 1972.

Klingen, H.

45. Zum Darstellungssatz für Siegelsche Modulformen. Math. Zeitschr. 102, 30–43 (1967).
Berichtigung: Math. Zeitschr. 105, 399–400 (1968).

Krazer, A.

46. Lehrbuch der Thetafunktionen. Teubner, Leipzig 1903.

Krazer, A., und Wirtinger, W.

47. Abelsche Funktionen und allgemeine Thetafunktionen. Enzyklopädie der Math. Wissensch. II, 2, 604–873 (1920).

Maaß, H.

48. Über Gruppen von hyperabelschen Transformationen. Sitzungsberichte Heidelberger Akad. Wiss., math. nat. Klasse, 1940, 1–26.
49. Lectures on Siegel's modular functions. Lecture Notes, Tata Institute of Fundamental Research, Bombay 1954/55.
50. Spherical functions and quadratic forms. J. Indian Math. Soc. 20, 117–162 (1956).
51. Zetafunktionen mit Größencharakteren und Kugelfunktionen. Math. Ann. 134, 1–36 (1957).
52. Die Fourierkoeffizienten der Eisensteinreihen zweiten Grades. Mat. fysiske Meddelelser. Det Kongl. Danske, Vidensk. Selskab. 34, 1–25 (1964).
53. Siegel's modular forms and Dirichlet series. Lecture Notes in Math. 216, Springer-Verlag, Berlin-Heidelberg-New York 1971.
54. Konstruktion von Spitzenformen beliebigen Grades mit Hilfe von Thetareihen. Math. Ann. 226, 275–284 (1977).

Milnor, J., und Husemoller, D.

55. Symmetric bilinear forms. Ergebnisse der Mathematik und ihrer Grenzgebiete 73. Springer-Verlag, Berlin-Heidelberg-New York 1973.

Minkowski, H.

56. Diskontinuitätsbereich für arithmetische Äquivalenz. J. reine angew. Math. 129, 220–274 (1905) und Ges. Werke II. 53–100.

Mumford, D.

57. Geometric invariant theory. Ergeb. Math. u. Grenzgebiete 34, Springer-Verlag, Berlin-Heidelberg-New York 1965.
58. On the equations defining Abelian varieties I, II, III. Invent. math. 1, 287–354 (1966); 3, 75–135 (1967); 3, 215–244 (1967).

Narasimhan, R.

59. Introduction to the Theory of Analytic Spaces. Lecture Notes 25, Springer-Verlag, Berlin-Heidelberg-New York 1966.

Pyateckij-Šapiro, I.I.

60. Automorphic functions and the geometry of classical domains. Gordon and Breach, New York, London, Paris (1969).

Raghavan, S.

61. Singular modular forms of degree s. Studies in Math. 8, 263–272 (1978).

Resnikoff, H.L.

62. On singular automorphic forms in several complex variables. Hektographierte Noten. 1967.
63. Automorphic forms of singular weight are singular forms. Math. Ann. 215, 173–193 (1975).

64. Theta functions for Jordan Algebras. Invent. math. 31, 87–104 (1975).
65. Stable spaces of modular forms. Lecture Notes, Univ. of California, Irvine.
Satake, I.
66. On the compactification of the Siegel space. J. Indian Math. Soc. 20, 259-281 (1956).
Serre, J.-P.
67. Faisceaux algébriques cohérents. Ann. of Math. 61 (1955).
68. Géométrie algébrique et géométrie analytique. Annales de l'Institut Fourier 6, 1–42 (1956).
69. Algèbre locale. Lecture Notes in Mathematics 11. Springer-Verlag, Berlin-Heidelberg-New York (1965).
Shimura, G.
70. Introduction to the arithmetic theory of automorphic functions. Tokyo-Princeton: Iwanami Shoten Publishers and Princeton University Press 1971.
71. On modular correspondences for $Sp(\mathrm{N}, \mathbb{Z})$ and their congruence relations. Proc. Nat. Ac. Sci. 49, 824–828 (1963).
Siegel, C.L.
72. Gesammelte Abhandlungen I-IV, Springer-Verlag, Berlin-Heidelberg-New York (I-III: 1960; IV: 1979)
Wirtinger, W.
73. Untersuchungen über Thetafunktionen. Teubner, Leipzig 1895.
Witt, E.
74. Eine Identität zwischen Modulformen zweiten Grades. Math. Sem. Hansisch. Univ. 14, 323-337 (1941).
Žarkovskaja, N.A.
75. The Siegel operator and Hecke operators. Functional analysis and its applications 8, 113–120 (1974).

Index

Grundlehren der mathematischen Wissenschaften

A Series of Comprehensive Studies in Mathematics

A Selection

164. Sario/Nakai: Classification Theory of Riemann Surfaces
165. Mitrinovic/Vasic: Analytic Inequalities
166. Grothendieck/Dieudonné: Eléments de Géometrie Algébrique I
167. Chandrasekharan: Arithmetical Functions
168. Palamodov: Linear Differential Operators with Constant Coefficients
169. Rademacher: Topics in Analytic Number Theory
170. Lions: Optimal Control of Systems Governed by Partial Differential Equations
171. Singer: Best Approximation in Normed Linear Spaces by Elements of Linear Subspaces
172. Bühlmann: Mathematical Methods in Risk Theory
173. Maeda/Maeda: Theory of Symmetric Lattices
174. Stiefel/Scheifele: Linear and Regular Celestial Mechanics. Perturbed Two-body Motion - Numerical Methods - Canonical Theory
175. Larsen: An Introduction to the Theory of Multipliers
176. Grauert/Remmert: Analytische Stellenalgebren
177. Flügge: Practical Quantum Mechanics I
178. Flügge: Practical Quantum Mechanics II
179. Giraud: Cohomologie non abélienne
180. Landkof: Foundations of Modern Potential Theory
181. Lions/Magenes: Non-Homogeneous Boundary Value Problems and Applications I
182. Lions/Magenes: Non-Homogeneous Boundary Value Problems and Applications II
183. Lions/Magenes: Non-Homogeneous Boundary Value Problems and Applications III
184. Rosenblatt: Markov Processes. Structure and Asymptotic Behavior
185. Rubinowicz: Sommerfeldsche Polynommethode
186. Handbook for Automatic Computation. Vol. 2 Wilkinson/Reinsch: Linear Algebra
187. Siegel/Moser: Lectures on Celestial Mechanics
188. Warner: Harmonic Analysis on Semi-Simple Lie Groups I
189. Warner: Harmonic Analysis on Semi-Simple Lie Groups II
190. Faith: Algebra: Rings, Modules, and Categories I
191. Faith: Algebra II, Ring Theory
192. Mallcev: Algebraic Systems
193. Pólya/Szegö: Problems and Theorems in Analysis I
194. Igusa: Theta Functions
195. Berberian: Baer*-Rings
196. Athreya/Ney: Branching Processes
197. Benz: Vorlesungen über Geometrie der Algebren
198. Gaal: Linear Analysis and Representation Theory
199. Nitsche: Vorlesungen über Minimalflächen
200. Dold: Lectures on Agebraic Topology
201. Beck: Continuous Flows in the Plane
202. Schmetterer: Introduction to Mathematical Statistics
203. Schoeneberg: Elliptic Modular Functions
204. Popov: Hyperstability of Control Systems
205. Nikol'skii: Approximation of Functions of Several Variables and Imbedding Theorems
206. André: Homologie des Algébres Commutatives
207. Donoghue: Monotone Matrix Functions and Analytic Continuation
208. Lacey: The Isometric Theory of Classical Banach Spaces

209. Ringel: Map Color Theorem
210. Gihman/Skorohod: The Theory of Stochastic Processes I
211. Comfort/Negrepontis: The Theory of Ultrafilters
212. Switzer: Algebraic Topology – Homotopy and Homology
214. van der Waerden: Group Theory and Quantum Mechanics
215. Schaefer: Banach Lattices and Positive Operators
216. Pólya/Szegö: Problems and Theorems in Analysis II
217. Stenström: Rings of Quotients
218. Gihman/Skorohod: The Theory of Stochastic Processes II
219. Duvant/Lions: Inequalities in Mechanics and Physics
220. Kirillov: Elements of the Theory of Representations
221. Mumford: Algebraic Geometry I: Complex Projective Varieties
222. Lang: Introduction to Modular Forms
223. Bergh/Löfström: Interpolation Spaces. An Introduction
224. Gilbarg/Trudinger: Elliptic Partial Differential Equations of Second Order
225. Schütte: Proof Theory
226. Karoubi: K-Theory. An Introduction
227. Grauert/Remmert: Theorie der Steinschen Räume
228. Segal/Kunze: Integrals and Operators
229. Hasse: Number Theory
230. Klingenberg: Lectures on Closed Geodesics
231. Lang: Elliptic Curves:Diophantine Analysis
232. Gihman/Skorohod: The Theory of Stochastic Processes III
233. Stroock/Varadhan: Multi-dimensional Diffusion Processes
234. Aigner: Combinatorial Theory
235. Dynkin/Yushkevich: Controlled Markov Processes
236. Grauert/Remmert: Theory of Stein Spaces
237. Köthe: Topological Vector-Spaces II
238. Graham/McGehee: Essays in Commutative Harmonic Analysis
239. Elliott: Probabilistic Number Theory I
240. Elliott: Probabilistic Number Theory II
241. Rudin: Function Theory in the Unit Ball of $\mathbb{C}^n$
242. Huppert/Blackburn: Finite Groups II
243. Huppert/Blackburn: Finite Groups III
244. Kubert/Lang: Modular Units
245. Cornfeld/Fomin/Sinai: Ergodic Theory
246. Naimark: Theory of Group Representations
247. Suzuki: Group Theory I
248. Suzuki: Group Theory II
249. Chung: Lectures from Markov Processes to Brownian Motion
250. Arnold: Geometrical Methods in the Theory of Ordinary Differential Equations
251. Chow/Hale: Methods of Bifurcation Theory
252. Aubin: Nonlinear Analysis on Manifolds Monge-Ampère Equations
253. Dwork: Lectures on p-adic differential equations
254. Freitag: Siegelsche Modulfunktionen

Springer-Verlag Berlin Heidelberg New York

MIX
Papier aus verantwortungsvollen Quellen
Paper from responsible sources
FSC® C105338

If you have any concerns about our products,
you can contact us on
ProductSafety@springernature.com

In case Publisher is established outside the EU,
the EU authorized representative is:
Springer Nature Customer Service Center GmbH
Europaplatz 3, 69115 Heidelberg, Germany

Printed by Libri Plureos GmbH
in Hamburg, Germany